오디오북

들으면 ~~~~사!

오디오북 시대

본서에서는 동물보건사 관련법령을 오디오북으로 제공합니다.

잠깐! 오디오북 어떻게 들을 수 있나요?

동물보건사 관련법령 오디오북 수강 안내

오디오북 수강 ▲

1. QR코드 접속 ▶ 회원가입 또는 로그인
2. 오디오북 신청 후 마이페이지에서 수강

상담 및 문의전화 **1600-3600**

SD에듀
(주)시대고시기획

코로나19 바이러스
"친환경 99.9% 항균잉크 인쇄"
전격 도입

언제 끝날지 모를 코로나19 바이러스
99.9% 항균잉크(V-CLEAN99)를 도입하여 「안심도서」로
독자분들의 건강과 안전을 위해 노력하겠습니다.

TEST REPORT

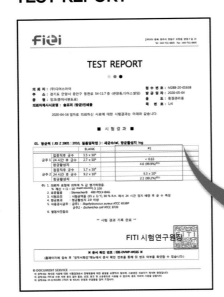

항균잉크(V-CLEAN99)의 특징

- 바이러스, 박테리아, 곰팡이 등에 항균효과가 있는 산화아연을 적용
- 산화아연은 한국의 식약처와 미국의 FDA에서 식품첨가물로 인증받아 **강력한 항균력**을 구현하는 소재
- 황색포도상구균과 대장균에 대한 테스트를 완료하여 **99.9%의 강력한 항균효과** 확인
- 잉크 내 중금속, 잔류성 오염물질 등 **유해 물질 저감**

#1
-
< 0.63
4.6 (99.9%)주1)
-
6.3 × 10³
2.1 (99.2%)주1)

Clean Zone

동물 보건사

전과목 모의고사

✓ 제1회 시험대비 출제기준 100% 반영
✓ 전과목 실전모의고사 3회분
✓ 관련법령 오디오북 제공

SD에듀
㈜시대고시기획

동물보건사 시험안내

🐾 동물보건사 개요

- 동물보건사란 동물병원 내에서 수의사의 지도 아래 동물의 간호 또는 진료 보조 업무에 종사하는 사람으로서, 농림축산식품부장관의 자격인정을 받은 사람을 말한다(수의사법 제2조).
- 동물간호 인력 수요 증가에 따라 동물 진료 전문인력을 육성하여, 수준 높은 진료서비스를 제공하기 위한 자격으로서, 동물의 간호 업무와 동물의 진료 보조 업무로 나눈다(수의사법 시행규칙 제14조의7).

동물의 간호 업무	동물에 대한 관찰, 체온·심박수 등 기초 검진자료의 수집, 간호 판단 및 요양을 위한 간호
동물의 진료 보조 업무	약물 도포, 경구 투여, 마취·수술의 보조 등 수의사의 지도 아래 수행하는 진료의 보조

🐾 응시자격

「수의사법」 제16조의2 또는 법률 제16546호 수의사법 일부 개정법률 부칙 제2조 각 호의 어느 하나에 해당하는 자로서, 같은 법 제16조의6에서 준용하는 제5조의 규정에 해당하지 아니하는 자

기본대상자	• 농림축산식품부장관의 평가인증을 받은 「고등교육법」 제2조 제4호에 따른 전문대학 또는 이와 같은 수준 이상의 학교의 동물 간호 관련 학과를 졸업한 사람(자격시험 응시일부터 6개월 이내에 졸업 예정자) • 「초·중등교육법」 제2조에 따른 고등학교 졸업자 또는 초·중등교육법령에 따라 같은 수준의 학력이 있다고 인정되는 사람으로서, 농림축산식품부장관의 평가인증을 받은 「평생교육법」 제2조 제2호에 따른 평생교육기관의 고등학교 교과 과정에 상응하는 동물 간호에 관한 교육과정을 이수한 후 동물 간호 관련 업무에 1년 이상 종사한 사람 • 농림축산식품부장관이 인정하는 외국의 동물 간호 관련 면허나 자격을 가진 사람
특례대상자	• 특례대상자 자격조건은 수의사법 개정 규정 시행 당시(2021.8.28)를 기준으로 적용 • 「고등교육법」 제2조 제4호에 따른 전문대학 또는 이와 같은 수준 이상의 학교에서 동물 간호에 관한 교육과정을 이수하고 졸업한 사람 • 「고등교육법」 제2조 제4호에 따른 전문대학 또는 이와 같은 수준 이상의 학교를 졸업한 후, 동물병원에서 동물 간호 관련 업무에 1년 이상 종사한 사람(「근로기준법」에 따른 근로계약 또는 「국민연금법」에 따른 국민연금 사업장가입자 자격취득을 통하여 업무종사 사실을 증명할 수 있는 사람에 한정) • 고등학교 졸업학력 인정자 중 동물병원에서 동물 간호 관련 업무에 3년 이상 종사한 사람(「근로기준법」에 따른 근로계약 또는 「국민연금법」에 따른 국민연금 사업장가입자 자격취득을 통하여 업무종사 사실을 증명할 수 있는 사람에 한정)

원서접수 및 시험일정

- 제1회 동물보건사 자격 시험일 : 2022.2.27.(일) 시행
- 접수기간 : 2022.1.17.(월) 10:00~2022.1.21.(금) 24:00
- 접수방법 : 동물보건사 자격시험 관리시스템(www.vt-exam.or.kr)
- 응시수수료 : 2만원(전자수입인지-행정수수료용)
- 합격자발표 예정일 : 2022.3.4.(금) 이전

시험과목 및 시험방법

시 간	과 목	시험교과목	문제수(개)
1교시 120분 (10:00~ 12:00)	기초 동물보건학	동물해부생리학, 동물질병학, 동물공중보건학, 반려동물학, 동물보건영양학, 동물보건행동학	60
	예방 동물보건학	동물보건응급간호학, 동물병원실무, 의약품관리학, 동물보건영상학	60
2교시 80분 (12:20~ 13:40)	임상 동물보건학	동물보건내과학, 동물보건외과학, 동물보건임상병리학	60
	동물 보건 · 윤리 및 복지관련 법규	수의사법, 동물보호법	20

※ 필기시험 : **5지선다 객관식 200문제**
※ 시험일정 및 시험정보 등은 변경될 수 있으니, 반드시 해당 홈페이지를 확인하시기 바랍니다.

합격기준

- 각 과목당 시험점수가 100점을 만점으로 하여 40점 이상이고, 전 과목의 평균점수가 60점 이상인 사람을 합격자로 한다.
- 동물보건사 자격시험 관리시스템(www.vt-exam.or.kr) → 로그인 → '합격자 확인' 메뉴에서 확인이 가능하다.

2022 동물보건사 전과목 모의고사

이 책의 목차

제1회 — 실전모의고사 200제

• 기초 동물보건학	002
• 예방 동물보건학	026
• 임상 동물보건학	049
• 동물 보건 · 윤리 및 복지관련 법규	076

제2회 — 실전모의고사 200제

• 기초 동물보건학	086
• 예방 동물보건학	108
• 임상 동물보건학	132
• 동물 보건 · 윤리 및 복지관련 법규	158

제3회 — 실전모의고사 200제

• 기초 동물보건학	168
• 예방 동물보건학	190
• 임상 동물보건학	215
• 동물 보건 · 윤리 및 복지관련 법규	242

부록

• 수의사법	252
• 동물보호법	289

오디오북

동물보건사 관련법령

제1회

동물보건사
실전모의고사

1 동물보건사 실전모의고사

www.sdedu.co.kr

제1과목 기초 동물보건학

01 다음 중 골격계의 기능으로 옳은 것을 모두 고른 것은?

> 가. 주변 조직을 지지하여 몸을 지탱한다.
> 나. 체내의 나트륨과 인 등의 양을 조절한다.
> 다. 세포를 생산하여 몸의 부피 생장에 관여한다.
> 라. 근육과 협동하여 지렛대 구실로 운동에 관여한다.
> 마. 혈구세포와 혈소판을 기르는 적골수가 있어 조혈기능에 관여한다.

① 가, 나, 다   ② 가, 나, 라
③ 가, 다, 마   ④ 가, 라, 마
⑤ 나, 라, 마

해설   나. 체내의 칼슘과 인 등 무기질의 양을 조절한다(혈액 속의 칼슘과 인 등을 뼈 속에 저장하였다가 필요 시 혈액으로 방출).
        다. 골격계는 내부 장기를 보호하는 보호 작용을 하며, 세포의 생산을 통한 몸의 부피 생장은 다른 기본 조직들이 관여한다.

02 다음 중 척주에 대한 설명으로 옳지 않은 것은?

① 여러 개의 짧고 작은 척주골이 관절로 연결되어 있다.

② 앞쪽은 두개골에 이어지고 뒤쪽은 꼬리로 이어져서, 동물체의 받침대를 구성한다.

③ 머리와 몸통의 무게를 지탱하고 움직일 수 있게 한다.

④ 뇌에서 연결된 척수(spinal cord)를 척주관(vertebral canal)으로 보호하고, 척수신경의 배출구를 제공한다.

⑤ 개의 척주는 각각 경추 7개, 흉추 10개, 요추 7개, 천추 3개, 미추 16~23개로 구성된다.

> **해설** 개의 척주는 50여개의 척주골(Vertebrae)로 이루어져 있으며, 각각 경추 7개, 흉추 13개, 요추 7개, 천추 3개, 미추 16~23개로 구성된다.

03 다음 중 관절에 대한 설명으로 옳은 것은?

① 대부분의 뼈는 가동관절의 결합양식을 하고 있다.

② 부동성관절은 움직일 수 없는 관절로서 윤활성 연결과 섬유성 연결로 나뉜다.

③ 절구관절은 관절머리와 오목이 모두 반구모양으로 운동범위가 매우 좁다.

④ 타원관절은 두 관절면이 원주면과 원통면이 접촉하는 것으로 일축성 관절이다.

⑤ 어깨관절은 견갑골관절오목과 상완골머리로 구성된 평면관절이다.

> **해설** ② 부동성관절(Immovable articulations)은 움직일 수 없는 관절로써 섬유성 연결, 연골성 연결로 나뉜다.
> ③ 절구관절은 관절머리와 오목이 모두 반구모양으로 운동범위가 매우 넓다.
> ④ 두 관절면이 원주면과 원통면이 접촉하는 것으로 일축성 관절인 것은 경첩관절이다.
> ⑤ 어깨관절은 견갑골관절오목과 상완골머리로 구성된 절구관절이다.

04 다음 중 근육에 대한 설명으로 옳지 않은 것은?

① 근육을 구성하고 있는 기본 세포는 근섬유(Muscle fiber)이다.

② 근섬유는 근원섬유, 근형질, 근형질세망, 미토콘드리아, 핵 등으로 이루어져 있다.

③ 골격근은 민무늬근이며, 운동신경의 지배에 의해 조절되는 수의근이다.

④ 심장근은 심장에 분포하며 형태학적으로 가로무늬근이지만 불수의근이다.

⑤ 내장근이나 심장근은 자율신경의 지배를 받는다.

> **해설** ③ 골격근은 조직학적인 관찰에서 규칙적인 가로무늬가 보이는 가로무늬근이며, 운동신경의 지배를 받아 움직이는 수의근이다.

05 다음에서 설명하는 근육의 이름으로 옳은 것은?

> • 대퇴골의 앞쪽면과 외측면에 자리잡고 있는 강대한 근육이다.
> • 대퇴골 및 장골에서 일어나 경골거친면에 닿는다.
> • 닿는 곳 힘줄 내에 무릎뼈를 간직하며 무릎관절을 펴는 가장 강력한 근육이다.

① 상완세갈래근   ② 상완요골근
③ 대퇴네갈래근   ④ 대퇴곧은근
⑤ 대퇴근막긴장근

해설 대퇴네갈래근에 대한 설명이다. 대퇴네갈래근은 대퇴골의 앞쪽면과 외측면에 자리잡고 있는 강대한 근육으로서 대퇴곧은근, 외측넓은근, 내측넓은근, 중간넓은근의 네 갈래로 구분되며 원위쪽에서 합쳐진다.

06 다음에서 설명하는 근육의 이름으로 옳은 것은?

> • 흉강과 복강의 경계를 이루는 근육막으로 호흡에 관여한다.
> • 요추골, 늑골 및 흉골의 내측면에 부착한다.
> • 흉강과 복강을 통과하는 3개의 관통구멍이 있다.

① 흉막   ② 복막
③ 횡격막   ④ 장간막
⑤ 폐종격

해설 횡격막(가로막, Diaphragm)에 대한 설명이다. 횡격막은 흉강과 복강의 경계를 이루는 근육막으로 호흡에 관여하며, 둥근 뚜껑모양으로 흉강쪽을 향하여 융기되어 있다. 횡격막에는 대동맥구멍과 식도구멍, 후대정맥구멍 이렇게 3개의 관통구멍이 있다.

07 다음 중 중추신경계에 대한 설명으로 옳지 않은 것은?

① 뇌와 척수로 구성된다.
② 개의 뇌 무게는 약 70~150g으로 체중에 대한 비율은 1 : 100~400 정도이다.
③ 뇌는 크게 대뇌, 소뇌, 뇌간으로 구성되어 있다.
④ 대뇌피질은 운동영역과 지각영역으로 구분할 수 있다.
⑤ 연수는 슬개건 반사, 회피 반사 등 운동성 반사의 중추이다.

> 해설 슬개건 반사, 회피 반사 등 운동성 반사의 중추는 척수이다. 연수는 호흡 및 심장 박동 관련 중추로, 타액 분비 및 재채기 등의 반사 중추에 해당한다.

08 자율신경계 중 교감신경의 작용에 해당하는 것만 옳게 고른 것은?

가. 동공 확대	나. 심박수 감소
다. 위샘분비 촉진	라. 말초혈관 수축

① 가, 나
② 가, 라
③ 가, 나, 다
④ 가, 다, 라
⑤ 나, 다, 라

> 해설 교감신경은 대부분 흥분 내지 촉진작용을 하는데, 동공 확대, 심박수 증가 및 혈압 상승 작용, 위샘분비 억제, 말초혈관 수축, 방광벽 근육 이완 등의 작용을 한다.

09 다음 중 척수에 대한 설명으로 옳지 않은 것은?

① 척수는 길고 원통형 구조로 등쪽과 배쪽이 약간 납작한 모양이다.
② 앞다리로 가는 신경이 기시하는 부위를 경수팽대라 한다.
③ 뒷다리로 가는 신경이 기시하는 부위를 요수팽대라 한다.
④ 척수를 잘라보면 중앙에 H자 모양의 큰 회백질이 보인다.
⑤ 척수신경 중 등쪽뿌리는 운경신경 다발, 배쪽뿌리는 감각신경 다발로 이루어져 있다.

> 해설 척수신경은 등쪽뿌리와 배쪽뿌리가 척추 사이 구멍을 빠져 나오면서 하나로 합쳐져 척수신경이 된다. 이때 척수신경의 등쪽뿌리는 말초에서 오는 자극을 척수신경절을 거쳐 전달하는 감각신경 섬유의 다발이며, 배쪽뿌리는 운동뉴런에서 유래된 운동신경 섬유의 다발이다.

10 다음 중 후각기관에 대한 설명으로 옳은 것은?

① 개의 후각기관은 다른 기관에 비해 발달이 미약하다.
② 액체 상태의 자극을 후각점막에 있는 후각세포가 감지한다.
③ 후각 세포는 지지세포와 함께 미각신경으로 연결된다.
④ 대뇌전두엽에 있는 후각중추에서 감지한다.
⑤ 개의 코는 분비물 등에 의해 항상 젖어 있는 것이 정상이다.

해설 ① 개의 후각기관은 매우 잘 발달되어 있다.
② 기체 상태의 냄새 자극을 후각점막에 있는 후각세포가 감지한다.
③ 후각 세포는 후각신경과 연결된다.
④ 대뇌측두엽에 있는 후각중추에서 감지한다.

11 다음 중 혈액의 일반적인 기능이 아닌 것은?

① 면역물질을 포함하고 있어서 식균 작용을 한다.
② 산소를 조직에 공급하고, 이산화탄소를 체외로 방출한다.
③ 호르몬을 생산한다.
④ 혈액응고 기능으로 출혈에 의한 혈액 상실을 막는다.
⑤ 영양물질을 신체 각 조직에 운반한다.

해설 혈액의 일반적 기능: 각 세포에 영양소와 산소 및 호르몬 등을 운반하고, 대사에 의해 생성된 노폐물 등을 배설하여 내부 환경의 항상성을 유지하게 한다. 백혈구는 몸 밖에서 들어온 세균을 잡아먹는 식균 작용을 하며, 혈소판은 출혈이 있을 때 혈액을 응고시키는 초기 반응의 역할을 한다.

12 일반적인 요검사를 할 경우 가장 이상적인 것은?

① 초기뇨   ② 요관 삽입 후 초기뇨
③ 중간뇨   ④ 종말뇨
⑤ 무작위 채취뇨

해설 채뇨 방법: 아침 첫 소변이 농축이 잘 되어 있어서 가장 적합하다. 채뇨할 때 첫 30mL 정도는 버림으로써 요도 및 외음부의 이물질 혼입을 막고 중간뇨를 받아서 1시간 이내에 검사하도록 한다.

13 분변검사로 확인할 수 있는 미생물체가 아닌 것은?

① 기생충란 ② 원충
③ 파보바이러스 ④ 아포형성균
⑤ 기생충

해설 검변: 변(便)에 의한 건강진단으로, 기생충란과 병원균 검사를 의미하는 경우가 많다.
바이러스를 검출하기 위해서는 혈액검사나 조직검사 등을 통해 확인할 수 있다.
①, ⑤ 기생충은 다른 동물의 체내외에 붙어 해당 숙주의 양분을 얻어 살아가는 무척추동물을 말하며, 기생충란은 그것의 알이다.
② 원충: 운동성을 가진 단세포동물로, 대부분 단독 자유생활을 하지만 일부 원충은 인체 내에서 기생생활을 하면서 무증상부터 치명적인 증상까지 다양한 증상을 유발하기도 한다.
④ 아포형성균: 아포란 식물의 무성생식세포의 일종으로, 그 세포가 발달하여 개체를 형성하는 것으로 세균의 경우, 아포를 지니지 않은 것을 영양형이라고 한다. 소독제, 열, 건조 등에 대해 아포보다도 영양형이 저항력이 약하다. 양호한 증식환경에 있을 시에는 영양형으로 되어 활발히 증식하고 내열성과 소독제 내성을 보이지 않지만, 환경악화 시에 아포(芽胞)를 형성하는 균을 아포형성균이라 한다.

14 다음 중 고양이의 심근병 유발의 주요 원인으로 알려진 질환은?

① 타우린결핍증 ② 쿠싱증후군
③ 모구증 ④ 묘소병
⑤ 흑색종

해설 심근병: 타우린과 같은 필수 영양소의 부족 등으로 발생하며, 순환장애가 오거나 혈전증이 발생한다. 증상으로는 기침을 하거나 보라색으로 변한 혀를 내밀며 헐떡거리기도 한다. 평소 고양이 전용 사료를 주어 예방한다.
② 쿠싱증후군: 코르티솔 호르몬이 몸에 오랜기간 높은 농도로 분비될 때 발생한다.
③ 모구증(Hairball): 고양이의 자기 털을 핥고 다듬는 습관으로 위에 배출되지 않은 털이 서로 엉키어 소화불능을 일으키는 것으로, 구토나 변비 등을 유발한다.
④ 묘소병: 고양이에 할퀴거나 물린 뒤 발열이나 몸살 등을 앓는 질환이다.
⑤ 흑색종: 피부에 발생하는 악성종양을 총칭하는 것이다.

15 혈액도말염색을 할 때 틀린 사항은?

① 혈액도말염색은 Diff-quik solution 용액의 사용이 가능하다.
② 슬라이드 글라스를 이용하여 도말한다.
③ 혈액은 가능한 채취한 지 얼마 되지 않은 신선한 것으로 사용한다.
④ 혈액을 얇게 펴서 마르기 전에 염색한다.
⑤ 혈액도말염색을 한 후 현미경으로 관찰한다.

> 해설 혈액도말염색검사: 도말은 슬라이드 글라스 위에 검체를 얇게 펼치는 것이고, 염색은 검체가 잘 보이게 하기 위해 건조한 후 Diff-Quik solution 용액 등을 사용하여 색을 입히는 것으로, 혈액을 도말하고 염색하여 현미경으로 이상 유무를 검사하는 것이다.

16 다음 중 심혈관계 질환이 인정될 때의 간호 및 관리와 거리가 먼 것은?

① 쇼크가 발생하였거나 또는 발생할 가능성이 있으므로 주의한다.
② 환자 이동 시에 세심한 주의를 필요로 한다.
③ 심혈관계 질환자는 다른 질환 등을 병발하는 경우도 있다.
④ 환자의 안정을 유지하기 위하여 Cage Rest를 실시하기도 한다.
⑤ 일반적으로 심혈관계 질환의 동물에는 고나트륨식 급여가 원칙이다.

> 해설 ⑤ 심혈관계 질환의 동물에는 저나트륨식 급여가 원칙이다.
> ④ Cage Rest: Cage(울타리) 내에서 안정을 취하며 생활하는 것이다.

17 단두종 증후군에 대한 설명으로 바른 것은?

가. 퍼그, 시츄, 페키니즈 등의 코가 짧은 개들에서 해부학적 이상으로 발생한다.
나. 연구개가 늘어져서 호흡곤란을 일으킨다.
다. 비염과 기관지염을 보이기도 하고 코를 골기도 한다.
라. 수술이 필요할 수도 있다.

① 가, 나, 다   ② 가, 라
③ 나, 다   ④ 라
⑤ 가, 나, 다, 라

> 해설 단두종 증후군은 길어진 연구개와 좁아진 콧구멍을 교정하는 수술을 필요로 하기도 한다.

18 개와 고양이의 상부호흡기 바이러스 감염증 원인체가 잘못 짝지어진 것은?

① 개-아데노바이러스 2형
② 개-파라인플루엔자 바이러스
③ 고양이-허피스 바이러스
④ 고양이-칼리시 바이러스
⑤ 개-파보 바이러스

> **해설** ⑤ 개-파보 바이러스: 심한 구토와 설사가 따르는 출혈성 장염의 형태로 많이 나타난다.
> ① 개-아데노바이러스 2형: 기침이나 발열 등을 일으킨다.
> ② 개-파라인플루엔자 바이러스: 전염성이 매우 강하며, 주로 호흡기질병을 유발하고 개의 전염성 기관지염(Kennel Cough)의 원인체 중 하나이기도 하다.
> ③ 고양이-허피스 바이러스: 고양이 감기라고도 하는 것으로, 주로 호흡기질환과 안질환을 일으키며 폐렴 증상이 나타나기도 한다. 잠복감염이 가능한 바이러스로, 면역력이 떨어지면 증상이 발생한다.
> ④ 고양이-칼리시 바이러스: 재채기, 콧물, 기침 등의 증상이 있으며 만성 축농증으로 변하는 경우도 있다.

19 개 전염성 간염으로 감염되지 않는 동물은?

① 늑대
② 여우
③ 코요테
④ 고양이
⑤ 족제비

> **해설** 개 전염성 간염: Canine adenovirus 1형 등이 간과 눈, 편도선 등 다른 기관에 질병을 유발하며, 개과 동물(늑대, 여우, 코요테 등)과 족제비과 동물(족제비, 밍크, 페렛 등)에 감염되고 매우 전염성이 높으나 사람에게는 전파되지 않으며 종합백신에 의해 비교적 방어가 잘 되는 질병이다.

20 전염성 질환의 전파 경로에 대한 설명으로 알맞지 않은 것은?

① 보균자는 병원균을 가지고 있지만 질병을 전파시키지는 않는다.
② 동물의 체내에서 분비된 비말, 침, 혈액, 분변을 통해서 전파되는 것을 간접 접촉에 의한 전파라고 한다.
③ 그루밍, 핥기, 싸움, 교배 등과 같은 방법에 의해 전파되는 것을 직접 접촉에 의한 전파라고 한다.
④ 잠복기는 동물의 종에 따라 상이하다.
⑤ 병원균이 동물의 체내에 침입하여 임상증상을 보이기 시작한 시기까지를 잠복기라고 한다.

> **해설** 보균자는 병원체를 체내에 보유하면서 아무런 증세가 나타나지 않는 자로, 질병이 보균자에 의해서 전염되거나 보균자를 감염원으로 하여 전파되는 경우가 많다.

21 다음은 Winslow가 말한 공중보건학의 정의이다. 빈칸 (A), (B), (C)에 들어갈 알맞은 것으로 짝지어진 것은?

> 공중보건학은 조직적인 지역사회의 노력을 통해서 ___(A)___ 을 예방하고, ___(B)___ 을 연장시킴과 동시에 신체적·정신적 ___(C)___ 을 증진시키는 기술과학이다.

① 질병, 생명, 효율
② 효율, 질병, 생명
③ 질병, 생명, 기능
④ 전염병, 질병, 효율
⑤ 문맹률, 보건교육, 기능

해설 Winslow의 공중보건의 3대 목표
질병 예방, 생명 연장, 신체적·정신적 효율 증진

22 공기 중 함량의 78%를 차지하며, 잠함병의 원인이 되기도 하는 것은?

① 산소   ② 질소
③ 수소   ④ 오존
⑤ 이산화탄소

해설 잠함병
• 원인: 이상 고압 환경에서의 작업으로 질소(N_2) 성분이 체외로 배출되지 않고 체내에서 질소 기포를 형성, 신체 각 부위에 공기 전색증을 일으킨다.
• 직업: 해저공, 교량공, 잠수부 등에 발생한다.
• 예방 대책
　－ 1기압 감압 시마다 20분 이상이 걸리도록 서서히 감압
　－ 고압 환경에서의 작업 시간 단축과 충분한 휴식
　－ 감압 후 혈액 순환을 원활히 하기 위한 적당한 운동
　－ 적임자를 취업시키고, 고지방성 음식과 음주 금지

23 다음 중 식품위생검사의 지표미생물로 사용되는 것은?

① 총균수　　　　　　　　　　② 장구균
③ 황색포도상구균　　　　　　④ 곰팡이
⑤ 클로스트라디움균

해설　② 장구균은 대장에서 서식하는 Enterococcus를 말하며, 식품의 동결 시 잘 죽지 않는다는 것이 지표미생물로 좋은 점이다. 식품제조공장의 분변오염의 위생정도 지표이다.

24 역학의 요인 중 감수성과 저항력에 관련 있는 요인은?

① 병인적 요인　　　　　　　　② 환경적 요인
③ 숙주적 요인　　　　　　　　④ 물리적 요인
⑤ 사회적 환경

해설　역학의 3대 기본요인

요인	내용
병인적 요인	직접적 요인 • 영양소 요인: 과잉, 결핍 • 생물학적 요인: 바이러스, 박테리아, 진균 • 화학적 요인: 중금속, 독성물질, 매연, 알코올 • 물리적 요인: 방사능, 자외선, 압력, 열, 중력 • 유전적 요인: 대머리, 당뇨병 · 혈우병 등의 유전병
숙주적 요인	감수성, 저항력에 좌우 • 숙주의 구조적 · 기능적 방어기전 • 숙주의 생물학적 요인: 연령, 성별, 가족력, 종족 • 숙주의 건강상태 • 숙주의 면역상태 • 인간의 행태요인: 습관, 개인위생
환경적 요인	간접적 요인 • 물리적 환경: 계절의 변화, 기후, 실내외의 환경, 지질, 지형 등 • 생물학적 환경: 식물의 꽃가루, 활성 전파체인 매개곤충, 기생충의 중간 숙주 등 질병의 전파 또는 발생과 관계가 있는 인간 주위의 모든 동 · 식물 • 사회적 환경: 인구의 밀도 및 분포, 직업, 사회풍습, 경제생활의 형태 및 수준, 문화 및 과학의 발달

25 감염병 유행의 3대 요인으로 바르게 짝지어진 것은?

① 감염원, 감염경로, 감수성 숙주
② 병원체, 병원소, 전파
③ 병원체, 병원소, 병원체 침입
④ 전파, 병원체 침입, 숙주
⑤ 감염원, 감염경로, 병원체 침입

> **해설** 감염병 유행의 3대 요인
> • 감염원: 병원체를 내포하는 모든 것
> • 감염경로: 병원체 전파수단이 되는 모든 환경요인
> • 감수성 숙주: 침입한 병원체에 대하여 감염이나 발병을 저지할 수 없는 상태

26 다음 중 인수공통감염병이 아닌 것은?

① 일본뇌염   ② 결핵
③ 광견병   ④ 큐열
⑤ 구제역

> **해설** ⑤ 구제역은 소, 돼지, 양, 염소 및 사슴 등 발굽이 둘로 갈라진 동물(우제류)에 감염되는 질병으로 전염성이 매우 강하며 입술, 혀, 잇몸, 코 또는 지간부 등에 물집(수포)이 생기며 체온이 급격히 상승되고 식욕이 저하되어 심하게 앓거나 어린 개체의 경우 폐사가 나타나는 질병이다. 세계동물보건기구(OIE)에서 지정한 중요 가축 전염병으로 가축전염병예방법 제1종 가축전염병에 속한다. 사람에게는 임상증상을 일으키지 않으므로, 인수공통감염병으로 분류되지 않는다.
>
> **인수공통감염병**
>
> | | |
> |---|---|
> | 정의 | • 사람과 동물이 같은 병원체에 의하여 발생하는 질병 또는 감염 상태로 특히 동물이 사람에게 옮기는 감염병 |
> | 종류 | • 장출혈성대장균감염증, 일본뇌염, 브루셀라증, 탄저, 공수병, 동물인플루엔자 인체감염증, 중증급성호흡기증후군(SARS), 변종크로이츠펠트-야콥병(vCJD), 큐열, 결핵, 중증열성혈소판감소증후군(SFTS) 등 |

27 다음 중 세균성 인수공통감염병을 모두 고른 것은?

가. 결핵	나. 탄저
다. 렙토스피라	라. 브루셀라

① 나, 라   ② 가, 나
③ 가, 라   ④ 가, 다, 라
⑤ 가, 나, 다, 라

해설 ⑤ 세균성 인수공통감염병에는 결핵, 탄저, 브루셀라증, 렙토스피라증, 비저, 돈단독・유단독, 세균성 이질, 페스트, 야토병, 가성결핵, 리스테리아증, 파스튜렐라증, 라임병, 화농구균감염증, 파상풍, 살모넬라증, 보툴리즘 등이 있다.

28 **발병 신고를 받은 시장・군수・구청장이 즉시 발병 사실을 질병관리청장에게 통보하여야 하는 가축전염병은?**

① Q열
② 결핵
③ 광견병
④ 브루셀라증
⑤ 장출혈성 대장균감염증

해설 인수공통감염병의 통보(감염병의 예방 및 관리에 관한 법률 제14조 제1항)
가축전염병예방법에 따라 신고를 받은 국립가축방역기관장, 신고대상 가축의 소재지를 관할하는 시장・군수・구청장 또는 시・도 가축방역기관의 장은 같은 법에 따른 가축전염병 중 다음의 어느 하나에 해당하는 감염병의 경우에는 즉시 질병관리청장에게 통보하여야 한다.
- 탄저
- 고병원성 조류인플루엔자
- 광견병
- 그 밖에 대통령령으로 정하는 인수공통감염병(동물인플루엔자)

29 **인수공통기생충 중에서 패류 매개성 기생충류는 무엇인가?**

① 회충
② 십이지장충
③ 심장사상충
④ 폐흡충
⑤ 트리코모나스

해설 폐디스토마(폐흡충, 피낭유충)
- 제1중간숙주: 다슬기, 제2중간숙주: 게나 가재 등 갑각류
- 사람이 생식하면 십이지장에서 탈낭하여 복강 내로 들어왔다가 횡격막을 거쳐 폐에 들어가 작은 기관지 부근에서 성충으로 발전
- 증상: 전신경련, 발작, 실어증, 시력 장애 등
- 예방법: 게나 가재의 생식을 금지하고 유행 지역의 생수 음용 금지

정답 25 ① 26 ⑤ 27 ⑤ 28 ③ 29 ④

30 개의 주요 인수공통감염병으로 짝지어진 것이 아닌 것은?

① 브루셀라증, 라임병
② 렙토스피라증, 광견병
③ 렙토스피라증, 수포성 구내염
④ 개회충증, 심장사상충증
⑤ 라임병, 분선충증

해설 ③ 수포성 구내염은 남북아메리카 지역에서만 발생되는 바이러스성 전염병으로, 감수성이 있는 동물은 말, 소, 산양, 면양 및 돼지이다. 우리나라에서는 발생이 없는 질병이며, 법정 제1종 전염병으로 지정되어 있다.

개의 주요 인수공통감염병

병명	병원체	감염경로	사람에서의 증상
광견병	Rabies virus	이환된 개에게 물린 경우	두통, 불안감, 경련, 사망
렙토스피라증	Leptospira interrogans	감염동물의 소변에 직접 접촉하거나, 병원체에 오염된 물과 토양에 간접적으로 접촉된 경우	발열, 두통, 근육통, 구토, 출혈, 황달, 신부전
파스튜렐라증	Pasteurella spp.	감염동물에 물리거나, 입맞춤 등에 의해 직접 감염된다.	국소적인 통증, 발적, 종창
브루셀라증	Brucella canis	유산태아 등의 접촉	오한, 발열, 두통, 근육통
라임병	Borrelia burgdorferi	감염동물을 흡혈한 진드기에 의해 감염	윤곽이 명료한 홍반, 관절염
개회충증	Toxacara canis	개의 회충란을 섭취	발열, 근육통, 소아에서는 시력장해
분선충증	분선충	오심지역에서 휴기를 보내는 제3기 유충의 경피 감염	설사, 점액성 혈변
심장사상충증	견사상충	감염동물을 흡혈한 모기에 물린 경우	기침, 발열, 흉통
개조충	개조충	감염유충을 가지고 있는 벼룩을 섭취하는 경우	통상적으로 무증상이지만 소아에서는 소화기 장해
개선충	진드기	감염동물과 직접 접촉	피부 가려움증, 구진
벼룩교상	개벼룩, 고양이벼룩	오염환경 중의 번데기(번데기 내 성충이 자라고 있음)	심한 가려움, 발적
피부진균증	Microsporum spp., Trichophyton spp.	감염동물과의 직접적인 접촉	두부, 팔, 다리, 피부에 원형 홍반, 소수포

31 개의 기원에 대한 설명으로 옳은 것은?

① 고대 이집트 벽화에 사람과 개가 함께 생활하는 그림이 표현되어 있다.
② 유럽 프랑스에서 청동기 시대의 것으로 보이는 개와 관련된 유물이 발견되었다.
③ 아시아 지역에서 개가 사람과 함께 생활하기 시작한 것은 1960년대 무역을 통해서이다.
④ 일본에서 퍼그(Pug)나 페키니즈 같은 소형품종을 개발하고 발전시켰다.
⑤ 그리스 시대 이후 개를 식용의 목적으로 한 선택적인 사육을 했다.

> 해설 ② 프랑스가 아닌 스페인에서 발견되었다.
> ③ 아시아 지역에서는 B.C. 6500년 전에 개와 사람이 함께 살았다는 증거가 발견되었다.
> ④ B.C. 6세기경 중국에서 퍼그와 같은 얼굴이 작고 짧은 개에 대한 기록이 발견되었다.
> ⑤ 그리스 시대 이후 사냥이 대중적인 놀이문화로 발전되어 사냥개로 키우기 위한 선택적인 사육을
> 했다.

32 고양이의 품종을 관리하는 단체가 아닌 것은?

① CFA(Cat Fanciers' Association)
② FIFe(Féedération Internationale Féline)
③ TICA(The International Cat Association)
④ WCF(World Cat Federation)
⑤ CIA(Cat International Association)

> 해설 ⑤ 고양이의 품종을 관리하는 단체는 CFA, FIFe, TICA, WCF가 있으며, CIA(Cat International
> Association)는 존재하지 않는 단체이다.

33 개의 발정에 대한 설명으로 옳지 않은 것은?

① 소형견이 대형견보다 첫 발정 시기가 빠르다.
② 영양 상태에 따라 다르나 평균적으로 1년에 3~5번 정도의 발정이 온다.
③ 암컷의 생리 주기가 완전해진 후 교배하는 것이 임신 가능성이 높다.
④ 암캐의 발정 주기는 발정 전기, 발정기, 발정 휴지기, 무 발정기의 단계로 구분된다.
⑤ 교배에 적합한 나이는 2~6세 정도이며 8세 이상의 노령 암캐의 교배는 권장하지 않는다.

> 해설 ② 개는 1년에 2회, 약 6개월 주기로 발정이 온다.

34 개의 발정 주기를 순서대로 바르게 나열한 것은?

① 발정기, 발정 후기, 무 발정기, 발정 사이기
② 발정 전기, 발정 중기, 발정 후기, 발정 휴지기
③ 발정 전기, 발정기, 발정 사이기, 무 발정기
④ 발정 휴지기, 발정기, 발정 전기, 발정 후기
⑤ 무 발정기, 발정 전기, 발정 사이기, 발정 후기

해설 암캐의 발정 주기는 발정 전기, 발정기, 발정 사이기(휴지기), 무 발정기의 단계로 진행된다.

35 개의 신체의 변화와 특성에 대한 설명으로 옳은 것은?

① 후각은 생후 한 달이 지나면서 점차 발달한다.
② 미각은 감각기관 중 가장 마지막으로 발달한다.
③ 개의 눈은 빨간색과 초록색을 구분하는 2가지 원추세포를 가지고 있다.
④ 청각은 제일 먼저 발달하는 기관으로 갓 태어난 강아지는 소음에 민감하다.
⑤ 색을 구분하는 능력이 낮아 어두운 곳에서 물체의 움직임을 구별하지 못한다.

해설 ① 개의 후각은 태어나자마자 발달하기 시작하며, 인간 후각 능력의 100만 배 이상 뛰어나다.
③ 개의 눈은 파란색, 노란색을 구분하는 2가지 원추세포를 가지고 있어 세상을 거의 흑백에 가깝게 본다.
④ 개의 청각은 생후 3주경부터 열리기 시작하므로 이때 소리에 대한 스트레스에 주의해야 한다.
⑤ 개는 색을 구분하는 능력은 떨어지지만 어두운 곳에서 움직이는 물체를 구분하는 능력은 인간보다 뛰어나다.

36 새끼 고양이의 암수를 구별하는 방법으로 옳지 않은 것은?

① 새끼 수컷 고양이는 음낭으로는 구분이 어렵다.
② 암컷 고양이는 항문과 성기가 아주 가까운 곳에 위치해 있다.
③ 수컷 고양이의 항문과 성기 사이의 거리는 5~7cm 정도 떨어져 있다.
④ 갓 태어난 새끼 고양이는 비슷하게 생겨서 암수를 구별하기가 매우 어렵다.
⑤ 새끼 암수 고양이의 생식기를 동시에 관찰하여 비교하는 것이 가장 쉬운 구분법이다.

해설 새끼 고양이는 매우 비슷하게 생겨 암수를 구별하기가 어려우므로 암수의 생식기 모양을 동시에 관찰하는 것이 확실하면서도 비교적 쉬운 방법이다. 암컷 고양이의 항문은 붙어있는 것처럼 보일 만큼 가까운 곳에 위치하고 있으며, 수컷 고양이의 항문과 성기 사이의 거리는 1~2cm 정도 떨어져 있다.

37 고양이가 들을 수 있는 주파수 범위로 가장 옳은 것은?

① 20Hz~20kHz
② 20Hz~40kHz
③ 30Hz~40kHz
④ 30Hz~60kHz
⑤ 40Hz~60kHz

> 해설 고양이(가청 주파수 30Hz~60kHz)는 사람(가청 주파수 20Hz~20kHz)과 개(가청 주파수 20Hz~40kHz)보다 넓은 주파수 범위를 들을 수 있다.

38 토끼에 대한 설명으로 옳은 것은?

① 위턱을 좌우로 움직여 음식물을 씹는다.
② 앞발이 길고 뒷발이 짧아 내리막길에서도 빠르게 뛸 수 있다.
③ 위험을 감지하면 뒷발을 쿵쿵 구르며 동료들에게 경계하라고 알린다.
④ 기온에 따라 귀, 코, 꼬리 등의 색깔이 변하는 토끼 품종을 '할리퀸'이라고 한다.
⑤ 토끼 눈이 빨갛게 보인다면 눈병으로 인한 충혈이 의심되므로 신속히 병원에 가야 한다.

> 해설 ① 토끼는 아래턱을 좌우로 움직여 저작운동을 한다.
> ② 긴 뒷발로 점프하고 짧은 앞발로 균형을 잡아 착지한다.
> ④ 기온에 따라 몸 일부의 색이 변하는 토끼 품종은 '히말라얀(Himalayan)'이며 온도가 낮을수록 색이 짙어진다. '할리퀸(Harlequin)'은 몸 좌우의 털 빛깔이 완전하게 대칭을 이루는 품종을 말한다.
> ⑤ 토끼는 홍채에 멜라닌 색소가 없어 망막 안쪽의 혈관이 그대로 비쳐 보이기 때문에 빨갛게 보이는 것이 정상이다.

39 체내에서 비타민C를 생성하지 못하므로 반드시 신선한 채소 등의 먹이로 비타민을 보충해주어야 하는 동물은?

① 개
② 토끼
③ 고양이
④ 햄스터
⑤ 기니피그

> 해설 기니피그는 사람과 마찬가지로 체내에서 비타민C를 생성하지 못하기 때문에 사료와 더불어 신선한 채소를 먹이로 주어 부족한 영양소를 채워주어야 한다.

40 고슴도치에 대한 설명으로 옳은 것은?

① 고슴도치는 채식 동물이다.

② 하루에 2L 이상의 수분이 필요한 동물이다.

③ 수컷의 성기는 코에서 배의 중간에 위치한다.

④ 봄과 여름철(2~8월)이 번식기이며 임신기간은 6개월이다.

⑤ 얼굴, 배, 꼬리, 다리를 제외한 몸통 전체에 날카로운 털이 촘촘히 나 있다.

> **해설** ① 고슴도치는 잡식성이므로 밀웜, 말린 귀뚜라미 등을 간식으로 주는 것이 좋다.
> ② 물을 많이 먹는 동물이 아니기 때문에 큰 급수통이 필요하지 않다.
> ③ 고슴도치 수컷의 성기는 코에서 배까지 거리의 2/3 정도의 지점에 있다.
> ④ 보통 봄, 가을철이 번식기이며 임신기간은 약 40일 정도이다.

41 다음 중 강아지가 먹어도 될 음식은?

① 자일리톨   ② 아보카도

③ 포도   ④ 마카다미아 넛

⑤ 양배추

> **해설** 강아지가 먹지 말아야 할 음식에는 초콜릿, 커피, 알코올, 아보카도, 마카다미아 넛, 포도, 자일리톨, 파, 마늘 등이 있다. 이런 음식을 먹으면 중독증상을 일으키고, 심하면 생명을 잃을 수도 있으므로 주의해야 한다. 오이, 양배추와 같이 수분이 많은 채소는 물을 잘 먹지 않는 강아지들에게 수분을 공급할 수 있는 간식이 되기도 한다.

42 반려견이 중성화 수술 후에 살이 찌는 이유는?

① 성호르몬이 감소하면서 에너지대사율과 행동량이 줄고, 식욕이 늘기 때문이다.

② 성호르몬이 감소하면서 스트레스가 줄고, 행동량이 늘기 때문이다.

③ 성호르몬의 증가가 식욕을 증가시키는 효과가 있기 때문이다.

④ 성호르몬의 증가로 에너지대사율이 늘기 때문이다.

⑤ 성호르몬이 증가하여 행동량이 늘기 때문이다.

> **해설** 중성화 수술 이후 살이 찌는 반려견들이 종종 있는데, 그 이유는 성호르몬의 감소로 에너지대사율과 스트레스, 그리고 행동량이 줄기 때문이다. 식욕을 억제하는 효과가 있는 에스트로겐이 감소하게 되면서 식욕이 늘어나게 된다. 식욕의 증가와 행동량의 감소로 인하여 비만이 나타나게 될 수 있다.

43 식물성 탄수화물에 해당하지 않는 것은?

① 당류　　　　　　　　　　② 검
③ 셀룰로오스　　　　　　　④ 전분
⑤ 글리코겐

> **해설** 글리코겐은 동물성 탄수화물에 해당한다.

44 동물의 영양소에 있어 단백질의 기능이 아닌 것은?

① 세포의 구성성분으로 생명체의 기본물질이다.
② 효소 및 호르몬의 주성분으로 소화 생리 및 대사작용을 주관하는 물질이다.
③ 산소와 탄산가스의 체내운반에 필요하다.
④ 지방대사를 원활하게 해주며, 뇌와 신경조직의 구성에 관여한다.
⑤ 동물의 털, 뿔, 뼈 등의 구성성분이다.

> **해설** ④ 탄수화물에 대한 설명이다.
> 단백질은 동물의 생명유지, 소화 생리 및 대사작용에 필수적인 영양소로 세포와 유전인자의 구성성분일 뿐 아니라 효소 및 호르몬의 주성분이다. 헤모글로빈의 주성분으로 산소와 탄산가스의 체내운반에 필요하며, 면역체의 구성성분으로 면역작용과 질병예방 및 치료 등에 관계한다. 또한 털, 발굽, 뿔, 뼈 등의 구성성분이다.

45 동물의 영양소에 있어 비타민에 대한 설명이 아닌 것은?

① 피부병, 빈혈, 신경증 등의 증상을 막아준다.
② 성장률과 사료 효율을 개선한다.
③ 에너지를 발생시킨다.
④ 세포의 중추적인 지주 역할을 하지 않는다.
⑤ 영양소의 대사작용에 관계한다.

> **해설** 비타민은 동물의 생명현상과 생산 활동을 위해 소량으로 요구되는데, 에너지를 발생시키지는 않는다. 비타민은 꼭 필요하지만 반드시 사료의 형태로 공급할 필요성은 없다.

46 사료에 대한 설명으로 옳지 않은 것은?

① 사료를 많이 급여하면 소화율이 저하된다.
② 사료의 영양률이 높을수록 소화율이 증가한다.
③ 분쇄된 곡류는 반추동물의 소화율을 증가시킨다.
④ 영양률이 높을수록 단백질 비율이 낮아진다.
⑤ 조사료는 분쇄 여부가 소화율에 영향을 주지 않는다.

해설 사료의 영양률이 높으면 소화율이 저하된다.

47 사양표준에 대한 설명으로 옳지 않은 것은?

① 가축사육에 중요한 사양표준의 제정이 최초로 시도된 것은 1810년이다.
② 사양표준에서 급여기준은 대체로 1일 중 영양소요구량이나 사료의 단위중량 당 영양소 함량으로 표시한다.
③ 우리나라에서는 과거에 ARC(Agricultural Research Council, 영국 농업연구위원회)의 사양표준이 주로 이용되었다.
④ 2002년도에 우리나라는 농림부 산하 농촌진흥청 주관으로 한우, 젖소, 돼지 및 가금류에 대한 한국 사양표준을 제정하였다.
⑤ 사양표준이란 사용목적에 따라 필요한 가축의 영양소요구량을 합리적으로 제시하여 놓은 일종의 급여기준이다.

해설 우리나라는 과거에 ARC(Agricultural Research Council, 영국 농업연구위원회)의 사양표준이 아닌 NRC(National Research Council, 미국 국가연구위원회)의 사양표준을 이용하였다.

48 소화에 대한 설명 중 옳지 않은 것은?

① 소화는 분해와 흡수를 포함한다.

② 입에서 음식물의 저작과 혼합으로 음식물의 입자를 작게 하는 것은 물리적 소화이다.

③ 소화기관에서 분비되는 각종 효소에 의해서 고분자화합물이 저분자영양소로 분해·흡수되는 것은 미생물에 의한 소화이다.

④ 대장에서는 소화효소에 의한 소화가 일어나지 않는다.

⑤ 소장에서는 연동운동과 동시에 분절운동이 일어난다.

> **해설** 소화기관에서 분비되는 여러 효소에 의해서 고분자화합물이 저분자영양소로 분해·흡수되는 것은 효소에 의한 소화이다.
> ④ 대장에서는 소화효소가 분비되지 않아 소화효소에 의한 소화는 일어나지 않고, 소화가 끝난 잔여물로부터 무기염류와 수분을 흡수하여 혈액으로 보내는 역할을 한다.

49 동물의 수분 섭취에 대한 내용으로 옳지 않은 것은?

① 개나 고양이가 하루에 체중 1kg당 100ml 이상의 물을 섭취하는 것을 '다음(Polydipsia)'이라고 한다.

② 다음과 다뇨(Polyuria)는 당뇨, 신부전, 쿠싱증후군과 같은 질병의 증상일 수 있다.

③ 개는 고양이에 비해 수분조절 능력이 떨어져 하부 요로 질환에 잘 걸린다.

④ 신체 내에서 에너지 대사를 통해 수분을 생성한다.

⑤ 신부전의 경우 다음과 다뇨가 나타날 확률은 50% 이상이다.

> **해설** 고양이는 개에 비해 수분조절 능력이 떨어져 하부 요로 질환에 잘 걸리는데, 음수량을 늘리는 것이 질환 예방과 개선에 도움이 된다.

50 고양이의 습성으로 알맞은 것은?

① 밤에는 자고 낮 시간에 가장 활발하다.

② 배변하는 곳을 매번 다르게 하는 습성이 있다.

③ 발톱 갈기를 하는 습성이 있다.

④ 대부분 물을 좋아한다.

⑤ 뒷발이 짧아 도약력이 뛰어나다.

> **해설** 고양이는 야행성 동물로 낮에는 자고 밤에 가장 활발하고, 대부분 물을 두려워한다. 본능적으로 발톱 갈기를 하며 뒷발이 길어 도약력이 뛰어나고, 정해진 곳에 배변하는 습성이 있다.

51 행동학연구의 4분야에 속하지 않는 것은?

① 행동의 지근요인　　　　　② 행동의 궁극요인

③ 행동의 발달　　　　　　　④ 행동의 진화

⑤ 행동의 순화

> **해설** 행동학연구의 4분야
> • 행동의 지근요인: 행동의 메커니즘을 연구하는 분야
> • 행동의 궁극요인: 행동의 의미(생물학적 의의)를 연구하는 분야
> • 행동의 발달: 행동의 개체발생(발달)을 연구하는 분야
> • 행동의 진화: 행동의 계통발생(진화)을 연구하는 분야

52 어떤 개체가 자신과 혈연관계에 있는 다른 개체의 생존과 번식을 도움으로써 자신과 공유하고 있는 유전자세트가 그 근연개체의 번식성공을 통해 다음 세대로 이어진다는 개념은?

① 사회화　　　　　　　　　② 육아행동

③ 생득적 행동　　　　　　　④ 포괄적응도

⑤ 동기부여

> **해설** 포괄적응도는 야생동물의 집단에서 동료 간에 서로 도우며 생활하는 사례를 설명하기 위해 적응도의 개념을 확대한 것이다. 포괄적응도는 어떤 개체가 자신과 혈연관계가 있는 다른 개체의 생존과 번식을 도움으로써 자신과 공유하고 있는 유전자세트가 그 근연개체의 번식성공을 통해 다음 세대로 이어진다는 개념이다.

53 거위나 기러기 등의 조성성 조류에서 특히 유명한 개념으로 태어난 지 얼마 되지 않은 시기에 최초로 본 움직이는 것을 부모로 인식하여 따르는 것은?

① 임프린팅　　　　　　　　② 고전적 조건화

③ 조작적 조건화　　　　　　④ 모방

⑤ 통찰학습

> **해설** 임프린팅(Imprinting)은 태어난 지 얼마 되지 않은 시기에 최초로 본 움직이는 것을 부모로 인식하여 따르거나 그것이 장래의 배우자 선택을 좌우하는 등 장기에 걸쳐 행동에 영향을 미치는 것이다. 거위나 기러기 등의 조성성 조류에서 특히 유명한 현상으로 사회화기 또는 감수기에 일어난다.

54 개의 행동발달 단계에 속하지 않는 것은?

① 신생아기　　　　　　　　② 이행기
③ 사회화기　　　　　　　　④ 약령기
⑤ 성년기

해설　개의 행동발달 단계는 신생아기, 이행기, 사회화기, 약령기의 4단계로 나뉜다.

55 동물행동학에서 본 생식전략에 대한 설명 중 옳은 것은?

① 말은 다태동물이다.
② 개는 다태동물이다.
③ 코끼리바다표범은 일처다부형 동물이다.
④ 소는 적응도를 높이기 위해 r전략을 가진다.
⑤ 수컷 공작의 화려한 꼬리털은 혈연선택으로 설명할 수 있다.

해설　② 개는 한 번에 여러 마리의 새끼를 낳는 다태동물이다.
① 말은 한 번의 출산에서 한 마리만을 낳는 단태동물이다.
③ 코끼리바다표범은 일부다처형 동물이다.
④ 소, 말, 코끼리와 같은 대형 포유류는 일반적으로 수명이 길어 성장할 때까지 시간이 걸리며 비교적 안정된 생태환경과 경합적인 사회 환경 속에서 적은 수의 새끼를 극진히 보호하고 소중하게 키워내는 K전략을 가진다.
⑤ 수컷 공작의 화려한 깃털은 한정된 자원인 암컷을 둘러싼 경쟁에서 조금이라도 유리하게 행동하기 위해 자신의 생존율을 희생해서까지 어떤 형질을 발달시키는 성선택에 대한 예이다.

56 동물이 반응을 일으키기에 충분한 강도의 자극을 일어나지 않게 될 때까지 반복하는 행동수정 법은?

① 계통적 탈감작　　　　　　② 고전적 조건화
③ 홍수법　　　　　　　　　　④ 강화
⑤ 소거

해설　홍수법은 동물이 반응을 일으키기에 충분한 강도의 자극을 계속 주고 더 이상 그 반응이 일어나지 않게 될 때까지 반복하는 행동수정법이다. 어린 동물의 경우나 공포의 정도가 약한 경우에 유용하지만 해당 반응이 줄어들기 전에 자극에의 노출을 중지하거나 동물이 회피행동에 의해 자극에서 벗어나는 것을 학습하게 되면 효과가 없고 문제행동을 악화시킬 우려가 있다.

57 문제행동치료 시 의학적 요법에 해당하지 않는 것은?

① 거세
② 피임
③ 송곳니절단술
④ 안락사
⑤ 성대제거술

> **해설** 의학적 요법의 중심은 수컷의 거세(중성화 수술)이며, 이외에 피임, 송곳니절단술, 성대제거술, 앞발톱 제거술, 앞발힘줄절단술 등이 있다.

58 공포성 공격행동을 일으키는 요인에 해당하지 않는 것은?

① 과도한 공포나 불안
② 과도한 영역방위본능
③ 선천적 기질
④ 사회화 부족
⑤ 과거의 혐오경험

> **해설** ② 과도한 영역방위본능은 주로 영역성 공격행동을 일으키는 원인으로 설명된다.

59 문제행동에 대한 보호자 교육 방법으로 옳지 않은 것은?

① 훈련책, 브로슈어, 비디오 또는 다른 여러 가지 방법을 통하여 가족 간 훈련 정보를 공유하도록 해야 한다.
② 교육할 때는 사례나 증거를 보여 주는 방법이 가장 효과적이다.
③ 문제행동은 잘못된 훈련으로 나타나는 경향이 대부분이므로 훈련을 반드시 잘 시켜야 한다.
④ 문제행동을 교정할 때 수의사는 반드시 신체검사, 혈액 검사, 요 검사, 변 검사 등을 먼저 진행해야 한다.
⑤ 행동 교정을 위한 약을 처방한다면 혈액 검사를 통해 신장과 간 기능을 반드시 확인해야 한다.

> **해설** ③ 문제행동이 꼭 훈련을 잘못하여 나타나는 것만은 아니다. 예를 들어 개에게 뇌종양이 있거나 갑상샘 수치가 낮으면 공격성을 띨 수 있다. 동물이 관절염이 있다면 통증 때문에 공격적일 수밖에 없다. 또한, 방광염이 있는 고양이는 아무 곳에나 스프레이를 한다. 그러므로 문제행동이 나타난다면 반드시 병원에서 신체검사를 병행해야 한다.

60 문제행동이 질병에 따른 문제행동이 아니라면, 수의 간호사가 5단계 긍정적 순행 계획에 따라 설명해야 한다. 다음 중 2단계에 해당하는 것은?

① 옳은 행동을 강화하고 끌어내도록 한다.
② 부적절한 행동을 최소화하고 예방한다.
③ 동물에게 꼭 필요한 일상적인 행동과 그에 따른 해결 방법을 이해한다.
④ 적절하지 않은 행동을 막기 위해 부정 처벌 방법을 사용한다.
⑤ 필요할 때 최소한의 긍정 처벌을 사용한다.

> **해설** 5단계 긍정적 순행 계획
> • 1단계: 옳은 행동을 강화하고 끌어내도록 한다.
> • 2단계: 부적절한 행동을 최소화하고 예방한다.
> • 3단계: 동물에게 꼭 필요한 일상적인 행동과 그에 따른 해결 방법을 이해한다.
> • 4단계: 적절하지 않은 행동을 막기 위해 부정 처벌 방법을 사용한다.
> • 5단계: 필요할 때 최소한의 긍정 처벌을 사용한다.

제2과목 **예방 동물보건학**

01 동물 응급실에 관한 설명으로 옳지 않은 것은?

① 응급실은 응급환자를 진료 및 처치하기 위한 인력과 시설을 갖춘 곳이다.

② 모든 기기와 응급 약물은 신속히 사용할 수 있도록 항상 일정한 장소에 보관하고, 재고를 유지하여야 한다.

③ 응급실은 공간이 충분하면서 잘 구성되어 있어 불필요한 동작 없이 모든 물품을 쉽게 사용할 수 있도록 관리되어야 한다.

④ 근무자는 응급 상황에서 대처할 수 있는 모든 절차와 기기의 위치를 완벽히 숙지하고 있어야 한다.

⑤ 응급실은 크게 응급환자를 처치할 수 있는 처치 구역과 심폐소생술을 시행할 수 있는 심폐소생 구역으로 나뉘며, 각 구역은 서로 차단되어 있어야 한다.

해설 응급실은 크게 응급환자를 처치할 수 있는 처치 구역과 심폐소생술을 시행할 수 있는 심폐소생 구역으로 나뉘며, 각 구역은 응급 상황에서 빠르게 이동할 수 있어야 한다.

02 응급실에서 사용하는 처치 물품으로 옳지 않은 것은?

① 외상 환자의 상처 부위를 드레싱 하기 위한 멸균된 거즈

② 깊고 넓은 상처 부위를 멸균으로 다루기 위한 멸균된 장갑

③ 일반적으로 오염 또는 감염 위험이 있는 것을 다룰 때 사용하는 비멸균장갑

④ 기관내관을 삽관하기 위한 후두경

⑤ 수술할 부위나 상처를 소독할 때 사용하는 베타딘 및 알코올 솜

해설 ④ 기관내관을 삽관하기 위한 후두경은 처치 물품이 아니라 호흡 보조기기이다.

응급실 처치 물품

물품	용도
멸균 거즈	외상 환자의 상처 부위를 드레싱 하기 위한 멸균된 거즈
멸균 장갑	깊고 넓은 상처 부위를 멸균으로 다루기 위한 멸균된 장갑
비멸균 장갑	일반적으로 오염 또는 감염 위험이 있는 것을 다룰 때 사용
베타딘 및 알코올 솜	수술할 부위나 상처를 소독할 때 사용
종이테이프(micro pore)	거즈의 고정 또는 카테터 장착 후 고정을 위해 사용하는 테이프
압박 붕대 및 솜 붕대	골절 부위 고정 및 상처 부위 보호를 위해 사용

03 응급실 기기의 준비 및 관리에 관한 설명으로 옳지 않은 것은?

① 기기의 외관 청결 상태를 확인한다.

② 혈액 또는 체액이 묻어 있으면 중성세제를 이용하여 닦아낸다.

③ 기기의 정상 작동 여부를 체크한다.

④ 응급실 상황을 확인한 후 체크리스트에 확인 여부를 체크하고 확인자란에 서명한다.

⑤ 기기에 이상이 있으면 담당자 또는 수의사에게 즉시 보고한다.

해설 ② 기기의 외관 청결 상태를 확인하고, 혈액 또는 체액이 묻어 있으면 소독제를 이용하여 닦아낸다.

04 응급실의 환경 관리에 대한 설명으로 옳지 않은 것은?

① 응급실에는 많은 고가의 기기와 기구가 있으므로 항상 안전에 유의한다.

② 근무자의 이동에 불편이 없는 구조로 관리해야 하며 바닥에 불필요한 물건을 놓지 않아야한다.

③ 처치를 위한 테이블은 산소 공급 기기와 응급 처치실 또는 응급 카트와 되도록 먼 곳에설치한다.

④ 모든 응급 처치 및 집중치료 기기는 항상 즉시 사용할 수 있어야 한다.

⑤ 환자가 있던 곳은 감염원을 포함한 혈액이나 분변 등에 오염될 수 있어 소독제로 닦아낸다.

해설 ③ 처치를 위한 테이블은 산소 공급 기기와 응급 처치실 또는 응급 카트와 되도록 가까운 곳에 설치한다.

05 다음 괄호 안에 들어갈 물질로 옳은 것은?

건조한 의료용 산소를 환자에게 공급할 때 가습을 위해서 산소 유량계에 (　　　)을/를 채워준다.

① 포도당　　　　　　　　　　② 증류수

③ 염화나트륨　　　　　　　　④ 식소다

⑤ 탄산수

해설 산소 유량계에 건조한 의료용 산소를 환자에게 공급할 때 가습을 위해 증류수를 채워준다. 산소 유량계의 표시된 선까지 증류수가 충분한지 일상점검에서 확인해야 한다.

06 심장박동을 떨어뜨리는 심부전에 의한 조직 관류 결핍으로, 부정맥, 판막병증, 심근염이 원인인 쇼크(shock)는?

① 심인성(cardiogenic) 쇼크
② 분포성(distributive) 쇼크
③ 폐색성(obstructive) 쇼크
④ 저혈량(hypovolemic) 쇼크
⑤ 신경성(neurogenic) 쇼크

해설 쇼크의 종류
- 심인성(cardiogenic) 쇼크: 심장박동을 떨어뜨리는 심부전에 의한 조직 관류 결핍으로, 부정맥, 판막병증, 심근염이 원인이다.
- 분포성(distributive) 쇼크: 혈류의 분포 이상으로 인한 쇼크이다. 이러한 쇼크의 초기 원인은 패혈증, 과민반응, 외상, 신경원성이다.
- 폐색성(obstructive) 쇼크: 순환계의 물리적인 폐색으로 발생하며, 심장사상충, 심낭수, 폐혈전증, 위염전이 혈류 장애를 일으킨다.
- 저혈량(hypovolemic) 쇼크: 혈액 소실, 제3강(third-space)의 소실 또는 다량의 구토, 설사, 이뇨에 의한 체액 소실로 인해 혈액량이 감소하면 나타난다. 저혈량 쇼크는 소형 동물에게서 가장 흔하게 나타난다.

07 혈압과 혈압 측정 방법에 관한 설명으로 옳지 않은 것은?

① 가장 일반적으로 사용되는 측정 방법은 도플러(Doppler) 방식과 진동(oscillometry) 방식이다.
② 저혈압은 평균 동맥압이 60mmHg 이하이거나, 수축기 동맥압이 80mmHg 이하인 것을 말한다.
③ 고혈압의 흔한 원인으로는 저혈량, 말초혈관 확장(패혈증, 과민성 쇼크, 마취 등), 심박출량 감소 등이 있다.
④ 고혈압은 안정 상태의 동물에게서 평균 동맥압이 130~140mmHg 이상이거나, 수축기 동맥압이 180~190mmHg 이상인 경우를 말한다.
⑤ 혈압을 측정할 때 자세는 양와위(sternal) 자세가 가장 자연스럽고 편안한 자세이지만, 호흡 곤란이 있는 동물은 앉거나 선 상태에서 시행한다.

해설 ③ 저혈량, 말초혈관 확장(패혈증, 과민성 쇼크, 마취 등), 심박출량 감소(심부전, 판막질환, 느린 맥박성 부정맥, 잦은 맥박, 심낭 삼출액) 등은 저혈압의 흔한 원인이다.

08 응급 처치 보조로 혈압을 측정할 때 옳은 것은?

① 이완기 혈압을 반드시 측정하고 낮으면 바로 보호자에게 보고한다.

② 동물을 흉와위 또는 횡와위 자세로 눕히고 안정시킨다.

③ 전지 또는 후지 측정 부위 둘레의 약 20~30% 정도의 커프를 선택한다.

④ 5회 이상 측정하여 평균 이완기 혈압값을 얻는다.

⑤ 압력계로 커프를 부풀리고 압력을 서서히 빼면서 이완기 혈압을 측정한다.

해설 ① 수축기 혈압을 반드시 측정하고 낮으면 담당 수의사에게 바로 보고한다.
③ 전지 또는 후지 측정 부위 둘레의 약 40~60% 정도의 커프를 선택한다.
④ 3회 이상 측정하여 평균 수축기 혈압값을 얻는다.
⑤ 압력계로 커프를 부풀리고 압력을 서서히 빼면서 수축기 혈압을 측정한다.

09 동물 심폐소생술에 필요한 주요 약물이 아닌 것은?

① 아트로핀(atropine)

② 푸로세마이드(furosemide)

③ 덱사메타손(dexamethasone)

④ 바소프레신(vasopressin)

⑤ 바세린(Vaseline)

해설 동물 심폐소생술에 필요한 주요 약물로는 ①, ②, ③, ④ 외에 에피네프린(epinephrine), 20% 포도당(glucose), 길항제(naloxone)가 있다.

10 기본 심폐소생술 시행 중 순환(C; circulation)에 관한 내용으로 옳지 않은 것은?

① 4~5번 늑간(팔꿈치 부위의 흉부)을 압박한다.

② 150~200회/min 속도로 압박한다.

③ 압박 후에는 가슴이 완전히 제자리에 오도록 해야 한다.

④ 흉부를 압박할 때 두 팔은 곧게 편 상태에서 해야 쉽게 지치지 않는다.

⑤ 양압 호흡 시 인공호흡을 담당하는 사람은 본인의 호흡 횟수로 하면 쉽게 할 수 있다.

해설 ② 100~150회/min 속도로 압박한다.

11 응급동물 모니터링에 관한 설명으로 옳지 않은 것은?

① 체온이 불안정하면 일정한 간격(약 30분)을 두고 계속 측정해야 한다.
② 중증 동물은 2시간 단위로 측정하여 변화를 모니터링한다.
③ 산소 공급을 시행하고 호흡 양상의 변화가 있을 때는 반드시 담당 수의사에게 보고한다.
④ 느린 맥박 변화를 모니터링할 때에는 ECG 또는 산소포화도 측정기를 장착하여 모니터링한다.
⑤ 수액을 공급해도 배뇨가 6시간 이상 없으면 수의사에게 보고한다.

> **해설** ② 중증 동물은 수의사의 지시에 따라 30분 또는 1시간 단위로 측정하여 변화를 모니터링한다.

12 호흡 곤란 동물의 산소요법 중 다음에 해당하는 산소 공급방법은?

> • 1~3mm 지름의 튜브를 사용한다. 비강 내 국소마취제(lidocaine 2%)를 한두 방울 투여한 후, 1분 뒤 비강을 통하여 눈의 내안각 위치까지 튜브를 삽입하고 반창고나 의료용 스테이플러(skin stapler)로 고정하여 공급하는 방법이다.
> • 48~72시간 간격으로 튜브의 위치를 바꿔 주어야 하며, 비강 점막이 손상되지 않도록 주의해야 한다.
> • 장기간의 치료에 적용한다.

① 마스크
② 산소 튜브를 이용하는 방법(flow-by)
③ 넥칼라를 이용한 산소공급
④ 비강 산소 튜브를 이용한 방법
⑤ 산소 케이지

> **해설** ① 마스크: 치료를 시작할 때 또는 제한된 시간 동안 산소를 공급할 때 이용한다. 간단하고 신속하며 큰 기기가 필요하지 않은 장점이 있으나, 단두종의 개나 고양이에게는 부적절하다는 단점이 있다.
> ② 산소 튜브를 이용하는 방법(flow-by): 단순히 코와 입에 산소 튜브를 가까이 대 주는 것이며, 마스크보다는 효과가 작지만, 마스크를 싫어하는 동물에게 임시적 또는 응급 목적으로 적용하기 좋은 방법이다.
> ③ 넥칼라를 이용한 산소공급: 넥칼라의 앞부분을 이산화탄소와 함께 습기와 열을 방출할 수 있도록 2/3 정도 랩(wrap)이나 투명한 비닐로 씌우고 넥칼라 안에 산소라인을 고정하여 공급하는 방법이다. 효과가 좋고 가격이 저렴하지만, 고체온 가능성, 높은 습도, 넥칼라 안의 이산화탄소 저류의 단점이 있다.
> ⑤ 산소 케이지: 케이지 안의 산소 농도, 온도, 습도를 조절할 수 있는 기기가 있는 ICU 케이지를 이용한다. 케이지 구매비가 비싸고 처치 시 문을 여닫을 때 공급된 산소가 일시에 배출된다는 단점이 있으나, 스트레스 없이 산소를 공급하기에 매우 좋다.

13 동물 모니터링 시 산소포화도 측정기 사용에 대한 유의점으로 옳지 않은 것은?

① 산소포화도 측정기 측정 부위는 혀에 클립 프로브를 적용했을 때 가장 정확하며, 귀, 꼬리 근위부 또는 발가락 사이에서도 측정할 수 있다.
② 산소포화도 측정기는 '전원켜기 → 배터리 잔량 확인 → 센서에 광원 확인 → 점검자의 손가락에 센서를 이용하여 측정' 순으로 점검한다.
③ 산소포화도(SpO_2) 측정기 측정치는 퍼센트(%)로 나타내며, 정상 범위는 95% 이상으로, 100%일 때 동맥 내 산소 분압(PaO_2)은 95% 이상이다.
④ 산소포화도 측정기는 심한 저혈압과 빈혈, 말초 냉감이 있는 동물에게 측정이 용이하다.
⑤ 산소포화도 측정 시 기기의 심박 수와 실제 심박 수가 일치해야 신뢰도가 높다.

해설 산소포화도 측정기는 동맥 내 헤모글로빈의 산소포화도를 측정하여 동맥 내 산소 분압(PaO_2)을 간접적으로 측정하는 기기이다. 심한 저혈압과 빈혈, 말초 냉감이 있는 동물은 측정하기 어렵다.

14 비강 튜브를 이용하여 산소 공급을 할 때 돕는 방법으로 옳지 않은 것은?

① 견좌 자세 또는 횡와 자세로 보정한다.
② 동물의 비강에 2% 리도카인을 한두 방울 점적하고 1분 뒤 동물을 보정한다.
③ 수의사가 튜브를 비공에 삽입하고 튜브를 고정하는 순간 동물이 움직이지 않도록 동물을 보정자의 몸에 밀착한다.
④ 반드시 초기에도 산소는 습윤(가습) 상태이어야 호흡기의 점막 건조를 예방할 수 있다.
⑤ 튜브의 삽입이 끝나면 튜브와 산소라인을 연결하고 적절한 산소 공급량을 직접 조절한다.

해설 ⑤ 산소 공급량 조절은 수의사의 지시에 따라 하여야 한다. 따라서 튜브의 삽입이 끝나면 튜브와 산소라인을 연결하고 수의사의 지시에 따라 산소 공급량을 조절한다.

15 수혈 시 혈액형 판정 키트에 관한 설명으로 옳지 않은 것은?

① 전혈로 검사할 수 있다.
② 검사 시간은 5분 내외이다.
③ 개와 고양이의 키트 원 안에는 동결 건조된 항체가 도포되어 있다.
④ 개와 고양이의 판정 키트가 같다.
⑤ 적혈구의 응집 상태를 판정한다.

해설 ④ 개와 고양이의 판정 키트가 서로 다르다.

16 정맥 카테터 장착 보조에 관한 설명으로 옳지 않은 것은?

① 동물을 흉와 자세 또는 견좌 자세와 횡와 자세를 취하게 한다.

② 수의사의 IV카테터 장착이 완료된 후 장착 날짜를 기록한다.

③ 동물을 보정자의 몸 쪽으로 밀착하여 IV카테터를 장착하는 동안 움직임을 억제한다.

④ 5kg 이하의 소형견은 엄지손가락으로 노장하고 5kg 이상의 중소형견 및 대형견은 검지손
가락으로 노장한다.

⑤ 카테터가 혈관에 정상적으로 삽입되면 엄지손가락의 힘만 살짝 풀어 노장을 해제한다.

> **해설**　④ 5kg 이하의 소형견은 검지손가락으로 노장하고 5kg 이상의 중소형견 및 대형견은 엄지손가락
> 으로 노장한다.

17 농축 적혈구의 혈액 팩에 라벨로 붙어 있는 채혈 일자의 유효기간의 내용으로 옳은 것은?

① 유효기간은 −5~6℃의 냉장에서 채혈일로부터 5일간이다.

② 유효기간은 1~6℃의 냉장에서 채혈일로부터 14일간이다.

③ 유효기간은 5~10℃의 냉장에서 채혈일로부터 15일간이다.

④ 유효기간은 5~10℃의 냉장에서 채혈일로부터 30일간이다.

⑤ 유효기간은 7~10℃의 냉장에서 채혈일로부터 50일간이다.

> **해설**　채혈 일자는 농축 적혈구의 혈액 팩에 라벨로 붙어 있으며 농축 적혈구의 유효기간은 1~6℃의 냉장에
> 서 채혈일로부터 14일간이다.

18 종이차트와 비교할 때, 전자차트의 특징을 잘못 설명한 것은?

① 동물의 데이터를 보관하기에 용이하다.

② 차트를 보관할 때 많은 공간이 필요하다.

③ 검사 결과를 쉽게 차트에 입력할 수 있다.

④ 재고관리, 전자결제, 매출통계 등 다양한 기능을 수행할 수 있다.

⑤ 대표적으로 활용하는 프로그램에는 IntoVet, Woorien, e-Friends 등이 있다.

해설 ② 차트를 보관할 때 많은 공간이 필요한 것은 종이차트의 특징이다.

종이차트와 전자차트

종이차트	전자차트
• 상담만 받고 진료를 받지 않은 동물의 데이터를 보관하기 어렵다. • 차트를 보관할 때 많은 공간이 필요하다. • 동물이 방문할 때마다 차트를 일일이 찾아야 하는 불편함이 있다.	• 디지털을 통해 동물 및 재고관리, 경영통계, 전자결제, 매출통계, 서식관리 등 다양한 기능을 수행할 수 있다. • 각종 검사기기와 연동하여 검사 결과를 쉽게 차트에 입력할 수 있다. • 동물병원 전용 PMS(Patients Management System)로 인투벳(IntoVet), 우리엔(Woorien), 이프렌즈(e-Friends), CompanionForVet 등이 활용되고 있다.

19 처방전에서 사용하는 약어를 잘못 설명한 것은?

① sem.i.d.(semel in die): 1일 1회
② b.i.d.(bis in die): 1일 2회
③ t.i.d.(ter in die): 1일 3회
④ q.i.d.(quarter in die): 1일 4회
⑤ Omn.4hr.(omni guarta hora): 1일 3~4회

해설 • Omn. 4hr.(omni guarta hora): 매 4시간마다
• t.g.i.d.: 1일 3~4회

20 동물등록제를 시행함으로써 얻어지는 효과를 잘못 설명한 것은?

① 반려동물을 키우는 소유주의 책임을 강화한다.
② 유실 및 유기동물의 발생을 억제한다.
③ 반려동물을 키우는 사람의 수가 늘어난다.
④ 유실 동물을 발견할 경우 소유주를 쉽게 확인할 수 있다.
⑤ 반려동물의 문화 향상에 도움이 된다.

해설 동물등록제
동물등록제는 동물의 보호와 유실·유기방지 등을 위하여 시장·군수·구청장·특별자치시장에게 등록대상동물을 등록하여야 하는(동물보호법 제12조 제1항) 제도이다. 반려동물의 등록 관리를 통하여 소유주의 책임을 강화하고, 유실 및 유기동물을 소유주에게 신속하게 인계함으로써 유실 및 유기동물의 발생을 억제하며 반려동물의 문화가 향상될 수 있다.

21 진료 접수하기에 대한 다음 설명 중 틀린 것은?

① 미리 병원별 차트 프로그램을 완벽하게 숙지하고 있어야 한다.

② 한 보호자가 여러 마리의 동물을 데리고 있는 경우, 차트를 검색하여 같은 보호자임을 확인한 후 등록한다.

③ 동물등록 여부를 확인하여 등록이 안 되어 있다면 동물 등록 방법과 절차를 안내한다.

④ 외장형 등록은 정보가 들어간 전자칩을 목걸이 형태로 제작하여 착용하도록 하는 방식이다.

⑤ 내장형 등록은 전자칩을 시술할 수 없는 시·군·구청에서 인식표를 부착하는 방식으로 활용한다.

> **해설** ⑤ 내장형 등록은 고유번호와 정보가 기록된 전자칩을 주사기를 이용하여 양쪽 어깨뼈 사이에 삽입하는 방식이다. 전자칩을 시술할 수 없는 시·군·구청에서 동물 등록을 신청하는 경우에 발급되는 인식표를 부착하는 것은 등록인식표 부착 방식이다.

22 진료를 접수할 때 동물 정보를 입력하는 방법을 잘못 설명한 것은?

① 개, 고양이, 물고기 등 동물의 종(species)은 한글 및 라틴어, 영어 등으로 표기한다.

② 품종을 표시할 때, 잡종견은 믹스(mix) 또는 교잡종(hybrid)이라고 표기한다.

③ 차트 프로그램의 종류에 따라 암컷은 female, 수컷은 male로 표기하기도 한다.

④ 차트 프로그램의 종류에 따라 중성화한 수컷은 ovariotomy, 중성화한 암컷은 castration으로 표기하기도 한다.

⑤ 동물이 태어난 날짜를 기억하는 경우가 많지 않으므로, 생년월일은 연도와 월을 기록한다.

> **해설** ④ 차트 프로그램의 종류에 따라 중성화한 수컷은 castration 또는 neutralization, 중성화한 암컷은 ovariotomy 또는 neutralization으로 표기하기도 한다.

23 진료 대기실에서의 유의사항을 잘못 설명한 것은?

① 대기실에서 체중이나 생체지표(vital sign)를 측정할 수 있다.

② 보호자가 체중을 알고 있는 경우, 다시 정확하게 측정할 필요는 없다.

③ 체중을 기입할 경우, 보통 소수점 한 자리까지 기재한다.

④ 진료 대기시간에 파악된 내용 중 진료와 관련 있는 내용은 차트에 기재한다.

⑤ 보호자 응대 시 불안하고 걱정하는 마음을 이해하는 자세로 보호자의 말에 귀를 기울인다.

> **해설** ② 보호자가 동물의 체중을 알고 있더라도 정확한 진료를 위하여 체중을 다시 한 번 측정한다. 또한 보호자가 동물의 체중을 잴 경우에도 체중계에서 직접 정확한 체중을 확인하여 기록하는 것이 좋다.

24 진료비 수납과정에 대해 잘못 설명한 것은?

① 보호자 및 동물의 이름으로 검색하여 진료실에서 입력된 진료 내용 및 처방전을 확인한다.

② 입력된 진료 내역서에서 수가를 정확히 확인하고, 누락된 사항이나 오류가 없는지 확인한다.

③ 수납 시 보호자에게 거스름돈을 주고 영수증을 발급하여 금액이 맞는지 확인시킨다.

④ 영수증은 보호자용과 보관용으로 구분하여, 보호자에게 보호자용 영수증을 주고 보관용 영수증은 따로 모아둔다.

⑤ 진료비를 환불할 경우, 기존에 발행된 영수증은 회수하여 폐기하고 환불 영수증만 보관한다.

> **해설** ⑤ 진료비 환불 요청이 있는 경우, 진료실에서 환불 승인 여부를 확인하고, 기존 발행된 영수증을 회수하여 환불 영수증과 함께 보관한다.

25 개와 고양이의 검역 조건에 대해 잘못 설명한 것은?

① 고양이를 외국으로 데리고 나가기 위해서는 출국하는 국가의 검역조건을 충족해야 한다.

② 반려동물과 출국할 경우 반려동물과 함께 공항만에 있는 농림축산검역본부 사무실에 방문하여 검역신청을 해야 한다.

③ 외국에서 개와 고양이를 데리고 우리나라로 들어올 경우 수출국 정부기관이 증명한 검역증명서를 준비해야 한다.

④ 검역증명서의 기재요건이 충족되지 않을 경우 별도의 장소에서 계류검역을 받아야 한다.

⑤ 사전신고없이 수입 가능한 개와 고양이의 마릿수는 9마리 이하이다.

> **해설** ① 반려동물(개, 고양이)을 외국으로 데리고 나가기 위해서는 입국하려는 국가의 검역조건을 충족해야 한다. 따라서 사전에 입국하려는 국가의 대사관 또는 동물검역기관에 문의하여 검역조건을 확인해야 한다.

26 위생 관리에 대한 내용으로 옳지 않은 것은?

① 오염된 청소용구는 바로 교환, 소독한다.

② 청소용구는 젖은 채로 보관하면 미생물이 증식할 수 있다.

③ 청소용구는 100배 희석한 락스를 이용하여 소독한 후 보관한다.

④ 의료기기의 표면 청소와 바닥 청소는 같은 청소 도구와 소독제로 관리해도 된다.

⑤ 청소에 사용하는 환경소독제는 공인된 소독제가 좋다.

> **해설** ④ 동물에게 사용되는 의료기기의 표면 청소와 바닥 청소는 각각 청소 도구와 소독제를 따로 사용해야 한다.

27 기구, 물품 및 약품 관리에 대한 설명 중 옳지 않은 것은?

① 유효기간이 지난 물품은 병동에 비치되어 있지 않도록 점검한다.
② 사용된 기구는 즉시 안전한 방법으로 버려야 한다.
③ 사용된 기구를 재사용할 경우 바로 세척, 소독하여 환경오염을 방지한다.
④ 소독약품은 뚜껑을 반드시 열어 약제가 휘발되거나 오염되지 않도록 유의한다.
⑤ 희석액을 사용하는 경우 희석 농도와 희석한 날짜를 반드시 표시하여 보관하여야 한다.

해설 ④ 각종 소독약품은 유효기간을 준수하고, 개봉 후에는 뚜껑을 반드시 닫아 약제가 휘발되거나 오염되지 않도록 유의해야 한다.

28 손상성 폐기물이 아닌 것은?

① 폐장갑
② 주삿바늘
③ 수술용 칼날
④ 치과용 침
⑤ 한방 침

해설 폐장갑은 병리계 폐기물에 해당한다. 손상성 폐기물에는 주삿바늘, 봉합바늘, 수술용 칼날, 각종 침, 파손된 유리 재질의 시험기구 등이 있다.

29 다음 중 일반 의료 폐기물에 해당하는 것은?

① 체액이 묻은 탈지면
② 피부 관리 후 단순히 얼굴에 올려놓는 거즈나 솜
③ 건강한 동물이 사용한 기저귀 패드
④ 혈액 등과 접촉되지 않은 수액 병
⑤ 가정에서 발생한 거즈

해설 의료 폐기물에 해당하지 않는 폐기물
• 혈액 등과 접촉되지 않은 수액 병, 앰플 병, 바이알 병 및 석고 붕대
• 가정에서 발생한 주삿바늘, 거즈, 솜 등
• 의료기기 또는 치아 치료 후 동물의 치아를 세척하는 과정에서 발생하는 세척수
• 동물병원에서 미용을 위해 깎은 털, 손발톱, 건강한 동물이 사용한 기저귀 패드 등
• 피부 관리 후 단순히 얼굴에 올려놓는 거즈나 솜
• 의료 행위와 관계없이 발생하는 기저귀
• 의료기관 세탁물 관리규칙에 의해 적정하게 세탁한 후 폐기한 환자복
• 포도당, 영양제 등이 담겨 있던 바이알 병, 앰플 병, 수액 팩, 링겔 병

30 물품 관리에 대한 내용 중 옳지 않은 것은?

① 반창고 및 붕대는 동물병원의 어디에서나 쓰이지만 오염될 우려가 크므로 유의한다.

② 각종 필름 및 현상액은 빛이 잘 드는 곳에 보관한다.

③ 수술용 바늘 및 봉합사는 수술이 끝날 때마다 재고량을 확인하여 채워 넣는다.

④ 주사기 및 주사침은 상자별로 재고량을 확인하고 유통기간 및 포장재 파손 여부를 항상 확인하여 사용한다.

⑤ 약제실에 비치된 외용제는 소분하여 사용하거나 판매하는 경우가 있으므로 투약 병의 재고량도 함께 확인한다.

해설 ② 각종 필름 및 현상액을 빛이 들어가지 않도록 이동 및 보관에 유의한다.

31 약리학에 대한 설명으로 옳지 않은 것은?

① 약리학은 약물을 생체에 투여했을 때 그 약물로 인하여 일어나는 생체현상의 변동을 연구하는 학문이다.

② 질병의 진단·치료 및 예방을 위한 합리적 약물의 응용을 목적으로 하는 학문이다.

③ 약물은 넓은 의미로 '생체 기능을 변동시킬 수 있는 음식물을 제외한 모든 화학적 물질'이라고 할 수 있다.

④ 약물은 '질병을 진단, 치료 및 예방하기 위해 사용하는 물리적 물질'이다.

⑤ 약물에 의하여 어떤 조직, 장기의 고유 기능이 항진되었을 때 이것을 흥분이라고 하며, 반대로 기능이 저하되었을 때를 억제라고 한다.

해설 ④ 약물은 '질병을 진단, 치료 및 예방하기 위해 사용하는 화학적 물질'이다.

32 **약물의 작용에 관한 설명으로 옳은 것은?**

① 약물을 투여한 국소에 나타나는 약리작용을 전신작용이라고 하고, 약물이 혈액으로 흡수된 후에 나타나는 것을 국소작용이라 한다.

② 약물 대부분은 어떤 조직·장기와 특별한 친화성을 가지고 있어서 친화성을 가진 조직·장기에 영향을 끼치게 되는데 이것을 일반작용이라 한다.

③ 약물을 투여한 후 약물이 직접 접촉한 장기에 일으키는 고유 약리작용을 간접작용이라고 한다.

④ 약물이 가진 여러 작용 중 질병 치료에 필요한 작용을 치료작용이라고 하고, 필요하지 않은 작용을 부작용이라고 한다.

⑤ 울혈성 심부전이 있는 환자에게 강심제인 디지털리스(digitalis)를 투여하면 심장근육을 수축시키는 간접작용을 보인다.

> **해설** ① 약물을 투여한 국소에 나타나는 약리작용을 국소작용이라고 하고, 소독제나 연고제에서 볼 수 있다. 그리고 약물이 혈액으로 흡수된 후에 나타나는 것을 전신작용이라고 한다.
> ② 약물 대부분은 어떤 조직·장기와 특별한 친화성을 가지고 있어서 친화성을 가진 조직·장기에 영향을 끼치게 되는데, 이것을 선택작용이라 하고, 어떤 약물이 모든 조직·장기에 어느 정도 차이는 있지만 거의 동일한 친화성을 가지고 있어서 같은 작용을 나타내는 것을 일반작용이라고 한다.
> ③ 약물을 투여한 후 약물이 직접 접촉한 장기에 일으키는 고유 약리작용을 직접작용(일차작용)이라고 하며, 직접 접촉하지 않은 장기에 나타나는 기능성 변동을 간접작용(이차작용)이라고 한다.
> ⑤ 울혈성 심부전이 있는 환자에게 강심제인 디지털리스(digitalis)를 투여하면 심장근육을 수축시키는 직접작용을 보이고, 이에 따라 콩팥 사구체 여과율이 증가하여 소변량이 많아지는 간접작용을 나타낸다.

33 **다음 괄호 안에 들어갈 말로 옳은 것은?**

> 약물에 대한 감수성이 비정상적으로 저하되어, 정상 상태에서는 일정한 반응을 보이는 용량을 투여하는데도 아무런 반응이 나타나지 않아 용량을 늘려야 동일한 효과를 얻을 수 있는 것을 (   )(이)라고 한다.

① 작용 ② 병용
③ 내성 ④ 처방
⑤ 투여

> **해설** 약물에 대한 감수성이 비정상적으로 저하되어, 정상 상태에서는 일정한 반응을 보이는 용량을 투여하는데도 아무런 반응이 나타나지 않아 용량을 늘려야 동일한 효과를 얻을 수 있는 것을 내성이라고 한다. 일반적으로 항생제의 내성이 문제가 되고 있다.

34 진료부나 처방전에 주로 사용하는 의학용어와 뜻으로 바르게 묶인 것은?

① ad lib - 원하는 대로 ② SC - 근육 투여

③ t.i.d - 1일 4회 ④ PO - 정맥 내 투여

⑤ prn - 경구 투여

> **해설** ② SC - 피하 투여
> ③ t.i.d - 1일 3회
> ④ PO - 경구 투여
> ⑤ prn - 필요할 때마다

35 약물을 제형에 따라 분류할 때 액상제제에 해당하는 것은?

① 과립제(granule) ② 에어로졸제(aerosol)

③ 로션제(lotion) ④ 산제(powder)

⑤ 바이알(vial)

> **해설** 제형에 따른 분류
> • 고형제제: 산제(powder), 과립제(granule), 정제(tablet), 캡슐(capsule)
> • 액상제제: 시럽제(syrup), 현탁제(suspension), 점안제(eye drop), 에어로졸제(aerosol)
> • 반고형제제: 연고제(ointment), 로션제(lotion), 좌제(suppository)
> • 주사제: 앰플(ampule), 바이알(vial), 수액(fluid)

36 다음 보기에서 설명하는 약물은 무엇인가?

> • 예전에는 병을 사용하였으나 최근에는 비닐백을 사용한다.
> • 100mL, 500mL, 1,000mL 등의 포장단위로 IV카테터 등을 적당한 부위에 장착한 후 사용한다.

① 수액 ② 바이알

③ 앰플 ④ 정제

⑤ 시럽제

> **해설** 수액(fluid)
> 예전에는 병을 사용하였으나 근래에는 비닐백을 사용한다. IV카테터 등을 적당한 부위에 장착한 후 장시간 주사하며, 목적에 따라 갖가지 약물을 첨가하기도 한다. 100mL, 500mL, 1,000mL 등의 포장단위가 있다.

37 기체 상태 또는 휘발성 약물의 호흡기를 통한 비경구 투여법으로 전신마취제에서 주로 사용하는 것은?

① 피하주사
② 근육 내 주사
③ 흡입
④ 외용제 투여
⑤ 복강 내 주사

> **해설** 흡입(inhalation)
> 기체 상태 또는 휘발성 약물은 보통 호흡기계를 통해 흡입으로 투여하며, 전신마취제에서 주로 사용한다. 호흡기계 작용 약물 중 수용성 약물도 분무 상태로 만들어 흡입시키기도 한다.
> ① 피하주사: 약물을 피하에 투여하는 방법으로 주사법 중 가장 쉽다.
> ② 근육 내 주사: 근육 내 약물을 투여하는 방법으로 비교적 흡수가 빠르고 작용이 빨리 나타난다.
> ④ 외용제 투여: 외용제는 연고, 크림, 로션, 스프레이제 등이 있고 도포와 분사로 투여한다.
> ⑤ 복강 내 주사: 복강 내로 직접 약물을 투여하는 방법으로 동물실험에서 많이 이용하나 임상에서는 잘 사용되지 않는다.

38 동물에게 약물을 경구 투여하는 순서를 바르게 나열한 것은?

> 가. 코가 위로 향하도록 머리의 앞부분을 올린다.
> 나. 경구용 약물을 목 깊숙한 곳에 투여한다.
> 다. 입을 닫는다.
> 라. 한 손으로는 코의 주둥이 부분을 잡고 다른 손으로 아래턱을 밑으로 조심스럽게 당겨 입을 연다.
> 마. 동물이 약물을 삼킬 때까지 입을 닫은 채로 유지한다.

① 라 – 나 – 가 – 다 – 마
② 가 – 라 – 나 – 다 – 마
③ 나 – 가 – 다 – 마 – 라
④ 가 – 다 – 나 – 마 – 라
⑤ 라 – 가 – 나 – 다 – 마

> **해설** 동물에게 약물을 경구로 투여하기
> 1. 코가 위로 향하도록 머리의 앞부분을 올린다.
> 2. 한 손으로는 코의 주둥이 부분을 잡고 다른 손으로 아래턱을 밑으로 조심스럽게 당겨 입을 연다.
> 3. 경구용 약물을 목 깊숙한 곳에 투여한다.
> 4. 입을 닫는다.
> 5. 동물이 약물을 삼킬 때까지 입을 닫은 채로 유지한다.

39 동물에게 귀 연고를 투여하는 방법으로 옳지 않은 것은?

① 처방에 따른 귀 세정제와 연고제를 준비한다.
② 세정제를 외이도 입구 부분에 충분히 넣는다.
③ 연고를 눌러 처방된 용량을 외이도에 투여한다.
④ 세정제를 넣은 후 귀의 윗부분을 마사지해 주고 귀를 흔들지 않도록 잡아준다.
⑤ 솜을 이용하여 귀지와 함께 외이도 쪽에 배출된 세정제를 닦는다.

> 해설 ④ 귀 안에 세정액을 넣은 후 귀 아랫부분을 마사지해 주어야 귀 안에 있는 이물질이 녹아 나오게 된다.
>
> 귀 연고 투여하기의 순서
> 1. 손을 깨끗이 씻는다. 필요하다면 라텍스장갑을 착용한다.
> 2. 처방에 따른 귀 세정제와 연고제를 준비한다.
> 3. 귀 세정이 필요하다면 귀를 들어 외이도 입구 부분을 노출한다.
> 4. 귀 세정제의 입구를 열어 세정제를 외이도 입구 부분에 충분히 넣는다.
> 5. 귀의 아랫부분을 부드럽게 마사지해 주고 귀를 흔들지 않도록 잡아준다.
> 6. 동물이 귀를 흔든 후 솜을 이용하여 귀지와 함께 외이도 쪽에 배출된 세정제를 닦아낸다.
> 7. 귀 세정과 마찬가지로 귀를 들어 외이도 입구 부분을 노출한다.
> 8. 귀 연고의 마개를 열고 연고를 외이도 입구 부분에 충분히 넣는다.
> 9. 연고를 눌러 처방된 용량을 외이도에 투여한다.
> 10. 귀의 아랫부분을 부드럽게 마사지한다.

40 가장 일반적인 도포약으로, 유지를 기초로 한 것이 피부보호 효과가 높은 외용제는?

① 로션   ② 스프레이제
③ 점안제   ④ 연고
⑤ 크림

> 해설 ① 로션: 성분을 잘게 물속에 분산시킨 제제이며, 연고나 크림을 적용하기 힘든 부위에 사용하지만 연고나 크림보다 약효가 약하다.
> ② 스프레이제: 약액과 분무제를 용기 안에 넣은 제제이며 압력으로 분사한다.
> ③ 점안제: 눈에 넣는 약액으로 수렴, 소염, 마취의 목적으로 사용된다.
> ⑤ 크림: 잘 펴지고 사용감이 좋으며 성분이 피부에 잘 스며들지만, 일반적으로 연고보다는 약간 자극성이 있다.

41 다음 중 투여 경로에 따른 약물의 분류가 아닌 것은?

① 경구제   ② 주사제
③ 과립제   ④ 점안제
⑤ 점비제

해설 ③ 과립제는 약물의 제형에 따른 분류에서 고형제제에 속한다.

투여 경로에 따른 분류
• 경구제: 소화관을 통해 투여, 흡수
• 비경구제: 비경구적인 방법으로 투여, 흡수
  − 주사제: 정맥 내, 근육 내, 피하 등 주사를 통하여 투여
  − 점안제: 눈으로 투여
  − 점이제: 귀로 투여
  − 도포제: 연고, 샴푸 등 필요 부위에 국소 또는 전신 적용
  − 기타: 좌제, 점비제 등

42 다음 보기에서 설명하는 경구약의 종류는 무엇인가?

> 나정, 당의정, 코팅정 등이 있으며, 코팅정은 갈고 난 후 코팅 껍질이 남게 되므로 가는 채로 걸러 주는 것이 좋다.

① 캡슐제   ② 정제
③ 시럽제   ④ 현탁제
⑤ 좌제

해설 경구약의 종류에는 정제, 캡슐제, 시럽제가 있다.
① 캡슐제: 과립캡슐, 경질캡슐, 연질캡슐 등이 있으며, 특정 약품을 제외하면 일반적으로 경질캡슐이다. 과립캡슐제는 유봉으로 갈아지지 않는 경우가 많으므로 다른 경구약의 분포가 끝난 후 분포판에 분포하는 것이 좋다.
③ 시럽제: 일반적으로 단맛이 나게 제조되었으며 특정한 빛깔과 향이 있다. 완전한 물이 아닌 점액(slime) 형태이며, 시럽 병 등을 통하여 경구 투여된다.
④ 현탁제: 고형 약품에 현탁화제와 정제수나 기름을 가하여 현탁한 액제이다.
⑤ 좌제: 좌약이라고도 하며 고형의 지방을 약품과 배합한 것으로 항문, 질, 요도 등에 삽입하는 용도로 만든 외용제이다.

43 투약에 사용되는 물품 중 혈관을 압박하는 도구로 말초 혈액의 유입이나 유출을 제한하는 목적으로 사용하는 것은?

① 알코올 솜
② 토니켓
③ 수액세트
④ 과산화수소
⑤ 정맥 내 카테터

해설 ② 토니켓: 일반적으로 채혈, 정맥주사 등의 목적으로 장착하여 정맥을 노장하는 고무재질의 줄을 말한다.
① 알코올 솜: 주사 약물을 뽑기 전 뚜껑의 소독(백신은 절대 금지)이나 목적 부위의 주사 전 소독용 또는 주사 후 지혈용으로 사용한다.
③ 수액세트: 수액류 약물을 정맥 내로 점적 투여하기 위해 사용하는 의료용 물품이다.
④ 과산화수소: 채혈이나 주사 시 발생하는 혈액 얼룩을 닦는 데 사용한다.
⑤ 정맥 내 카테터: IV카테터는 천자를 통해 정맥 내에 장착하고 수액제를 수액관을 통해 투여하는 경로 역할을 하는 의료용 물품이다.

44 일반적으로 소형견에게 사용하는 주사기 용량은?

① 1~3mL
② 5mL
③ 10mL
④ 20mL
⑤ 30mL

해설 일반적으로 소형견에게는 1~3mL의 주사기를 사용하며, 15kg 이상의 중·대형견에게는 3~10mL의 주사기를 사용한다.

45 고객에게 맞는 상품을 제공할 때 주의할 점을 잘못 설명한 것은?

① 고객을 전송할 때 고객이 나가기 전에 자신의 위치로 돌아가지 않는다.
② 고객이 이해하기 어려운 전문용어를 사용하지 않는다.
③ 청결 용품을 권유할 때는 동물의 피부 및 질병 상태를 고려한다.
④ 민감한 부위에 사용하는 귀세정제는 주의를 기울여 닦아낼 수 있도록 유도한다.
⑤ 고객을 쳐다보며 직원끼리 웃고 이야기하는 행위는 분위기 전환에 좋다.

해설 ⑤ 여러 명이 모여 잡담하거나, 고객을 쳐다보며 웃고 이야기하는 행위는 하지 않는 것이 좋다.

46 **CT에 대한 설명 중 틀린 것은?**

① MRI보다 뼈의 구조와 모양을 더 자세히 볼 수 있다.
② 외상으로 인한 뼈의 골절, 암으로 인한 뼈의 용해 등을 자세히 확인할 수 있다.
③ 촬영 시간이 MRI보다 훨씬 빠르다.
④ 여러 부위의 검사도 가능하다.
⑤ 응급상황에서 골든타임 안에 진단을 내려 처치할 수 없다.

> 해설 ⑤ CT는 응급상황에서 골든타임 안에 진단을 내려 처치가 가능하다는 장점이 있다.

47 **MRI 기기 구성에 해당하지 않는 것은?**

① 갠트리 ② 메인 컴퓨터
③ RF 코일 ④ 쿠션
⑤ 조작 콘솔

> 해설 MRI 기기 구성은 갠트리, 테이블, 조작 콘솔, 메인 컴퓨터, RF 코일이다.

48 **초음파에 관한 설명 중 옳지 않은 것은?**

① 초음파는 20,000Hz 이상의 주파수를 말한다.
② 파장의 길이가 짧다.
③ 진단이나 치료 또는 실생활에서 쓰인다.
④ 음파는 가청 주파수 영역, 저주파수 영역과 고주파수 영역이 있다.
⑤ 가청음파는 나이에 상관없이 같다.

> 해설 ⑤ 가청음파는 20~20,000Hz로, 듣는 사람의 나이에 따라 청력 범위가 다를 수 있다.

49 초음파 보정에 대한 설명 중 틀린 것은?

① 대형견은 안전을 위해 두 사람 이상의 보정자가 필요하고, 머리 쪽과 꼬리 쪽 각 한 사람씩 보정한다.

② 검사받던 중에 통증을 느끼는 부위가 있으면 공격적으로 바뀔 수 있으니 먼저 입마개를 채운 후 앞다리, 뒷다리를 잡는다.

③ 심장 초음파를 진행할 때 부정맥, 고혈압, 호흡 곤란으로 인한 흉통이나 검사받는 자세 자체가 불편할 수 있어 비협조적인 경우가 많다.

④ 눈 초음파는 눈의 구조, 모양, 크기, 눈 외에 다른 비정상의 구조물 유무를 확인하는 검사이다.

⑤ 눈 초음파는 동물이 앉아 있는 상태에서 머리 쪽을 잡는데 이때, 턱뼈와 후두부를 보정하고 동시에 눈꺼풀이 감기도록 보정한다.

> **해설** ⑤ 눈꺼풀이 감기면 보정하기 어려우므로 감기지 않도록 보정한다.

50 동물 초음파 검사에 대한 설명이 틀린 것은?

① 복부 초음파 털 제거 범위: 늑골 10번부터 배 전체

② 심장 초음파 털 제거 범위: 늑골 1~3번 범위

③ 뇌 초음파 털 제거 범위: 대천문 주변

④ 연부 조직 부분 털 제거 범위: 검사가 필요한 모든 부분

⑤ 복부 초음파 시 동물이 누울 쿠션을 준비하고, 그 위에 패드를 깐다.

> **해설** ② 심장 초음파 털 제거 범위는 늑골 4~8번 범위이다.

51 X-ray 기기 구조에 관한 설명 중 틀린 것은?

① 튜브는 X선을 생성하는 구역으로, 크게 양극과 음극으로 나누어져 있다.

② 튜브의 음극에서 전자를 양극으로 쏘아 부딪히면 X선이 생성된다.

③ 콜리메이터(collimator)를 통해 나오는 빛의 영역은 실제 X선의 일차선이 노출되지 않는 구역이다.

④ 컨트롤 패널은 X-ray의 세기와 양 생성을 명령하는 기기 구조이다.

⑤ 컨트롤 패널은 어느 순간에 X선을 생성할지 결정할 수 있다.

> **해설** ③ 콜리메이터를 통해 뻗어져 나오는 빛의 영역은 실제 X선의 일차선이 노출되는 구역이다.

52 X-ray 촬영 시 사용하는 물품이 아닌 것은?

① 필름과 카세트　　　　　　　　② 필름 ID 카메라
③ 그리드(grid)　　　　　　　　　④ 펜이나 매직
⑤ 마커(marker)

> **해설**　④ 펜이나 매직을 사용해 필름에 직접 쓰면 필름이 손상되거나 동물의 정보가 지워질 수 있다.

53 동물 흉·복부 방사선 촬영에 관한 설명 중 옳지 않은 것은?

① 흉부 촬영 범위는 기도부터 10번째 늑골까지이며, 상부의 기도부터 위 전체가 나와야 한다.
② 복부를 촬영할 때 중앙부는 마지막 늑골의 뒷부분이고, 촬영 범위는 심장 뒷부분부터 엉덩이까지다.
③ 복부는 호기에 촬영한다.
④ 흉부는 흡기에 촬영한다.
⑤ 흉부를 촬영할 때 앞다리의 뼈와 근육이 폐의 전엽부와 겹치지 않도록 앞으로 많이 당긴다.

> **해설**　① 흉부를 찍을 때는 기도부터 12번째 늑골까지이며, 상부의 기도부터 폐 전체가 나와야 한다.

54 초음파 검사를 위한 동물 보정에 관한 설명 중 옳지 않은 것은?

① 15kg 이상이라도 협조적인 동물은 혼자 보정해도 된다.
② 후지 마비, 전신 마비가 있다고 하더라도 완전 마비가 아니라면 신경 자극으로 인한 움직임이 발생하여 사고가 일어날 수 있으므로 보정한다.
③ 공격적인 동물은 입마개 또는 엘리자베스칼라를 하여 물리지 않도록 한다.
④ 복배위 자세를 유지하는 경우에 동물이 다치지 않도록 유의하며, 호흡 곤란이 있으면 동물 상태를 잘 살핀다.
⑤ 오염된 바늘과 슬라이드 글라스 등의 손상성 폐기물은 바늘통에, 오염된 주사기 등의 감염성 폐기물은 감염성 폐기통에 버린다.

> **해설**　① 15kg 이상이거나 비협조적인 동물을 혼자 보정하면 동물과 진료진 모두에게 사고가 일어날 수 있으므로 두 사람 이상이 보정한다.

55 동물 팔꿈치 관절과 앞발목 관절의 방사선 촬영법에 대한 설명 중 옳지 않은 것은?

① 촬영 범위는 관절 주변이다.
② 앞발목 관절을 촬영할 때 촬영부의 앞다리를 바닥에 밀착하고 관절이 돌아가지 않도록 촬영한다.
③ 팔꿈치를 추가 촬영할 때 발목이 턱밑에 닿을 수 있을 정도로 팔꿈치를 굽혀 촬영한다.
④ 전후상 관절이 돌아가지 않도록 촬영한다.
⑤ 팔꿈치 관절을 촬영할 때 촬영부의 앞다리를 바닥에 밀착하고, 90°~100°의 각도로 촬영한다.

해설 ⑤ 촬영부의 앞다리를 바닥에 밀착하고, 110°~120°의 각도로 촬영한다.

56 촬영 부위에 따른 자세잡기에 관한 설명 중 틀린 것은?

① CT 촬영할 때 몸 양쪽이 대칭되도록 보정한다.
② MRI 촬영할 때 복배상 촬영 시에 앞다리를 몸과 밀착시켜 한번에 잡고 돌아가지 않도록 한다(사람의 차렷 자세).
③ CT 촬영할 때 머리 방향은 동물의 크기, 테이블 이동 가능 거리 등을 고려하여 동물의 머리 방향을 결정한다.
④ MRI 촬영할 때 코일 크기와 동물의 자세를 생각해야 한다.
⑤ CT 촬영할 때 다리 위치는 촬영 부위와 맞닿지 않도록 보정한다.

해설 ② 동물 X-ray 촬영할 때 복배상 촬영의 자세잡기에 대한 설명이다.

57 조영 검사에 관한 설명 중 틀린 것은?

① 초음파 조영제를 이용하여 미세혈관을 관찰할 수 있다.
② 특정 장기의 혈관 분포 정도와 조영 증강 및 조영 지연시간을 확인하여 정상과 비정상 및 변화를 관찰할 수 있다.
③ 조영제를 사용하지 않는 조영 검사는 일반 N/S(normal saline)를 10mL 정도 준비해서 미세한 공기 방울을 형성한 뒤 IV에 투여한다.
④ 조영 방법의 부작용으로 미세한 공기 방울이 폐혈관을 막아 색전증을 일으킬 수 있다.
⑤ 조영 방법의 부작용으로 미세한 공기 방울이 뇌로 들어가 뇌색전증을 일으킬 수 있다.

해설 ③ 조영제를 사용하지 않는 검사는 일반 N/S(normal saline)를 5mL 정도 준비한 후 공기를 넣고 많이 흔들어 미세한 공기 방울을 형성한 뒤 IV에 투여한다.

58 조영제를 이용한 조영술에 관한 설명 중 틀린 것은?

① 식도 조영술은 식도의 비정상 여부 관찰 시 사용되는 조영법 중 하나이다.

② 상부 위장관 조영술 시에는 위관 튜브로 다량의 조영제를 한꺼번에 위에 넣고 촬영한다.

③ 배설성 요로 조영술은 신장의 배설 능력, 요관의 모양이나 폐색 여부를 관찰하기 위한 조영술이다.

④ 식도 천공이 의심되는 환자는 고농도의 황산바륨을 이용하여 식도의 운동과 크기가 정상인지 확인할 수 있다.

⑤ 방광 및 요로 조영술은 방광의 위치, 모양, 파열의 여부와 요도의 모양, 폐색 등을 확인하기 위한 조영술이다.

> **해설** ④ 식도 천공이 의심되는 환자라면 무조건 요오드 계열 조영제를 사용해야 하는데, 이는 황산바륨을 이용하면 천공된 부분을 통해 조영제가 빠져나가 흉강 내 염증을 일으키기 때문이다.

59 조영제를 이용해 검사할 때 유의사항으로 잘못된 것은?

① 초음파 조영을 할 때 IV를 통해 조영제를 투여해야 하므로 IV가 잡혀 있어야 한다.

② 조영 검사를 할 때 조영제를 사용하지 않는 경우에는 N/S와 주사기를 준비한다.

③ 조영 검사를 할 때 조영제를 사용하는 경우에는 조영제와 주사기를 준비한다.

④ 조영제 유통기한은 따로 정해진 것이 없다.

⑤ 초음파 조영을 할 때 IV가 잡혀 있고, 조영제와 주사기가 필요하다.

> **해설** ④ 조영제를 사용하기 전에 유통기한을 확인해야 한다.

60 CT 촬영 시 자동 주입기로 조영제를 주입하는 경우에 관한 설명 중 틀린 것은?

① 플런저를 밀어 올린 후 필요한 양만큼 조영제를 주입한다. 조영제의 양은 3mL/kg + 5mL를 준비한다.

② 자동 주입기 모니터에 조영제의 속도와 조영제 주입량을 설정하지 않아도 된다.

③ 자동 주입기 전원을 켠 후 시린지를 장착한다.

④ 자동 주입기를 사용할 때, 조영제의 양을 5mL 더 준비하는 이유는 코일링 연장 튜브의 공기를 제거하기 위해서이다.

⑤ 코일링 연장 튜브(coiling extension)를 연결하고 공기를 뺀다.

> **해설** ② 자동 주입기 모니터에 조영제의 속도와 조영제 주입량을 설정해야 한다.

제3과목 **임상 동물보건학**

01 **동물병원에서의 진료접수에 대한 설명으로 옳지 않은 것은?**

① 동물병원에 내원한 동물의 보호자로부터 보호자와 동물의 기본 정보를 확인하고, 전산으로 등록할 수 있지만 취소할 수는 없다.

② 동물의 상태를 보호자에게서 듣거나 직접 확인한다.

③ 일반 진료와 응급 진료 중 응급 진료로 판단되면 우선 접수한다.

④ 초진과 재진을 구분하여 접수할 수 있다.

⑤ 진료실로 바로 연결하기 위해 기본 수의간호학적 지식을 숙지한다.

해설 동물병원에 내원한 동물의 보호자로부터 보호자와 동물의 기본 정보를 확인하고, 전산으로 등록하고 취소할 수 있다.

02 **동물병원에서 사용되고 있는 전자차트에 대한 설명으로 옳지 않은 것은?**

① 디지털을 통해 동물 및 재고 관리, 경영 통계, 전자결제, 매출통계, 서식 관리 등 다양한 기능을 수행할 수 있다.

② 각종 검사기기를 연동하여 검사 결과를 쉽게 차트에 입력할 수 있다.

③ 차트를 보관할 때 많은 공간이 필요하지 않다.

④ 상담만 받고 진료를 받지 않은 동물의 데이터를 보관하기에 어려움이 있다.

⑤ 많은 소프트웨어 개발업체가 동물병원 전용 PMS(patients management system)를 개발하였다.

해설 종이차트는 상담만 받고 진료를 받지 않은 동물의 데이터를 보관하기에 어려움이 있으며, 차트를 보관할 때 많은 공간이 필요하다.

03 차트 처방전에서 진료비 및 진료내용, 처방내용 등을 확인하기 위하여 기본 수의학 용어를 숙지하여야 한다. 다음 중 처방전을 확인하기 위한 약어의 내용이 바르게 연결된 것은?

① t.i.d.(ter in die) – 1일 1회
② sem.i.d.(semel in die) – 1일 2회
③ q.i.d.(quarter in die) – 1일 3회
④ t.g.i.d. – 1일 3~4회
⑤ q.h – 매일

> **해설** t.g.i.d. – 1일 3~4회(3 or 4 times a day)
> ① t.i.d.(ter in die) – 1일 3회(three times a day)
> ② sem.i.d.(semel in die) – 1일 1회(one time a day)
> ③ q.i.d.(quarter in die) – 1일 4회(four times a day)
> ⑤ q.h – 매시간(every hour)

04 다음 지문에서 설명하는 동물병원 검사의 종류는 무엇인가?

> 흉/복강 내 내부 장기의 모양과 크기 이상 유무, 이물/결석의 진단, 근골격계 이상 유무를 진단하기 위해 CR X-ray 사진 기기를 이용하여 실시하는 영상 진단 방법이다.

① 복부 초음파 검사
② 방사선 검사
③ 심장 초음파 검사
④ MRI 검사(자기공명영상촬영)
⑤ 조영 검사

> **해설** ① 복부 초음파 검사: CBC(전혈구) 검사에서 발견된 이상과 더불어 장기 실질의 변화 관찰에 매우 유용한 방법이며, 초음파 프로브 가이드 하에 복수, 요 천자 검사를 비롯하여 각 장기와 종대된 림프절, 복강 내 종괴에 대한 정확한 원인 감별을 위한 초음파를 이용한 세침 흡인 검사가 있다.
> ③ 심장 초음파 검사: 심장 질환의 가장 정확한 진단 방법이며 심장 초음파 검사용 전용 프로브와 컬러 도플러를 이용하여 심장 상태를 세밀하게 판단하는 영상 진단 방법이다.
> ④ MRI 검사(자기공명영상촬영): 자기장을 이용해 고주파를 발생시켜 영상을 구성하는 원리로, 연부조직 사이의 표현력 및 대조도가 높아 뇌, 척수 등의 신경계 진단 및 근육, 인대, 실질 장기 병변의 진단에 유용하게 사용된다.
> ⑤ 조영 검사: 검사 부위를 좀 더 자세히 살펴보기 위해 조영제라고 하는 물질로 해당 부위를 채우거나 코팅한 다음, 특정한 장기의 이상 유무를 관찰하는 검사로, 소화기 조영 검사와 비뇨기 조영 검사로 구분된다.

05 동물병원에서 실시하는 검사의 종류에 대한 설명으로 옳지 않은 것은?

① CT 검사(컴퓨터단층촬영) − X선을 이용하여 보고자 하는 부위의 횡단면을 얻는 영상진단 기기로, 뼈 구조, 두개골 및 척추, 사지 골격에 대한 진단을 내리기 위한 영상진단방법

② 혈구 검사(CBC, Complete Blood Cell) − 혈액에 존재하는 세 가지 종류의 세포(혈구), 즉 적혈구, 백혈구, 그리고 혈소판에 대한 정보를 다양한 지표를 이용해 파악하는 검사

③ 혈청 생화학 검사 − 혈액을 슬라이드에 얇게 발라 염색하여 혈구의 모양, 수 등을 현미경으로 직접 관찰하는 검사법

④ 소변 검사 − 소변의 색이나 혼탁도 등 물리적 성상을 검사하고 소변으로 배출되는 여러 종류의 노폐물을 반정량적으로 검출하는 검사

⑤ 분변 검사 − 소화기 질환의 진단에 매우 중요한 검사로, 크게 육안 검사와 현미경검사로 구분

> **해설**
> • 혈청 생화학 검사: 혈액 속의 여러 성분을 생화학적 방법으로 측정하는 검사로, 혈청단백질(알부민과 글로불린), 전해질(나트륨·칼륨·염소·칼슘·인 등), 혈당·요소·질소·각종 지질(콜레스테롤·인지질·중성지방·유리지방산 등), 혈청효소 활성(트랜스아미나아제·알칼리포스파타아제·콜린에스테라아제 등)이나 호르몬 활성 등을 측정하여 간, 신장 등 중요한 장기의 기능이나 각종 질환의 진단 및 경과 관찰
> • 도말 검사: 혈액을 슬라이드에 얇게 발라 염색하여 혈구의 모양, 수 등을 현미경으로 직접 관찰하는 검사법

06 동물병원 내 물품 중 진료용 물품의 종류가 바르게 연결되지 않은 것은?

① 의약품 − 수액제, 주사제, 경구제, 외용제 등

② 약제용품 − 약 봉투, 투약 병 등

③ 수액용품 − IV카테터, 나비침, 헤파린캡, 수액세트, 밸브커넥터 등

④ 진단용 키트 − 헤파린, 채혈, 채뇨, 내시경 등

⑤ 수술기구 − 가위(scissors), 포셉(forceps), 클램프(clamp), 니들홀더(needle holder), 수술용 칼(blade), 수술용 메스대(scalpel) 등

> **해설** 진단용 키트는 심장사상충, 홍역, 파보, 코로나 등의 키트를 일반적으로 사용한다.

07 동물병원에서 가장 많이 판매되는 대표적인 물품으로 사료의 유통기한에 대한 설명이다. 옳지 않은 것은?

① 건조사료 – 1~2년 정도의 장기 보존이 가능하다.

② 반건조사료 – 3년 정도 보존이 가능하나, 포장재가 손상되면 곰팡이가 생길 우려가 있으므로 수시로 확인하여야 한다.

③ 통조림사료 – 1~3년 정도 장기 보존이 가능하다.

④ 동결건조사료 – 건조 상태이므로 장기 보존이 가능하지만, 습기에 매우 취약하므로 보관에 유의해야 한다.

⑤ 냉동사료 – 냉동실에 보관해야 하므로 냉동 시설이 없는 경우 판매가 불가능하다.

> **해설** 반건조사료는 1.5년 정도 보존이 가능하나, 포장재가 손상되면 곰팡이가 생길 우려가 있으므로 수시로 확인하여야 한다.

08 동물병원 내 진료용 물품 관리에 대한 설명으로 옳지 않은 것은?

① 진료실, 입원실, 처치실, 수술실에 각각 비치된 수액제와 주사제는 사용한 개수만큼 채워 넣고 재고량을 확인한다.

② 약제실에 비치된 모든 경구제·외용제는 재고량을 파악하고, 특히 외용제는 소분하여 사용해서는 안 되므로 투약 병의 재고량도 함께 확인한다.

③ 백신은 주로 냉장 보관해야 하는 경우가 많으므로 재고량 파악에 유의한다.

④ 주사기와 주사침은 상자별로 재고량을 확인하며, 대량 구매하여 보관하는 경우 유통기간 및 포장재 파손 여부를 항상 확인하여 사용한다.

⑤ 각종 소독 및 세척제는 서늘하고 환기가 잘되는 곳에 보관하며 소독제들이 섞이지 않도록 유의한다.

> **해설** 약제실에 비치된 모든 경구제·외용제는 재고량을 파악하고, 특히 외용제는 소분하여 사용하거나 판매하는 경우가 있으므로 투약 병의 재고량도 함께 확인한다.

09 동물병원 내 처방사료에 대한 설명으로 옳지 않은 것은?

① 위장관 질환용 – 저알레르기성 단백질을 활용하거나 소화율이 높은 영양소원을 사용하여 소화능력에 도움을 주는 사료이다.

② 체중 관리 및 당뇨 질환용 – 탄수화물에 비해 에너지 이용률이 낮은 단백질을 이용한 저열량 식이요법으로 체중감량 동안 근육량 유지에 도움을 주는 사료이다.

③ 귀 질환용 – 식이불내성, 알레르기 등과 연관이 있는 급만성 또는 재발성 귀 염증 치료에 도움을 줄 수 있는 사료로, 위장관 또는 피부용 사료와 중복되어 사용되어서는 안 된다.

④ 피부 질환용 – 단일 동물 단백질이나 저알레르기성 탄수화물을 활용하여 가려움, 홍반, 부종 등의 음식 역반응을 최소화하는 데 도움을 주는 사료이다.

⑤ 심장 질환용 – 나트륨, 칼륨, 마그네슘 등의 성분을 조절하여 고혈압, 심질환 증상을 나타내는 동물에게 효과적인 사료이다.

> **해설** 귀 질환용 처방사료는 식이불내성, 알레르기 등과 연관이 있는 급만성 또는 재발성 귀 염증 치료에 도움을 줄 수 있는 사료로, 위장관 또는 피부용 사료와 중복되어 사용되기도 한다.

10 동물병원 내 살균소독제 선택 시 고려사항이다. 옳지 않은 것은?

① 효과에 영향을 주는 인자는 농도, 온도, 시간이다.

② 농도가 진해지면 살균 효과 및 인체 안전성은 높아진다.

③ 온도가 높아지면 살균력은 강해진다.

④ 소독제와 접촉한 미생물이 살균되려면 일정한 작용시간이 필요한데, 실제 소독 시에는 충분한 여유를 가지고 소독시간을 설정해야 한다.

⑤ 혈액, 체액 오염의 경우 오염물을 제거하고 1,000ppm 치아염소산나트륨을 사용한다.

> **해설** 농도가 진해지면 살균 효과는 높아지지만, 인체 안전성은 낮아진다.

11 동물병원에서 실시하는 기초문진의 개념에 대한 설명으로 옳지 않은 것은?

① 기초문진은 내원한 동물을 진료하기 전에 동물에 대한 기본적인 사항을 파악하는 것을 말한다.

② 기초문진을 하는 목적은 동물의 과거 및 현재의 질병력을 확인하고 일반적인 생활습관 등 기본적인 건강사항을 파악한다.

③ 진료 시 기초문진을 기본 자료로 활용함으로써 진료시간을 단축하고 진단의 정확성을 높일 수 있다.

④ 기초문진은 문진표를 보호자에게 배부하여 직접 작성하게 하거나, 동물병원 직원이 직접 보호자에게 질문하여 작성할 수 있다.

⑤ 가능한 동물 보호자의 주관적인 정보를 파악하는 것이 중요하다.

> **해설** 동물병원에 내원하는 동물은 의사소통이 어려워 보호자를 통해 동물과 관련된 각종 정보를 얻을 수밖에 없으므로, 가능한 객관적인 정보를 얻도록 노력하여야 한다. 잘못된 정보는 정확한 진단을 내리는 데 방해를 줄 수도 있기 때문이다.

12 다음 보기 중 기초문진 항목에 해당하는 것을 모두 고르시오.

> ㉠ 보호자 정보
> ㉢ 함께 거주하는 가족 정보
> ㉣ 각종 예방 상황
> ㉦ 피부, 털 관리 상황
> ㉡ 동물(환자) 정보
> ㉤ 급여하는 음식
> ㉥ 치아 관리 상황

① ㉠, ㉡, ㉢, ㉣, ㉦
② ㉠, ㉡, ㉢, ㉣, ㉤
③ ㉠, ㉡, ㉣, ㉤, ㉥
④ ㉠, ㉡, ㉣, ㉥, ㉦
⑤ ㉠, ㉡, ㉣, ㉤, ㉥, ㉦

> **해설** 기초문진 항목
> 1. 보호자 정보
> 2. 동물(환자) 정보
> 3. 함께 거주하는 동물 정보
> 4. 급여하는 음식
> 5. 최근의 신체 변화
> 6. 각종 예방 상황
> 7. 치아 관리 상황
> 8. 피부, 털 관리 상황
> 9. 운동 여부

13 신체검사 시 동물의 정상적인 모습(개, 고양이 기준)을 설명한 내용이다. 옳지 않은 것은?

① 눈 – 분비물이 없고 깨끗하고 맑아야 한다.

② 귀 – 이도는 깨끗하고 불쾌한 냄새가 나지 않아야 한다.

③ 체형 – 품종에 맞는 체중과 체형을 보여야 하고, 비만이거나 마르지 않아야 한다.

④ 점막 – 잇몸 점막은 밝은 분홍색을 띠어야 하며, 모세혈관 재충만 시간은 2초 이내를 유지하여야 한다.

⑤ 대변 – 대변은 맑고 연한 노란색을 띠어야 하고, 배변 시 변비나 통증이 없어야 한다.

[해설] 대변은 견고하며 갈색을 나타내야 하고, 배변 시 변비나 통증이 없어야 한다.

14 동물(개, 고양이 기준)의 신체검사 시 식욕감퇴의 주요 원인으로 볼 수 없는 것은?

① 신장염

② 입의 통증이나 섭취 곤란

③ 대사성 질환

④ 전염성 질환

⑤ 후각기능을 떨어뜨리는 코 막힘

[해설] 신장염은 다음(물을 많이 마심)과 다뇨(소변을 많이 봄)의 주요 원인이다.

15 동물(개, 고양이 기준)의 신체검사 시 다음과 다뇨의 주요 원인이 아닌 것은?

① 당뇨병

② 요붕증

③ 자궁축농증

④ 운동 부족

⑤ 부신피질기능항진증(쿠싱병)

[해설] 운동 부족은 변비의 주요 원인이다.

16 동물(개, 고양이 기준)의 신체검사 시 변비의 주요 원인이 아닌 것은?

① 게실증(장관이 국소적으로 확장됨)
② 뼈나 모구와 같은 이물질의 섭취
③ 세균감염증(렙토스피라, 캄필로박터 감염)
④ 결장 또는 직장의 종양
⑤ 고양이 Key-Gaskell증후군(자율신경장애)

해설 세균감염증(렙토스피라, 캄필로박터 감염)은 설사의 주요 원인이다.

17 동물(개, 고양이 기준)의 신체검사 시 구토의 주요 원인이 아닌 것은?

① 위장염
② 내부 기생충 감염증
③ 비강 안에 이물질이 존재하는 경우(씨앗, 폴립, 종양 등)
④ 바이러스 감염증(파보바이러스 장염, 전염성 간염 등)
⑤ 상한 음식이나 부적절한 물질 섭취(독성물질, 이물질 등)

해설 비강 안에 이물질이 존재하는 경우(씨앗, 폴립, 종양 등)는 비강 분비물의 주요 원인이다.

18 개나 고양이는 5단계의 비만도 측정법(body condition scoring 5 ; BCS)에 따라 체형을 확인할 수 있다. 다음 중 개나 고양이의 전신상태(비만도)에 따른 확인사항을 잘못 설명한 것은?

① 매우 마름(BCS 1) – 갈비뼈, 등뼈, 골반을 멀리서도 식별 가능하며, 체내 지방이 거의 없음
② 마름(BCS 2) – 갈비뼈가 쉽게 만져지며, 체내 지방이 두드러지지 않음
③ 정상(BCS 3) – 갈비뼈가 만져지며, 체내 지방이 두드러지지 않고 척추가 만져짐
④ 비만(BCS 4) – 갈비뼈를 만질 수 없으며, 엉덩이 주위에 체내 지방이 두드러짐
⑤ 심한 비만(BCS 5) – 갈비뼈를 만질 수 없으며, 많은 양의 지방이 온몸을 덮고 있음

해설 비만(BCS 4)
갈비뼈가 어느 정도 보이며, 엉덩이 주위에 체내 지방이 두드러진다.

19 개와 고양이의 생체지수(vital sign)에 대한 설명으로 옳지 않은 것은?

① 생체지수는 신체의 내부 기능을 나타내는 지표로서 체온, 맥박 수, 호흡수 등의 측정값을 말한다.

② 체온은 염증이나 감염이 있는지, 또는 체온 조절의 문제가 있는지를 확인할 때 측정한다.

③ 일반적으로는 수은체온계나 전자체온계를 사용하여 구강으로 측정하며, 구강에 심한 통증이 있는 동물은 귀를 이용해 고막체온계로 측정할 수 있다.

④ 맥박 수는 일반적으로 의식이 있는 상태일 때는 뒷다리 사타구니 안쪽에 있는 대퇴동맥을 이용하여 측정한다.

⑤ 분당 호흡수는 1분 동안 호흡하는 횟수를 측정하는 것이며, 흡기와 호기 과정을 다 거쳤을 때 1회로 산정한다.

> **해설** 일반적으로는 수은체온계나 전자체온계를 사용하여 항문으로 측정하며, 항문에 심한 통증이 있는 동물은 귀를 이용해 고막체온계로 측정할 수 있다.

20 개나 고양이의 보정방법에 대한 설명으로 옳지 않은 것은?

① 보정은 언어적 · 물리적 또는 약물 등을 이용하여 동물의 행동을 억제함으로써 동물이 그 자신 또는 다른 동물에게 상처 입히는 것을 방지하고 훈련, 검사, 약물투여, 처치, 포획 등 모든 절차의 수행을 용이하게 하는 방법이다.

② 동물을 핸들링하기 전에 보호자와 충분히 상의하고, 가능한 보호자의 도움을 받는 것이 좋다.

③ 신체검사, 백신 접종, 응급처치, 혈액 채취, 투약, 드레싱, 임상검사 등을 할 때 보정이 필요하다.

④ 공격성이 나타나게 되면 갇힌 공간에서 핸들링이 더욱 필요하게 된다.

⑤ 동물을 일반적인 방법으로 핸들링할 수 있는 상황이 아니라면 보조 보정도구를 이용하거나 약물을 처치할 수 있다.

> **해설** 갇힌 공간에서의 핸들링은 가능한 피하는 것이 좋다. 이때는 동물이 불안감을 느끼고 공격성을 나타내게 된다.

21 약물을 생체에 투여하면 나타나는 생체 반응에 대한 설명이다. 괄호 안에 들어갈 알맞은 것을 고르시오.

> 약물 대부분은 어떤 조직 장기와 특별한 친화성을 가지고 있어서 친화성을 가진 조직 장기에 영향을 끼치게 되는데, 이것을 (㉠)이라고 한다. (㉠)이 강할수록 그 약물의 사용 가치는 크다. 또한, 어떤 약물은 모든 조직 장기에 어느 정도 차이는 있지만 거의 동일한 친화성을 가지고 있어서 같은 작용을 나타내는데, 이것을 (㉡)이라고 한다.

① ㉠ 흥분작용, ㉡ 억제작용
② ㉠ 국소작용, ㉡ 전신작용
③ ㉠ 선택작용, ㉡ 일반작용
④ ㉠ 직접작용, ㉡ 간접작용
⑤ ㉠ 치료작용, ㉡ 부작용

해설 ① 약물에 의하여 어떤 조직, 장기의 고유 기능이 항진되었을 때 이것을 흥분작용이라고 하며, 반대로 기능이 저하되었을 때를 억제작용이라고 한다.
② 약물을 투여한 국소에 나타나는 약리작용을 국소작용이라고 하고, 약물이 혈액으로 흡수된 후에 나타나는 것을 전신작용이라고 한다.
④ 약물을 투여한 후 약물이 직접 접촉한 장기에 일으키는 고유 약리작용을 직접작용(일차작용)이라고 하며, 직접 접촉하지 않은 장기에 나타나는 기능성 변동을 간접작용(이차작용)이라고 한다.
⑤ 약물이 가진 여러 작용 중 질병 치료에 필요한 작용을 치료작용이라고 하고, 필요하지 않은 작용을 부작용이라고 한다.

22 처방에 사용되는 주요 의학용어와 그 뜻이 올바르게 연결된 것은?

① PO – 근육 투여
② IV – 정맥 내 투여
③ IM – 피하 투여
④ SC – 경구 투여
⑤ prn – 식사 후

해설 ① PO – 경구 투여
③ IM – 근육 투여
④ SC – 피하 투여
⑤ prn – 필요할 때마다, pc – 식사 후

23 제형에 따른 약물의 분류 중 고형제제에 해당하는 것으로 묶은 것은?

① 산제(powder), 과립제(granule), 정제(tablet), 캡슐(capsule)

② 시럽제(syrup), 현탁제(suspension), 점안제(eye drop), 에어로졸제(aerosol)

③ 연고제(ointment), 로션제(lotion), 좌제(suppository)

④ 앰플(ampule), 바이알(vial), 수액(fluid)

⑤ 과립제(granule), 정제(tablet), 연고제(ointment), 로션제(lotion)

> **해설** 제형에 따른 약물의 분류
> • 고형제제: 산제(powder), 과립제(granule), 정제(tablet), 캡슐(capsule)
> • 액상제제: 시럽제(syrup), 현탁제(suspension), 점안제(eye drop), 에어로졸제(aerosol)
> • 반고형제제: 연고제(ointment), 로션제(lotion), 좌제(suppository)
> • 주사제: 앰플(ampule), 바이알(vial), 수액(fluid)

24 투약에 사용되는 물품에 관한 설명으로 옳지 않은 것은?

① 주삿바늘의 두께는 게이지(gauge) 단위로 표시하는데, 게이지가 클수록 주삿바늘의 지름은 가늘어진다.

② 과산화수소는 채혈이나 주사 시 발생하는 혈액 얼룩을 닦는 데 사용한다.

③ 토니켓(tourniquet, 압박대)은 혈관을 압박하는 도구로, 말초 혈액의 유입 및 유출을 제한하는 목적으로 사용한다.

④ 정맥 내 카테터(IV카테터)는 수액류 약물을 정맥 내로 점적 투여하기 위해 사용하는 의료용 물품이다.

⑤ 알코올 솜은 주사 약물을 뽑기 전 뚜껑의 소독(백신은 절대 금지)이나 목적 부위의 주사 전 소독용 또는 주사 후 지혈용으로 사용한다.

> **해설** ④는 수액세트에 대한 설명이다.
> 정맥 내 카테터(IV카테터)는 천자를 통해 정맥 내에 장착하고 수액제를 수액관을 통해 투여하는 경로 역할을 하는 의료용 물품이다.

25 각종 약물투여 방법에 관한 설명으로 옳지 않은 것은?

① 경구적 투여는 약물을 내복하는 방법으로서, 가장 간편하고 안전하지만 철저한 소독이 필요하다.

② 피하주사는 약물을 피하에 투여하는 방법으로, 주사법 중에서는 가장 쉬운 방법이다.

③ 근육내 주사는 피하주사법보다 통증을 더 유발하는 단점이 있다.

④ 정맥내 주사는 직접 정맥 내 약물을 투여하는 방법으로서, 작용이 가장 빨리 나타나고 혈액 중의 유효농도를 정확하게 조절할 수 있어 응급 시 가장 좋은 투여법이다.

⑤ 복강내 주사는 복강 내로 직접 약물을 투여하는 방법으로, 임상에서는 복막염 등의 위험성이 있어 주로 사용되지 않는다.

해설 경구적 투여는 약물을 내복하는 방법으로서, 가장 간편하고 안전하면서도 경제적이다. 이 방법으로는 어떠한 약물도 투여할 수 있으며, 철저한 소독이 필요하지 않다는 것이 장점이다.

26 정맥내 주사 보조방법에 대한 설명으로 옳지 않은 것은?

① 정맥이 잘 보이지 않을 때는 클리퍼를 이용하여 털을 제거한다.

② 보정자는 투여할 다리 측면에 선다.

③ 보정자는 같은 쪽 손은 투여할 다리를 잡아당기고 반대쪽 손은 머리를 감싸 보정한다.

④ 요골쪽 피부정맥의 위쪽 부위를 누르거나 토니켓을 장착하여 정맥을 노출한다.

⑤ 소독용 알코올 솜으로 정맥 부위를 소독한다.

해설 보정자는 투여할 다리의 반대편에 선다.

27 피부 연고제 투여에 대한 설명으로 옳지 않은 것은?

① 연고제를 적용하기 전에 손을 깨끗이 씻는다. 필요하다면 라텍스장갑을 착용한다.

② 처방에 따른 연고제를 준비한다.

③ 동물의 환부가 지저분하다면 미지근한 온수로 씻어내고 깨끗한 거즈 등으로 닦아내거나 말린다.

④ 연고를 손가락 바닥으로 조금 떼어내 환부에 강한 자극을 주면서 얇게 펴서 바른다.

⑤ 환자가 환부를 핥거나 발로 긁을 것으로 예상한다면 엘리자베스 칼라나 붕대 등의 보호조치를 취한다.

해설 연고를 바를 때 자칫하면 피부를 문질러 강한 자극을 주기 쉽다. 가급적 피부를 자극하지 않도록 조심하면서 골고루 바르는 것이 중요하다.

28 외래동물의 기본 클리핑과 발톱 관리에 관한 설명이다. 옳지 않은 것은?

① 클리핑에 사용하는 도구는 털을 일정한 길이로 자르기 위한 클리퍼(이발기)와 털을 자를 때 사용하는 시저(미용용 가위)이다.
② 기본 클리핑은 동물의 위생적인 관리를 위해 필요하며, 기본 클리핑을 하는 부위는 발등, 항문 주위 및 배의 안쪽 등이며, 발바닥의 털은 제거할 필요가 없다.
③ 항문 주위나 배의 안쪽은 대소변이 묻어 위생적인 문제를 일으킬 수 있으므로 주위의 털을 제거하여 오물이 묻지 않도록 한다.
④ 발톱이 과도하게 자라면 보행에 지장을 주어 근골격계에 이상을 일으킬 수도 있다.
⑤ 발톱을 자를 때는 혈관이 자라나온 부위를 확인한 후에 혈관 부위보다 더 길게 잘라야 출혈과 통증을 피할 수 있다.

해설 발바닥의 털을 제거하는 이유는 발바닥 털이 길면 실내바닥이 미끄러워 동물이 미끄러지는 행동을 반복하기 때문에 근골격계에 이상을 일으킬 수 있다.

29 동물의 귀 세정방법에 대한 설명으로 옳지 않은 것은?

① 귀가 늘어지는 종은 귀를 들어 외이도 입구 부분을 노출한다.
② 귀 세정제의 입구를 열어 세정제를 외이도 입구 부분에 충분히 넣는다.
③ 귀의 아랫부분을 부드럽게 마사지해 준다.
④ 솜을 이용하여 귀지와 함께 외이도 쪽에 배출된 세정제를 닦아낸다.
⑤ 귀 안에 남은 세정제는 면봉 등으로 제거한다.

해설 귀 안에 남은 세정제는 면봉 등으로 무리하게 제거하지 않는다. 그냥 놔두면 동물이 귀를 흔들어 배출한다.

30 항문낭 관리방법에 대한 설명으로 옳지 않은 것은?

① 동물이 협조적이지 않다면 보정자가 동물의 머리를 포함한 앞부분을 보정한다.
② 꼬리를 등 쪽으로 올려 항문을 돌출시킨다.
③ 항문을 기준으로 왼쪽과 오른쪽 대각선 아래(시계방향으로 4시와 8시 방향)에 볼록한 부분인 항문낭을 찾는다.
④ 왼쪽과 오른쪽의 항문낭 부위에 엄지와 검지를 위치시키고 가볍게 아래에서 위로 항문 방향으로 짠다.
⑤ 항문낭을 짤 때 항문낭액이 나올 때까지 힘주어 짠다.

해설 항문낭을 짤 때 항문낭액이 나오지 않는다고 억지로 짜지 않도록 주의한다.

31 응급실에 비치해야 할 기기의 용도에 대한 설명으로 틀린 것은?

① ECG(electrocardiogram) 모니터 – 심전도를 통해 환자의 상태를 실시간 확인하기 위한 기기

② 도플러 혈압계 – 도플러를 이용해 환자의 수축기 혈압을 측정하기 위한 기기

③ 암부백(ambu bag) – 혈중 산소포화도를 측정하기 위한 기기

④ 후두경 – 기관내관을 삽관하기 위한 보조기기로, 끝에 광원이 있는 기기

⑤ 산소 발생기 – 공기 중 산소를 압축하여 산소 순도 90% 이상의 산소를 발생시켜 환자에게 공급하는 기기

> **해설** • 산소포화도(SpO₂) 측정기: 혈중 산소포화도를 측정하기 위한 기기
> • 암부백(ambu bag): 자발 호흡이 없는 환자에게 양압 호흡을 하기 위한 기기

32 응급실에 비치해야 할 물품의 용도에 대한 설명으로 틀린 것은?

① 3-WAY stop cock – 수액세트와 연장선 사이에 연결하여 각종 약물을 투여할 수 있는 3방향 밸브

② 수액 압박 백(bag) – 응급 수액을 투여할 때 수액을 압박하여 다량을 공급할 수 있게 하는 압박 백(bag)

③ 실린지 펌프(syringe pump) – 수액 또는 다량의 약물을 시간당 정확한 양으로 주입하기 위해 수액 라인을 연결하여 사용하는 기기

④ PCV(packed cell volume) 검사 튜브 – 적혈구 용적률 검사를 위해 사용하는 튜브

⑤ 석션기(suction unit) – 기도 및 구강 내 삼출물의 흡입을 위한 기기

> **해설** • 실린지 펌프(syringe pump): 주사기를 이용하여 약물을 일정한 속도와 시간으로 환자에게 주입하기 위한 기기
> • 인퓨전 펌프(infusion pump): 수액 또는 다량의 약물을 시간당 정확한 양으로 주입하기 위해 수액 라인을 연결하여 사용하는 기기

33 응급 키트(emergency kit)의 관리방법에 대한 설명으로 옳지 않은 것은?

① 응급 키트에는 응급 상자와 응급 카트가 있으며, 체크리스트를 이용해 매일 점검해야 한다.

② 사용 후에도 기준 재고표에 따라 재고를 보충하고 약물의 유효기간을 확인하여 유효기간이 지난 약물은 수의사에게 보고한 후 폐기한다.

③ 응급 상자(emergency box)의 내부는 칸으로 나뉘어 있어 카테터 장착 세트, 주사기, 응급 약물 등 응급 처치에 필요한 작은 크기의 물품을 보관할 수 있다.

④ 응급 카트(crash cart)는 서랍과 작은 상자들이 있는 테이블 형태의 카트이다.

⑤ 응급 카트(crash cart)는 필요한 곳에 신속히 가져가 사용할 수 있으며 장소에 구애를 받지 않는 장점이 있으나, 무게가 있고 부피가 큰 기기는 따로 보관해야 하는 단점이 있다.

> **해설** ⑤는 응급 상자(emergency box)에 대한 설명이다. 응급 카트(crash cart)는 카테터 장착 세트와 주사기, 약물, 기관내관(ET-tube) 외에도 ECG 모니터기, 석션기 등 부피와 무게가 있는 기기도 카트에 보관할 수 있어서 응급 상황이 발생하였을 때 신속하게 처치할 수 있는 장점이 있으나, 장소가 협소한 곳에서는 사용이 불편한 단점이 있다.

34 응급실의 일상점검에 관한 내용으로 옳지 않은 것은?

① 응급실의 일상점검은 물품 및 기기의 효율적인 관리와 매일 체크리스트를 통한 점검이 이루어진다.

② 응급 약물은 응급 환자에게 매우 중요하므로 일일점검을 통해 반드시 재고량과 유효기간을 점검해야 한다.

③ 응급 기기들은 항상 제 위치에 있어야 하며, 체크리스트를 통한 일일점검을 통해 기기의 이상 유무를 반드시 확인하고, 이상이 있을 때는 즉시 수리하여야 한다.

④ 응급실에는 많은 고가의 기기와 기구가 있으므로 항상 안전에 유의하고, 근무자의 이동에 불편이 없는 구조로 관리해야 하며, 바닥에 불필요한 물건을 놓지 않아야 한다.

⑤ 처치를 위한 테이블은 산소 공급 기기와 응급 처치실 또는 응급 카트와 가까운 곳에 설치하고, 모든 응급 처치 및 집중치료 기기는 항상 즉시 사용할 수 있어야 한다.

> **해설** ③ 응급 기기들은 항상 제 위치에 있어야 하며, 체크리스트를 통한 일일점검을 통해 기기의 이상 유무를 반드시 확인하고, 이상이 있을 때는 수의사 또는 담당자에게 즉시 보고해 조치를 받아야 한다.

35 다음 지문에서 설명하는 응급질환의 종류는?

> • 임상 증상으로 운동 불내성, 기침, 식욕 부진, 기력 감소, 실신, 청색증, 호흡 곤란을 보인다.
> • 호흡 곤란 환자이므로 동물을 다룰 때 흉부를 압박하거나 무리하게 보정하는 행위 등은 임상 증상을 급속하게 악화하므로 최대한 피한다.

① 승모판 폐쇄 부전(mitral valve insufficiency ; MVI)
② 기관 허탈(tracheal collapse ; TC)
③ 두개 외상(haed trauma)
④ 자궁축농증(pyometra)
⑤ 당뇨성 케톤산증(diabetic ketoacidosis ; DKA)

해설 승모판 폐쇄 부전(mitral valve insufficiency ; MVI)
승모판은 좌심방과 좌심실 사이의 판막으로, 심장이 수축할 때 폐쇄되어 좌심실의 혈액이 좌심방으로 역류하는 것을 방지한다. 중년령 이상의 소형견에게서 승모판의 불완전한 폐쇄가 일어나고 심장의 펌프 작용 기능이 감소하여 심부전으로 진행된다. 그리고 좌심방과 폐정맥의 확장이 일어나고 폐정맥 압이 크게 증가하면 이차적으로 폐수종이 발생하여 심한 호흡 곤란으로 이어진다.

36 동물의 척수 손상은 1단계에서 5단계로 나눈다. 각 단계별 특징으로 옳지 않은 것은?

① 1단계: 통증이 있으나 운동 기능은 보존
② 2단계: 운동 기능은 있으나 고유 감각 소실, 후지 불완전마비
③ 3단계: 후지마비
④ 4단계: 후지마비와 함께 소변 정체
⑤ 5단계: 후지마비와 소변 정체와 함께 통증 감각 소실

해설 ② 2단계: 운동 실조, 고유 감각 소실, 후지 불완전마비

37 동물의 혈압 측정방법에 관한 설명으로 옳지 않은 것은?

① 가장 일반적으로 사용되는 측정 방법은 도플러(Doppler) 방식과 진동 방식(oscillometry) 이다.

② 저혈압은 평균 동맥압이 60mmHg 이하이거나 수축기 동맥압이 80mmHg 이하인 것을 말한다.

③ 고혈압은 안정 상태의 동물에게서 평균 동맥압이 130~140mmHg 이상이거나 수축기 동맥 압이 180~190mmHg 이상인 경우를 말한다.

④ 혈압을 측정할 때 자세는 선 자세가 가장 자연스럽고 편안한 자세이지만, 호흡 곤란이 있는 동물은 앉거나 양와위(sternal) 상태에서 시행한다.

⑤ 측정할 부위가 심장 위치보다 낮으면 높게 측정될 수 있으므로 측정 부위를 심장 위치와 가깝게 하여 측정한다.

> **해설** ④ 혈압을 측정할 때 자세는 양와위(sternal) 자세가 가장 자연스럽고 편안한 자세이지만, 호흡 곤란이 있는 동물은 앉거나 선 상태에서 시행한다.

38 동물의 심폐 소생술은 ABC의 순서대로 시행한다. 다음 설명 중 옳지 않은 것은?

① 동물에게 심정지가 생겼을 때 가장 먼저 해야 하는 것이 기도 확보(A ; air way)이다.

② 자발적인 호흡(B ; breathing)이 있고 기도가 확보되지 않은 동물에게는 호흡 보조 기기를 통해 인공호흡을 시행해야 한다.

③ 인공호흡은 암부백 또는 흡입마취기를 통해 시행한다.

④ 순환(C ; circulation)은 심장을 압박하여 혈액이 뇌와 주요 장기로 순환할 수 있도록 하는 것이다.

⑤ 순환은 기도 확보와 인공호흡과 동시에 이루어져야 한다.

> **해설** B(breathing ; 호흡)
> 자발적인 호흡이 없고 기도가 확보된 동물에게는 호흡 보조 기기를 통해 인공호흡을 시행해야 하며, 기도가 확보되었더라도 인공호흡을 하지 않으면 동물은 뇌사 또는 사망하게 된다.

39 동물 모니터링 기기는 실시간 또는 일정 간격으로 동물의 신체 상태를 확인할 수 있는 모니터링 기기이다. 다음 설명 중 옳지 않은 것은?

① 산소포화도 측정기는 정맥 내 헤모글로빈의 산소포화도를 측정하여 정맥 내 산소 분압 (PaO_2)을 간접적으로 측정하는 기기이다.

② 산소포화도 측정기는 심한 저혈압과 빈혈, 말초 냉감이 있는 동물은 측정하기 어렵다.

③ 젖산 측정기는 혈중 젖산 농도를 측정하기 위한 기기로, 조직의 허혈증 상태에서 증가한다.

④ 혈당 측정기는 혈액 속의 혈당 수치를 측정하는 기기로, 저혈당 및 고혈당을 확인하기 위해 사용하며 당뇨 환자의 혈당 관리를 위해 사용된다.

⑤ 심전도 모니터기는 심전도 파형과 함께 산소포화도, 체온, 호흡수, 혈압을 모니터에서 모두 실시간 감시할 수 있다.

> 해설   ① 산소포화도 측정기는 동맥 내 헤모글로빈의 산소포화도를 측정하여 동맥 내 산소 분압(PaO_2)을 간접적으로 측정하는 기기이다.

40 호흡 곤란 동물의 산소요법(oxygen therapy)에 관한 설명으로 옳지 않은 것은?

① 산소요법은 산소 결핍 상태(저산소혈증)의 치료와 예방 목적으로 고농도의 의료용 산소를 공급하는 요법이다.

② 산소 튜브를 이용하는 방법(flow-by)은 단순히 코와 입에 산소 튜브를 가까이 대 주는 것이며, 마스크보다는 효과가 크다.

③ 비강 산소 튜브를 이용한 방법은 비강 내 국소마취제(lidocaine 2%)를 한두 방울 투여한 후, 1분 뒤 비강을 통하여 눈의 내안각 위치까지 튜브를 삽입하고 반창고나 의료용 스테이플러(skin stapler)로 고정하여 공급하는 방법이다.

④ 넥칼라를 이용한 산소공급 방법은 넥칼라의 앞부분을 이산화탄소와 함께 습기와 열을 방출할 수 있도록 2/3 정도 랩(wrap)이나 투명한 비닐로 씌우고 넥칼라 안에 산소라인을 고정하여 공급하는 방법이다.

⑤ 산소 공급 시 2시간 이상 산소 공급을 할 경우 가습을 해 주어야 한다.

> 해설   ② 산소 튜브를 이용하는 방법(flow-by)은 단순히 코와 입에 산소 튜브를 가까이 대 주는 것이며, 마스크보다는 효과가 작지만, 마스크를 싫어하는 동물에게 임시적 또는 응급 목적으로 적용하기 좋은 방법이다.

41 다음은 다니구치 아키코(2011)가 체액과 탈수에 대해 설명한 내용이다. 괄호 안에 들어갈 알맞은 내용은?

> 몸을 구성하는 수분을 체액이라고 하는데, 평균 체중의 (㉠)[어린 동물은 약 (㉡), 나이든 동물은 약 (㉢)]를 차지한다. 체액은 체내에서 세포외액과 세포내액으로 나뉜다. 어떠한 원인으로 수분 섭취보다 수분 손실이 크면 탈수된다. 탈수는 체액 성분인 수분과 전해질 성분인 (㉣) 등이 부족한 상태를 말한다.

① ㉠ 50%, ㉡ 60%, ㉢ 70%, ㉣ 나트륨(Na)이나 칼슘(Ca)
② ㉠ 60%, ㉡ 50%, ㉢ 70%, ㉣ 나트륨(Na)이나 칼륨(K)
③ ㉠ 60%, ㉡ 70%, ㉢ 50%, ㉣ 나트륨(Na)이나 칼륨(K)
④ ㉠ 60%, ㉡ 40%, ㉢ 50%, ㉣ 칼륨(K)이나 칼슘(Ca)
⑤ ㉠ 60%, ㉡ 70%, ㉢ 50%, ㉣ 칼슘(Ca)이나 염소(Cl)

> **해설** 체액과 탈수[다니구치 아키코(2011)]
> 사람과 동물의 몸은 대부분 수분이다. 몸을 구성하는 수분을 체액이라고 하는데, 평균 체중의 60%(어린 동물은 약 70%, 나이 든 동물은 약 50%)를 차지한다. 체액은 체내에서 세포외액과 세포내액으로 나뉜다. 어떠한 원인으로 수분 섭취보다 수분 손실이 크면 탈수된다. 탈수는 체액 성분인 수분과 전해질 성분인 나트륨(Na)이나 칼륨(K) 등이 부족한 상태를 말하며, 탈수는 이차적으로 소변 감소증, 잦은 맥박, 식욕 저하, 기력 소실 등의 증상을 유발하고 전신 상태를 악화시킨다.

42 다음은 동물의 탈수 평가에 대한 설명이다. 괄호 안에 들어갈 알맞은 내용은?

> 탈수 정도는 체중에 대한 퍼센트(%)로 나타낸다. 몸의 수분이 (㉠) 이상 손실되어야 임상적으로 확인할 수 있으며, 탈수 증상이 심해져 쇼크 상태가 되면 체중의 (㉡) 이상 탈수라고 본다. 탈수를 측정하는 객관적인 방법은 없으며, 동물의 체액 손실은 문진과 신체검사, 그리고 CBC 검사를 병행하여 수의사가 판단한다.

① ㉠ 2~3%, ㉡ 8~10%
② ㉠ 4~5%, ㉡ 10~12%
③ ㉠ 5~6%, ㉡ 12~15%
④ ㉠ 6~7%, ㉡ 15~20%
⑤ ㉠ 7~8%, ㉡ 20~25%

> **해설** 탈수 평가
> 탈수 정도는 체중에 대한 퍼센트(%)로 나타낸다. 몸의 수분이 4~5% 이상 손실되어야 임상적으로 확인할 수 있으며, 탈수 증상이 심해져 쇼크 상태가 되면 체중의 10~12% 이상 탈수라고 본다. 탈수를 측정하는 객관적인 방법은 없으며, 동물의 체액 손실은 문진과 신체검사, 그리고 CBC 검사를 병행하여 수의사가 판단한다.

43 동물병원에서 수혈을 실시할 때 공혈 동물(donor)의 조건으로 가장 부적절한 것은?

① 임상적, 혈액 검사상 이상이 없다.
② 백신 접종을 규칙적으로 하고 있다.
③ 적혈구 용적률(PCV)이 40% 이상이다.
④ 수혈을 받은 경험이 있다.
⑤ 심장사상충에 감염되지 않았다.

해설   ④ 수혈을 받은 경험이 없어야 한다.

44 동물병원에서 수혈 시 주의사항으로 옳지 않은 것은?

① 수혈 속도는 수혈 동물의 심폐질환, 빈혈 정도에 따라 동물보건사가 결정한다.
② 보통 1시간 동안 체중 1kg당 20mL(20mL/kg/hr) 이하의 속도로 수혈한다.
③ 수혈할 농축 적혈구는 사용 전에 8자를 그리듯이 부드럽게 혼합한 뒤 사용한다.
④ 반드시 수혈세트 라인을 사용한다.
⑤ 개와 고양이의 혈액형 판정 키트는 서로 다름을 유의한다.

해설   ① 수혈 속도는 수혈 동물의 심폐질환, 빈혈 정도에 따라 수의사가 결정한다.

45 내시경 시술 준비 시 마취에 대한 설명이다. 옳지 않은 것은?

① 마취 전 투여는 일반적으로 진정제나 진통제 등을 단독 또는 조합하여 사용한다.
② 마취 전 투여 후 산소를 공급하면서 3~5분간 기다려 그 효과를 확인한 후 마취 유도를 한다.
③ 마취 각성은 마취에서 깨는 것으로, 통증이나 여러 반사가 단계적으로 회복된다.
④ 국소마취는 표면마취, 신경차단마취, 경막외마취로 구분한다.
⑤ 전신마취제의 투여 방법은 PO, IM, IV, face mask, chamber 등이 있고, 크게 주사마취와 흡입마취로 구분한다.

해설   마취 유도
마취제를 투여하여 환자를 무의식 상태로 유지하는 것으로, 마취 전 투여 후 산소를 공급하면서 10~20분간 기다려 그 효과를 확인한 후 마취 유도를 한다.

46 다음 보기 중 내시경(endoscopy) 시술에 대한 설명으로 옳은 것으로 묶인 것은?

> ㉠ 상부 위장관(식도, 위)의 이물 제거
> ㉡ 위장관 점막의 육안검사
> ㉢ 위장관의 점막 조직 체취
> ㉣ 식도 협착 확장
> ㉤ 국소마취

① ㉠, ㉡, ㉢, ㉣

② ㉠, ㉡, ㉣, ㉤

③ ㉠, ㉢, ㉣, ㉤

④ ㉡, ㉢, ㉣, ㉤

⑤ ㉠, ㉡, ㉢, ㉣, ㉤

해설 내시경(endoscopy)
내시경은 상부 위장관(식도, 위)의 이물 제거와 위장관 점막의 육안검사와 위장관의 점막 조직 체취, 식도 협착 확장, 작은 점막 병소(예 용종) 제거 등에서 사용하며, 내시경을 시행하기 위해 전신마취가 필요하다.

47 동물의 전염성 질병에 대한 설명으로 옳지 않은 것은?

① 전염성 질병은 세균, 바이러스, 기생충, 진균(곰팡이) 등의 미생물에 의해 발생한다.

② 세균은 크기가 광학현미경으로 확인이 가능한 0.5~5μm이며, 하나의 세포로만 이루어진 단세포 미생물이다.

③ 바이러스는 광학현미경으로는 관찰되지 않는 0.2~2μm의 크기를 가지며, 자체적인 대사와 증식을 하는 미생물이다.

④ 기생충은 자체적으로 살지 못하고, 주로 영양분의 섭취를 다른 숙주에게 의지하며 살아가는 진핵생물이다.

⑤ 진균(곰팡이)은 대부분이 비병원성이지만, 일부는 건강한 조직에 침입하여 질병을 일으킬 수 있다.

해설 ③ 바이러스는 광학현미경으로는 관찰되지 않는 0.02~0.2μm의 크기를 가지며, 자체적인 대사와 증식을 하지 못하는 미생물이다. 바이러스는 살아있는 숙주세포 내에서만 증식이 이루어진다.

48 전염성 질병의 전파경로에 대한 설명으로 옳지 않은 것은?

① 직접접촉전파는 감염 숙주(감염되어 있는 동물)와 감수성이 있는 동물이 직접적으로 접촉되어 병원체가 전파된다.

② 비말전파는 감염 숙주의 기침, 재채기, 입을 열 때 미세한 비말에 의하여 병원체의 전파가 이루어진다.

③ 병원체에 오염된 물이나 사료 등을 섭취할 경우 집단적으로 동물들에게 소화기 전염병이 발병될 수 있다.

④ 병원체에 오염된 혈액이나 주사기 등을 사용할 경우 처치를 받은 동물들에게 전염병이 발생할 수 있다.

⑤ 생물학적 전파는 파리, 바퀴와 같은 매개곤충의 다리 등의 신체부위에 병원체가 물리적으로 부착되어 그 상태 그대로 병원체의 변화 없이 다른 동물에게 병원체를 전파하는 방식이다.

> **해설** • 기계적 전파: 파리, 바퀴와 같은 매개곤충의 다리 등의 신체부위에 병원체가 물리적으로 부착되어 그 상태 그대로 병원체의 변화 없이 다른 동물에게 병원체를 전파하는 방식이다.
> • 생물학적 전파: 모기, 벼룩과 같은 매개곤충의 체내에서 병원체가 발육, 증식, 발육/증식 등의 생물학적인 변화를 거쳐 감수성 동물에게 감염을 일으키는 경우이다.

49 입원 동물의 임상증상에 대한 설명으로 잘못된 것은?

① 식욕부진(anorexia) – 2일 이상 식욕이 없음

② 탈수(dehydration) – 소변량 감소, 건조한 점막

③ 저혈량증(hypovolemia) – 빈맥, 약한 맥박

④ 고체온(hyperthermia) – 37.2℃ 이상, 헉헉거림(panting 증상)

⑤ 저체온(hypothermia) – 37.2℃ 이하, 오한

> **해설** 고체온(hyperthermia)의 임상증상
> • 39.5℃ 이상   • 헉헉거림(panting 증상)
> • 따뜻한 피부   • 빈호흡, 빈맥
> • 심리상태 변화

50 입원 동물의 임상증상에 대한 설명으로 잘못된 것은?

① 전해질 불균형(electrolyte imbalance) – 서맥 또는 빈맥, 부정맥

② 요도 폐쇄(urethral obstruction) – 배뇨곤란, 팽창된 방광 촉진

③ 심부전증(cardiac insufficiency) – 구토, 저혈압 또는 고혈압

④ 저산소증(hypoxia) – 청색증, 호흡곤란

⑤ 변비(constipation) – 복부 팽만 및 통증

해설 심부전증(cardiac insufficiency)의 임상증상
- 빈호흡, 빈맥
- CRT 지연
- 운동불내성
- 비정상 ECG
- 비정상 심음
- 창백하고 청색의 점막
- 실신
- 저혈압 또는 고혈압

51 입원동물의 정기적인 드레싱 및 붕대 처치에 관한 설명으로 옳지 않은 것은?

① 드레싱은 상처에서 발생되는 분비물과 괴사조직을 흡수제거, 외부로부터의 감염차단, 자극으로부터 보호하기 위해 실시된다.

② 거즈 드레싱은 가장 오래된 방법으로 상처치유의 초기단계에서 삼출물 및 괴사조직 제거와 상처를 보호하는데 유용하다.

③ 습윤 드레싱은 상처부위를 밀폐시켜 습윤 환경을 유지하는 것으로 염증단계와 치유단계에서 상처부위의 세포증식과 기능을 촉진시킨다.

④ 1차 붕대(접촉층)는 상처부위의 직접적 보호보다 상처부위로부터 나오는 혈액, 삼출물, 괴사조직 등을 흡수한다.

⑤ 2차 붕대는 1차 붕대를 밖에서 감싸며 움직이지 않게 고정시키고 보호하는 역할을 한다.

해설 1차 붕대(접촉층)는 피부 또는 상처부위의 직접적인 보호 역할을 하게 된다. 2차 붕대는 주로 흡수기능을 담당한다. 상처부위로부터 나오는 혈액, 삼출물, 괴사조직 등을 흡수한다.

52 입원동물의 붕대 처치에 대한 설명으로 옳지 않은 것은?

① 붕대는 어떤 부위를 보호하거나 움직이지 못하게 고정시킬 때 사용하는데, 일반적으로 3개의 층으로 구성된다.

② 상처 부위에 1차 붕대를 적용하기 전에 상처 부위를 클리퍼 등을 사용하여 털을 제거하고, 세척 및 소독한다.

③ 3차 붕대는 물에 젖지 않도록 방수성을 가지는 재료를 사용한다.

④ 붕대 재료에는 거즈붕대, 솜붕대, 탄력붕대, 접착식 탄력붕대, 접착테이프 등이 있다.

⑤ 붕대교체는 삼출액 발생이 가장 많은 상처 초기에는 최소 1일 3회 이상 교체한다.

해설 붕대교체는 발생되는 삼출액의 양에 따라 교체 빈도가 결정된다. 삼출액 발생이 가장 많은 상처 초기에는 최소 1일 1회 이상 교체한다. 또한 외부의 감염을 차단하기 위해 삼출액이 2차 붕대를 통과하여 3차 붕대에 닿기 전에 교체해야 한다.

53 동물보건사는 수술실을 청결하게 유지, 관리하여야 한다. 다음 중 수술실 청결 관리에 대한 설명으로 옳지 않은 것은?

① 수술실은 기능과 역할에 따라 준비 구역, 스크러브(scrub) 구역, 수술방으로 나뉜다.

② 준비 구역은 동물이 수술방에 들어가기 전에 수술 부위의 털 제거와 흡입마취가 시작되는 곳으로 멸균 지역에 해당한다.

③ 스크러브(scrub) 구역은 수술자와 소독 간호사가 외과적 손세정인 스크러브를 시행하고 수술 가운과 장갑을 착용하는 장소이다.

④ 수술방은 실제 수술이 진행되는 곳으로, 세균에 의한 감염을 차단하기 위해 항상 무균 상태를 유지해야 하는 멸균 지역이다.

⑤ 수술실 내에서 발생하는 폐기물은 수술 후 즉시 폐기한다.

> **해설** ② 준비 구역은 수술환자 준비와 수술에 사용하는 물품을 보관하는 장소이다. 동물이 수술방에 들어가기 전에 수술 부위의 털 제거와 흡입마취가 시작되는 곳으로 오염 지역에 해당한다.

54 동물병원 내 수술 관련 기기에 대한 설명으로 옳지 않은 것은?

① 양쪽으로 접히는 수술대(surgery table)는 수술 부위에서 흘러내린 액체를 모아 주고, 대형견이나 가슴이 깊은 동물의 경우 원활한 복부 수술이 진행되도록 자세를 보정해 준다.

② 무영등(surgical light)은 수술 부위를 밝게 하고 그림자가 생기지 않도록 만든 조명 기기이다.

③ 전기 수술기(electrosurgery)는 고주파 전류를 이용하여 조직 절개와 혈관 지혈을 위한 목적으로 수술 중에 사용하는 기기로, 지름 5mm 이하의 혈관 지혈에 사용한다.

④ 혈관 밀봉기(vessel sealing devices)는 지름 7mm 두께의 굵은 혈관의 지혈 및 밀봉을 위하여 사용한다.

⑤ 석션기는 수술 부위에서 발생하는 체액 또는 분비물을 흡인하기 위해 사용한다.

> **해설** ③ 전기 수술기(electrosurgery)는 고주파 전류를 이용하여 조직 절개와 혈관 지혈을 위한 목적으로 수술 중에 사용하는 기기로, 지름 1mm 이하의 혈관 지혈에 사용한다.

55 동물병원 내 수술 기구에 대한 설명으로 옳지 않은 것은?

① 동물병원에서 사용하는 수술칼 날은 10, 11, 12, 15, 20번 날이고, 소형 동물에게는 3번 손잡이에 10번 날이 일반적으로 사용된다.

② 수술가위는 조직의 절단, 분리, 봉합사 제거, 붕대 제거 용도로 사용한다.

③ 조직 포셉(tissue forceps)은 끝 부위의 형태가 편형(smooth), 치아(toothed), 톱니 (serrated) 모양이 있고 붙잡는 조직의 특성에 따라 사용한다.

④ 움켜잡기 포셉(grasping forceps)은 혈관이나 조직을 잡아 지혈할 때 사용한다.

⑤ 바늘 잡개(needle holder)는 봉합할 때 수술용 바늘을 잡는 기구이다.

> **해설**
> - 지혈 포셉(hemostat forceps): 혈관이나 조직을 잡아 지혈할 때 사용한다. mosquito, Kelly, Crile, Rochester-Carmalt 등이 있다.
> - 움켜잡기 포셉(grasping forceps): 단단한 조직을 잡아 들어 올려 수술 부위를 용이하게 하거나 수술 부위를 고정할 때 사용한다. Alis tissue forceps, Babcock forceps, towel clamp 등이 있다.

56 수술 기구 멸균 방법으로 옳지 않은 내용은?

① 고압증기 멸균법은 동물병원에서 가장 많이 사용하는 멸균법으로, 일반적으로 121℃에서 15분 이상 멸균한다.

② 고압증기 멸균법은 수술 기구, 수술 포, 수술 가운 등 거의 모든 수술 기구의 멸균에 사용하지만, 열에 약한 고무류, 플라스틱 등은 멸균할 수 없는 단점이 있다.

③ EO 가스 멸균법(EO gas sterilization)은 열이나 습기에 민감한 물품(고무류, 플라스틱 등)의 멸균에 사용하며, 멸균 내용물의 부식 및 손상을 주지 않고 멸균 백을 사용하는 경우 6개월 이상 멸균이 유지된다.

④ EO 가스 멸균법은 고압증기 멸균법보다 멸균 시간이 짧고 가격이 싸지만, EO 가스가 인체에 독성을 가지고 있으므로 사용이 다소 까다로운 단점이 있다.

⑤ 플라스마 멸균법은 멸균제로 과산화수소 가스를 이용한다.

> **해설** ④ EO 가스 멸균법은 고압증기 멸균보다 멸균 시간이 길고 가격이 비싸며, EO 가스가 인체에 독성을 가지고 있으므로 사용이 다소 까다로운 단점이 있다.

57 수술 후 동물 관리방법에 대한 설명으로 옳지 않은 것은?

① 수술이 끝나고 마취에서 회복 중인 동물은 의식이 돌아올 때까지 주변의 방해 없이 혼자 내버려 두는 것이 좋다.
② 마취에서 회복한 동물은 반드시 수술 부위 출혈, 통증, 쇼크 등 합병증 발생 여부를 관찰해야 한다.
③ 수술 부위 붕대 처치는 연부 조직 상처 관리와 뼈, 관절 부위의 안정화를 위해 시행한다.
④ 붕대 처치는 출혈과 부종 감소, 사강 제거, 동물과 외부환경으로부터 상처 부위가 오염되는 것을 방지할 수 있다.
⑤ 수술 부위에서 피가 스며 나오는 출혈의 경우 약간의 출혈은 5~10분간 압박 지혈하고, 과도한 내부 출혈은 수의사에게 즉시 보고한다.

해설　① 수술이 끝나고 마취에서 회복 중인 동물은 의식이 돌아올 때까지 혼자 내버려 둬서는 안 된다. 마취에서 회복하여 스스로 일어날 수 있을 때까지 동물보건사는 집중적인 동물 감시를 수행해야 한다.

58 수술 후 발생하는 주요 합병증에 대한 처치 방법으로 옳지 않은 것은?

① 섬망 – 주의 깊게 관찰, 심한 경우 안아줌, 진정제 투여
② 쇼크 – 5분마다 생체지표 측정, 수액 관리, 체온 유지
③ 구토 – 진정제를 투여하고, 수의사에게 즉시 보고
④ 저체온 – 마취 중에 동물의 체온은 급격히 떨어지므로 회복 시 10분마다 체온 체크, 담요, 열선, ICU 등으로 보온
⑤ 욕창 – 동물을 자주 위치 변경하여 눕힘

해설　**구토의 처치 방법**
위 내용물이 기도로 흡입되지 않도록 입안의 내용물을 제거한다.

59 **동물의 요 검사에 관한 설명으로 옳지 않은 것은?**

① 수의임상병리학 검사실에서 요 검사는 요 비중계를 사용한 요 비중의 측정과 물리적 특성의 확인, 화학적 요소 측정, 요침사를 통한 현미경 검사로 진행한다.

② 신장의 요에 대한 농축 또는 희석 능력은 요 비중 검사를 통해 판단한다.

③ 딥스틱(dip stick)을 사용하여 비중, pH, 단백, 혈, 당, 백혈구, 빌리루빈, 우로빌리노겐, 케톤, 아질산염 등을 측정할 수 있다.

④ 직접 동물의 요를 채취할 때 시료는 반드시 '처음'에 배출된 것이어야 하며, 중간이나 마지막에 배출되는 요는 채취하지 않는다.

⑤ 개나 고양이의 소변은 소변 배양 검사와 같이 무균 조작이 필요한 때도 있으며, 사람과 다르게 스스로 깨끗한 용기에 받아 보관하기 힘든 경우가 많으므로, 대부분 수의사에 의한 초음파 유도 하 방광 천자를 시행하게 된다.

> 해설 ④ 직접 동물의 요를 채취할 때 시료는 반드시 '중간'에 배출된 것이어야 하며, 처음과 마지막에 배출되는 요는 채취하지 않는다.

60 **동물의 분변 검사에 관한 설명으로 옳지 않은 것은?**

① 분변 검사는 맨눈으로 동물의 대변이 고형 변인지 설사 변인지 관찰하고 혈액, 점액 또는 기생충의 몸체나 편절, 유충의 유무를 판단하는 것으로 시작한다.

② 분변 검사에서 맨눈 검사 시 기록해야 하는 항목은 색, 견고한 정도, 점액의 존재 여부, 기생충의 존재 여부 등이다.

③ 동물병원에서 분변을 채취할 경우, 동물의 항문에 면봉을 삽입하고 분변을 채취한다.

④ 검사가 지체될 때는 대변을 0℃의 냉장고에 보관하거나 30% 포르말린을 첨가하여 보관할 수 있다.

⑤ 분변 검사와 관련된 기생충은 인수공통 전염병의 원인인 경우가 많으므로 위생과 오염에 유의하며, 항상 개인보호장비를 착용한다.

> 해설 ④ 검사가 지체될 때는 대변을 4℃의 냉장고에 보관하거나 10% 포르말린을 첨가하여 보관할 수 있다.

제4과목 동물 보건·윤리 및 복지관련 법규

01 **동물보호법에서 규정하는 동물복지위원회의 자문 내용이 아닌 것은?**

① 동물의 학대방지 등 동물복지 관련 사항
② 동물복지축산정책에 관한 사항
③ 동물실험에 대한 심의 사항
④ 동물복지종합계획의 수립·시행에 관한 사항
⑤ 동물실험윤리위원회의 구성에 대한 지도·감독 사항

> **해설** ③은 동물실험윤리위원회가 수행하는 기능에 대한 내용이다(동물보호법 제26조 제1항).

02 **동물보호법령에서 규정하고 있는 동물학대 등의 금지 행위에 속하지 않는 것은?**

① 고의로 사료나 물을 주지 않아 죽음에 이르게 된 고양이
② 사육장에서 살아있는 상태에서 체액을 채취당하는 곰
③ 전통 민속 소싸움 경기를 하는 황소
④ 혹한의 환경에 방치하여 추위에 심하게 떠는 개
⑤ 광고 등의 경품으로 제공되는 구관조

> **해설** ③ 도박·광고·오락·유흥 등의 목적으로 동물에게 상해를 입히는 행위는 동물학대에 해당한다. 그러나 농림축산식품부령으로 정하는 전통 민속 소싸움 경기는 동물학대 행위에서 제외된다(동물보호법 시행규칙 제4조 제3항).
> ① 고의로 사료 또는 물을 주지 아니하는 행위로 인하여 동물을 죽음에 이르게 하는 행위(동물보호법 제8조 제1항 제3호)
> ② 살아 있는 상태에서 동물의 신체를 손상하거나 체액을 채취하거나 체액을 채취하기 위한 장치를 설치하는 행위(동물보호법 제8조 제2항 제2호)
> ④ 동물의 습성 또는 사육환경 등의 부득이한 사유가 없음에도 불구하고 동물을 혹서·혹한 등의 환경에 방치하여 신체적 고통을 주거나 상해를 입히는 행위(동물보호법 시행규칙 제4조 제6항 제2호)
> ⑤ 도박·시합·복권·오락·유흥·광고 등의 상이나 경품으로 동물을 제공하는 행위(동물보호법 제8조 제5항 제3호)

03 동물보호법령상 반려동물에 속하는 것은?

① 토끼 ② 거위
③ 앵무새 ④ 금붕어
⑤ 미니피그

해설 반려동물의 범위(동물보호법 시행규칙 제1조의2): 개, 고양이, 토끼, 페럿, 기니피그, 햄스터

04 동물보호법상 동물보호의 기본원칙에 해당하지 않는 것은?

① 동물이 공포와 스트레스를 받지 아니하도록 한다.
② 동물이 고통이나 상해, 질병으로부터 자유롭도록 한다.
③ 동물이 본래의 습성과 신체의 원형을 유지할 수 있도록 한다.
④ 동물이 갈증이나 굶주림을 겪지 않도록 한다.
⑤ 동물이 비정상적인 행동을 표현하고 불편을 겪지 않도록 한다.

해설 동물보호의 기본원칙(동물보호법 제3조)
• 동물이 본래의 습성과 신체의 원형을 유지하면서 정상적으로 살 수 있도록 할 것
• 동물이 갈증 및 굶주림을 겪거나 영양이 결핍되지 아니하도록 할 것
• 동물이 정상적인 행동을 표현할 수 있고 불편함을 겪지 아니하도록 할 것
• 동물이 고통·상해 및 질병으로부터 자유롭도록 할 것
• 동물이 공포와 스트레스를 받지 아니하도록 할 것

05 동물보호법령상 등록대상동물에 대한 등록사항 변경신고 사유가 아닌 것은?

① 소유자가 변경된 경우
② 소유자의 주소가 변경된 경우
③ 등록대상동물이 죽은 경우
④ 등록대상동물의 관리인이 변경된 경우
⑤ 무선식별장치를 잃어버린 경우

해설 등록사항 변경 신고의 사유(동물보호법 시행규칙 제9조 제1항)
1. 소유자가 변경되거나 소유자의 성명(법인인 경우에는 법인 명칭을 말한다)이 변경된 경우
2. 소유자의 주소(법인인 경우에는 주된 사무소의 소재지를 말한다)가 변경된 경우
3. 소유자의 전화번호(법인인 경우에는 주된 사무소의 전화번호를 말한다)가 변경된 경우
4. 등록대상동물이 죽은 경우
5. 등록대상동물 분실 신고 후, 그 동물을 다시 찾은 경우
6. 무선식별장치를 잃어버리거나 헐어 못 쓰게 되는 경우

06 동물보호법령상 맹견의 출입금지 장소가 아닌 것은?

① 초등학교
② 어린이집
③ 특수학교
④ 동물보호센터
⑤ 유치원

> **해설** ④ 동물병원은 맹견의 보호조치 장소이다(동물보호법 시행규칙 [별표3]).
> 맹견의 출입금지 등(동물보호법 제13조의3)
> 맹견이 출입하지 않도록 하는 장소는 어린이집, 유치원, 초등학교, 특수학교, 그 밖에 불특정 다수인이
> 이용하는 장소로서 시·도 조례로 정하는 장소(어린이공원, 노인여가복지시설, 장애인복지시설과 그
> 밖에 시장이 지정·공고한 장소 등)

07 동물보호법령상 등록대상동물의 관리 등에 대한 내용으로 옳지 않은 것은?

① 등록대상동물 소유자의 인식표에 부착할 내용은 소유자 성명과 전화번호, 동물등록병원 등을 표시해야 한다.
② 소유자가 등록대상동물과 외출할 시에는 목줄 등의 안전조치를 해야 한다.
③ 소유자 등은 등록대상동물이 엘리베이터나 계단에 배설했을 시에는 즉시 수거해야 한다.
④ 시·도지사는 소유자 등에게 등록대상동물에 대한 예방접종을 하게 할 수 있다.
⑤ 시·도지사는 공중위생상의 위해 방지를 위해 필요한 때에는 특정 지역에서의 사육을 제한 하는 조치를 할 수 있다.

> **해설** ②·③·④·⑤ 동물보호법 제13조 등록대상동물의 관리 등에 관한 내용이다.
> 인식표 부착(동물보호법 시행규칙 제11조)
> 1. 소유자의 성명
> 2. 소유자의 전화번호
> 3. 동물등록번호(등록한 동물만 해당한다)

08 동물보호법령상 구조·보호조치 제외대상 동물은?

① 유실·유기동물
② 피학대 동물 중 소유자를 알 수 없는 동물
③ 소유자로부터 학대를 받아 적정하게 치료를 받을 수 없다고 판단된 동물
④ 소유자로부터 학대를 받아 보호를 받을 수 없다고 판단되는 동물
⑤ 도심지에서 자생적으로 살아가는 고양이로서 중성화하여 방사 조치된 동물

> **해설** ① 보호조치 동물, ②·③·④ 학대행위자로부터 학대 재발 방지를 위해 격리해야 할 동물(동물보호법
> 제14조)
> ⑤ 구조·보호조치의 제외대상 동물(동물보호법 시행규칙 제13조 제1항)

09 동물보호법상 동물실험의 원칙이 아닌 것은?

① 동물실험을 하려는 경우에는 이를 대체할 수 있는 방법을 우선적으로 고려해야 한다.

② 동물실험은 인류의 복지 증진과 동물 생명의 존엄성을 고려하여 실시하여야 한다.

③ 규정한 사항 외의 동물실험의 원칙에 관해 필요한 사항은 대통령이 정하여 고시한다.

④ 동물실험은 실험동물의 윤리적 취급과 과학적 사용에 관한 지식과 경험을 보유한 자가 시행하여야 하며 필요한 최소한의 동물을 사용하여야 한다.

⑤ 동물실험을 한 자는 그 실험이 끝난 후 지체 없이 해당 동물을 검사하여야 하며, 검사 결과 정상적으로 회복한 동물은 분양하거나 기증할 수 있다.

> 해설 동물실험의 원칙에 관하여 규정된 사항 외에 필요한 사항은 농림축산식품부장관이 정하여 고시한다(동물보호법 제23조 제7항).

10 동물보호법상 반려동물과 관련된 영업의 세부범위로 옳은 것은?

① 동물판매업 – 반려동물을 보여주거나 접촉하게 할 목적으로 영업자 소유의 동물을 5마리 이상 전시하는 영업

② 동물위탁관리업 – 반려동물을 수입하여 판매하는 영업

③ 동물미용업 – 반려동물의 털, 피부 또는 발톱 등을 손질하거나 위생적으로 관리하는 영업

④ 동물전시업 – 반려동물을 구입하여 판매, 알선 또는 중개하는 영업

⑤ 동물생산업 – 반려동물을 자동차를 이용하여 운송하는 영업

> 해설 ① 동물전시업 · ② 동물수입업 · ④ 동물판매업 · ⑤ 동물운송업(동물보호법 시행규칙 제36조)

11 동물보호법상 윤리위원회의 기능에 대한 설명으로 옳지 않은 것은?

① 동물실험에 대한 허가

② 동물실험의 원칙에 맞게 시행되도록 지도

③ 동물실험의 원칙에 맞게 시행되도록 감독

④ 동물실험시행기관의 장에게 실험동물의 보호를 위한 필요 조치 요구

⑤ 동물실험시행기관의 장에게 실험동물의 윤리적인 취급을 위한 필요 조치 요구

> 해설 ① 동물실험에 대한 심의(동물보호법 제26조 제1항)

12 동물보호법령상 동물실험윤리위원회가 동물실험시행기관을 지도·감독하는 방법에 대한 내용으로 옳지 않은 것은?

① 동물실험의 윤리적·과학적 타당성에 대한 심의
② 동물실험에 사용하는 동물의 생산·도입·관리·실험 평가
③ 동물실험에 사용하는 동물의 이용과 실험이 끝난 뒤 해당 동물의 처리에 관한 확인 및 평가
④ 동물실험시행기관의 운영자 또는 종사자에 대한 교육·훈련 등에 대한 확인 및 평가
⑤ 동물실험시행기관의 동물실험 비용 확인 및 평가

> **해설** ⑤ 동물실험시행기관의 동물복지 수준 및 관리실태에 대한 확인 및 평가
> 동물실험윤리위원회의 지도·감독의 방법(동물보호법 시행령 제11조)
> 법 제25조 제1항에 따른 동물실험윤리위원회(이하 "윤리위원회"라 한다)는 다음의 방법을 통하여 해당 동물실험시행기관을 지도·감독한다.
> 1. 동물실험의 윤리적·과학적 타당성에 대한 심의
> 2. 동물실험에 사용하는 동물(이하 "실험동물"이라 한다)의 생산·도입·관리·실험 및 이용과 실험이 끝난 뒤 해당 동물의 처리에 관한 확인 및 평가
> 3. 동물실험시행기관의 운영자 또는 종사자에 대한 교육·훈련 등에 대한 확인 및 평가
> 4. 동물실험 및 동물실험시행기관의 동물복지 수준 및 관리실태에 대한 확인 및 평가

13 수의사법상 '동물보건사'에 관한 설명으로 옳지 않은 것은?

① 동물보건사는 동물병원 내에서 일한다.
② 동물보건사는 수의사의 지도 아래 일한다.
③ 동물보건사는 동물의 간호 업무에 종사하는 사람이다.
④ 동물보건사는 동물의 진료 보조 업무에 종사하는 사람이다.
⑤ 동물보건사는 보건복지부장관의 자격인정을 받은 사람을 말한다.

> **해설** ⑤ 동물보건사는 농림축산식품부장관의 자격인정을 받은 사람을 말한다(수의사법 제2조 제3의2호).

14 수의사법령에 따른 동물보건사 양성기관의 평가인증에 대한 설명으로 옳은 것은?

① 동물보건사 양성과정을 운영하려면 교육부령으로 정하는 기준과 절차에 따라야 한다.
② 농림축산식품부장관은 기준을 충족하면 신청인에게 양성기관 평가인증서를 발급해야 한다.
③ 행정안전부장관은 평가인증을 위해 양성기관에 필요한 자료의 제출을 요청할 수 있다.
④ 규정 외의 평가인증의 기준 및 절차에 필요한 사항은 행정안전부장관이 정해 고시한다.
⑤ 거짓으로 평가인증을 받은 사실이 밝혀질 경우, 벌금형에 처할 수 있다.

> **해설** ② 수의사법 시행규칙 제14조의5 제4항
> ① 동물보건사 양성과정을 운영하려는 학교 또는 교육기관(이하 "양성기관"이라 한다)은 농림축산식품부령으로 정하는 기준과 절차에 따라 농림축산식품부장관의 평가인증을 받을 수 있다(수의사법 제16조의4 제1항).
> ③ 농림축산식품부장관은 평가인증을 위해 필요한 경우에는 양성기관에게 필요한 자료의 제출이나 의견의 진술을 요청할 수 있다(수의사법 시행규칙 제14조의5 제3항).
> ④ 수의사법령에서 규정한 사항 외에 평가인증의 기준 및 절차에 필요한 사항은 농림축산식품부장관이 정해 고시한다(수의사법 시행규칙 제14조의5 제5항).
> ⑤ 거짓이나 그 밖의 부정한 방법으로 평가인증을 받은 경우 평가인증을 취소하여야 한다(수의사법 제16조의4 제2항 제1호).

15 수의사법상 동물보건사의 동물 간호 업무에 해당하지 않는 것은?

① 동물에 대한 관찰
② 체온 검진 자료 수집
③ 심박수 검진 자료 수집
④ 기초 검진 자료 수집
⑤ 약물 도포

> **해설** ⑤ '약물 도포'는 동물보건사의 '동물의 진료 보조 업무'에 해당한다.
> 동물보건사의 업무 범위와 한계(수의사법 시행규칙 제14조의7)
> 1. 동물의 간호 업무 : 동물에 대한 관찰, 체온·심박수 등 기초 검진 자료의 수집, 간호판단 및 요양을 위한 간호
> 2. 동물의 진료 보조 업무 : 약물 도포, 경구 투여, 마취·수술의 보조 등 수의사의 지도 아래 수행하는 진료의 보조

16 수의사법상 동물보건사가 될 수 없는 사람을 모두 고른 것은?

> 가. 정신건강복지법에 따른 정신질환자
> 나. 피성년후견인 또는 피한정후견인
> 다. 마약, 대마, 그 밖의 향정신성의약품 중독자
> 라. 금고 이상의 실형을 선고받고 그 집행이 면제된 지 1년 미만인 사람

① 가, 나,   ② 가, 나, 다
③ 가, 다   ④ 가, 다, 라
⑤ 가, 나, 다, 라

해설 결격사유(수의사법 제5조, 제16조의6)
다음의 어느 하나에 해당하는 사람은 동물보건사가 될 수 없다.
1. 「정신건강증진 및 정신질환자 복지서비스 지원에 관한 법률」 제3조 제1호에 따른 정신질환자. 다만, 정신건강의학과전문의가 동물보건사로서 직무를 수행할 수 있다고 인정하는 사람은 그러하지 아니하다.
2. 피성년후견인 또는 피한정후견인
3. 마약, 대마, 그 밖의 향정신성의약품 중독자. 다만, 정신건강의학과전문의가 동물보건사로서 직무를 수행할 수 있다고 인정하는 사람은 그러하지 아니하다.
4. 「수의사법」, 「가축전염병예방법」, 「축산물위생관리법」, 「동물보호법」, 「의료법」, 「약사법」, 「식품위생법」 또는 「마약류관리에 관한 법률」을 위반하여 금고 이상의 실형을 선고받고 그 집행이 끝나지(집행이 끝난 것으로 보는 경우를 포함한다) 아니하거나 면제되지 아니한 사람

17 수의사법상 취업상황 등을 신고하라는 공고가 있을 경우, 동물보건사는 어디에 신고하여야 하는가?

① 행정안전부   ② 고용노동부
③ 농림축산식품부   ④ 대한수의사회
⑤ 동물보호협회

해설 동물보건사의 실태 등의 신고 및 보고
• 동물보건사는 농림축산식품부령으로 정하는 바에 따라 그 실태와 취업상황(근무지가 변경된 경우를 포함한다) 등을 대한수의사회에 신고하여야 한다(수의사법 제14조).
• 동물보건사의 실태와 취업 상황 등에 관한 신고는 수의사회의 장이 동물보건사의 수급상황을 파악하거나 그 밖의 동물의 진료시책에 필요하다고 인정하여 신고하도록 공고하는 경우에 하여야 한다(수의사법 시행규칙 제14조 제1항).
• 수의사회장은 공고를 할 때에는 신고의 내용·방법·절차와 신고기간 그 밖의 신고에 필요한 사항을 정하여 신고개시일 60일 전까지 하여야 한다(수의사법 시행규칙 제14조 제2항).

18 수의사법상 동물보건사 자격인정에 관한 사무를 수행하기 위하여 주민등록번호, 여권번호 또는 외국인등록번호가 포함된 자료를 처리할 수 없는 사람은?

① 농림축산식품부장관
② 농림축산식품부장관의 권한을 위임받은 자
③ 시장
④ 군수
⑤ 구청장

> **해설** 고유식별정보의 처리(수의사법 시행령 제21조의2 제2호)
> 농림축산식품부장관(제20조의4에 따라 농림축산식품부장관의 권한을 위임받은 자를 포함한다) 및 시장·군수(해당 권한이 위임·위탁된 경우에는 그 권한을 위임·위탁받은 자를 포함한다)는 동물보건사 자격인정에 관한 사무를 수행하기 위하여 불가피한 경우 「개인정보 보호법 시행령」 제19조제1호, 제2호 또는 제4호에 따른 주민등록번호, 여권번호 또는 외국인등록번호가 포함된 자료를 처리할 수 있다.

19 수의사법상 동물보건사 자격증을 다른 사람에게 빌려주거나 빌린 사람 또는 이를 알선한 사람에 대한 벌칙으로 옳은 것은?

① 500만 원 이하의 벌금
② 1천만 원 이하의 벌금
③ 1천만 500만 원 이하의 벌금
④ 2천만 원 이하의 벌금
⑤ 2천만 500만 원 이하의 벌금

> **해설** 벌칙(수의사법 제39조 제1항 제1호)
> 다음의 어느 하나에 해당하는 사람은 2년 이하의 징역 또는 2천만 원 이하의 벌금에 처하거나 이를 병과할 수 있다.
> 1. 제6조제2항(제16조의6에 따라 준용되는 경우를 포함한다)을 위반하여 동물보건사 자격증을 다른 사람에게 빌려주거나 빌린 사람 또는 이를 알선한 사람

20 수의사법상 과태료를 징수할 수 없는 사람은?

① 농림축산식품부장관
② 시·도지사
③ 시장
④ 군수
⑤ 구청장

> **해설** 과태료(수의사법 제41조 제3항)
> 과태료는 대통령령으로 정하는 바에 따라 농림축산식품부장관, 시·도지사 또는 시장·군수가 부과·징수한다.

I wish you the best of luck!

www.sdedu.co.kr

제2회

동물보건사
실전모의고사

제1과목 기초 동물보건학

01 눈의 각 구조와 기능에 대한 설명으로 옳지 않은 것은?

① 안구의 앞부분은 투명한 각막으로 구성되어 있다.
② 각막을 통해 홍채와 동공을 볼 수 있다.
③ 개의 동공은 일반적으로 둥글다.
④ 모양체에 의해 눈의 색깔이 결정된다.
⑤ 나이가 든 동물에서는 수정체가 뿌옇게 되는 시각장애가 나타나기도 한다.

> **해설** 눈의 색깔의 결정하는 것은 홍채이다. 모양체는 진대를 통해 수정체와 연결되어 수축과 이완을 하여 수정체의 두께를 조절한다.

02 개의 이빨에 대한 설명 중 옳은 것을 모두 고른 것은?

> 가. 개에서 절치와 견치는 생후 2~3주령, 전구치와 후구치는 4~5주령에 솟아난다.
> 나. 크게 절치, 견치, 전구치, 후구치로 구분한다.
> 다. 치아는 위, 아래 치아궁에 의해 배열되며, 아래 치아궁이 위 치아궁보다 약간 넓다.
> 라. 아랫니는 윗니에 비해 후구치(큰어금니)가 하나씩 더 있다.

① 가, 나　　　　　　　　　② 가, 다
③ 나, 다　　　　　　　　　④ 나, 라
⑤ 다, 라

> **해설** 가. 개에서 절치와 견치는 생후 4~5주령, 전구치와 후구치는 5~6주령에 솟아난다.
> 다. 치아는 위, 아래 치아궁에 의해 배열되며, 아래 치아궁이 위 치아궁보다 약간 좁다.

03 다음 중 귀에 대한 설명으로 옳지 않은 것은?

① 외이는 귓바퀴와 수평이도 및 수직이도로 구성되며, 음파를 모은다.
② 외이는 이개근에 의해 자유로이 움직일 수 있다.
③ 중이는 측두골 내 위치하며, 고막과 5개의 이소골을 지닌 큰 고실로 구성된다.
④ 외이와 중이는 고막을 경계로 구분되며, 소리를 수집하고 전달하는 기능을 한다.
⑤ 내이는 달팽이관과 반고리관으로 구성되어 있어, 듣는 것과 신체의 평형 유지에 관련된 기능을 한다.

> **해설** ③ 중이는 측두골 내 위치하며, 고막과 3개의 이소골(망치골, 모루골, 등자골)을 지닌 큰 고실로 구성된다. 소리가 타원형의 얇은 막으로 된 고막을 진동시키면, 고막에 부착된 망치골(malleus), 모루골(incus), 등자골(stapes)이 고막의 진동을 내이의 난원창으로 전달한다.

04 다음 중 심장에 대한 설명으로 옳지 않은 것은?

① 개의 심장의 위치는 3~6늑골 사이이다.
② 심장의 크기는 중등대의 개에서 170~200g으로 체중의 약 1%이다.
③ 흉강의 모양에 따라 보통 왼쪽으로 치우쳐 있다.
④ 체성 신경 중 운동신경의 지배를 받아 심박수를 조절한다.
⑤ 심장은 심실중격으로 왼쪽과 오른쪽으로 구분되고, 다시 방실 판막에 의해서 방과 실로 구분된다.

> **해설** 심장은 자율신경계인 교감신경과 부교감신경의 지배를 받는다. 교감신경을 자극하면 심박수를 증가시키고 심근 수축력을 강화시키며, 방실결절을 통한 흥분 속도를 증가시키고 퍼킨제 섬유의 활동을 촉진시킨다. 부교감신경을 자극하면 심장 박동수를 줄이고, 수축력을 약화시키며 방실결절을 통한 흥분 전도 속도를 늦춘다.

05 다음 소화기관에 대한 설명 중 옳지 않은 것은?

① 소장은 십이지장, 회장, 공장으로 순으로 연결된다.
② 대장은 맹장, 결장, 직장 순으로 연결된다.
③ 소장 가운데 가장 긴 부분은 공장으로, 개에서 약 3m에 달한다.
④ 개에서 췌장관은 유문으로부터 2.5~6cm 뒤쪽에 있다.
⑤ 개의 결장은 U자형의 결장주로를 나타낸다.

> **해설** ① 소장은 십이지장, 공장, 회장 순으로 연결된다.

06 다음에서 설명하는 장기로 옳은 것은?

> • 내부 장기 중 가장 크며, 횡격막과 접해 있다.
> • 6개의 엽으로 되어 있다.
> • 소화작용을 하는데 필요한 담즙(bile)을 분비하며, 해독작용 등의 중요 기능을 한다.

① 간(liver)
② 비장(spleen)
③ 신장(kidney)
④ 췌장(pancreas)
⑤ 부신(adrenal gland)

해설 간은 내부 장기 중 가장 크며, 왼쪽외측엽, 왼쪽내측엽, 오른쪽외측엽, 오른쪽내측엽, 네모엽, 꼬리엽 이렇게 6개의 엽으로 되어 있다. 특히 개의 간은 몸의 크기에 비하여 매우 큰 편이며, 간의 중량은 개에서 0.4~0.6kg 정도로 체중의 약 3.4% 정도이다. 간의 기능은 다양하고 매우 복잡한데, 대표적인 기능은 소화와 대사기능, 생합성기능, 혈액저장소, 해독작용과 배설기능 등이다.

07 다음 중 위(stomach)에 대한 설명으로 옳지 않은 것은?

① 식도와 소장 사이에 있는 주머니 모양의 기관이다.
② 위의 유문부는 정중선의 오른쪽에 위치한다.
③ 위액은 단백질을 펩신으로 분해하며, 산도가 높아 음식물에 대한 살균작용을 한다.
④ 교감신경이 활성화되면 위운동을 촉진하고 위배출 속도를 빠르게 한다.
⑤ 위배출은 위에서 소화된 미즙이 유문괄약근을 통해 십이지장으로 서서히 내려가는 상태이다.

해설 ④ 교감신경이 활성화되면 위운동이 억제되고 위배출 속도를 느리게 한다.

08 다음 중 혈액에 대한 설명으로 옳은 것을 모두 고른 것은?

> 가. 혈액이 적색인 것은 적혈구 내에 있는 혈색소(hemoglobin)에 의한 것이다.
> 나. 이산화탄소가 많이 포함된 동맥혈의 경우 선홍색을 띤다.
> 다. 정상 포유동물의 동맥혈 pH는 7.4 정도이다.
> 라. 포유동물의 성숙 적혈구에는 핵이 있다.
> 마. 백혈구는 핵이 있으며, 혈관 손상으로 출혈 시에 혈액 응고에 관여한다.

① 가, 다
② 가, 라
③ 가, 다, 라
④ 나, 다, 라
⑤ 다, 라, 마

해설 나. 산소가 많이 포함된 동맥혈인 경우 선홍색을, 산소의 포화도가 낮은 정맥혈인 경우 적자색을 나타내며, 산소의 함량에 따라 혈액의 색깔이 다르다.
라. 포유동물의 성숙 적혈구에는 핵이 없으며, 양쪽이 오목한 원반형으로, 함몰 부위는 동물에 따라 다르다.
마. 혈관 손상으로 출혈 시 혈액 응고에 관여하는 것은 혈소판이다.

09 다음 중 호흡 기관에 대한 설명으로 옳은 것은?

① 개의 폐는 왼쪽폐 4엽, 오른쪽폐 3엽으로 합계 7엽으로 되어있다.
② 호흡기관은 코와 비강, 식도, 기관지 및 폐 등으로 이루어져 있다.
③ 기관지에서 산소와 이산화탄소의 교환이 단순확산으로 이루어진다.
④ 후두연골은 갑상연골, 윤상연골, 피열연골과 후두덮개로 구성된다.
⑤ 왼쪽 전엽은 대략 13늑골에서 끝나고, 후엽은 여기서 시작된다.

해설 ① 왼쪽폐 3엽(전엽 앞쪽부분, 전엽 뒤쪽부분, 후엽), 오른쪽폐 4엽(전엽, 중간엽, 후엽, 덧엽)으로 합계 7엽이다.
② 호흡기관은 코와 비강, 후두, 기관, 기관지 및 폐 등으로 이루어져 있다. 식도는 소화기관에 해당한다.
③ 폐의 폐포에서 산소와 이산화탄소의 교환이 단순확산으로 이루어진다.
⑤ 왼쪽 전엽은 대략 6늑골에서 끝나고, 후엽은 여기서 시작된다.

10 다음 동물의 소화계와 관련된 설명 중 옳은 것을 모두 고른 것은?

가. 혀 점막의 표면에는 많은 유두가 돌출하여 사료를 씹을 때에 기계적 작용과 맛을 느끼게 한다.
나. 조류의 소화관은 입, 목구멍, 식도, 소낭, 선위, 근위, 소장, 대장, 총배설강으로 구성되어 있다.
다. 곤충 등을 먹고 사는 육식 조류는 소낭이 잘 발달되어 있으나, 곡류를 먹고 사는 조류는 소낭이 없다.
라. 모래 등이 들어있는 근위는 사료의 기계적 마쇄기능으로 포유동물의 이빨과 비슷한 기능을 한다.

① 가, 나　　② 가, 다
③ 나, 라　　④ 가, 나, 다
⑤ 가, 나, 라

해설 다. 곡류를 먹고 사는 조류는 소낭이 잘 발달되어 있으나, 곤충 등을 먹고 사는 육식 조류는 소낭이 없다.

11 동물병원에서 사용하는 피부 및 상처소독제와 거리가 먼 것은?

① 크로르헥시딘 2%　　　　　　　② 과산화수소수

③ 크레졸액　　　　　　　　　　　④ 포비돈액

⑤ 알코올 70%

> **해설**　③ 크레졸액: 약국에서 판매되는 소독제 중에 가장 냄새가 강한 소독약으로 흔히 화장실용 소독제로 쓰이며 동물들에게 사용하지 않는다.
> ① 크로르헥시딘: 포비돈액보다 세포독성이나 피부 자극이 적고 색깔도 없으나 가격은 비싼 편이다.
> ② 과산화수소수: 상처 부위에 묻은 피 딱지를 닦아주는 용도로 사용한다.

12 개와 고양이의 대표적 내분비 및 대사성 질환이 아닌 것은?

① 갑상샘기능저하증　　　　　　　② 갑상샘기능항진증

③ 부신피질기능항진증　　　　　　④ 당뇨병

⑤ 췌장염

> **해설**　⑤ 췌장염: 간혹 한 번에 많은 양의 고기를 먹게 되면 췌장에서 다량의 소화액을 분비하다 췌장에 염증이 발생할 수 있으며, 심한 구토나 몹시 배가 아플 수 있는 증세가 나타나는 소화기계 질환이다.
> ① 갑상샘기능저하증: 체내 대사가 원활하지 못해 탈모나 색소침착, 변비, 발작 등을 일으키며 지속적인 호르몬 요법을 시도하여 치료한다.
> ④ 당뇨병: 췌장의 이상이나 인슐린 분비에 문제가 생길 때 발생한다. 처방식을 급여하거나 인슐린 주사를 맞혀서 관리한다.

13 다음 중 근골격계 질환이 아닌 것은?

① 심장사상충증　　　　　　　　　② 영양성 골절

③ 고관절 이형성　　　　　　　　　④ 슬개골 탈구

⑤ 관절염

> **해설**　① 심장사상충증: 모기의 흡혈로 인해 감염 및 전파되며, 감염정도에 따라 기침, 식욕부진, 객혈 등의 증상이 관찰되며 말기에는 복수 등의 증상을 보인 후 수일 이내에 폐사하기도 한다.
> ③ 고관절 이형성: 엉덩이 관절인 고관절 형성이 잘 되지 못한 상태를 말한다.

14 어린 반려견이나 소형견 등에서 종종 유발되며 에너지원의 고갈로 운동실조와 심한 경우 혼수 상태로 발견되는 내분비계 질환은?

① 부신피질기능항진증   ② 췌장염

③ 갑상선기능저하증   ④ 저혈당증

⑤ 갑상샘기능항진증

> **해설** ④ 저혈당증: 만성 소모성 질환에 걸린 경우나 영양 결핍의 경우, 발생하며 응급한 경우 포도당 주사를 정맥내로 투여하여야 한다.
> ⑤ 갑상샘 기능 항진증: 혈액 속에 갑상샘 호르몬이 과도하게 생기는 병으로, 물질대사가 과도하게 활발해져서 눈이 커지고 심장이 빨리 뛰며 체중 감소 등의 증상을 보인다.

15 고양이의 주요한 사망원인으로 각종 병원체 감염, 중독성 물질 섭취, 선천적 이상, 면역기관의 장애 등에 의해 유발되는 질환은?

① 타우린 결핍증   ② 모구증

③ 만성 신부전   ④ 묘소병

⑤ 흑색종

> **해설** 만성 신부전: 만성적으로 콩팥의 기능이 악화되어 증상을 보이기도 하나, 여러 질병의 말기에 나타나는 증상이기도 하다. 고양이의 사구체 개수는 사람의 약 1/4밖에 되지 않아 치명적이다. 식욕이 없고 물을 많이 먹게 되고 오줌도 많이 누게 된다. 구토나 설사와 변비 등의 소화기 증상이 함께 나타난다. 장기적인 치료가 필요하며 신선한 물을 공급하며 적절한 식이요법을 실시해야 한다.

16 애견의 중성화수술을 통해서 얻을 수 있는 기대효과가 아닌 것은?

① 원치 않는 번식을 막을 수 있다.

② 생식기 질환을 예방할 수 있다.

③ 1살 이상에 하는 것이 권장된다.

④ 암컷에서는 자궁축농증을 예방할 수 있다.

⑤ 수컷에서는 마운팅과 같은 성적 행동을 예방할 수 있다.

> **해설** 중성화수술: 생후 3개월에서 6개월 사이에 실시하고 수컷의 경우, 영역표시를 위한 배뇨 행위 및 공격성이 감소하며 암컷의 경우, 개복수술로 인해 수술이 어렵고 회복이 더디다.

17 자율신경계의 부교감신경 부분을 자극할 경우 발생하는 것은?

① 심박동수가 증가된다.
② 눈의 동공이 확장된다.
③ 위장운동이 증가된다.
④ 혈압이 상승된다.
⑤ 폐에서 기도가 확장된다.

해설 부교감신경: 위급한 상황에 대비하여 에너지를 저장해두는 역할을 하기 위해 진정 또는 억제작용을
한다. 자극하면 심장박동수를 줄이고, 수축력을 약화시키며 방실결절을 통한 흥분전도속도를 늦추지만
위장관 운동은 촉진한다.
①, ②, ④, ⑤ 위급한 상황에 빠졌을 경우 빠르게 대처할 수 있도록 도와주는 교감신경 부분을 자극할
경우 발생한다.

18 애견의 치아건강관리에 대한 내용 중 틀린 것은?

① 치석예방을 위해서는 정기적인 스켈링도 필요하다.
② 치석이 끼면 치아에만 문제를 일으킨다.
③ 주기적인 칫솔질로 치태를 제거해 주어야 한다.
④ 강아지 때부터 양치를 길들여야 한다.
⑤ 애견용 치약으로 양치를 한 후 씻어내지 않아도 상관이 없다.

해설 치석: 음식 찌꺼기가 이빨에 끼거나 타액 속의 칼슘 등이 이빨 표면에 침착하여 생긴다. 이빨과 잇몸사
이에서부터 생겨서 잇몸에 염증을 일으키고, 이빨 뿌리를 썩게 만든다. 또한 심한 입 냄새와 구내염을
일으키며 심한 경우 심장 질환을 일으키기도 한다. 성견이 되기 전에 양치하는 것이 습관이 되지 못한
개들은 대부분 3살을 전후해서 심한 치석이 있다.

19 다음 중 제3안검의 위치는?

① 상안검   ② 하안검
③ 외안각   ④ 내안각
⑤ 안막

해설 제3안검(Third eyelid): 일부 동물들에게는 위 아래 눈꺼풀 외에 눈꺼풀이 하나 더 있으며 전체 눈물의
50%를 만들고, 이물질을 닦아내거나 각막을 보호하는 역할을 한다.
④ 내안각: 눈 안쪽으로, 눈물이 빠져나가는 관쪽을 이른다.
① 상안검: 위 눈꺼풀을 의미한다.
② 하안검: 아래 눈꺼풀을 의미한다.
③ 외안각: 눈의 귀쪽 위아래 눈꺼풀이 연결된 눈초리를 말한다.
⑤ 안막: 눈알의 앞쪽 바깥쪽을 이루는 투명한 막으로, 이 막을 통하여 빛이 눈으로 들어간다.

20 다음 동물 위생 행정 기관과 업무가 바르게 짝지어지지 않은 것은?

① 농림축산식품부 – 동물보호법 운용
② 농림축산검역본부 – 동물약품의 품질관리
③ 시·도 축산물위생검사기관 – 가축전염병의 검진
④ 국립축산과학원 – 축산물 이력 관리
⑤ 가축위생방역지원본부 – 축산물 위생관리

해설 ④ 축산물 이력 관리는 농림축산식품부의 업무이다.

동물 위생 행정 기관과 업무

기관명	해당 업무
농림축산식품부	• 산업동물 및 반려동물 방역업무 • 수출입동물 및 축산물검역 • 축산물 이력 관리 • 동물보호법 운용
농림축산검역본부	• 동물과 축산물의 검역 및 검사업무(주요 항만 및 공항) • 축산식품의 안전관리 업무(식품위해중점관리제도, HACCP) • 반려동물 및 주요 가축의 질병 진단 및 방역 업무(법정전염병, 악성 외래성 질병, 인수공통감염병) • 동물약품의 품질관리 • 동물보호법에 따른 동물보호 및 복지
시·도 축산물위생검사기관	• 가축의 병성감정 • 가축전염병의 검진 • 축산물의 검사 • 지역에 따른 특별 가축질병의 연구
농촌진흥청 국립축산과학원	• 가축·가금의 육종, 번식, 능력검정과 유전자원 보존연구 • 가축의 유전체·복제·형질전환에 관한 연구 • 가축의 영양생리·사양 및 사료자원 연구 • 가축의 품질·가공·유통 및 안전성 연구 • 축산환경 개선 및 축산시설 생력화 연구 • 신기능성 사료작물 생산 및 이용 연구 • 축산기술의 지원·보급 및 홍보
가축위생방역 지원본부	• 가축질병 방역 • 축산물 위생관리 • 검역검사업무 보조

21 다음 중 인수공통감염병이 아닌 것은?

① 광견병　　　　　　　　　　　② 구제역
③ 조류 인플루엔자　　　　　　　④ 급성호흡기 증후군(SARS)
⑤ 개 코로나 바이러스 장염

> **해설** ⑤ 개 코로나 바이러스 장염: 개과 동물과 족제비과 동물에서 전염성이 강하고 구토와 설사를 주 증상
> 　　으로 하며, 사람에게 감염되지는 않는다.
> 　② 구제역(Foot and Mouth Disease): 소, 돼지, 양, 염소 및 야생동물에서 급성, 열성, 고전염성을
> 　　나타내는 바이러스 감염증이다. 수포의 출현이 특징이며, 장기간에 걸쳐 발육, 운동 및 번식 등의
> 　　장애를 일으킨다. 사람에게는 가벼운 감염 증세를 보인 경우는 있는 것으로 알려져 있다.
> 　③ 조류 인플루엔자: 닭, 오리, 야생 조류에서 발생하는 급성 바이러스성 전염병이며 드물게 사람에게
> 　　서도 감염증을 일으킨다.

22 군집독 시 나타나는 현상은?

① CO_2 증가, O_2 감소, 실온 상승, 습도 상승
② CO_2 증가, O_2 증가, 실온 상승, 습도 하강
③ CO_2 감소, O_2 감소, 실온 하강, 습도 상승
④ CO_2 감소, O_2 감소, 실온 상승, 습도 하강
⑤ CO_2 감소, O_2 증가, 실온 상승, 습도 하강

> **해설** 군집독은 다수인이 밀집한 실내공간에서 CO_2 증가, O_2 감소, 실온 상승, 습도 상승으로 불쾌감, 두통,
> 　　권태, 현기증 등이 발생하는 것이다.

23 다음 빈칸에 들어갈 알맞은 것은?

　　　　　　은(는) 가축의 사육·도축·가공·포장·유통의 전 과정에서 축산식품 위생의 위해요
소를 분석·방지·제거·안전성 확보를 위해 중요관리점을 설정하여 과학적·체계적으로 중점
관리하는 사전 위해관리시스템이다.

① KS　　　　　　　　　　　　　② HIAP
③ PGI　　　　　　　　　　　　　④ HACCP
⑤ GAP

해설 HACCP(Hazard Analysis and Critical Control Point)은 식품(건강기능식품을 포함)·축산물의 원료관리, 제조·가공·조리·선별·처리·포장·소분·보관·유통·판매의 모든 과정에서 위해한 물질이 식품 또는 축산물에 섞이거나 식품 또는 축산물이 오염되는 것을 방지하기 위하여 각 과정의 위해요소를 확인·평가하여 중점적으로 관리하는 기준이다. HACCP는 위해요소 분석(HA)과 중요관리점(CCP)으로 구성되어 있다.

위해요소 분석 (HA)	• 식품·축산물 안전에 영향을 줄 수 있는 위해요소와 이를 유발할 수 있는 조건이 존재하는지 여부를 판별하기 위하여 필요한 정보를 수집하고 평가하는 일련의 과정
중요관리점 (CCP)	• 식품·축산물의 위해요소를 예방·제어하거나 허용 수준 이하로 감소시켜 해당 식품·축산물의 안전성을 확보할 수 있는 중요한 단계·과정 또는 공정

식품 및 축산물 안전관리인증기준 고시 제2021-71호(2021.8.19.)

24 다음 중 질병과 사망의 측정지표가 아닌 것은?

① 사망률

② 이환율

③ 유병률

④ 발생률

⑤ 생존율

해설 질병과 사망의 측정지표
- 질병과 사망의 측정지표는 일반적으로 발생률, 유병률, 이환율, 사망률이다.
- 발생률 : 일정 기간에 한 집단에서 새로 발생하는 환자 수의 비율
- 유병률 : 한 집단에서 특정 질환을 가진 환자 수의 비율
- 이환율 : 일정 기간 내 발생한 새로운 환자 총수의 단위 인구에 대한 비율
- 사망률 : 일정 지역의 총인구에 대한 사망자 총수의 비율

25 빈칸 (A)와 (B)에 들어갈 알맞은 것으로 짝지어진 것은?

___(A)___이란 제1급감염병, 제2급감염병, 제3급감염병, 제4급감염병, 기생충감염병, 세계보건기구 감시대상 감염병, 생물테러감염병, 성매개감염병, ___(B)___ 및 의료관련감염병을 말한다.

	(A)	(B)
①	전염병	감염의심자
②	경구감염병	감염병
③	감염병	경구감염병
④	감염병	인수공통감염병
⑤	인수공통감염병	감염병

해설 감염병이란 제1급감염병, 제2급감염병, 제3급감염병, 제4급감염병, 기생충감염병, 세계보건기구 감시대상 감염병, 생물테러감염병, 성매개감염병, 인수공통감염병 및 의료관련감염병을 말한다(감염병의 예방 및 관리에 관한 법률 제2조 제1항).

26 인수공통감염병과 그 감염과의 연결이 잘못된 것은?

① 탄저 - 가축을 사육하는 농부에 감염
② 브루셀라증 - 이환동물의 유즙·고기 등의 경구감염
③ 야토병 - 산토끼의 혈액에 의한 경피감염
④ 돈단독 - 돼지에 의한 피부감염
⑤ Q열 - 사람에서 사람에게로 감염

> **해설** Q열
> • Rickettsia성 질환으로 *Coxiella burnetii*가 병원체이다.
> • 감염경로: 병든 동물의 생유 섭취나 조직 또는 배설물 접촉 시 발생
> • 잠복기 및 증상: 2~4주 잠복하여 고열, 오한, 두통, 중증 시 폐에 반점, 황달 등의 증상
> • 예방: 진드기 등 흡혈곤충 박멸, 유제품 살균 등

27 세균성 이질에 대한 설명으로 옳지 않은 것은?

① 사람과 원숭이에서만 전염된다.
② 병원체는 Gram음성 간균으로 아포와 협막이 없다.
③ 환자와 보균자의 분변, 장내 세균에 의해 감염된다.
④ 매개체(파리 등)에 의해서는 감염되지 않는다.
⑤ 증상은 대장 점막의 염증과 궤양으로 인한 출혈성 장염과 발열, 복통 등이다.

> **해설** ④ 세균성 이질은 환자와 보균자의 분변, 장내 세균, 파리 등의 매개체에 의해 감염된다.
>
> 세균성 이질
>
> | | |
> |---|---|
> | 병원체 | • 이질균(*Shigella*): 그람음성 간균으로 아포와 협막 없음
• 열에 약하여 60℃에서 10분간 가열로 사멸 |
> | 감염경로 | • 환자와 보균자의 분변, 장내 세균
• 파리 등의 매개체 |
> | 잠복기 | • 2~7일 |
> | 증상 | • 잦은 설사(점액·혈액 수반), 권태감, 식욕 부진, 발열, 복통 등 |
> | 예방법 | • 식사 전 오염된 손과 식기류의 철저한 소독
• 식품의 충분한 가열 |

28 빈칸 (A)와 (B)에 들어갈 알맞은 것으로 짝지어진 것은?

> • ___(A)___ 바이러스는 공수병이라고도 불리며, 포유류의 ___(B)___ 을(를) 공격하는 매우 치명적인 질병이다.
> • 모든 온혈동물이 감염이 일어날 수 있다.

	(A)	(B)
①	광견병	중추신경
②	페스트	말초신경
③	구제역	말초신경
④	구제역	중추신경
⑤	조류인플루엔자	말초신경

해설 광견병
- *Rabies virus*에 의해 중추신경계 이상을 일으키는 대표적인 인수공통감염병이다.
- 이 바이러스가 사람에게 침투하여 질병을 일으키면 공수병, 동물에게 침투하여 질병을 일으키면 광견병이라고 한다.
- 발병 초기에는 물린 부위의 감각 이상, 불안감, 두통, 발열이 생기다가 시간이 지날수록 흥분, 불면증, 타액 과다 분비 등의 증상과 부분적 마비 증상이 일어난다.
- 중추신경계 증상 발현 후 보통 6일 이내에 섬망, 경련, 혼수에 이르며 호흡근 마비 또는 합병증으로 사망한다.

29 채소류를 통하여 감염되는 기생충이 아닌 것은?

① 회충
② 구충
③ 편충
④ 톡소플라스마충
⑤ 동양모양선충

해설 ④ 톡소플라스마충(*Toxoplasma gondii*)은 고양이를 종숙주로 하는 기생충으로, 인수공통 기생충성 질환인 톡소플라스마증을 일으킨다. 감염경로는 고양이의 대변으로 포낭이 배출되어 고양이와 접촉하거나 고양이 서식지에서 일하는 사람들에게 감염된다. 또는 포낭에 오염된 사료를 먹은 동물의 고기를 설익은 채로 섭취해도 감염될 수 있다.

30 중증열성혈소판감소증후군(SFTS)을 일으키는 진드기로 일명 살인 진드기로 불리는 진드기는?

① 옴진드기
② 모낭진드기
③ 작은소참진드기
④ 작은가루진드기
⑤ 집먼지진드기

> **해설** 중증열성혈소판감소증후군(SFTS)은 작은소참진드기의 흡혈과정에 바이러스가 전파되는 바이러스성 인수공통감염병이다. 사람의 증상은 발열·구토·설사·다기관 부전·백혈구감소·간효소치 증가· 혈소판감소가 나타나며, 치사율이 12~30%에 이른다.
>
> 작은소참진드기
> • 진드기아강 참진드기목 참진드기과 엉에참진드기속
> • 한국, 일본, 러시아, 중국, 오스트레일리아, 뉴질랜드에 분포한다.
> • 성충 기준으로 3mm 정도의 크기를 가지며, 흡혈할 경우 10mm까지 커진다.
> • 물릴 경우 중증열성혈소판감소증후군(SFTS)을 감염시킨다.

31 고양이의 기원에 대한 설명으로 옳지 않은 것은?

① 고양이의 조상은 아프리카, 남유럽, 인도에 걸쳐 분포하는 리비아 살쾡이이다.
② 이집트에서는 바스테트와 같이 고양이의 모습을 한 신이 숭배된 적이 있다.
③ 중국에서 한반도로 불교 경전을 들여올 때 쥐로부터 경전을 보호하기 위해 고양이가 함께 도입되었다.
④ 유럽에서는 쥐로부터 곡물을 지키는 풍요와 다산의 신으로 존중받아 고양이를 죽이면 사형 에 처하기도 했다.
⑤ 아라비아 상인들이 무역선에 태우고 다니면서 유럽과 아시아에 퍼지게 되었다.

> **해설** ④ 유럽이 아닌 고대 이집트의 벽화에 고양이의 모습이 표현되고 고양이 미라가 발견되는 등 고양이를 신으로 숭배하기도 했다.

32 쉽독과 캐틀 독 견종(1그룹)에 속하며 콜리와 흡사한 외모로 두부가 짧은 것이 특징인 품종은?

① 풀리
② 사모예드
③ 잭 러셀 테리어
④ 보더 콜리
⑤ 셔틀랜드 쉽독

> **해설** ⑤ 1그룹에 속하는 셔틀랜드 쉽독은 외모가 콜리와 흡사하나 체고가 작은 품종으로 충성심이 높고 훈련이 용이하다.
> ② 사모예드는 5그룹, ③ 잭 러셀 테리어는 3그룹에 속하는 품종이다.

33 강아지의 사회화 시기와 과정에 대한 설명으로 옳은 것은?

① 사회화 시기 전에 강아지 외모와 성격이 완성된다.

② 강한 자극과 공포를 주기적으로 주는 것이 사회화에 도움이 된다.

③ 눈을 뜨는 생후 2~4주가 사회적 경험에 가장 민감한 시기이다.

④ 사회적 관계를 형성하고 무리에서 서열을 정하는 등의 준비 기간이다.

⑤ 작은 소리에도 민감하게 짖고 반응할수록 사회화에 성공적으로 적응할 수 있다.

> 해설 ① 사회화 시기는 강아지의 성격이 형성되는 시기이다.
> ② 강한 공포는 일상생활에 문제를 발생시킬 수 있다.
> ③ 생후 20일~12주가 사회적 경험에 가장 민감한 시기이다.
> ⑤ 작은 소리에도 민감하게 짖는 것은 학습을 통해 개선해야 한다.

34 개의 신체의 변화 중 청각의 발달 시기는?

① 생후 1일

② 생후 7일(1주)

③ 생후 21일(3주)

④ 생후 40일

⑤ 생후 60일

> 해설 개의 청각은 생후 3주경부터 열리기 시작하므로 이때 소리에 대한 스트레스에 주의해야 한다. 후각은 태어나자마자 발달하기 시작하고, 2주면 눈을 뜨고 4주부터 물체의 형태를 구분한다. 미각은 감각기관 중 가장 마지막에 발달하는데 맛을 구분한다기보다는 소화할 수 있는 음식인지를 판단하는 기능을 한다.

35 고양이에 대한 설명으로 옳지 않은 것은?

① 고양이는 야행성이다.

② 고양이는 1년에 1회 발정이 온다.

③ 고양이 앞발에 5개, 뒷발에 4개의 발가락이 있다.

④ 고양이의 평균 수명은 약 20년이며 고양이 1살은 사람 15살에 해당된다.

⑤ 고양이 꼬리는 미추라는 작은 뼈로 이루어져 있어 높은 곳에서 뛰어내릴 때 균형을 잘 잡도록 도움을 준다.

> 해설 ② 고양이는 1년에 수회 발정을 겪는 다발성 동물로 주로 봄(2~4월)과 여름(6~8월)에 최대가 된다.

36 고양이의 신체적 특징에 대한 설명으로 옳은 것은?

① 앞발보다 뒷발이 짧다.

② 고양이는 공포를 느낄 때 꼬리를 뒷다리 사이로 숨긴다.

③ 사람이 들을 수 없는 소리는 고양이도 듣지 못한다.

④ 고양이의 꼬리는 점프를 하거나 높은 곳에서 뛰어내릴 때 균형을 유지하는 데 도움을 준다.

⑤ 암컷은 항문과 외부 성기 사이의 거리가 5cm 정도 떨어져 있다.

> **해설** ① 앞발은 방향을 바꾸는 역할을 하고, 앞발보다 긴 뒷발의 강한 근육과 부드러운 관절은 추진력을 주어 높은 점프가 가능하게 한다.
> ② 고양이는 흥분이나 공포를 느낄 때 꼬리를 부풀린다.
> ③ 고양이의 가청 주파수는 30Hz~60kHz로 사람(20Hz~20kHz)이 들을 수 없는 소리까지도 들을 수 있다.
> ⑤ 암컷은 항문과 외부 성기가 거의 붙어 있으며, 수컷은 항문과 외부 성기 사이의 거리가 2cm 정도 떨어져 있다.

37 개의 후각에 대한 설명으로 옳지 않은 것은?

① 개의 후각 세포는 인간보다 약 40배 크다.

② 눈도 뜨지 못한 상태에서 어미의 젖을 찾아 빠는 것은 뛰어난 후각 때문이다.

③ 개의 감각 중 가장 마지막으로 발달하는 기관이다.

④ 인간 후각 능력의 100만 배 이상 뛰어나다.

⑤ 가장 빠른 반응을 보이는 감각기관이기 때문에 처음 보는 사물과 동물의 냄새를 맡는 습성이 있다.

> **해설** ③ 개의 후각은 태어나자마자 발달하기 시작하며, 감각기관 중 미각이 가장 마지막으로 발달한다.

38 다람쥐에 대한 설명으로 옳지 않은 것은?

① 도토리, 과일, 곤충 등을 먹는 잡식 동물이다.

② 먹이를 운반하기 위한 뺨주머니가 발달되어 있다.

③ 야행성 동물이며 밤 11~12시쯤 가장 활발한 모습을 보인다.

④ 더위에 약하기 때문에 여름철 통풍이 안 되는 환경에 오래 두면 위험하다.

⑤ 야생 다람쥐는 겨울철에 굴속에 들어가 동면을 취하는데 실내에서 키우는 경우에는 동면하지 않는다.

> **해설** ③ 다람쥐는 주로 낮에 왕성하게 활동하는 주행성 동물이다.

39 토끼의 신체적 특징에 대한 설명으로 옳지 않은 것은?

① 냄새를 맡을 때 코를 실룩거린다.
② 이빨은 생후 20일~3주 동안 자란다.
③ 귀로 열을 방출하여 체온을 조절한다.
④ 눈이 측면에 붙어 있고 어두운 곳에서도 잘 볼 수 있다.
⑤ 몸 전체를 덮고 있는 털은 기름기가 있어 방수의 역할도 한다.

> **해설** ② 토끼의 이빨은 일생 동안 계속 자라며 이중(중치류)으로 되어있다.

40 페럿에 대한 설명으로 옳지 않은 것은?

① 페럿 전용 이유식이 없을 경우 시판되는 우유를 먹여도 된다.
② 원래 야행성이지만 실내에서 키우다 보면 주인 생활주기에 따라 주행성이 된다.
③ 보통 4~10마리의 새끼를 낳으며 태어난 새끼는 3주가 지나서야 돌아다니기 시작한다.
④ 암컷은 발정기에 외음부가 부어오르는데 이때 교미시키지 않으면 질병에 걸릴 수 있다.
⑤ 페럿은 추위에는 비교적 강하지만 열에는 매우 민감하므로 15~21℃를 유지해주는 것이 좋다.

> **해설** ① 이유식으로 개, 고양이 전용 분유를 주는 것은 괜찮지만 시판용 우유는 금물이다.

41 반려견의 사료 급여 시 최소 에너지 요구량(kcal)을 계산하는 방법으로 옳은 것은?

① 10 × 체중(kg) + 70
② 20 × 체중(kg) + 70
③ 30 × 체중(kg) + 70
④ 40 × 체중(kg) + 70
⑤ 50 × 체중(kg) + 70

> **해설** 급여 권장량을 찾기 위해 최소 에너지 요구량을 계산하는 방법이 있다.
>
> 최소 에너지 요구량(kcal) = 30 × 체중(kg) + 70

42 식물성 탄수화물 중 단당류에 해당하는 것은?

① 맥아당 　　　　　　　　　　② 유당
③ 덱스트린 　　　　　　　　　④ 포도당
⑤ 전분

> **해설** 식물성 탄수화물 중 맥아당과 유당은 이당류, 전분과 덱스트린은 다당류에 해당한다. 식물성 탄수화물 중 단당류에 해당하는 것은 포도당, 과당, 갈락토오스이다.

43 다음 중 수용성 비타민이 아닌 것은?

① 티아민(Thiamin, 비타민 B₁) 　　② 비오틴(Biotin)
③ 비타민 A 　　　　　　　　　④ 니아신(Niacin)
⑤ 비타민 C

> **해설** 비타민 A는 지용성 비타민에 해당한다.

44 탄수화물의 소화 효소가 아닌 것은?

① 아밀라아제 　　　　　　　　② 락타아제
③ 말타아제 　　　　　　　　　④ 수크라아제
⑤ 리파아제

> **해설** 리파아제는 지방의 소화 효소이다.

45 단백질에 대한 설명으로 틀린 것은?

① 탄소, 수소, 산소, 질소 등을 함유하고 있다.
② 산이나 효소로 가수분해되어 각종 아미노산의 혼합물을 생성한다.
③ 육류, 생선류, 달걀류, 곡류 및 콩류에 주로 함유된 영양소이다.
④ 단백질 1g에는 질소가 약 33% 함유되어 있다.
⑤ 에너지의 이차적 급원이다.

> **해설** 단백질 1g에는 질소가 약 16% 함유되어 있다.

46 가축사육관리 중 소에 대한 설명으로 옳지 않은 것은?

① 소는 세계적으로 약 700여 종이 서식하고 있다.
② 소는 자원동물로 육우와 유우로 나누어진다.
③ 유우는 고기를 생산하는 소를 뜻한다.
④ 육우는 쇼트혼, 헤어포드, 에버딘앵거스, 샤롤레, 한우 등이다.
⑤ 소는 농경이 발달한 지역에서 가축화되었을 것으로 추정하고 있다.

해설 유우는 유제품을 생산하는 소(젖소)를 나타낸다.

47 고양이에 대한 설명으로 옳지 않은 것은?

① 발톱을 속으로 감출 수 있다.
② 뒷발이 길어 도약력이 뛰어나다.
③ 어두운 곳에서 잘 볼 수 있다.
④ 앞발에는 네 개, 뒷발에는 다섯 개의 발가락이 있다.
⑤ 후각은 개보다 떨어지고, 청각은 개보다 좋다.

해설 앞발에 다섯 발가락, 뒷발에 네 발가락이 있으며, 예리한 발톱이 있다.

48 개의 먹이에 대한 내용으로 옳지 않은 것은?

① 야생의 개는 무리를 지어 사냥을 하며 고기나 내장을 먹는 육식 습성을 가지고 있었다.
② 개의 미각은 사람의 1/5 정도이다.
③ 파와 양파를 섭취하면 적혈구를 파괴시켜 빈혈을 유발한다.
④ 건식사료는 수분이 적어 충분한 물을 함께 주어야 좋다.
⑤ 먹이를 바꿀 때는 단번에 빠르게 교체해주는 것이 좋다.

해설 먹이를 바꿀 때는 점진적으로 사료 비율을 섞어가며 5~7일 간에 걸쳐 서서히 교체한다.

49 다음 · 다뇨의 증상이 나타날 수 있는 질환끼리 묶인 것은?

가. 비만	나. 외이도염
다. 쿠싱증후군	라. 당뇨
마. 췌장염	바. 신부전

① 가, 다   ② 다, 바

③ 다, 라, 마   ④ 라, 마, 바

⑤ 다, 라, 바

해설   다음과 다뇨의 증상이 나타나는 주요 질환은 당뇨, 신부전, 쿠싱증후군 등이다.

50 반려동물 영양기준에 대한 설명으로 틀린 것은?

① 국내에서 공식적으로 사용하는 반려동물(개나 고양이) 사료 영양 가이드라인이 있다.

② 미국의 대표적인 사료협회로는 AAFCO(Association of American Feed Control Officials) 와 NRC(National Research Council)가 있다.

③ 유럽의 대표적인 사료협회는 FEDIAF(The European Pet Food Industry Federation) 이다.

④ AAFCO에서는 4가지 그룹(성견/임신 · 수유 중인 개나 자견/성묘/임신 · 수유 중인 고양이 나 자묘)에 따른 반려동물을 대상으로 영양기준을 제공한다.

⑤ AAFCO에서는 단백질, 아미노산, 지방, 필수지방산, 비타민과 미네랄 등에 대한 영양기준 을 제공한다.

해설   국내에는 공식적으로 사용하는 개, 고양이, 물고기, 말 등의 사료 영양 가이드라인이 없다.

51 다음에서 설명하는 개념은 무엇인가?

> 학습이나 연습을 필요로 하지 않고, 타 개체나 환경의 영향 없이 발달하는 행동을 생득적 행동이라 고 하는데 이 생득적 행동이 일어나기 위해서 열쇠자극이 필요하다.

① 생득적 해발기구   ② 적응도

③ 이타행동   ④ 행동의 동기부여

⑤ 행동의 진화

해설 생득적 행동(Innate Behavior)이란 학습이나 훈련 없이, 다른 개체를 모방하지 않고, 환경의 영향도 받지 않고 발달하는 행동을 일컫는다. 이는 각각의 동물 종이 태어나면서부터 가진 특이한 행동 레퍼토리이다. 이러한 생득적 행동을 일으키는 자극을 열쇠자극이라고 하며, 열쇠자극을 포함한 해발인자에 의해 행동이 일어나는 구조를 생득적 해발기구(Innate Releasing Mechanism)라고 한다.

52 행동의 유연성과 관련이 깊은 뇌 조직은?

① 연수
② 시상하부
③ 대뇌신피질
④ 하수체
⑤ 달팽이관

해설 행동의 유연성은 상황에 따라 새로운 행동양식을 학습하거나 조립하는 능력과 연관된 것으로 대뇌신피질의 발달과 관계가 깊다.

53 인위적 번식상태에 놓인 동물의 어떤 특성에 주목하여 사람이 다음 세대의 번식에 이용할 동물을 인위적으로 선발하는 것은?

① 가축화
② 행동 레퍼토리
③ 동물복지
④ 문제행동
⑤ 육종선발

해설 육종선발이란 인위적 번식상태에 놓인 동물의 어떤 특성에 주목하여 사람이 다음 세대의 번식에 이용할 동물을 인위적으로 선발하는 것이다. 초기 가축화된 단계에서 성질이 난폭하고 공격적인 개체는 가장 먼저 도태되고 얌전하고 다루기 쉬운 동물들이 남아 몇 세대에 걸쳐 선발됨에 따라 온순한 행동특성을 가진 유용한 가축이 된다.

54 개의 행동발달 단계 중 사회화기에 속하는 특성이 아닌 것은?

① 강아지가 함께 사는 사람과 적절한 사회적 행동을 학습한다.
② 신생아기의 패턴에서 강아지의 패턴으로 변화가 보인다.
③ 생후 3~12주까지의 시기에 해당한다.
④ 감각기능과 운동기능 발달이 현저히 나타난다.
⑤ 이가 나고 섭식행동과 배설행동이 성년형을 보인다.

해설 이행기에 대한 설명이다. 이행기는 생후 2~3주까지의 짧은 기간을 말하며, 눈을 뜨고 귓구멍이 열려 소리에 반응하므로 행동적으로도 신생아기의 패턴에서 강아지의 패턴으로 변화가 보인다.

55 생식행동과 배우시스템을 잘못 연결한 것은?

① 늑대는 일부일처제이다.
② 사슴은 일부다처제이다.
③ 벌거숭이두더지쥐는 일처다부제이다.
④ 침팬지는 다부다처제이다.
⑤ 개는 일부다처제이다.

해설 개는 일부일처제이다.

56 행동수정법을 돕는 도구 중 고양이의 오줌분사행동에 대해 유용한 것은?

① 헤드 홀터
② 입마개
③ 짖음방지목걸이
④ 페로몬양 물질분무제
⑤ 튀어오름 방지장치

해설 페로몬양 물질분무제는 고양이의 오줌분사행동에 대해 유용한 분무제로 익숙하지 않은 환경에 대한 고양이의 불안을 없애는 페로몬효과에 의해 분사행동이 감소된다.

57 개의 문제행동 중 자신의 사회적 순위가 위협받을 때 그 순위를 과시하기 위해 보이는 행동은?

① 우위성 공격행동　　　　② 영역성 공격행동
③ 공포성 공격행동　　　　④ 포식성 공격행동
⑤ 동종간 공격행동

해설 개가 인식하는 자신의 사회적 순위가 위협받을 때 그 순위를 과시하기 위해 보이는 행동을 우위성 공격행동이라고 한다. 이러한 종류의 공격행동은 사람이 개의 행동을 컨트롤하려는 상황에서 일어나는 경우가 많다.

58 신체의 특정부위를 끊임없이 물거나 핥기, 빙빙 돌면서 자신의 꼬리 쫓기, 꼬리 물기, 그림자 쫓기, 등불 쫓기, 실제로는 존재하지 않는 파리 쫓기 등 이상빈도나 지속적으로 반복하여 일어나는 협박적 또는 환각적 행동은?

① 관심을 구하는 행동
② 부적절한 배설
③ 상동장애
④ 공포증
⑤ 과잉 포효

해설 상동장애는 심심함, 주인과의 상호관계의 부족, 스트레스, 갈등, 지속적 불안, 세균감염에 의한 잠재적 소양감 등이 원인이다.

59 고양이의 부적절한 발톱갈기 행동의 원인으로 옳지 않은 것은?

① 세력권의 마킹
② 오래된 발톱의 제거
③ 수면 후의 스트레치
④ 소재의 선호성
⑤ 놀이시간의 부족

해설 놀이시간이 부족하면 놀이 시 흥분하여 놀이공격행동을 일으킬 수 있다. 특히 새끼고양이의 경우는 이러한 놀이에 열중해 있는 동안 흥분하여 공격적으로 행동하는 경우가 자주 있다. 이와 같은 상황을 허용하고 오랫동안 계속하면, 흥분하여 곧바로 공격적이 될 수 있으므로 유의한다.

60 반려동물의 문제행동을 예방하기 위한 방법으로 옳지 않은 것은?

① 간식을 이용해 매일 20분간 훈련을 반복한다.
② 주인과의 애착관계를 빠르게 형성할 수 있도록 젖을 떼기 전에 입양한다.
③ 문제행동을 조기에 발견할 수 있도록 관련 정보를 취득한다.
④ 애완동물 특유의 보디랭귀지를 배운다.
⑤ 충분히 사회화를 경험할 수 있도록 한다.

해설 출생 후 어미에게 받은 보살핌의 양적, 질적 차이가 성장 후 불안경향이나 공격성과 같은 행동특성에 심각한 영향을 주므로 조기에 젖을 떼고 입양하는 것은 지양한다.

제2과목 예방 동물보건학

01 응급실에서 환자의 바이탈사인(vital sign) 상태를 감시하는 기기 중 다음에 해당하는 기기는?

> 심전도를 통해 환자의 상태를 실시간 확인하기 위한 기기

① 흡입마취기
② ECG(electrocardiogram) 모니터
③ 도플러 혈압계
④ 산소포화도 측정기(SpO_2)
⑤ 암부백(ambu bag)

> 해설 ① 흡입마취기: 암부백과 같은 용도로, 산소공급량을 조절할 수 있는 호흡 보조기기
> ③ 도플러 혈압계: 도플러를 이용해 환자의 수축기 혈압을 측정하기 위한 감시 기기
> ④ 산소포화도 측정기(SpO_2): 혈중 산소포화도를 측정하기 위한 기기
> ⑤ 암부백(ambu bag): 자발 호흡이 없는 환자에게 양압 호흡을 하기 위한 호흡 보조기기

02 응급 키트(emergency kit)의 관리에 관한 설명으로 옳은 것은?

① 응급 카트(crash cart)는 필요한 곳에 신속히 가져가 사용할 수 있으며 장소에 구애를 받지 않는다.
② 응급 카트(crash cart)의 내부는 칸으로 나뉘어 있어 카테터 장착 세트, 주사기, 응급 약물 등 응급 처치에 필요한 작은 크기의 물품을 보관할 수 있다.
③ 응급 키트는 체크리스트를 이용해 일주일에 한 번씩 매주 점검해야 한다.
④ 사용 후에도 기준 재고표에 따라 재고를 보충하고 약물의 유효기간을 확인하여 유효기간이 지난 약물은 바로 폐기한다.
⑤ 응급 상자(emergency box)는 무게가 있고 부피가 큰 기기는 따로 보관해야 하는 단점이 있다.

> 해설 ① · ⑤ 응급 상자(emergency box)는 필요한 곳에 신속히 가져가 사용할 수 있으며 장소에 구애를 받지 않는 장점이 있으나, 무게가 있고 부피가 큰 기기는 따로 보관해야 하는 단점이 있다.
> ② 응급 상자의 내부는 칸으로 나뉘어 있어 카테터 장착 세트, 주사기, 응급 약물 등 응급 처치에 필요한 작은 크기의 물품을 보관할 수 있다.
> ③ 응급 키트에는 응급 상자와 응급 카트가 있으며, 체크리스트를 이용해 매일 점검해야 한다.
> ④ 사용 후에도 기준 재고표에 따라 재고를 보충하고 약물의 유효기간을 확인하여 유효기간이 지난 약물은 수의사에게 보고한 후 폐기한다.

03 응급실 물품의 준비 및 관리에 관한 설명으로 옳은 것은?

① 유효기간이 지난 약물은 동물보건사가 확인하고 폐기한다.
② 재고 기준은 필요량에 따라 담당자가 정한다.
③ 체크리스트는 사람들 눈에 띄지 않는 곳에 비치한다.
④ 폐기 일자가 임박한 약물은 겉면에 라벨을 붙여 표시한다.
⑤ 시중에 판매하는 일반 공구 상자는 응급 상자로 적합하지 않다.

> **해설** ④ 약물의 유효기간을 확인할 때 폐기 일자가 임박한 약물은 겉면에 라벨을 붙여 표시하면 관리가 용이하다.
> ① 유효기간이 지난 약물은 수의사에게 보고하고 임의로 폐기하지 않는다.
> ② 재고 기준은 필요량에 따라 담당자가 수의사와 상의한 후 정한다.
> ③ 체크리스트는 눈에 띄기 쉬운 곳에 비치해야 한다.
> ⑤ 응급 상자는 시중에 판매하는 일반 공구 상자를 이용해 쉽게 만들 수 있다.

04 응급실 일상점검의 관리 목표로 가장 거리가 먼 것은?

① 물품 관리가 효율적으로 이루어진다.
② 효과적인 감염 관리를 할 수 있다.
③ 기기 및 기구의 성능에 이상이 없다.
④ 응급 상황에서 신속하게 사용할 수 있다.
⑤ 동물 상태에 적합한 치료를 처치할 수 있다.

> **해설** 응급실의 일상점검의 목표
> • 물품 관리가 효율적으로 이루어진다.
> • 효과적인 감염 관리를 할 수 있다.
> • 기기와 기구가 정리 정돈되어 있다.
> • 기기 및 기구의 성능에 이상이 없다.
> • 응급 상황에서 신속하게 사용할 수 있다.
> • 바닥의 불필요한 물건을 제거해 동선에 방해를 받지 않는다.

05 응급질환 중 승모판 폐쇄 부전(mitral valve insufficiency; MVI)의 임상 증상이 아닌 것은?

① 기력 감소   ② 청색증

③ 기침   ④ 식욕 부진

⑤ 역류

해설 승모판 폐쇄 부전(mitral valve insufficiency; MVI)의 임상 증상으로 운동 불내성, 기침, 식욕 부진, 기력 감소, 실신, 청색증, 호흡 곤란 등이 있다.

승모판 폐쇄 부전(mitral valve insufficiency; MVI)
중년령 이상의 소형견에게서 승모판의 불완전한 폐쇄가 일어나고 심장의 펌프 작용 기능이 감소하여 심부전으로 진행된다. 그리고 좌심방과 폐정맥의 확장이 일어나고 폐정맥압이 크게 증가하면 이차적으로 폐수종이 발생하여 심한 호흡 곤란으로 이어진다.

06 다음 중 응급질환 척수 손상에서 척수 병변 5단계 중 3단계에 해당하는 것은?

① 통증이 있으나 운동 기능은 보존

② 후지마비와 함께 소변 정체

③ 후지마비

④ 운동 실조, 고유 감각 소실

⑤ 후지마비와 소변 정체와 함께 통증 감각 소실

해설 척수 손상에서 척수 병변의 5단계
- 1단계: 통증이 있으나 운동 기능은 보존
- 2단계: 운동 실조, 고유 감각 소실, 후지 불완전마비
- 3단계: 후지마비
- 4단계: 후지마비와 함께 소변 정체
- 5단계: 후지마비와 소변 정체와 함께 통증 감각 소실

07 응급 처치를 보조할 때 안전 · 유의사항으로 옳지 않은 것은?

① 동물의 얼굴에 조명을 밝게 비추어 낯선 환경에 적응하도록 한다.

② 동물의 신체검사를 할 때는 동물의 낙상에 주의한다.

③ 응급 사용 물품들이 항상 제 위치에 있는지 수시로 확인한다.

④ 동물이 낙상할 수도 있으므로 체중은 반드시 처치대 아래에서 측정한다.

⑤ 생체지표는 수의사의 지시에 따라 체크한다.

해설 동물을 낯선 환경으로부터 스트레스를 최소화하기 위해 얼굴을 수건으로 덮어 어둡게 한다.

08 심폐 소생술을 시행할 때 가장 먼저 해야 할 일은?

① 순환   ② 체온체크

③ 기도 확보   ④ 인공호흡

⑤ 압박

> **해설** 심폐소생술의 순서
> ABC의 순서대로 시행
> A(air way, 기도 확보) → B(breathing, 호흡) → C(circulation, 순환)

09 심폐 정지 임박 상태로 볼 수 없는 것은?

① 말초 부위에서 심장박동을 느끼기 힘든 경우

② 심음의 강도가 일정하지 않거나 심음이 잘 들리지 않는 경우

③ 수술 중 과다 출혈이 있는 경우

④ 점막이 창백해지거나 청색증이 나타날 때

⑤ 심하게 침울(depression)하거나 혼수상태(coma)

> **해설** 심폐 정지 임박 상태의 인지
> • 심한 노력성 호흡, 빈 호흡(과다호흡), 너무 느린 호흡
> • 저체온, 무호흡, agonal breathing(사망 직전의 호흡)
> • 말초 부위에서 심장박동을 느끼기 힘든 경우(혈압 〈 40~50mmHg)
> • 심음의 강도가 일정하지 않거나 심음이 잘 들리지 않는 경우(혈압 〈 50mmHg)
> • 심박 수의 변화(잦은 맥박, 느린 맥박, 부정맥)
> • 수술 중 출혈이 없는 경우
> • 점막이 창백해지거나 청색증이 나타날 때(빈혈 동물은 청색증이 나타나지 않으므로 모니터링 할 때 주의)
> • 심하게 침울(depression)하거나 혼수상태(coma)

10 응급동물을 관리할 때 모니터링 기기가 아닌 것은?

① 산소포화도(SpO_2) 측정기

② 젖산(lactate) 측정기

③ 혈당(blood glucose) 측정기

④ 심전도(electrocardiogram) 모니터기

⑤ 기관튜브(ET-tube)

> **해설** 기관튜브(ET-tube)는 심폐소생술에 필요한 물품이다.

11 동물을 모니터링할 때 호흡 양상 중 호흡수나 호흡의 깊이가 증가하거나 모두 증가하여 환기량이 증가된 호흡은?

① 호흡 곤란(dyspnea)　　　　　② 과호흡(hyperpnea)

③ 다호흡(polypnea)　　　　　　④ 복식 호흡

⑤ 흉식 호흡

> **해설**　① 호흡 곤란(dyspnea): 노력성 호흡이다.
> ③ 다호흡(polypnea): 얕고 빠르며 호흡수가 증가한 호흡으로, 개나 고양이의 경우 체온 조절의 수단
> 　으로 하는 호흡 시에 볼 수 있다.
> ④ 복식 호흡: 횡격막만을 이용하는 호흡으로, 병적인 호흡이다.
> ⑤ 흉식 호흡: 흉곽만을 이용하는 호흡으로 병적인 호흡이다.

12 다음 괄호 안에 들어갈 색상으로 옳은 것은?

> 산소포화도 측정기의 프로브는 털이 (　　)이면 감지력이 떨어지므로 측정 부위의 털을 제거 후
> 프로브를 장착한다.

① 흰색　　　　　　　　　　　② 회색

③ 황색　　　　　　　　　　　④ 검은색

⑤ 노랑색

> **해설**　산소포화도 측정기의 프로브는 털이 검은색이면 감지력이 떨어지므로 측정 부위의 털이 검으면 털
> 제거 후 프로브를 장착한다.

13 중증 동물 수액 투여를 보조할 때 피하 투여(SC)의 특징으로 옳은 것은?

① 자극성 약제 투여에 적합하다.

② 장시간에 걸쳐 대량 투여할 수 있다.

③ 흡수 속도가 빠르고 계속 투여할 수 있다.

④ 감염의 위험이 많아 동물의 부담이 크다.

⑤ 투여할 수 있는 수액제는 등장액(체액과 같은 삼투압)만이다.

> **해설**　피하 투여(SC)의 장점과 단점
>
> | 장점 | 단점 |
> |---|---|
> | • 단시간에 대량 투여할 수 있다.
• 투여량은 천천히 그리고 완전히 흡수된다.
• 정맥 확보가 필요하지 않아 감염의 위험이 적으며 동물의 부담도 적다. | • 투여할 수 있는 수액제는 등장액(체액과 같은 삼투압)만이다.
• 자극성 약제 투여에는 부적합하다.
• 기력이 약한 동물에게 투여 시 체온 저하를 일으킬 수 있다. |

14 마스크를 대고 산소 공급을 할 때 동물의 입과 마스크의 간격으로 옳은 것은?

① 0.3~0.5cm   ② 1~2cm

③ 3~4cm   ④ 4~5cm

⑤ 5~6cm

> **해설** 마스크는 동물의 입에서 1~2cm 떨어진 곳에 마스크를 대고 산소를 공급한다. 마스크를 입에 너무 가까이하거나 입에 끼일 정도로 대어 산소를 공급하게 되면 호흡 중에 발생하는 열과 함께 이산화탄소 배출을 방해한다.

15 동물 수혈 시 30분~1시간 이내 증상이 발현하는 초기 면역 반응이 아닌 것은?

① 적혈구 용적의 감소   ② 구토, 홍반

③ 진전(떨림)   ④ 과다호흡

⑤ 소양증

> **해설** 수혈 부작용

초기 면역 반응(30분~1시간 이내 증상 발현)	후기 면역 반응(3~15일 증상)
• 진전(떨림) • 잦은 맥박, 과다호흡 • 고체온 • 구토, 홍반, 소양증	• 적혈구 용적의 감소 • 고체온 • 식욕 저하

16 수액 투여 보조하기에 대한 설명으로 옳지 않은 것은?

① 수액세트의 포장지를 벗기고 유량 조절기를 잠근 후 수액세트 끝의 도입침을 수액 팩에 똑바로 찌른다.

② 점적봉을 몇 번 압박하여 수액이 점적봉의 1/2 정도 차도록 한다.

③ 수액세트 라인에 수액을 채울 때 점적봉을 90° 이상 기울여 채우면 기포가 생기는 것을 최대한 막을 수 있다.

④ 천천히 유량 조절기를 열어 수액을 수액세트의 라인으로 흘러보내 공기를 내보낸다.

⑤ 수액세트 라인 끝에 나비침을 연결하고 나비침 끝까지 수액을 흘려보낸 뒤 유량 조절기를 잠그고 수의사에게 전달한다.

> **해설** ③ 수액세트 라인에 수액을 채울 때 점적봉을 45° 이상 기울여 채우면 기포가 생기는 것을 최대한 막을 수 있다.

17 비경구 영양 수액 투여 보조에 대한 설명으로 옳지 않은 것은?

① 손과 팔을 비누와 소독제, 솔을 사용하여 5~10분 정도 깨끗하게 닦아낸다.

② PN 용액용 백에 넣고 잘 혼합하는데 혼합순서는 반드시 지방유제, 포도당, 아미노산 순서로 혼합한다.

③ 아미노산과 지방이 변성되지 않도록 알루미늄 포일을 이용해 빛을 차광한다.

④ 소독제를 이용하여 처치대를 소독하여야 한다.

⑤ PN 용액 백에 제조 날짜와 시간을 반드시 기록하고 PN 용액 백에 수액세트를 연결한 후 수의사에게 전달한다.

> **해설** ② PN 용액용 백에 넣고 잘 혼합하는데 반드시 포도당, 아미노산, 지방유제 순서로 혼합한다. 이유는 지방유제는 불안정하여 포도당과 직접 섞으면 침전물이 생성되기 때문이다.

18 주사기에 약물을 넣는 순서로 옳은 것은?

> 가. 적절한 주사기와 바늘을 결정한다.
> 나. 진료기록부를 보고 주사기에 담을 약물 종류와 양을 결정한다.
> 다. 주삿바늘을 주사제의 고무 중간에 삽입한다.
> 라. 주삿바늘을 뺀 후 주사기 내 공기를 제거한다.
> 마. 알코올 솜으로 주사제 용기의 윗부분을 닦는다.
> 바. 주사제를 거꾸로 세워 필요한 용량을 채운다.

① 가 – 나 – 다 – 라 – 마 – 바
② 나 – 가 – 다 – 라 – 바 – 마
③ 나 – 가 – 마 – 다 – 바 – 라
④ 가 – 다 – 나 – 마 – 바 – 라
⑤ 다 – 가 – 나 – 바 – 마 – 라

> **해설** 주사기에 약물을 넣는 방법
> 1. 처방전이나 진료기록부를 보고 주사기에 담을 약물의 종류와 주사량을 결정한다.
> 2. 적절한 주사기와 바늘의 종류를 결정한다.
> 3. 알코올 솜으로 주사제 용기의 윗부분을 닦는다(백신은 생략한다).
> 4. 주사기 뚜껑을 분리한다.
> 5. 주삿바늘을 주사제의 고무 중간에 삽입한다.
> 6. 주사제를 거꾸로 세워 필요한 용량을 채운다. 이때 필요한 용량보다 조금 더 많이 채운다.
> 7. 주삿바늘을 뺀다.
> 8. 주사기 내 공기 방울을 제거한다. 주삿바늘을 위로 하고 주사기 몸체를 손가락으로 쳐 공기를 위로 올린 후 필요한 용량에 맞춘다.

19 약물에 의한 생체 반응 중 신체의 어떤 조직이나 장기가 고유한 기능보다 항진되는 작용을 무엇이라 하는가?

① 흥분
② 직접작용
③ 부작용
④ 선택작용
⑤ 억제

> **해설** ② 직접작용(일차작용): 약물을 투여한 후 약물이 직접 접촉한 장기에 일으키는 고유 약리작용
> ③ 부작용: 약물이 가진 여러 작용 중 필요하지 않은 작용
> ④ 선택작용: 약물 대부분은 어떤 조직 장기와 특별한 친화성을 가지고 있어서 친화성을 가진 조직 장기에 영향을 끼치게 되는 작용
> ⑤ 억제: 약물에 의하여 어떤 조직, 장기의 고유 기능이 저하되었을 때

20 다음의 빈칸에 공통으로 들어갈 내용으로 옳은 것은?

> 약물에 대한 감수성이 비정상적으로 저하되어, 정상 상태에서는 일정한 반응을 보이는 용량을 투여하는데도 아무런 반응이 나타나지 않아 용량을 늘려야 동일한 효과를 얻을 수 있는 것을 (   )이라고 한다. 일반적으로 항생제의 (   )이 문제가 되고 있다.

① 알레르기
② 부작용
③ 길항작용
④ 내성
⑤ 약물 작용

21 다음 중 제형에 따른 분류에서 반고형제제에 해당하는 약물은?

① 산제
② 좌제
③ 바이알
④ 과립제
⑤ 에어로졸

> **해설** 제형에 따른 약물 분류
> • 고형제제: 산제(powder), 과립제(granule), 정제(tablet), 캡슐(capsule)
> • 액상제제: 시럽제(syrup), 현탁제(suspension), 점안제(eye drop), 에어로졸제(aerosol)
> • 반고형제제: 연고제(ointment), 로션제(lotion), 좌제(suppository)
> • 주사제: 앰플(ampule), 바이알(vial), 수액(fluid)

22 연고, 샴푸 등 필요 부위에 국소 또는 전신에 적용하는 비경구제 약물은?

① 경구제   ② 점안제
③ 주사제   ④ 점이제
⑤ 도포제

> 해설   ① 경구제: 소화관을 통해 투여, 흡수하는 약물
> ② 점안제: 눈으로 투여하는 약물
> ③ 주사제: 정맥 내, 근육 내, 피하 등 주사를 통하여 투여하는 약물
> ④ 점이제: 귀로 투여하는 약물

23 다음 앰플(ampule) 사용법으로 적절하지 않은 것은?

① 앰플에는 액제와 분말제가 있다.
② 분말제는 일반적으로 식염수에 희석하여 사용한다.
③ 앰플에 색깔이 있으면 직사광선을 피해 보관해야 한다.
④ 한 번 딴 앰플은 빠른 시간 내에 사용한다.
⑤ 뚜껑 부분의 점을 엄지손가락 쪽으로 향하게 한 후 엄지손가락과 집게손가락으로 힘을 주어 딴다.

> 해설   ② 일반적으로 앰플의 분말제는 주사용 증류수에 희석해서 사용한다.

24 주삿바늘을 삽입하는 부위가 고무이며, 사용할 때마다 뚜껑의 표면을 소독한 후 사용하는 것이 원칙인 주사제는?

① 바이알   ② 앰플
③ 수액   ④ 시럽제
⑤ 에어로졸제

> 해설   바이알(vial)
> • 주삿바늘을 삽입하는 부위가 고무로 되어 있다.
> • 액제와 분말제(주사용 증류수에 희석)가 있으며, 냉장 보관을 해야 하는 약물도 있다.
> • 분말제는 증류수에 희석한 후 주사기로 바이알 내의 공기를 빼야 한다.
> • 사용할 때마다 소독용 알코올로 바이알 뚜껑 표면을 소독한 후 사용하는 것이 원칙이나 백신제제는 예외로 소독하지 않는다.

25 다음 중 주사기에 대한 내용으로 옳지 않은 것은?

① 소형견에게는 1~3mL의 주사기를 사용한다.

② 주사기마다 주사침이 장착되어 있다.

③ 대형견에게는 20mL 이상의 주사기를 사용한다.

④ 전해질 보충의 목적으로 주사기에 수액을 담아 정맥주사를 하는 경우도 있다.

⑤ 용량에 따라 1mL, 2mL, 3mL, 5mL, 10mL, 20mL, 30mL 및 50mL 등이 있다.

> **해설** 일반적으로 소형견에게는 1~3mL의 주사기를 사용하며, 15kg 이상의 중·대형견에게는 3~10mL의 주사기를 사용한다.

26 주사 약물을 뽑기 전에 소독이나 주사 후에 지혈용으로 사용하는 의료용 물품은?

① 알코올 솜   ② 과산화수소

③ 토니켓   ④ 수액세트

⑤ IV카테터

> **해설** ① 일반적으로 시판되는 의료용 70% 알코올을 솜에 적셔 사용하거나 소독용 알코올 솜을 사용한다.
> ② 과산화수소: 채혈이나 주사 시 발생하는 혈액 얼룩을 닦는 데 사용한다. 시판되는 과산화수소수를 솜에 적셔 사용한다.
> ③ 토니켓: 혈관을 압박하는 도구로, 말초 혈액의 유입 및 유출을 제한하는 목적으로 사용한다.
> ④ 수액세트: 수액류 약물을 정맥 내로 점적 투여하기 위해 사용하는 의료용 물품이다.
> ⑤ IV카테터: 천자를 통해 정맥 내에 장착하고 수액제를 수액관을 통해 투여하는 경로 역할을 하는 의료용 물품이다.

27 다음 빈칸에 들어갈 말로 가장 적절한 것은?

> (   )은 수액세트 중 수액이 든 약물 병이나 PVC백에 연결하기 위한 의료용 물품이다.

① 조절기   ② 수액관

③ 점적통   ④ 도입침

⑤ 주사침

> **해설** 수액세트는 수액류 약물을 정맥 내로 점적 투여하기 위해 사용하는 의료용 물품이다. 수액이 든 약물 병이나 PVC백에 연결하기 위한 도입침, 수액의 투여 상태와 투여 속도를 확인할 수 있는 점적통, 수액관, 수액 속도를 조절할 수 있는 조절기 등이 있다.

28 약물을 내복하는 방법으로 가장 간편하고 안전한 투여법은?

① 피하주사(subcutaneous injection; SC)

② 흡입(inhalation)

③ 근육 내 주사(intramuscular injection; IM)

④ 복강 내 주사(intraperitoneal injection; IP)

⑤ 경구적 투여(oral administration, per os; PO)

> 해설 경구적 투여는 소화관 투여라고도 하며, 가장 간편하고 안전하면서도 경제적인 방법이다. 이 방법으로 는 어떠한 약물도 투여할 수 있으며 철저한 소독이 필요하지 않다는 것이 장점이다.

29 비경구적 투여 중 외용제 투여법에 속하지 않는 것은?

① 연고   ② 크림

③ 로션   ④ 점안제

⑤ 겔제

> 해설 비경구제 투여 중 외용제에는 연고, 크림, 로션, 겔제, 스프레이제 등이 있다.

30 다음 중 약물투여 기기에 속하지 않는 것은?

① 토니켓   ② 네일 클리퍼

③ 도입침   ④ 실린지 펌프

⑤ 인퓨전 펌프

> 해설 ② 네일 클리퍼는 동물의 발톱을 깎는 보정용 기기이다.
> ① 토니켓: 혈관을 압박하는 도구
> ③ 도입침: 수액이 든 약물 병이나 PVC백에 연결하는 도구
> ④ 실린지 펌프: 주사기를 이용하여 약물을 일정한 속도와 시간으로 환자에게 주입하기 위한 기기
> ⑤ 인퓨전 펌프: 수액 또는 다량의 약물을 시간당 정확한 양으로 주입하기 위해 수액 라인을 연결하여 사용하는 기기

31 처방전에서 사용하는 약어를 바르게 설명한 것은?

① IM: 근육 주사
② IP: 정맥 주사
③ IV: 피하 주사
④ PO: 복강 주사
⑤ SC: 경구용 제제

> 해설 ① IM: 근육 주사(Intramuscular Injection)
> ② IP: 복강 주사(Intraperitoneal Injection)
> ③ IV: 정맥 주사(Intravenous Injection)
> ④ PO: 경구용 제제(Per Oral)
> ⑤ SC: 피하 주사(Subcutaneous Injection)

32 동물병원에서 실시하는 검사방법에 대해 잘못 설명한 것은?

① 도말 검사: 자동 혈구 분석기를 통해 일정한 용적 내에 있는 혈구의 세포 수를 측정한다.
② 복부 초음파 검사: CBC 검사에서 발견된 이상, 장기의 변화 등을 관찰하는 데 유용하다.
③ 비뇨기 조영 검사: 방광 내 종양, 결석, 요도 파열, 폐색 등의 질병을 진단할 수 있다.
④ CT 검사: 두개골 및 척추, 사지 골격에 대해 진단을 내리는 영상진단 방법이다.
⑤ 요비중 검사: 비중계로 비중을 확인하여, 탈수증, 당뇨병, 간경변, 신염 등을 감별한다.

> 해설 ① 도말 검사는 혈액을 슬라이드에 얇게 바른 후 염색하여, 혈구의 모양과 수를 현미경으로 직접 관찰하는 검사방법이다. 자동 혈구 분석기를 통해 일정한 용적 내에 존재하는 혈구의 세포 수를 측정하는 것은 혈구 검사(CBC)이다.

33 동물의 초진 진료를 접수할 때의 유의사항을 잘못 설명한 것은?

① 이름, 전화번호, 주소, 동물병원 방문 경로 등 보호자에 대한 정보를 입력한다.
② 보호자의 정보는 진료 예약 또는 진료 변경 내용을 안내할 때 활용한다.
③ 보호자를 기억할 수 있는 특이사항이 있으면 간단히 적어둔다.
④ 동물의 혈액형은 수혈을 대비하여 꼭 알아야 할 사항이므로 반드시 기록한다.
⑤ 본원 또는 다른 동물병원에 내원한 경력이 있다면 확인하여 기록해 둔다.

> 해설 ④ 동물의 혈액형은 수혈하는 경우를 대비하여 알고 있으면 좋지만, 대부분 내원하는 가정견은 혈액형을 모르므로 일단 비워 놓고 필요할 때 검사를 요청하는 것이 좋다.

34 진료 예약 제도를 활용할 경우 나타나는 효과를 바르게 설명한 것은?

① 대기시간이 늘어난다.
② 동물병원의 관리가 용이하다.
③ 동물 병원에 대한 만족도가 감소한다.
④ 업무의 능률성이 떨어진다.
⑤ 인력 관리의 효율성이 떨어진다.

> **해설** ① 보호자의 내원 시간대를 조정하여 대기시간을 최소화할 수 있다.
> ③ 대기시간이 줄어들어 동물 병원에 대한 만족도가 높아진다.
> ④ 업무를 효율적으로 관리하여 업무 능력이 향상된다.
> ⑤ 예약 제도를 활용할 경우 인력을 효율적으로 관리할 수 있다.

35 보호자에게 동의서를 받을 때 주의할 사항을 잘못 설명한 것은?

① 각종 동의서는 수의사의 설명을 충분히 들은 후 작성하게 한다.
② 수의사가 충분히 설명한 후, 필요한 경우 간호사가 추가로 설명할 수 있다.
③ 동의서는 추후 의료사고가 발생하였을 때 증빙서류가 될 수 없음을 보호자에게 주지시킨다.
④ 개인정보 수집·활용 동의서를 받을 때에는 개인정보가 어디에 어떻게 활용되는지 충분히 설명한다.
⑤ 개인정보 수집·활용 동의서는 보호자가 직접 작성할 수 있도록 유도한다.

> **해설** ③ 동의서는 추후 의료사고가 발생하였을 때 보호자 및 수의사 모두에게 증빙서류가 될 수 있다. 그러므로 보호자가 반드시 내용을 확인하고 서명하도록 해야한다.

36 보호자에게 각종 안내 및 설명을 할 때의 유의사항을 바르게 설명한 것은?

① 대체로 추측형 화법을 사용하는 것이 좋다.
② 보호자를 존대하는 의미에서 사물존칭 화법을 사용한다.
③ 서비스 화법보다는 일상 화법을 사용한다.
④ 보호자의 의견이나 결정은 중요하게 생각하지 않는다.
⑤ 전문인으로서 책임감 있는 말투와 자세로 보호자를 대한다.

해설 ① '아마 ~일 것입니다.'와 같은 추측형 화법은 피하고, '제가 확인한 후 말씀드리겠습니다.'와 같이 책임감 있는 말투와 자세로 보호자를 대하는 것이 좋다.
② 'OO 원이십니다.'와 같은 사물존칭 화법은 사용하지 않는다.
③ '예약 잡아 드릴까요?'와 같은 일상 화법보다는, '예약해 드리겠습니다.'와 같은 서비스 화법이 전문인다운 느낌을 준다.
④ 보호자의 결정과 의사를 존중하며 친절히 응대해야 한다.

37 비대면 보호자를 응대하는 방법을 잘못 설명한 것은?

① 친절한 목소리와 정확한 정보 전달 능력이 동물병원의 이미지를 결정한다.
② 전문적인 지식을 가지고 자세하게, 하지만 보호자의 눈높이에 맞게 상담한다.
③ 비대면 보호자에게 무미건조하거나 비꼬는 느낌을 주지 않도록 한다.
④ 얼굴이 보이지 않기 때문에 불만 보호자의 반응이 더 극단적일 수 있음에 유의한다.
⑤ 불만 응대의 경우 보호자의 감정을 통제할 수 있어야 하므로, 동물병원의 입장에서만 설명한다.

해설 ⑤ 불만 응대의 경우 보호자의 감정을 통제할 수 있어야 하므로, 동물병원의 입장만 설명하여서는 안 된다.

38 동물등록제에 대해 잘못 설명한 것은?

① 동물등록제를 통해 유실·유기동물이 발생하는 것을 방지할 수 있다.
② 동물보호법령 상 주택이 아닌 장소에서 반려목적으로 기르는 경우 3개월 이상의 개가 등록대상이다.
③ 시장·군수·구청장이 지정한 동물등록대행기관에서도 동물등록을 할 수 있다.
④ 동물등록 방법에는 내장형과 외장형이 있다.
⑤ 동물등록제 시행을 통해 동물 소유자의 책임의식이 높아질 것으로 기대된다.

해설 ② 동물보호법령 상 등록대상동물이란 동물의 보호, 유실·유기방지, 질병의 관리, 공중위생상의 위해 방지 등을 위하여 등록이 필요하다고 인정하여 대통령령으로 정하는 동물[주택·준주택에서 기르는 개, 주택·준주택 외의 장소에서 반려(伴侶) 목적으로 기르는 개의 어느 하나에 해당하는 월령(月齡) 2개월 이상인 개]을 말한다(동물보호법 제2조 제2호, 동법 시행령 제3조).

39 개와 고양이의 검역 절차를 바르게 설명한 것은?

① 개와 고양이를 수입할 경우 마이크로칩은 이식하여야 하지만, 식별번호는 기재할 필요가 없다.

② 마이크로칩을 이식하지 않은 경우의 수입 검역 기간은 마이크로칩 이식완료일까지이다.

③ 개와 고양이를 수입할 경우 선적 전 36개월 이내에 광견병 중화항체역가시험을 받아야 한다.

④ 개와 고양이를 수입할 경우 중화항체가가 0.5IU/ml 이하임이 검역증명서에 기재되어야 한다.

⑤ 광견병 비발생지역산 개와 고양이를 수입할 경우에도 광견병 중화항체가 검사 기준을 적용한다.

> **해설** ① 개와 고양이를 수입할 경우 마이크로칩을 이식하여야 하고, 식별번호는 검역증명서에 기재해야 한다.
> ③ 개와 고양이를 수입할 경우 선적 전 24개월 이내에 광견병 국제공인검사기관 또는 수출국 정부기관에서 광견병 중화항체역가시험을 받아야 한다.
> ④ 개와 고양이를 수입할 경우 중화항체가가 0.5IU/ml 이상임이 검역증명서에 기재되어야 한다.
> ⑤ 광견병 비발생지역산 개와 고양이를 수입할 경우에는 광견병 중화항체가 검사 기준을 적용하지 않는다.

40 동물병원에서 판매하는 처방 사료에 대해 잘못 설명한 것은?

① 처방 사료는 수의사의 처방에 따라 제공한다.

② 질병 개선을 위한 치료 보조 식단용으로 처방하는 것이다.

③ 당뇨 질환에는 탄수화물은 피하고 단백질을 이용하는 저열량 사료를 사용한다.

④ 위장 질환에는 소화율은 높이고 지방·젖당·글루텐 등의 함량은 낮춘 사료를 사용한다.

⑤ 신장 질환에는 마그네슘과 인의 함량이 높은 사료를 제공한다.

> **해설** ⑤ 신장 질환에는 마그네슘과 인의 함량을 줄여, 스트루바이트 결석의 용해와 재발을 방지하는 데 도움이 되는 사료를 사용한다.

41 동물의 건강 상태에 따라 사료를 추천하고자 할 때 주의할 점을 잘못 설명한 것은?

① 반건조 사료는 냉장 보관하더라도 곰팡이가 생길 수 있으므로, 개봉 후 6개월 이내에 소비할 것을 권한다.

② 식욕이 부진하고 기력이 없는데도 반건조 사료조차 먹지 않는 동물에게는 동결건조 사료를 권한다.

③ 치아가 튼튼하고 씹는 것을 좋아하는 건강한 동물에게는 건조 사료가 적합하다.

④ 치아가 부실한 노령견에게는 양갱과 같은 부드러운 형태의 반건조 사료를 권한다.

⑤ 알레르기가 있으면 검사를 통해 어떤 첨가물에 의한 것인지 수의학적으로 확인하도록 유도한다.

해설 ① 반건조 사료는 개봉 후 최대 1개월 이내에 소비해야 한다. 냉장 보관했더라도 곰팡이가 생길 수 있기 때문이다. 냉동 사료는 냉동 기간이 길수록 영양소가 급격히 파괴되기 때문에 6개월 이내에 소비하기를 권한다.

42 동물병원 환경의 청결 유지에 대한 내용으로 옳지 않은 것은?

① 세정을 통해 미생물 수를 감소시키면 무균성 보장 수준이 낮아진다.
② 동물병원의 특수성으로 인해 교차감염, 접촉감염, 비말감염, 환경오염등 다양한 형태로 감염이 일어난다.
③ 환기, 채광 등을 통한 감염원인균 제거가 필요하다.
④ 동물을 만지기 전, 후 손을 씻는다.
⑤ 비누를 사용하여 흐르는 물로 20초 이상 씻었을 때 99.8%의 세균 제거 효과가 있다.

해설 세정이란 대상물의 표면에 붙어 있는 오염물을 씻어내거나 솔질하는 등의 방법으로 제거하는 것을 말한다. 세정을 통해 미생물 수를 감소시키면 무균성 보장 수준은 높아진다.

43 위해 의료 폐기물에 속하는 것끼리 묶인 것은?

가. 체액이 묻은 탈지면	나. 동물의 사체
다. 검사에 사용된 배양액	라. 일회용 기저귀
마. 폐혈액백	바. 일회용 주사기

① 가, 나, 다　　　　　　　　② 나, 다, 라
③ 나, 다, 마　　　　　　　　④ 가, 나, 마
⑤ 나, 마, 바

해설 위해 의료 폐기물과 일반 의료 폐기물

위해 의료 폐기물	• 조직물류 폐기물: 인체 또는 동물의 조직·장기·기관·신체의 일부, 동물의 사체, 혈액·고름 및 혈액생성물(혈청, 혈장, 혈액제제) • 병리계 폐기물: 시험·검사 등에 사용된 배양액, 배양 용기, 보관균주, 폐시험관, 슬라이드, 커버글라스, 폐배지, 폐장갑 • 손상성 폐기물: 주삿바늘, 봉합바늘, 수술용 칼날, 한방 침, 치과용 침, 파손된 유리 재질의 시험기구 • 생물·화학 폐기물: 폐백신, 폐항암제, 폐화학치료제 • 혈액오염 폐기물: 폐혈액백, 혈액투석 시 사용된 폐기물, 그 밖에 혈액이 유출될 정도로 포함되어 있어 특별한 관리가 필요한 폐기물
일반 의료 폐기물	• 혈액·체액·분비물·배설물이 묻은 탈지면 • 붕대, 거즈, 일회용 기저귀, 생리대, 일회용 주사기, 수액세트 • 의료 폐기물이 아닌 폐기물로서 의료 폐기물과 혼합되거나 접촉된 폐기물

44 소독제 사용에 대한 설명으로 옳지 않은 것은?

① 소독제는 소독대상물에 부식이나 열화 등 피해를 줄 수 있다.
② 미생물에 항균 스펙트럼이 있는 소독제는 모든 미생물에 살균효과가 있다.
③ 소독제의 살균력은 미생물과의 접촉시간이 중요하므로 처리시간을 숙지한다.
④ 소독제는 화학적으로 불안정하므로 보관 시 주의하고 유통기간을 잘 지켜 사용한다.
⑤ 사용 후 불쾌한 냄새나 착색이 있을 수 있으므로 냄새가 제거된 이후 동물을 입실시킨다.

해설 미생물에 항균 스펙트럼이 있다고 해서 모든 미생물에 살균효과가 있는 것은 아니다.

45 진료용 물품 관리에 대한 설명으로 옳지 않은 것은?

① IV 카테터, 나비침, 헤파린캡, 수액세트, 밸브커넥터 등 수액 처치를 할 때 필요한 물품들은 한곳에 모아 놓고 처치 시 바로 준비할 수 있도록 한다.
② 각종 소독 및 세척제는 서늘하고 환기가 잘되는 곳에 보관하며 소독제들이 섞이지 않도록 유의한다.
③ 각종 필름 및 현상액은 빛이 들어가지 않도록 이동 및 보관에 유의한다.
④ 백신은 주로 실온 보관해야 하는 경우가 많으므로 재고량 파악과 보관에 유의한다.
⑤ 토니켓은 채혈 및 주사 처치 시 필수적이므로 진료실 및 처치실, 수술실에 항상 비치되어 있도록 준비하며, 고무줄이 끊어지거나 낡지 않았는지 수시로 확인하여 교체한다.

해설 백신은 섭씨 4도 이하로 냉장 보관해야 하는 경우가 많다.

46 빈칸 (A), (B), (C), (D)에 들어갈 알맞은 것으로 짝지어진 것은?

> 수의영상진단학은 영상을 이용하여 질병의 ___(A)___, 질병 __(B)__ 정도, __(C)__ 방향 및 질병의 ___(D)___ 에 도움이 될 수 있고, 앞으로 방사선 수술 기기를 이용하여 치료를 병행할 수 있는 학문이다.

	(A)	(B)	(C)	(D)
①	진단	진행	치료	예후
②	진단	치료	예후	진행
③	치료	예후	진행	진단
④	진행	치료	예후	진단
⑤	예후	치료	진행	진단

해설 수의영상진단학은 X-ray, 초음파, CT, MRI, PET/CT, 핵의학 등으로 얻은 영상을 이용하여 질병의 진단, 질병 진행 정도, 치료 방향 및 질병의 예후에 도움이 될 수 있고, 앞으로 방사선 수술 기기를 이용하여 치료를 병행할 수 있는 발전 범위가 넓은 학문이다.

47 X-ray 기기에 대한 설명 중 옳지 않은 것은?

① 뢴트겐이 발견한 X선을 이용해 촬영하는 영상진단기기이다.
② 투시 기기는 정지 영상을 볼 수 있으며, 방사선 발생량이 적다.
③ 필름을 사용하지 않는 X선 촬영 방법에는 CR과 DR이 있다.
④ 투시용 X선 기기는 실시간으로 움직이는 영상을 촬영할 수 있다.
⑤ 필름을 이용하여 X선 촬영을 하는 일반 X-ray 기기는 순간의 정지 영상을 촬영할 수 있다.

해설 투시(fluoroscopy) 기기
• 투시 기기를 이용하여 정지 영상이 아닌 움직이는 동영상을 볼 수 있다.
• 조영술을 하거나 시술 및 수술을 할 때 사용한다.
• 투시 기기를 이용하여 검사할 때는 훨씬 더 많은 양의 방사선이 발생한다.

48 X-ray 촬영에서 조영제를 이용한 조영술이 아닌 것은?

① 식도 조영술
② 상부 위장관 조영술
③ 방광 및 요로 조영술
④ 배설성 요로 조영술
⑤ 상부 심장 조영술

해설 조영제를 이용한 조영술 종류

식도 조영술 (esophagography)	• 식도의 비정상 여부를 관찰하기 위해 사용하는 조영 방법 중 하나 • 고농도 황산바륨으로 식도의 운동과 크기의 정상 유무 확인 가능 • 식도 천공이 의심되는 환자는 무조건 요오드 계열 조영제 사용 → 황산바륨을 이용하면 천공된 부분을 통해 조영제가 빠져나가 흉강 내 염증을 일으키기 때문
상부 위장관 조영술 (upper gastrointestinal series)	• 위와 소장의 운동 확인이나 이물의 유무 평가 • 위관 튜브로 많은 양의 조영제를 한꺼번에 위에 넣고 촬영
방광 및 요로 조영술 (cystourethrography)	• 방광의 위치, 모양, 파열 여부와 요도의 모양, 폐색 등을 확인
배설성 요로 조영술 (intravenous pyelography)	• 신장의 배설 능력, 요관의 모양이나 폐색 여부를 관찰

49 동물의 위장관 조영술 수행 시 주의사항으로 옳지 않은 것은?

① 조영제 농도는 30% 또는 40%로 희석하여 사용한다.

② 조영 준비를 할 때 빈 시린지를 하나 더 준비한다.

③ 황산바륨 조영제를 사용하기 전에 흔들어서는 안 된다.

④ 조영제는 튜브를 통해 입에서 위로 주입하고, 주입 종료 후 촬영한다.

⑤ 조영 전과 조영 후에 촬영이 진행되며, 동물은 조영 전에 금식해야 한다.

> **해설** 조영술 수행 시 주의사항
> • 조영제의 농도는 30% 또는 40%로 희석하여 사용하며, 그 양은 10mL/kg으로 준비한다.
> • 황산바륨 조영제는 140%, 130%로 상품화되어 나오기 때문에 오래 보관하면 황산바륨 가루가 중력 방향으로 가라앉는다. 사용하기 전에 많이 흔든다.
> • 조영 준비를 할 때 빈 시린지를 하나 더 준비한다. 이는 위관 튜브를 넣고 음압의 확인 및 조영제 주입 후 튜브에 남은 조영제를 완전히 밀어 넣기 위한 공기 주입을 위해서이다.
> • 위관 튜브가 연구개를 자극하기 때문에 구토할 수 있다. 복압 상승 여부를 관찰하며 진행한다.
> • 조영제는 튜브를 통해 입에서 위로 주입하고, 주입 종료 후, 0, 15, 30, 45, 60, 90분의 시간에 촬영한다. 동물 상태에 따라 촬영 시간의 변화가 있을 수 있다.

50 동물 X-ray 촬영 시 보정 방법으로 옳은 것을 모두 고르시오.

> 가. 외측상(LAT) 촬영 시 머리 쪽을 보정할 때는 동물의 앞다리와 머리를 잡는다.
> 나. 복배상(VD) 촬영 시 머리 쪽을 보정할 때는 동물의 앞발과 머리를 잡는다.
> 다. 배복상(DV) 촬영 시 꼬리 쪽을 보정 할 때는 동물의 대퇴부와 둔부를 함께 잡는다.
> 라. 머리를 제외한 몸 전체를 보정할 때는 외측상(LAT) 촬영 시 오른손으로 앞다리를, 오른팔로 몸통을, 왼손으로 뒷다리를 보정한다.

① 가, 다   ② 나, 다

③ 가, 나, 다   ④ 가, 다, 라

⑤ 가, 나, 다, 라

> **해설** 동물 X-ray 촬영 시 보정 방법

기본 보정	외측상(LAT) 촬영	• 머리 쪽 보정 시: 동물의 앞다리와 머리를 잡는다. • 꼬리 쪽 보정 시: 동물의 뒷다리와 꼬리를 잡는다.
	복배상(VD) 촬영	• 머리 쪽 보정 시: 동물의 앞발과 머리를 잡는다. • 꼬리 쪽 보정 시: 동물의 뒷다리를 잡는다.
	배복상(DV) 촬영	• 머리 쪽 보정 시: 동물의 앞발과 머리를 잡는다. • 꼬리 쪽 보정 시: 동물의 대퇴부와 둔부를 함께 잡는다
머리 제외한 몸 전체 기본 보정	외측상(LAT) 촬영	• 오른손으로 앞다리를, 오른팔로 몸통을, 왼손으로 뒷다리를 보정한다.
	배복상(DV) 촬영	• 엎드린 자세에서 앞발이 일차선 안에 들어가지 않도록 보정한다.
	복배상(VD) 촬영	• 앞다리를 몸과 밀착시켜 한 번에 잡고 돌아가지 않도록 한다(사람의 차렷 자세).

51 동물 X-ray 촬영 시 주의사항이 아닌 것은?

① 동물이 목에 통증이 있는 경우 복배상(VD) 촬영을 할 수 있다.
② 호흡 곤란 동물은 흉부 기본 촬영 중 복배상으로 촬영하는 것이 도움될 수 있다.
③ 환추축 불안정성 동물, 골절 의심 동물, 골용해가 있는 동물은 신장시키지 않는다.
④ 하악 추가 촬영 전, 기본 두개골 영상을 확인하여 턱관절의 골절 가능성이 있는지 확인한다.
⑤ 흉·복부 촬영 시 12번째 늑골까지 촬영하는 이유는 동물마다 흡기 때 폐의 부푸는 정도가 다르기 때문이다.

해설 ② 호흡 곤란 동물은 흉부 기본 촬영 중 복배상이 아닌 배복상을 촬영하는 것이 도움될 수 있다.

52 방사선 안전 규정에 대한 설명 중 옳지 않은 것은?

① 직접 보정 방어 도구에는 납옷, 납장갑, 갑상샘 보호대, 납안경, 납판, 납마스크가 있다.
② 방사선 관계종사자는 TLD 배지를 착용하고, 3개월마다 X선 피폭량을 검사받는다.
③ 방사선 관계종사자는 방사선 관계종사자 건강진단표에 따라 2년마다 건강진단을 받는다.
④ 방사선 구역은 방사선발생장치를 설치한 장소 중 외부방사선량이 주당 0.4mSv(40mrem) 이하인 곳이다.
⑤ 방사선 발생장치를 설치한 장소의 벽은 콘크리트 25cm 이상이거나 벽 내부에 납 층이 구성되어 있어야 한다.

해설 ④ 방사선 구역이란 동물 진단용 방사선발생장치를 설치한 장소 중 외부방사선량이 주당(週當) 0.4mSv(40mrem) 이상인 곳으로서 벽, 방어칸막이 등의 구획물로 구획되어진 곳을 말한다(동물 진단용 방사선 발생장치의 안전관리에 관한 규칙 제2조).
① 동물 X-ray 촬영 시 직접 보정 방어 도구에는 납옷, 납장갑, 갑상샘 보호대, 납안경, 납판, 납마스크 가 있다.
② 방사선 관계종사자의 피폭 관리를 위하여 촬영 시 방어복과 TLD 배지(badge)를 착용하며, 3개월마다 얼마나 X선에 피폭되었는지 검사받는다. TLD 배지는 항상 근무복에 착용하고 납옷을 입을 때는 방어복 안에 착용한다. 방사선실에 들어가는 모든 진료진은 이것을 항상 착용해야 한다.
③ 동물 진단용 방사선 발생장치의 안전관리에 관한 규칙 제13조
⑤ 방사선 발생장치를 설치한 장소의 벽은 콘크리트 25cm 이상이거나 벽 내부에 납 층이 구성되어 있어야 한다. 창문은 없거나 있다면 납유리로 되어 있어야 하며, 문 안에도 납 층이 있어 X선 촬영실 밖으로 X선이 새어나가지 못하도록 해야 한다.

53 **동물 초음파 검사 시 안전·유의사항으로 잘못된 것은?**

① 외부 기생충이나 전염병이 있으면 장갑을 꼭 착용한 뒤 동물을 보정한다.

② 15kg 이상이거나 비협조적인 동물은 사고가 일어날 수 있으므로 두 사람 이상이 보정한다.

③ 후지 마비, 전신 마비가 있으면, 신경 자극으로 인한 움직임이 없으므로 보정할 필요 없다.

④ 검사에 협조적인 동물도 검사 중 통증이 유발되면 공격적으로 변할 수 있으므로 주의한다.

⑤ 복배위 자세인 경우 동물이 다치지 않도록 유의하며, 호흡 곤란이 있으면 동물 상태를 잘 살핀다.

> **해설** 동물 초음파 검사 시 안전·유의사항
> • 복배위 자세를 유지하는 경우에 동물이 다치지 않도록 유의하며, 호흡 곤란이 있으면 동물 상태를 잘 살핀다.
> • 후지 마비, 전신 마비가 있다고 하더라도 완전 마비가 아니라면 신경 자극으로 인한 움직임이 발생하여 사고가 일어날 수 있으므로 보정한다.
> • 공격적인 동물은 입마개 또는 엘리자베스칼라를 하여 물리지 않도록 한다.
> • 외부 기생충이나 전염병이 있으면 장갑을 꼭 착용한 뒤 동물을 보정한다.
> • 검사에 협조적인 동물도 검사 중 통증이 유발되면 공격적으로 변할 수 있으므로 주의한다.
> • 15kg 이상이거나 비협조적인 동물을 혼자 보정하면 사고가 일어날 수 있으므로 두 사람 이상이 보정한다.
> • 바늘이나 주사기는 멸균 상태로 상용화되기 때문에 멸균이 손상되지 않도록 입구 부위에 손이나 다른 곳에 닿지 않도록 주의한다.
> • 바늘에 찔리지 않도록 주의한다.
> • 오염된 바늘과 슬라이드 글라스 등의 손상성 폐기물은 바늘통에, 오염된 주사기 등의 감염성 폐기물은 감염성 폐기통에 버린다.

54 **동물 MRI 촬영에 대한 설명 중 옳지 않은 것은?**

① 동물의 체온이 떨어지면 온풍기를 사용해도 된다.

② 마취된 상태로 눈을 깜빡일 수 없으므로, 눈에 점안제를 바른다.

③ 전신마취된 동물이 장시간 MRI 촬영을 하는 경우 패드를 준비한다.

④ 동물의 크기와 코일의 크기가 차이 나지 않도록 딱 맞는 크기의 코일을 선택한다.

⑤ 저자장의 기기로 경추를 촬영하는 경우, 마이크로칩의 금속 영향으로 제거가 필요할 수도 있다.

> **해설** ① 동물의 체온이 떨어졌다고 해서 온풍기를 사용하면 MRI 기기 방의 온도가 올라가면서 영상의 질이 떨어지므로 검사 시작 전부터 동물의 체온에 신경 쓴다.
> ② 마취된 상태로 눈을 깜빡일 수 없고, 눈물 양도 줄기 때문에 눈에 점안제를 바른다.
> ③ 전신마취된 상태로 장시간 MRI 촬영을 하면 많은 양의 수액을 맞은 동물이 배뇨할 수 있으므로 패드를 준비하는 게 좋다.

④ 동물의 크기와 코일의 크기가 차이 나면 영상의 질이 떨어지므로, 최대로 딱 맞는 크기의 코일을 선택해야 한다.

⑤ 저자장의 기기로 경추를 촬영하는 경우, 마이크로칩의 금속 영향으로 제거가 필요할 수도 있다. 이때, 피부가 잘 늘어나는 동물은 피부를 최대한 몸 쪽으로 당겼을 때 마이크로칩의 위치가 변해 제거 과정 없이도 촬영할 수 있다.

55 방사선의 발생 원리와 작동법에 대한 설명으로 옳은 것은?

① 방사선은 이온화 방사선과 비이온화 방사선으로 구분한다.

② 원자핵이 부서져 튀어 나가는 입자가 이동하는 방사선을 전자기 방사선이라고 한다.

③ 에너지 자체가 이동하는 방사선을 입자 방사선이라고 한다.

④ 입자 방사선에는 라디오파, X선, 감마선 등이 있다.

⑤ 전자기 방사선에는 알파선, 베타선, 양성자선 등이 있다.

> **해설** ② 원자핵이 부서져 튀어 나가는 입자가 이동하는 방사선을 입자 방사선이라고 한다.
> ③ 에너지 자체가 이동하는 방사선을 전자기 방사선이라고 한다.
> ④ 입자 방사선에는 알파선, 베타선, 양성자선 등이 있다.
> ⑤ 전자기 방사선에는 라디오파, X선, 감마선 등이 있다.
>
> 방사선
> 주변 물질의 분자나 원자 내의 전자 수를 바꾸는 이온화 방사선(전리 방사선)과 변화를 일으키지 않는 비이온화 방사선으로 구분한다. 지구 밖에 있는 우주 방사선(우주선), 지구 내에 자연적으로 존재하는 방사선, 의료용이나 산업용 등의 목적으로 생성되는 인공 방사선도 있다.

56 동물진단용 방사선 안전관리에 대한 설명으로 옳지 않은 것은?

① 방사선 관계종사자는 1회/2년 건강진단을 받아야 한다.

② 방사선 관계종사자는 TLD 배지(badge)를 착용하여 피폭 관리를 해야 한다.

③ 방어시설의 벽은 콘크리트 25cm 이상이거나 벽 내부에 납 층이 구성되어 있어야 한다.

④ 방어시설에는 창문은 없거나 있다면 납유리로 되어 있어야 한다.

⑤ 사람과 같이 동물도 직접 보정하지 않고 X-ray 촬영을 진행해야 한다.

> **해설** ⑤ 사람과 달리 동물은 직접 보정하여 X-ray 촬영을 진행해야 한다.
>
> 법적 방사선 관리제도
> 2011년부터 제정된 '동물 진단용 방사선 발생장치의 안전관리에 관한 규칙'을 기반으로 동물병원에서는 규정된 사항을 시행해야 한다.

57 촬영 부위에 따른 자세잡기에 대한 설명으로 옳은 것을 모두 고른 것은?

가. 외측상(LAT) 촬영: 머리 쪽 보정 시 동물의 앞다리와 머리를 잡는다.
나. 외측상(LAT) 촬영: 꼬리 쪽 보정 시 동물의 대퇴부와 꼬리를 잡는다.
다. 복배상(VD) 촬영: 머리 쪽 보정 시 동물의 앞발과 머리를 잡는다.
라. 복배상(VD) 촬영: 꼬리 쪽 보정 시 동물의 뒷다리를 잡는다.
마. 배복상(DV) 촬영: 머리 쪽 보정 시 동물의 앞발과 머리를 잡는다.
바. 배복상(DV) 촬영: 꼬리 쪽 보정 시 동물의 몸통을 껴안듯이 잡는다.

① 가, 다
② 나, 라
③ 마, 바
④ 가, 나, 라
⑤ 가, 다, 라, 마

해설 나. 외측상(LAT) 촬영: 꼬리 쪽 보정 시 동물의 뒷다리와 꼬리를 잡는다.
바. 배복상(DV) 촬영: 꼬리 쪽 보정 시 동물의 대퇴부와 둔부를 함께 잡는다.

58 조영촬영방법에 대한 설명으로 옳지 않은 것을 모두 고른 것은?

가. 식도 조영술: 식도 천공이 의심되면 고농도의 황산바륨을 사용해야 한다.
나. 상부 위장관 조영술: 위관 튜브를 이용하여 조영제를 몇 번에 나누어 조금씩 위(stomach)에 넣고 촬영한다.
다. 배설성 요로 조영술: 신장의 배설 능력, 요관의 모양이나 폐색 여부를 관찰하기 위한 조영술이다.
라. 방광 및 요로 조영술: 방광의 위치, 모양, 파열의 여부와 요도의 모양, 폐색 등을 확인하기 위한 조영술이다.

① 가
② 가, 나
③ 가, 다
④ 가, 나, 다
⑤ 가, 나, 다, 라

해설 가. 식도 조영술: 고농도의 황산바륨을 이용하여 식도의 운동과 크기가 정상인지 확인할 수 있지만, 식도 천공이 의심되면 무조건 요오드 계열 조영제를 사용해야 하는데, 이는 황산바륨을 이용하면 천공된 부분을 통해 조영제가 빠져나가 흉강 내 염증을 일으키기 때문이다.
나. 상부 위장관 조영술: 위와 소장의 운동 확인이나 이물의 유무에 대한 평가를 위한 조영술이다. 위관 튜브를 이용하여 많은 양의 조영제를 한꺼번에 위(stomach)에 넣고 촬영한다.

조영제를 이용한 조영술
X-ray 촬영에서 일반적으로 보이지 않는 장기에 조영제를 투여함으로써 특정 장기가 눈에 띄게 나타나 위치, 모양, 기능 등의 정상과 비정상을 구분하는 방법이다. 조영술에 따라 사용하는 조영제와 사용 용량, 필요 물품이 다르다.

59 초음파의 원리 및 초음파 기기에 대한 설명으로 옳지 않은 것은?

① 초음파는 파장의 길이가 길다.
② 초음파 검사는 장기 위치에 따라 초음파의 증폭·감소로 실시간 영상을 확인한다.
③ 초음파 기기는 모니터, 프로브, 조절 패널, 키보드 등으로 구성된다.
④ 초음파 젤 종류로는 젤형, 패드형, 소프트 젤 커버형 등이 있다.
⑤ 초음파 프로브에 대한 관리가 집중적으로 필요하다.

해설 ① 초음파는 파장의 길이가 짧다.

초음파
음파는 사람이 들을 수 있는 가청 주파수 영역, 들을 수 없는 저주파수 영역과 고주파수 영역이 있다. 가청음파는 20~20,000Hz로 나이에 따라 청력 범위가 다를 수 있다. 저주파수와 고주파수의 영역은 저음파와 초음파라고 한다. 초음파는 20,000Hz 이상의 주파수가 높은, 다시 말해 파장의 길이가 짧은 음파이다. 초음파는 진단뿐 아니라, 치료에서도 사용하며 실생활에서도 유용하게 널리 사용하고 있다.

60 초음파 검사 시 동물환자 자세잡기에 대한 설명으로 옳은 것은?

① 복부 초음파 보정을 혼자 할 경우, 앞다리, 뒷다리를 따로 묶은 다음 입마개를 채운다.
② 복부 초음파 보정을 두 사람이 할 경우, 머리 쪽과 꼬리 쪽을 각 한 사람씩 보정한다.
③ 안(눈) 초음파 검사 시 동물을 눕힌 상태에서 머리 쪽을 잡는다.
④ 동물이 많이 흥분한 상태일 때 머리를 쓰다듬으면 더 사나워지므로 주의해야 한다.
⑤ 후지 마비, 전신 마비인 경우에는 보정하지 않아도 된다.

해설 ① 복부 초음파 보정을 혼자 할 경우, 먼저 입마개를 채우고 그 후 앞다리, 뒷다리를 잡는다.
③ 안(눈) 눈 초음파 검사는 동물이 앉아 있는 상태에서 머리 쪽을 잡는데 이때, 턱뼈와 후두부를 보정하고 동시에 눈꺼풀이 감기지 않도록 보정한다.
④ 동물이 두려움으로 많이 흥분한 상태라면 부드러운 목소리와 머리를 쓰다듬어 주는 것만으로도 동물이 안정될 수 있다.
⑤ 후지 마비, 전신 마비인 경우에도 완전 마비가 아니라면 신경 자극으로 동물이 움직이는 경우가 있으므로 보정해 주어야 한다.

01 수의임상병리 검사실에서 수행하는 검사의 종류에 대한 설명이다. 옳지 않은 것은?

① 혈액 검사(blood test)는 혈액에서 적혈구, 백혈구, 혈소판 등 세포 성분의 숫자를 측정하거나 세포의 성상을 관찰하는 형태학적 검사를 포함하지만 면역 혈청학적 검사는 제외된다.

② 요 검사(urinalysis)는 환축의 소변을 채취하여 검사함으로써 요로계의 이상과 대사성 질환 등에 대한 정보를 알 수 있는 검사이다.

③ 분변 검사[coprological(fecal) examination]는 환축의 분변을 채취하여 맨눈 검사, 충란 검사, 원충 검사 및 배양 검사를 통해 장내 기생충과 세균, 소화 상태 등을 검사한다.

④ 미생물학 검사는 세균, 바이러스, 진균 등 각종 미생물의 분리, 배양 및 동정을 시행하여 환축의 감염병을 진단한다.

⑤ 수의 임상현장에서는 다양한 질병에 대한 진단 및 항체 검사를 위해 상용화된 간편 진단 키트, 검사 키트가 다양하게 출시되어 있다.

> **해설** 혈액 검사(blood test)
> 혈액에서 적혈구, 백혈구, 혈소판 등 세포 성분의 숫자를 측정하거나 세포의 성상을 관찰하는 형태학적 검사와 혈액 중의 각종 화학 성분을 분석하는 혈액 화학 분석을 포함한다. 출혈 및 혈전에 관련된 검사 또는 각종 혈액 질환의 진단에 필요한 검사 및 면역 혈청학적 검사가 혈액 검사에 포함된다.

02 동물병원 내 검사실 업무 시에는 항상 안전사고에 유의해야 한다. 다음 설명 중 옳지 않은 것은?

① 의료기기 및 장비의 사용 설명서를 이해하고, 기기 고장과 같은 돌발 상황 시 문제 해결 방법을 알아두어야 한다.

② 임상병리검사실의 기기는 대부분 고가이며, 시약과 같은 화학물질에 노출될 가능성이 있으므로, 사용 시 주의사항을 숙지하고, 검사실 기기에 주요 사항을 표시해 두어야 한다.

③ 의료기기 사용 시 안전상의 경고와 주의 등 사용 시 주의사항은 모두 기재하는 것을 원칙으로 한다.

④ 병원 감염 관리 지침을 숙지하고, 상황에 맞는 실습을 하여 병원 내 감염에 유의할 수 있도록 숙달한다.

⑤ 환축이나 오염 가능성이 있는 환경과 접촉할 때는 반드시 멸균 장갑을 착용하며, 절대 벗어서는 안 된다.

> **해설** 환축이나 오염 가능성이 있는 환경과 접촉할 때는 반드시 멸균 장갑을 착용한다. 이때 각각의 상황마다 멸균 장갑을 바꿔 사용해야 하며, 같은 상황 중에서도 시술마다 멸균 장갑을 바꿀 수 있도록 한다.

03 동물병원 내 폐기물 관리에 대한 설명 중 옳지 않은 것은?

① 검사실에 근무하는 동물보건사는 반드시 부착된 위험물 표지(한국산업규격, KS)를 이해하고 숙지해야 하며, 위험 폐기물을 안전하고 위생적인 방법으로 수집하고 폐기하여야 한다.

② 위험 폐기물은 월 1회 이상 정기적으로 처리하여야 한다.

③ 유해 물질 취급 시 실험동물의 효과적인 관리와 생물 위해 방지를 위하여 지정된 동물 시설(유해 물질 실험동)에서 표준작업지침서(SOP)에 따라 실험한다.

④ 유해 물질 취급 시 미국 CDC에서 제시한 표준 위험물 표지를 반드시 부착한다.

⑤ 감염병의 예방 및 관리에 관한 법률 제2조 제2항에 따라 위해 의료 폐기물은 일반 의료 폐기물, 격리 의료 폐기물 및 위해 의료 폐기물 중 손상성 폐기물과 혈액 오염 폐기물로 구분하여 보관 방법을 숙달한다.

> **해설** 위험 폐기물은 월 2회 이상 정기적으로 처리하여야 한다.

04 혈액의 조성에 관한 설명으로 옳지 않은 것은?

① 혈액은 액체 성분인 혈장과 고형 성분인 혈구세포로 구성된다.

② 혈장(plasma)은 90%의 물로 이루어져 있으며, 산소와 이산화탄소가 용해되어 운반된다.

③ 혈장(plasma)은 아미노산, 포도당, 지방산과 같은 영양분과 요소, 호르몬, 효소, 항원과 항체, 혈장 단백과 무기 염류가 용해되어 있다.

④ 혈구세포 중 백혈구(leukocyte)는 산소를 운반하며, 양은 적지만 이산화탄소도 운반한다.

⑤ 혈소판(thrombocyte)은 핵이 없는 작은 원반 모양으로 혈액에 대량 존재하며 혈액 응고에 관여한다.

> **해설** 혈구세포 중 적혈구(erythrocyte)는 산소를 운반하며, 양은 적지만 이산화탄소도 운반한다.

05 항응고제에 대한 설명으로 옳지 않은 것은?

① 항응고제의 주 역할은 응고 인자의 보조 작용을 하는 칼슘이온을 제거함으로써 응고 작용을 차단하는 것이다.

② 헤파린(heparin)은 혈액 응고 과정 중 트롬빈(thrombin)의 형성을 촉진함으로써 24시간 동안 응고를 방지한다.

③ 헤파린(heparin)은 최소 농도로 최대 효과를 얻을 수 있으나, 값이 비싸고 24시간 이후 활성 능력 저하로 응고 능력이 떨어진다는 단점이 있다.

④ EDTA(ethylenediaminetetraacetic acid)는 혈액 중의 칼슘이온과 착화결합으로 제거되어 응고를 방지한다.

⑤ 구연산나트륨(sodium citrate)은 주로 혈액 응고 검사에 사용하는 항응고제로서, 용해 혼합액에서 혈액 중의 칼슘과 결합하여 구연산칼슘(calcium citrate)의 불용성 침전물을 만들어 응고를 방지한다.

> 해설 헤파린(heparin)은 혈액 응고 과정 중 트롬빈(thrombin)의 형성을 방해하거나 중화함으로써 대개 24시간 동안 응고를 방지한다.

06 혈액 도말 검사에 대한 설명으로 옳지 않은 것은?

① 말초 혈액을 채혈하여 유리 슬라이드에 도말하여 염색한 후, 육안으로 혈구의 수적 이상과 형태학적 이상을 직접 관찰하는 검사이다.

② 혈구세포의 형태학적 이상을 진단하거나 혈액 내 존재하는 기생충을 발견할 수 있다.

③ 적혈구의 경우 빈혈의 분류 및 원인 감별, 적혈구 내 존재하는 바베시아와 같은 기생충의 진단에 유효하다.

④ 백혈구의 경우 종양, 골수형성이상 증후군, 백혈병, 감염이나 염증의 원인, 거대적모세포 빈혈 여부 등을 판단하는 데 도움이 된다.

⑤ 혈소판의 직접 검경을 통해 골수 증식성 질환이나 혈소판위성 현상 등을 감별할 수 있다.

> 해설 말초 혈액을 채혈하여 유리 슬라이드에 도말하여 염색한 후, 현미경으로 혈구의 수적 이상과 형태학적 이상을 직접 검경하여 관찰하는 검사이다.

07 일반 혈액 검사에 사용되는 용어와 설명이 올바르게 연결된 것은?

① HCT(hematocrit) – 혈액 중 적혈구(red blood cell ; RBC)의 비율
② MCV(mean corpuscular volume) – 적혈구 한 개당 혈색소량
③ MCH(mean corpuscular hemoglobin) – 적혈구의 평균 용적
④ MCHC(mean corpuscular hemoglobin concentration) – 적혈구 크기의 다양성을 나타내는 지표
⑤ RDW(red cell distribution width) – 적혈구 한 개당 평균 혈색소 농도

> **해설** ② MCV(mean corpuscular volume) – 적혈구의 평균 용적
> ③ MCH(mean corpuscular hemoglobin) – 적혈구 한 개당 혈색소량
> ④ MCHC(mean corpuscular hemoglobin concentration) – 적혈구 한 개당 평균 혈색소 농도
> ⑤ RDW(red cell distribution width) – 적혈구 크기의 다양성을 나타내는 지표

08 딥스틱(dipstick) 요 검사에 대한 설명으로 옳지 않은 것은?

① 채취한 요를 무균적으로 3cc 주사기를 사용하여 흡입한다.
② 딥스틱의 항목마다 한 방울씩 떨어뜨려 비색 반응을 관찰한다.
③ 약 60초 정도 스트립의 비색 반응이 완료된 후, 제품의 케이스 또는 따로 제공되는 표준 색조표와 비교하여 이상 유무를 검사지에 기록한다.
④ 음성 반응에 대한 결과만을 수의사에게 보고한다.
⑤ 필요할 경우 딥스틱과 표준 색조표를 비교하는 사진을 찍어 두도록 한다.

> **해설** 양성 또는 음성 반응에 대한 결과를 모두 수의사에게 보고한다.

09 검사실에서 사용하는 현미경의 점검 및 유지 관리에 대한 설명이다. 옳지 않은 것은?

① 사용하지 않을 때는 현미경 덮개를 덮어 둔다.
② 렌즈는 렌즈용 천을 이용하여 청소한다.
③ 오일을 사용할 때는 사용 후 오일을 제거할 필요는 없다.
④ 현미경의 유지 관리는 항상 제조사의 지시를 따른다.
⑤ 현미경을 사용할 때도 항상 장갑을 착용하여 청결한 검사실 환경을 유지한다.

> **해설** 오일을 사용할 때는 사용 후 항상 오일을 제거해야 한다. 렌즈 전용 천이나 상업적으로 출시된 렌즈클리너, 알코올이나 자일렌을 이용하여 오일을 제거할 수 있다.

10 분변 검사에서 맨눈 검사 시 기록해야 하는 항목을 다음 보기에서 모두 고르시오.

> ㉠ 색
> ㉡ 견고한 정도
> ㉢ 냄새
> ㉣ 혈액의 유무
> ㉤ 점액의 존재 여부
> ㉥ 기생충 몸체나 편절의 존재 여부

① ㉠, ㉡, ㉢, ㉣
② ㉠, ㉡, ㉣, ㉤, ㉥
③ ㉠, ㉡, ㉢, ㉤, ㉥
④ ㉠, ㉡, ㉢, ㉣, ㉤
⑤ ㉠, ㉡, ㉢, ㉣, ㉤, ㉥

해설 분변 검사에서 맨눈 검사 시 기록해야 하는 항목
1. 색
2. 견고한 정도
3. 냄새
4. 혈액의 유무(붉은색에서 검은색)
5. 점액의 존재 여부
6. 기생충 몸체나 편절의 존재 여부
7. 외부 이물

11 개와 고양이에게서 일반적으로 감염되어 피해를 주는 외부 기생충이 아닌 것은?

① 모낭충(demodex)
② 개선충(sarcoptes)
③ 귀 진드기(ear mite)
④ 벼룩(flea)
⑤ 회충(roundworms)

해설 내부 기생충은 대표적으로 회충, 구충, 심장사상충 등이 있다.

12 개와 고양이에서 피부사상균증(dermatophytosis)을 유발하는 원인균을 모두 고르시오.

> ㉠ Malassezia pachydermatitis
> ㉡ Microsporum canis
> ㉢ Microsporum gypseum
> ㉣ Trichophyton mentagrophytes

① ㉠, ㉡, ㉢　　　　　　　　② ㉠, ㉡, ㉣
③ ㉠, ㉢, ㉣　　　　　　　　④ ㉡, ㉢, ㉣
⑤ ㉠, ㉡, ㉢, ㉣

해설 개와 고양이에서 피부사상균증(dermatophytosis)을 유발하는 원인균(3종)
1. Microsporum canis
2. Microsporum gypseum
3. Trichophyton mentagrophytes

malassezia pachydermatitis
말라세지아균은 동물에게서 감염되는 표재성 곰팡이증의 원인체로, 표피의 각질층에 기생하여 피부에 가려움증을 유발하며, 아토피성 피부염이나 중증 외이염에 걸린 개와 고양이의 증상을 악화하는 원인균이다.

13 귀 도말 표본 제작 순서에 관한 설명으로 옳지 않은 것은?

① 깨끗한 면봉을 준비한다.
② 동물의 귀를 왼손으로 잡고 면봉으로 귀 내부를 닦아내듯이 돌려 닦는다.
③ 슬라이드 글라스에 굴리듯이 바른다.
④ 수의사의 지시가 있거나 필요한 경우 염색을 한다.
⑤ 슬라이드를 현미경에 놓고 고배율에서 저배율로 초점을 맞춘다.

해설 슬라이드를 현미경에 놓고 저배율에서 고배율로 초점을 맞춘다.

14 개와 고양이의 전염병에 대한 설명으로 옳지 않은 것은?

① 디스템퍼는 전염성이 강하고 치사율도 높아 신경증상을 나타내는 경우 거의 폐사한다.

② 파보바이러스는 전염성이 매우 높으며, 직접적이든 간접적이든 분변, 타액 등을 통해 개에게서 개로 전파된다.

③ 코로나바이러스 장염의 증상은 기운 없음, 식사 거부, 구토와 설사, 혈변, 탈수 등이 있다.

④ FeLV는 RNA 바이러스인 고양이 백혈병 바이러스(feline leukemia virus)로서, 종양과 면역력 약화를 유발하기 때문에 치명적인 바이러스이며, 사람에게도 피해를 준다.

⑤ 심장사상충은 심장에 기생하는 기생충으로, 모기를 매개로 하여 전염된다.

> **해설** FeLV는 RNA 바이러스인 고양이 백혈병 바이러스(feline leukemia virus)로서, 종양과 면역력 약화를 유발하기 때문에 치명적인 바이러스이며, 사람에게는 피해를 주지 않는다.

15 처방전을 확인하기 위한 약어와 내용이 올바르게 연결된 것은?

① inj. – 과립제
② gran – 주사제
③ tab – 정제
④ IV – 피하주사
⑤ SC – 정맥주사

> **해설** ① inj. – 주사제
> ② gran – 과립제
> ④ IV – 정맥주사
> ⑤ SC – 피하주사

16 동물병원에서 시행하는 검사의 종류에 대한 설명으로 옳지 않은 것은?

① 우드램프 검사(wood's lamp examination)는 진균이나 박테리아 감염 또는 색소질환을 확인할 수 있다.

② 피부 소파(skin scrapping) 검사는 작은 칼날로 피부를 긁어 나온 것을 현미경으로 관찰, 검사하는 것으로 모낭충이나 옴 등 기생충 발견에 효과적이다.

③ 세침 흡입(fine needle aspiration ; FNA) 검사는 피부에서 비정상적으로 만져지는 혹이나 덩어리 조직을 주삿바늘로 찔러 세포 등을 확인하는 검사 방법이다.

④ 소변검사 중 요비중 검사는 비중계를 이용하여 비중을 확인하여 요로계 염증 및 출혈, 사구체신염, 요석, 요로계 감염 여부를 확인할 수 있다.

⑤ 분변 검사 중 육안 검사로는 기생충의 몸체를 관찰할 수도 있고, 설사 여부, 출혈이나 대변 색깔의 변화, 모양 등을 관찰할 수 있다.

해설 소변검사 중 요비중 검사는 비중계를 이용하여 비중을 확인하여 탈수증, 당뇨병, 간경변, 요붕증, 신염 등을 감별한다. 요로계 염증 및 출혈, 사구체신염, 요석, 요로계 감염 여부를 확인할 수 있는 검사는 '요침사 검사'이다.

17 동물병원에서 실시하는 예약제도의 효과로서 거리가 먼 것은?

① 동물의 만족도가 증가한다.
② 업무 능력이 향상한다.
③ 인력을 효율적으로 관리할 수 있다.
④ 의료비의 절감으로 보호자의 의료비 부담을 줄일 수 있다.
⑤ 보호자의 내원 시간대를 조정하여 대기시간을 최소화할 수 있다.

해설 예약제도의 효과
1. 동물의 만족도가 증가한다.
2. 업무 능력이 향상한다.
3. 인력을 효율적으로 관리할 수 있다.
4. 동물병원 관리가 쉽다.
5. 보호자의 내원 시간대를 조정하여 대기시간을 최소화할 수 있다.

18 다음 중 의료 폐기물에 해당하는 폐기물은?

① 혈액·체액·분비물·배설물이 묻은 탈지면, 붕대, 거즈, 일회용 기저귀, 생리대, 일회용 주사기, 수액 세트
② 가정에서 발생한 주삿바늘, 거즈, 솜 등
③ 동물병원에서 미용을 위해 깎은 털, 손발톱, 건강한 동물이 사용한 기저귀 패드 등
④ 의료 행위와 관계없이 발생하는 기저귀
⑤ 의료기관 세탁물 관리규칙에 의해 적정하게 세탁한 후 폐기한 환자복

해설 ①은 일반 의료 폐기물에 포함된다.
의료 폐기물에 해당하지 않는 폐기물
1. 혈액 등과 접촉되지 않은 수액 병, 앰플 병, 바이알 병 및 석고 붕대
2. 가정에서 발생한 주삿바늘, 거즈, 솜 등
3. 의료기기 또는 치아 치료 후 동물의 치아를 세척하는 과정에서 발생하는 세척수
4. 동물병원에서 미용을 위해 깎은 털, 손발톱, 건강한 동물이 사용한 기저귀 패드 등
5. 피부 관리 후 단순히 얼굴에 올려놓는 거즈나 솜
6. 의료 행위와 관계없이 발생하는 기저귀
7. 의료기관 세탁물 관리규칙에 의해 적정하게 세탁한 후 폐기한 환자복
8. 포도당, 영양제 등이 담겨 있던 바이알 병, 앰플 병, 수액 팩, 링거 병

19 동물(개, 고양이 기준)의 신체검사 시 비강 분비물의 주요 원인으로 가장 거리가 먼 것은?

① 비강 안에 이물질이 존재하는 경우(씨앗, 폴립, 종양 등)

② 개홍역

③ 상한 음식이나 부적절한 물질 섭취(독성물질, 이물질)

④ 고양이 칼리시 바이러스 감염증

⑤ 고양이 바이러스성 비기관지염

> **해설** ③은 구토의 주요 원인이다.
> 비강 분비물은 일반적으로 재채기 증상과 함께 나타난다. 주요 원인은 ①, ②, ④, ⑤이며, 비강 내에 이물질은 없는지, 분비물에 혈액이나 농이 섞여 있는지 확인해야 한다.

20 동물(개, 고양이 기준)의 신체검사 시 외음부 분비물의 주요 원인으로 가장 거리가 먼 것은?

① 자궁축농증   ② 유산

③ 자궁내막염   ④ 발정기

⑤ 말라세지아 등의 효모균 감염증

> **해설** ⑤ 말라세지아 등의 효모균 감염증은 비정상적인 귀 분비물의 주요 원인이다.
> 외음부 분비물의 주요 원인
> 1. 발정전기(붉은 분비물, 정상)
> 2. 자궁내막염(갈색 또는 흑색 분비물)
> 3. 발정기(연한 갈색을 띠는 분비물, 정상)
> 4. 유산(악취가 나고 흑색 분비물)
> 5. 위급한 분만(탁한 녹색 또는 갈색 분비물)
> 6. 자궁축농증(화농성 분비물)

21 동물(개, 고양이 기준)의 신체검사 전 준비사항이다. 가장 부적절한 것은?

① 신체검사를 시행하기 전에 외래 보호자에게 신체검사에 대해 충분히 설명해야 한다.

② 가능한 보정자와 함께 신체검사를 시행하고 신체검사지와 펜을 준비한다.

③ 신체검사지에 동물의 기본 정보를 기록한다.

④ 기본 정보란에는 검사 비용, 보호자명, 보호자 주소와 연락처, 동물 성별·품종 및 성향을 필수적으로 기록한다.

⑤ 동물의 성향을 파악하여 만약 동물이 예민하거나 사나워 검사자가 위험할 수 있다면 입마개 등의 보정 보조 기구를 착용하게 한다.

해설 기본 정보란에는 검사 일시, 보호자명, 보호자 주소와 연락처, 동물 이름·품종·성별 및 나이를 기록한다. 검사 비용과 동물의 성향은 필수적 기재 사항이 아니다.

22 동물(개, 고양이 기준)의 신체검사 내용에 관한 설명으로 옳지 않은 것은?

① 체형이 정상, 비만, 마름 상태인지를 확인하고 기록한다.

② 지루성 또는 건성 피부 상태, 비듬 유무, 가려움 증상 유무, 발적/염증의 유무, 종괴(덩어리)의 유무 등 이상 증상을 확인하고 상태를 신체검사지에 기록한다.

③ 눈의 상태가 충혈이나 분비물이 있는지, 통증이 있거나 눈을 잘 못 뜨는지 등 상태를 확인하고 신체검사지에 기록한다.

④ 잇몸 염증 유무, 잇몸 출혈 여부 등의 잇몸 상태를 확인하고 신체검사지에 기록한다.

⑤ 외래동물을 단시간에 관찰하여 소화기계의 이상을 확인하기 어려울 수 있기 때문에 소화기계 상태 확인은 생략할 수 있다.

해설 외래동물을 단시간에 관찰하여 소화기계의 이상을 확인하기 어려울 수 있지만, 관찰에서 소화기계의 이상(구토, 설사, 식욕 결핍 및 변비 등)을 확인하였다면 신체검사지에 기록한다.

23 개와 고양이의 생체지수(vital sign)에 대한 설명으로 옳지 않은 것은?

① 생체지수는 신체의 내부 기능을 나타내는 지표로서 체온, 맥박 수, 호흡수 등의 측정값을 말한다.

② 체온(℃) 항목에서 개는 38.3~38.7℃이고, 고양이는 38.0~38.5℃이다.

③ 맥박 수(회/분) 항목에서 개는 110~180(회/분)이고, 고양이는 60~180(회/분)이다.

④ 호흡수(회/분) 항목에서 개는 10~30(회/분)이고, 고양이는 20~30(회/분)이다.

⑤ 모세혈관 재충만 시간 항목에서 개는 1~2초이고, 고양이는 1~2초 이내이다.

해설 맥박 수(회/분) 항목에서 개는 60~180(회/분)이고, 고양이는 110~180(회/분)이다.

24 개와 고양이의 생체지수(vital sign) 측정에 관한 설명으로 옳지 않은 것은?

① 감염, 패혈증 또는 열사병일 때 고체온증(hyperthermia)을 보인다.

② 전신마취 상태, 쇼크, 순환부전 또는 분만 말기일 때는 저체온증(hypothermia)을 나타낸다.

③ 느린맥(서맥, bradycardia) 발생의 원인으로는 심장질환(허혈성 심질환, 심장판막질환, 선천성 심질환), 폐질환(저산소혈증, 폐색전증), 전신질환(고열, 빈혈), 전해질 대사 이상 등이 있다.

④ 호흡수가 정상보다 감소한 상태를 완서호흡(bradypnea)이라고 하고, 마약성 약물이나 진정제 종류의 중독이거나 대사성 알칼리증일 때 주로 나타난다.

⑤ 정상 호흡수보다 빠르고 동시에 호흡이 얕아진 상태를 빈호흡(tachypnea)이라고 하고, 발열, 중독, 통증 상태일 때 주로 발생한다.

> **해설** 빠른맥(빈맥, tachycardia) 발생의 원인으로는 심장질환(허혈성 심질환, 심장판막질환, 선천성 심질환), 폐질환(저산소혈증, 폐색전증), 전신질환(고열, 빈혈), 전해질 대사 이상 등이 있다. 정상 맥박 수보다 느린 것을 느린맥(서맥, bradycardia)이라 하고 악액질 질환이나, 마취 상태 및 의식이 없는 경우에 주로 나타난다.

25 다음은 약물의 작용과 관련된 설명이다. 괄호 안에 알맞은 내용은?

( )는 약물 분자가 체내 단백질과 결합함으로써 항원으로 작용해 항체를 형성시켜 그 약물이 다시 체내에 노출되면 항원-항체반응이 일어나 나타나는 현상이다.

① 약물 알레르기 ② 약물 내성

③ 약물 상승작용 ④ 약물 길항작용

⑤ 약물 선택작용

> **해설** 약물 알레르기는 약물 분자가 체내 단백질과 결합함으로써 항원으로 작용해 항체를 형성시켜 그 약물이 다시 체내에 노출되면 항원-항체반응이 일어나 나타나는 현상이다. 발열, 과립백혈구 감소증, 피부발진 등이 주로 나타나며, 증상이 심하면 사망하는 경우도 있다.

26 주사제의 종류에 대한 설명으로 옳지 않은 것은?

① 주사제는 앰플(ampule), 바이알(vial), 수액(fluid) 등으로 구분한다.

② 앰플에 색깔이 있으면 직사광선을 피해 보관해야 한다.

③ 앰플에는 액제와 분말제가 있으며, 분말제는 일반적으로 주사용 증류수에 희석하여 사용한다.

④ 바이알은 백신제제를 포함하여 사용할 때마다 소독용 알코올로 바이알 뚜껑 표면을 소독한 후 사용하는 것이 원칙이다.

⑤ 수액은 IV카테터 등을 적당한 부위에 장착한 후 장시간 주사하며, 목적에 따라 갖가지 약물을 첨가하기도 한다.

해설　바이알은 사용할 때마다 소독용 알코올로 바이알 뚜껑 표면을 소독한 후 사용하는 것이 원칙이며, 백신제제는 예외로 소독하지 않는다.

27 약물 투여 중 외용제 투여에 대한 설명으로 옳지 않은 것은?

① 외용제는 연고, 크림, 로션, 스프레이제 등이 있다.

② 연고는 가장 일반적인 도포약(몸에 바르는 약)이며, 유지를 기초로 한 것이 피부 보호 효과가 높고 자극이 적다.

③ 크림은 잘 펴지고 사용감이 좋으며, 성분이 피부에 잘 스며들고, 일반적으로 연고보다도 자극이 적다.

④ 로션은 성분을 잘게 물속에 분산시킨 제제이며, 연고나 크림을 적용하기 힘든 부위에 사용하지만 연고나 크림보다 약효가 약하다.

⑤ 스프레이제는 약액과 분무제를 용기 안에 넣은 제제이며 압력으로 분사한다.

해설　크림은 잘 펴지고 사용감이 좋으며, 성분이 피부에 잘 스며들지만, 일반적으로 연고보다는 약간 자극성이 있다.

28 개나 고양이의 경구 투여 방법에 대한 설명으로 가장 부적절한 것은?

① 경구 투여는 입을 통해 경구용 약물을 투여하는 것을 말한다.
② 순한 동물은 직접 손으로 입을 벌린 후 투여할 수 있고, 협조적이지 않은 동물은 알약 투약기 등을 이용하여 투여할 수 있다.
③ 한 손으로는 코의 주둥이 부분을 잡고 다른 손으로 아래턱을 밑으로 조심스럽게 당겨 입을 연다.
④ 경구용 약물을 목 깊숙한 곳에 투여한다.
⑤ 동물이 약물을 삼킬 때까지 입을 벌린 채로 유지한다.

해설 동물이 약물을 삼킬 때까지 입을 닫은 채로 유지한다.

29 다음 중 응급실에 비치해야 할 호흡보조 기기가 아닌 것은?

① 암부백(ambu bag)
② 도플러 혈압계
③ 흡입마취기
④ 후두경
⑤ 기관내관(ET-tube)

해설 도플러 혈압계는 도플러를 이용해 환자의 수축기 혈압을 측정하기 위한 기기로서 '감시기기'에 해당한다.

30 응급 키트(emergency kit)에는 응급 상자(emergency box)와 응급 카트(crash cart)가 있다. 다음 중 응급 상자의 구성 물품에 해당되지 않는 것은?

① 정맥 카테터
② 헤파린 캡
③ 3-way stopcock
④ 혈액 항응고 튜브
⑤ ECG 모니터기

해설 ECG 모니터기는 응급 카트(crash cart)에 비치한다.

31 응급실 기기의 준비 및 관리사항에 관한 설명으로 옳지 않은 것은?

① 응급실 체크리스트를 작성하여 이용한다.

② 기기가 지정된 위치에 있는지 반드시 확인한다.

③ 기기의 외관 청결 상태를 확인하고 혈액 또는 체액이 묻어 있으면 소독 스프레이를 직접 분사하여 닦아낸다.

④ 전원을 사용하는 응급 기기의 전원을 켜 정상 작동을 확인한다.

⑤ 기기에 이상이 있으면 담당자 또는 수의사에게 즉시 보고한다.

> **해설** 기기의 외관 청결 상태를 확인하고 혈액 또는 체액이 묻어 있으면 소독제를 이용하여 닦아낸다. 소독 스프레이를 직접 분사하면 전기 기기에 고장이 발생하므로 거즈 또는 솜에 묻혀 닦아낸다.

32 응급 상황에서 흔히 사용하는 약물의 용량과 투여량이 올바르게 연결된 것은?

약물	용량	투여량
① 아트로핀(atropine)	0.2~0.4mg/kg	0.5~1mL/kg
② 리도카인(lidocaine)	2mg/kg	0.1mL/kg
③ 에피네프린(epinephrine)	1~2mg/kg	1~2mL/kg
④ 탄산수소나트륨(sodium bicarbonate)	0.1mEg/kg	0.1mL/kg
⑤ 바소프레신(vasopressin)	0.04IU/kg	0.8mL/kg

> **해설** 응급 상황에서 흔히 사용하는 약물
>
> | 약물 | 용량 | 투여량 |
> |---|---|---|
> | 아트로핀(atropine) | 0.02~0.04mg/kg | 0.05~0.1mL/kg |
> | 리도카인(lidocaine) | 2mg/kg | 0.1mL/kg |
> | 에피네프린(epinephrine) | 0.1~0.2mg/kg | 0.1~0.2mL/kg |
> | 탄산수소나트륨(sodium bicarbonate) | 1mEg/kg | 1mL/kg |
> | 바소프레신(vasopressin) | 0.8IU/kg | 0.04mL/kg |
> | 날록손(naloxone) | 0.04mg/kg | 0.04mL/kg |
> | 20% 포도당 | 1mL/kg | 1mL/kg |

33 응급(emergency)동물의 두개 외상(head trauma)에 관한 설명으로 옳지 않은 것은?

① 두개골 외상은 뇌 조직의 손상을 일으킬 수 있다.

② 머리에 외부 충격을 받으면 두개골 골절, 뇌 내 출혈, 뇌 조직의 타박상이 발생할 수 있다.

③ 뇌 조직의 부종으로 이어질 수 있고 뇌압의 증가를 초래하여 증상이 악화될 수 있다.

④ 두개 외상 동물을 다룰 때는 머리의 충격 및 발작에 유의하고 케이지의 3면 벽에는 패드를 고정하여 이차 충격을 예방한다.

⑤ 고혈당증, 요당과 케톤뇨, 대사성 질환(호흡기와 신장의 보상기전)이 나타난다.

> **해설** 고혈당증, 요당과 케톤뇨, 대사성 질환(호흡기와 신장의 보상기전)은 당뇨성 케톤산증(diabetic ketoacidosis ; DKA)의 증상이다.
> 두개 외상(head trauma)은 침울, 발작, 선회(맴도는 현상), 동공 크기의 변화, 보행 이상, 의식 소실(coma), 두정사위(머리가 한쪽으로 치우쳐짐)의 증상을 보인다.

34 응급(emergency)동물의 응급질환 중 쇼크(shock)에 관한 설명으로 옳지 않은 것은?

① 쇼크는 순환혈류량의 부족이나 혈액 분포의 불량에 의한 조직 관류 결핍을 일으키는 급성 혈액역학 장애이다.

② 쇼크의 초기 단계는 맥압의 증가, 모세혈관 재충만시간(CRT) 단축, 창백한 구강점막, 사지 냉감이 확인된다.

③ 심인성 쇼크(cardiogenic)는 심장박동을 떨어뜨리는 심부전에 의한 조직 관류 결핍으로, 부정맥, 판막병증, 심근염이 원인이다.

④ 폐색성 쇼크(obstructive)는 순환계의 물리적인 폐색으로 발생하며, 심장사상충, 심낭수, 폐혈전증, 위염전이 혈류 장애를 일으킨다.

⑤ 저혈량 쇼크(hypovolemic)는 혈액 소실, 제3강(third-space)의 소실 또는 다량의 구토, 설사, 이뇨에 의한 체액 소실로 인해 혈액량이 감소하면 나타난다.

> **해설** 쇼크의 초기 단계는 맥압의 감소, 모세혈관 재충만시간(CRT) 지연, 창백한 구강점막, 사지 냉감이 확인된다.

35 다음은 동물의 혈압 측정에 따른 저혈압과 고혈압의 기준에 대한 설명이다. 괄호 안에 들어갈 내용으로 알맞은 것은?

> • 저혈압: 평균 동맥압이 (㉠) 이하이거나 수축기 동맥압이 (㉡) 이하인 것을 말한다.
> • 고혈압: 안정 상태의 동물에게서 평균 동맥압이 (㉢) 이상이거나 수축기 동맥압이 (㉣) 이상인 경우를 말한다.

① ㉠ 60mmHg, ㉡ 80mmHg, ㉢ 130~140mmHg, ㉣ 180~190mmHg
② ㉠ 80mmHg, ㉡ 60mmHg, ㉢ 180~190mmHg, ㉣ 130~140mmHg
③ ㉠ 60mmHg, ㉡ 90mmHg, ㉢ 120~130mmHg, ㉣ 150~160mmHg
④ ㉠ 90mmHg, ㉡ 60mmHg, ㉢ 150~160mmHg, ㉣ 120~130mmHg
⑤ ㉠ 60mmHg, ㉡ 90mmHg, ㉢ 130~140mmHg, ㉣ 160~180mmHg

해설 • 저혈압: 평균 동맥압이 60mmHg 이하이거나 수축기 동맥압이 80mmHg 이하인 것을 말한다.
• 고혈압: 안정 상태의 동물에게서 평균 동맥압이 130~140mmHg 이상이거나 수축기 동맥압이 180~190mmHg 이상인 경우를 말한다.

36 동물의 심폐소생술을 위한 준비사항으로 가장 부적절한 것은?

① 적정 인원은 3~5명이다.
② 심폐소생술을 하는 사람과 기기를 위해 가능한 한 넓은 곳이 좋다.
③ 수술대 또는 처치대는 고정되어 있는 것이 좋다.
④ 응급 상자와 기구는 항상 준비되어 있어야 한다.
⑤ 심폐소생술의 최대 효과를 위해 응급팀의 숙련도는 매우 중요한 조건이다.

해설 수술대 또는 처치대는 높이를 조절할 수 있는 것이 좋다.

37 다음은 개나 고양이의 심폐 정지 임박 상태를 설명한 내용이다. 옳지 않은 것은?

① 심한 노력성 호흡, 빈 호흡(과다호흡), 너무 느린 호흡
② 저체온, 무호흡, agonal breathing(사망 직전의 호흡)
③ 심음의 강도가 일정하지 않거나 심음이 잘 들리지 않는 경우(혈압 〈 50mmHg)
④ 수술 중 출혈이 있는 경우
⑤ 심하게 침울(depression)하거나 혼수상태(coma)

해설 　수술 중 출혈이 없는 경우가 심폐 정지 임박 상태에 해당된다.

38 개나 고양이의 기본 심폐소생술 시행에 관한 설명으로 옳지 않은 것은?

① 기관내관의 삽관(air way ; A)은 동물의 몸을 횡와위(lateral recumbency) 상태로 보정한다.
② 오른손으로 동물의 상악을 잡고 왼손은 거즈를 이용해 혀를 하악 쪽으로 내려 입을 벌린다.
③ 삽관한 기관내관에 암부백 또는 흡입마취기를 연결한 후 흡기 시 1초, 호기 시 4~5초 비율로 양압 호흡(breathing ; B)하도록 한다.
④ 순환(circulation ; C) 시 4~5번 늑간(팔꿈치 부위의 흉부)을 압박한다.
⑤ 흉부를 압박할 때 두 팔은 곧게 편 상태에서 해야 쉽게 지치지 않는다.

해설 　기관내관의 삽관(air way ; A)은 동물의 몸을 흉와위(sternal recumbency) 상태로 보정한다.

39 주사마취(injection anesthesia)와 흡입마취(inhalant anesthesia)의 장단점을 비교 설명한 것이다. 옳지 않은 것은?

① 주사마취는 마취제를 주사기로 투입하는 것이고, 흡입마취는 마취기를 이용하여 가스화한 마취제를 폐포로 주입하는 것이다.
② 주사마취는 투여 방법이 간단하고 신속하다.
③ 주사마취는 정해진 주사 용량을 한 번에 주사해야 하고 주사한 마취제를 회수할 수 없다.
④ 흡입마취는 마취 과정이 복잡하고 기기를 갖춰야 한다.
⑤ 흡입마취는 가스화한 마취제를 호흡하는 과정에서 마취를 유지하기 때문에 마취의 회복이 느리다.

해설 　흡입마취는 가스화한 마취제를 호흡하는 과정에서 마취를 유지하기 때문에 마취의 회복이 빠르다.

40 상부 위장관 내시경을 위한 동물의 준비사항에 관한 설명이다. 옳지 않은 것은?

① 이물로 인한 식도 천공 또는 파열은 매우 위험하므로 빠른 검사가 필요하다.
② 음식은 검사 전 12~18시간 절식한다.
③ 검사 4시간 전부터 음수를 중단한다.
④ 바륨 조영을 시행한 경우 이물 확인된 경우라도 12~24시간 이후 내시경 검사를 시행한다.
⑤ 일반 방사선 검사에서 위 내 이물이 확인된 경우에는 내시경 실시 직전 방사선 촬영을 한다.

> **해설** 바륨 조영을 시행한 경우 12~24시간 이후 내시경 검사를 시행한다. 이물 확인된 경우 제외한다.

41 개나 고양이의 입원실에 대한 설명으로 옳지 않은 것은?

① 개 입원실은 환기가 잘 되어야 한다.
② 고양이 입원실은 개 입원실과는 멀리 떨어진 조용한 곳에 위치해야 한다.
③ 고양이 입원실은 입원실 내에 대소변을 위한 화장실(리터박스)이 설치되어 있어야 한다.
④ 전염성 질병에 걸린 동물을 위한 격리입원실은 일반입원실과 분리되어 독립된 공간으로 운영되어야 한다.
⑤ 격리입원실은 입구와 출구가 따로 분리되어야 하고, 1명에 의해 동물의 처치와 관리가 이루어져야 한다.

> **해설** 격리입원실은 한 곳으로만 출입할 수 있도록 하고, 1~2명에 의해 동물의 처치와 관리가 이루어져야 한다.

42 입원실의 청소와 소독의 원칙으로 잘못 설명한 것은?

① 청소를 실시할 때에는 청결한 입원실을 먼저 청소하고, 격리입원실은 맨 나중에 청소한다.
② 입원실의 일반적인 오염물은 닦아내어 제거하고, 감염체가 포함된 혈액, 분변 등은 즉시 치우고 소독약을 사용하여 감염체를 제거한다.
③ 청소 및 소독을 실시하기 전 동물을 입원실에서 다른 곳으로 이동시킨다.
④ 입원실의 모든 작업 표면, 바닥 및 장비를 세척하고 소독하도록 한다.
⑤ 동물의 사료는 청소용구 보관 장소 및 쓰레기 보관 장소에서 가까운 곳에 보관하도록 한다.

> **해설** 동물의 사료는 청소용구 보관 장소 및 쓰레기 보관 장소에서 멀리 떨어진 곳에 보관하도록 한다.

43 다음은 고양이의 입원실 관리사항이다. 옳지 않은 것은?

① 동물병원 내에서 개와 접촉하지 않고 이동을 최소화할 수 있도록 대기실-진료실의 이동경로를 마련한다.
② 입원장은 바닥을 미끄럽거나 차갑지 않은 소재를 사용한다.
③ 입원장은 큰 사이즈의 타월을 깔아주는 것이 좋다.
④ 입원실 내 숨을 수 있는 공간을 없애고 다른 동물과는 서로 마주보게 입원장을 배치한다.
⑤ 고양이의 입원실 온도는 18~21℃가 적당하다.

> **해설** 입원실 내 숨을 수 있는 공간도 조성하고 다른 동물과는 서로 마주보지 않게 입원장을 배치한다.

44 다음 중 동물의 외부기생충으로만 묶인 것은?

① 진드기, 빈대, 회충
② 모기, 파리, 진드기
③ 모기, 빈대, 요충
④ 진드기, 빈대, 심장사상충
⑤ 빈대, 벼룩, 심장사상충

> **해설** 외부기생충
> 동물의 체외에서 살아가는 기생충으로 동물에게 흡혈, 가려움 등의 불편함을 주고 때로는 다른 질병의 매개체 역할을 한다(절족동물 매개). 외부기생충에는 모기, 파리, 진드기, 빈대, 벼룩 등이 있다. 회충, 구충, 요충, 심장사상충은 내부기생충이다.

45 입원실에 구비되는 소독약의 조건으로 옳지 않은 것은?

① 미생물에 대한 소독력이 있어야 한다.
② 동물에 대한 독성이 없거나 약해야 한다.
③ 부식성과 표백성이 있어야 한다.
④ 가격이 싸서 경제적이어야 한다.
⑤ 사용방법이 간편해야 한다.

> **해설** 물에 잘 녹으며, 부식성과 표백성이 없어야 한다.

46 입원실 소독약의 종류별 특징으로 옳지 않은 내용은?

① 알코올(alcohol)은 세균에는 효과적이지만, 아포형성균이나 바이러스, 곰팡이에는 효과가 없다.

② 클로르헥시딘(chlorhexidine)은 피부자극작용이 있고, 기구를 부식하는 단점이 있다.

③ 요오드제(iodine)는 소독 부위를 갈색으로 염색시키는 부작용이 있지만, 희석으로 항균효과 증가 및 세포독성 감소 효과를 나타낸다.

④ 과산화제(peroxide)는 염증 부위 세척, 출혈 부위 및 환경 소독 등 다양하게 사용 가능하다.

⑤ 염소제(chlorine)는 조직에 매우 자극적이어서 생체 조직에는 직접 사용하지 않고, 사육시설, 입원시설 등의 환경 소독에 사용한다.

> **해설** 클로르헥시딘(chlorhexidine)은 피부자극작용이 없고, 기구를 부식하지 않아서 피부 세척과 기구 소독 등에 사용한다.

47 개의 전염성 질병에 대한 특징으로 옳지 않은 내용은?

① 개 파보바이러스는 전염성이 매우 낮지만 심한 설사와 구토가 주요증상으로 지속적인 식욕결핍으로 인해 폐사한다.

② 개 디스템퍼는 급성 열성 전염병으로 강한 전염성과 높은 치사율을 보이는 위험한 전염병이다.

③ 켄넬코프의 주요 증상은 심한 기침을 동반하는 호흡기 질환이다.

④ 렙토스피라는 인수공통전염병으로 소변을 통해 균이 배출되므로 입원장 청소 시에 오염물이 묻지 않도록 한다.

⑤ 광견병은 인수공통전염병으로 사람은 물렸을 때 감염되고 증상이 발생한 경우 대부분 사망한다.

> **해설** 개 파보바이러스는 전염성이 매우 높은 질병으로 2개월 미만의 어린 강아지에 발생되는 경우 치사율이 높다. 심한 설사와 구토가 주요증상으로 지속적인 식욕결핍으로 인해 폐사한다.

48 고양이의 전염성 질병에 대한 특징으로 옳지 않은 내용은?

① 고양이 범백혈구 감소증(고양이 장염)은 고양이 파보바이러스에 의해 발병하는 바이러스성 장염으로, 전염성이 매우 높고 치사율도 높아 치명적이다.

② 고양이 바이러스성 비기관지염은 상부호흡기 감염으로 재채기, 눈곱 및 콧물, 발열이 주요 증상이다.

③ 고양이 전염성 복막염은 고양이 코로나바이러스에 의해 발생하는 전염성 질환으로, 대부분의 경우에 치사율이 높다.

④ 고양이 면역결핍 바이러스는 렌티바이러스(Lentivirus) 감염에 의한 전염성 질환으로, 감염에 저항할 수 있는 고양이의 면역계를 파괴한다.

⑤ 고양이 백혈병은 레트로바이러스(Retrovirus)에 의해 감염되는 질병이며, 새끼 고양이의 경우 치사율이 매우 높다.

> **해설** 고양이 전염성 복막염은 고양이 코로나바이러스에 의해 발생하는 전염성 질환으로, 전 연령에서 발생 가능하지만 대부분의 경우에는 약한 장염 증상만 보인다. 하지만 일부의 경우에서 치사율이 높은 고양이 전염성 복막염을 일으킬 수 있다.

49 전염성 질병에 걸린 동물의 경우 다른 입원동물에게 그 질병을 전염시키지 못하도록 격리조치를 취해야 한다. 다음 중 격리입원실 운영 절차 업무에 대한 설명으로 옳지 않은 것은?

① 격리입원실에서만 착용하는 전용복은 격리입원실에서 나올 때 폐기물 봉투에 넣고 건물 밖으로 옮겨 폐기처리를 한다.

② 격리입원실에서 나올 때 출입구에 설치된 소독 발판을 사용하도록 한다.

③ 격리입원실에서 사용한 모든 것은 감염성 폐기물 봉투에 넣고 봉투를 봉인한 상태로, 동물병원 실내를 거치지 않고 바로 건물 밖으로 옮겨 폐기처리를 한다.

④ 격리실 입원동물을 다룰 때에는 일회용 장갑을 반드시 착용하고, 사용한 장갑은 폐기하도록 한다.

⑤ 장갑을 벗고 난 후에는 손을 씻고 피부용 소독약으로 소독을 실시한다.

> **해설** 격리입원실에서만 착용하는 전용복은 격리입원실에서 나올 때 놓아두고 나오도록 한다.

50 입원동물이 변비(constipation) 증상을 보일 때 적절한 간호중재로 옳은 것을 모두 고르면?

> ㉠ 처방된 약물투여
> ㉡ 적절한 수분 공급
> ㉢ 관장 실시
> ㉣ 고섬유질 또는 저잔류식 음식제공
> ㉤ 전해질 불균형 처치

① ㉠, ㉡, ㉢
② ㉠, ㉡, ㉣
③ ㉡, ㉢, ㉣
④ ㉡, ㉢, ㉣, ㉤
⑤ ㉠, ㉡, ㉢, ㉣, ㉤

해설 변비(constipation)

임상증상	간호중재
• 복부 팽만 및 통증 • 심리상태 변화 • 결장부위에서 단단한 덩어리 촉진	• 적절한 수분 공급 • 관장 실시 • 고섬유질 또는 저잔류식 음식제공

51 입원동물은 기본적인 생리학적 정보를 관찰하고 기록해야 한다. 입원동물의 기본적인 생리학적 기능에 대한 설명으로 옳지 않은 것은?

① 입원동물이 정상적인 상태인지 여부를 확인할 수 있는 가장 기본적인 생리학적 기능들은 체온, 맥박수, 호흡수, 모세혈관 재충만시간 및 점막색이다.
② 입원동물의 활동성 여부를 관찰하고 기록할 때 정상적인 상태는 기입을 생략하지만, 위중한 상태일수록 구체적으로 기록한다.
③ 입원동물이 물을 제대로 섭취하는지 주기적으로 확인해야 한다.
④ 매일 배변량과 변의 상태를 점검하여 입원동물이 정상적인 장운동을 하고 있는지 확인해야 한다.
⑤ 입원동물의 배뇨 문제는 비뇨기계 질환뿐만 아니라 환경 스트레스 등 다양한 원인으로 생길 수 있기 때문에 확인해야 한다.

해설 입원동물의 활동성 여부를 관찰하고 기록할 때 정상적인 상태는 '활력 정상'으로 간단히 기입하지만, 위중한 상태일수록 구체적으로 기록한다.
㉤ 전혀 움직이지 않음 / 스스로 기립할 수 없음 / 어제에 비해 활력 증가 / 부르면 꼬리를 흔들며 반응함

52 입원동물의 처방전(prescription drugs)에 관한 설명으로 옳지 않은 것은?

① 처방전은 수의사가 동물의 질병을 치료하기 위해 필요한 약물을 처방한 기록이다.
② 처방전은 수의사에 의해서만 작성된다.
③ 처방전을 올바르게 쓰고 읽는 것은 약물의 정확한 용량과 조제를 위해 필수적인 사항이다.
④ 처방전은 진료 후에 보호자에게 발급하거나 직접 투약한 경우에는 진료차트에 기입한다.
⑤ 처방전은 동물 개체별로 작성되어야 하고, 5년간 보관해야 한다.

> **해설** 처방전은 동물 개체별로 작성되어야 하고, 3년간 보관해야 한다.

53 상처부위를 덮어주는 드레싱의 종류별 특징으로 옳지 않은 것은?

① Dry-to-dry 드레싱 – 드레싱을 바꿀 때 건조한 면봉을 상처에 사용해서 괴사조직과 조직 파편을 면봉에 묻혀 제거한다.
② Wet-to-dry 드레싱 – 멸균된 면봉을 하트만액에 적셔서 상처 가까이에 대며, 드레싱이 메말라서 제거할 때 삼출물과 조직파편을 같이 제거한다.
③ 구멍난 필름 드레싱 – 보통 약간의 삼출물이 있는 수술적 상처에 사용한다.
④ 거품 드레싱 – 많은 삼출물이 존재하는 상처로부터 매우 쉽게 흡수한다.
⑤ 하이드로겔(Hydrogel) 드레싱 – 해초로부터 추출해서 보통 부드럽게 쓰이는 드레싱이다.

> **해설**
> • 하이드로겔 드레싱: Hydrogel은 임상에서 쉽게 사용되고 상처의 세균오염을 줄일 수 있는 이점이 있다. 또한 상처치료와 자발적인 조직파편 제거에 탁월한 습한 환경을 제공한다.
> • 알긴산염: 해초로부터 추출해서 보통 부드럽게 쓰이는 드레싱이다. 나트륨이온과 반응해서 젤을 만들어서 많은 양의 액체를 잡아둘 수 있다. 탁월하고 습한 상처회복 환경을 제공한다.

54 동물병원에서 사용하는 깁스와 부목(cast and splints)에 대한 설명으로 옳지 않은 것은?

① 골절된 뼈가 유합되도록 골절된 부분을 안정화하거나 다친 동물을 더욱 편안하게 해준다.
② 외과수술 부위를 보호해주고 연부조직 손상부위에 지지대 역할을 해준다.
③ 강도는 깁스보다는 부목이 더 세다.
④ 부목 재료는 알루미늄 또는 플라스틱 부목 막대와 합성부목을 사용한다.
⑤ 깁스 재료는 과거에는 석고깁스를 주로 사용하였으나, 요즘에는 유리섬유깁스 또는 열가소성깁스를 사용한다.

> **해설** 강도는 부목보다는 깁스가 더 세다.

55 수술에 필요한 수술 기기 중 흡입마취기에 대한 설명으로 옳지 않은 것은?

① 산소통 압력 게이지는 산소통에 남아 있는 산소의 양을 표시해 주고, 감압 밸브는 산소통 내의 높은 압력이 직접 마취기로 들어가는 것을 방지하고 낮은 압력으로 일정하게 공급하는 기능을 한다.

② 기화기(vaporizer)는 액체 상태의 마취제를 기체 상태로 바꾸어 유용한 농도로 분배하여 환자에게 공급하는 역할을 한다.

③ 유량계(flow meter)는 환자에게 공급되는 산소와 아산화질소의 분당 공급량을 조절하는 장치이다.

④ 산소 플러시 밸브(oxygen flush valve)는 신선한 산소가 기화기를 거쳐 환자에게 바로 공급할 때 사용한다.

⑤ pop-off 밸브(pop-off valve)는 마취 회로 내의 압력이 높은 경우 가스를 밖으로 배출하는 밸브이다.

> **해설** 산소 플러시 밸브(oxygen flush valve)
> 신선한 산소가 기화기를 우회하여 환자에게 바로 공급할 때 사용한다. 산소가 유량계와 기화기를 거치지 않고, 호흡 회로 내로 들어가게 되고 호흡 백을 부풀릴 때 사용한다.

56 동물의 마취 전 혈액 검사 지표에 대한 설명으로 옳지 않은 것은?

① 적혈구용적(packed cell volume ; PCV) – 정상보다 감소하면 빈혈, 증가하면 탈수 가능성이 있다.

② 총 단백(total proteins) – 정상보다 감소하면 간질 조직에 수분이 저류하게 되어 부종이 발생할 수 있다.

③ 혈당(blood glucose) – 정상보다 감소하면 저혈당증, 증가하면 당뇨병 가능성이 있다.

④ 요소 질소(blood urea nitrogen ; BUN) – 콩팥 기능을 평가하는 지표이며, 정상보다 감소하면 콩팥 기능 부전 가능성이 있다.

⑤ 알라닌 아미노 전이 효소(alanine aminotransferase ; ALT) – 간세포 손상 시 유출되는 효소로서, ALT의 상승은 현재 간 손상이 있음을 의미한다.

> **해설** 요소 질소(blood urea nitrogen ; BUN)
> 콩팥 기능을 평가하는 지표이며, 정상보다 증가하면 콩팥 기능 부전 가능성이 있다.

57 마취 전에 투여하는 약물은 항생제, 진정제, 진통제 등으로 구분할 수 있다. 다음 중 항생제로만 구성된 것은?

① 페니실린(penicillin), 엔로플록사신(enrofloxacin), 디아제팜(diazepam)
② 세파졸린(cefazolin), 페니실린(penicillin), 엔로플록사신(enrofloxacin)
③ 아세프로마진(acepromazine), 디아제팜(diazepam), 미다졸람(midazolam)
④ 페니실린(penicillin), 트라마돌(tramadol), 카프로펜(carprofen)
⑤ 엔로플록사신(enrofloxacin), 세프티오퍼(ceftiofur), 모르핀(morphine)

> **해설** 마취 전에 투여하는 약물
>   1. 항생제
>   세파졸린(cefazolin), 페니실린(penicillin), 엔로플록사신(enrofloxacin), 세프티오퍼(ceftiofur) 등
>   2. 진정제
>   아세프로마진(acepromazine), 디아제팜(diazepam), 미다졸람(midazolam), 자일라진(xylazine), 메데토미딘(medetomidine) 등
>   3. 진통제
>   • 비마약성 진통제: 트라마돌(tramadol), 카프로펜(carprofen), 멜록시캄(meloxicam), 나프록센(naproxen) 등
>   • 마약성 진통제: 모르핀(morphine), 펜타닐(fentanyl), 부토르파놀(butorphanol) 등

58 수술 부위의 피부 소독에 대한 설명으로 옳지 않은 것은?

① 수술 부위의 털을 전부 제거한 후 깨끗하게 닦아낸다.
② 피지 제거를 위해 지방 용해제인 70% 알코올로 세척한다.
③ 소독제는 수술자의 기호에 따라 선택하며 포비돈 또는 클로르헥시딘을 사용하여 5분 이상 적용한다.
④ 피부 소독은 수술 부위 중앙에서 시작하고 가장자리에서 끝낸다.
⑤ 피부 소독 방법 중 target 방법은 항문 및 회음부 수술 부위 소독에 적용한다.

> **해설** 피부 소독 방법
>   • target 방법: 가장 일반적인 소독 방법으로 복부, 흉부 등의 소독에 적용한다.
>   • orthopedic 방법: 다리를 위쪽에 매달아 놓고 소독할 때 적용한다.
>   • perineal 방법: 항문 및 회음부 수술 부위 소독에 적용한다.

59 수술 후 발생하는 주요 합병증에 대한 처치 방법으로 옳지 않은 것은?

① 출혈 – 약간의 출혈은 5~10분간 압박 지혈하고, 과도한 내부 출혈은 수의사에게 즉시 보고
② 통증 – 진통제 투여
③ 봉합 부위 열개 – 핥음 방지, 국소마취 후 재봉합
④ 기침 – 체온 체크, 담요, 열선, ICU 등으로 보온
⑤ 구토 – 위 내용물이 기도로 흡입되지 않도록 입안의 내용물 제거

> **해설** 기침과 저체온의 증상 및 처치 방법

합병증	증상	처치 방법
기 침	거친 기침 (기관내관의 점막 자극으로 인해 발생)	주의 깊은 관찰
저체온	경련, 마취회복이 느림	마취 중에 동물의 체온은 급격히 떨어지므로 회복 시 10분마다 체온 체크, 담요, 열선, ICU 등으로 보온

60 동물병원에서의 각종 검사에 대한 설명으로 옳지 않은 것은?

① 일반 혈액 검사는 CBC(complete blood count)라고 하며, 혈액 내 존재하는 적혈구, 백혈구, 혈소판, 혈장 및 각종 무기염류의 정보를 파악할 수 있다.
② 혈액 화학 검사(blood chemistry)는 혈장(혈청) 속 화학 성분이 정상 수치 또는 비정상 수치인지를 측정하는 검사이다.
③ 요침사 검사는 현미경을 통해 적혈구, 백혈구, 상피세포, 그리고 세균, 효모, 진균 등과 무기 성분인 각종 염류의 결정체를 확인하여 요로 질환이나 기타 질환의 진단 및 경과 판정에 이용하는 검사이다.
④ 피부소파검사는 피부병 부위의 피부를 긁어내어 현미경으로 검사하는 방법으로 주로 외부 기생충의 감염 여부를 확인하기 위해서 사용한다.
⑤ 호르몬 검사는 혈액을 소량 채취하여 혈액 내에 호르몬의 농도를 측정함으로써 호르몬분비의 이상 유무를 확인한다.

> **해설** 일반 혈액 검사는 CBC(complete blood count)라고 하며, 혈액 내 존재하는 세 가지 종류의 세포인 적혈구, 백혈구, 혈소판의 정보를 파악할 수 있다.

동물 보건 · 윤리 및 복지관련 법규

01 **동물보호법의 근본적인 목적이 아닌 것은?**

① 동물에 대한 학대행위의 방지
② 동물의 적정한 보호와 관리를 위한 필요한 사항 규정
③ 사람만의 안전을 최우선으로 한 사육문화 증진
④ 동물의 생명보호, 안전보장 및 복지증진
⑤ 동물의 생명 존중 등 국민 정서를 기르고 사람과 동물의 조화로운 공존

> **해설** 동물보호법은 동물에 대한 학대행위의 방지 등 동물을 적정하게 보호·관리하기 위하여 필요한 사항을 규정함으로써 동물의 생명보호, 안전 보장 및 복지 증진을 꾀하고, 건전하고 책임 있는 사육문화를 조성하여, 동물의 생명 존중 등 국민의 정서를 기르고 사람과 동물의 조화로운 공존에 이바지함을 목적으로 한다(동물보호법 제1조).

02 **동물보호법상 직무상 유실 · 유기동물을 발견한 때에 신고해야 하는 사람이 아닌 것은?**

① 동물병원의 종사자
② 동물보호센터로 지정된 기관의 종사자
③ 동물실험윤리위원회의 위원
④ 동물복지축산농장의 인증을 신청한 자
⑤ 동물보호운동을 하는 민간단체의 임원

> **해설** 학대동물 등의 발견 시 직무상 신고의무자(동물보호법 제16조 제2항)
> 1. 동물보호운동이나 이와 관련된 활동을 하는 민간단체의 임원 및 회원
> 2. 동물보호센터로 지정된 기관이나 단체의 장 및 그 종사자
> 3. 동물실험윤리위원회를 설치한 동물실험시행기관의 장 및 그 종사자
> 4. 동물실험윤리위원회의 위원
> 5. 동물복지축산농장으로 인증을 받은 자
> 6. 동물장묘업·동물판매업·동물수입업·동물생산업·동물전시업·동물위탁관리업·동물미용업 ·동물운송업의 영업등록을 하거나 영업허가를 받은 자 및 그 종사자
> 7. 수의사, 동물병원의 장 및 그 종사자

03 동물보호법상 등록대상동물의 등록을 해야 하는 곳은?

① 시장·군수·구청장　　　② 농림축산식품부장관
③ 보건복지부장관　　　　④ 동물복지위원회
⑤ 동물실험 윤리위원회

> **해설** 등록대상동물의 소유자는 동물의 보호와 유실·유기방지 등을 위하여 시장·군수·자치구의 구청장·특별자치시장에게 등록대상동물을 등록하여야 한다. 다만, 등록대상동물이 맹견이 아닌 경우로서 농림축산식품부령으로 정하는 바에 따라 시·도의 조례로 정하는 지역에서는 그러하지 아니하다(동물보호법 제12조 제1항).

04 동물보호법령상 유실·유기 동물의 보호비용 부담에 대한 내용으로 옳지 않은 것은?

① 시·도지사는 동물의 보호비용을 소유자 또는 분양을 받는 자에게 청구할 수 있다.
② 소유자로부터 학대받아 격리된 동물의 보호비용은 납부기한까지 그 동물의 소유자가 내야 한다.
③ 시장·군수·구청장은 동물의 소유자가 그 동물의 소유권을 포기할 경우에는 보호비용의 일부만을 면제받을 수 있다.
④ 시·도지사와 시장·군수·구청장은 보호비용을 징수하려면 비용징수 통지서를 동물의 소유자 또는 분양을 받는 자에게 발급하여야 한다.
⑤ 비용징수통지서를 받은 동물의 소유자는 비용징수통지서를 받은 날부터 7일 이내에 보호비용을 납부하여야 한다.

> **해설** 시·도지사와 시장·군수·구청장은 동물의 소유자가 그 동물의 소유권을 포기한 경우에는 보호비용의 전부 또는 일부를 면제할 수 있다(동물보호법 제19조 제2항).
> ① 동물보호법 제19조 제1항
> ② 동물보호법 제19조 제2항
> ④ 동물보호법 시행령 제8조
> ⑤ 동물보호법 시행규칙 제21조 제2항

05 동물의 사체 처리와 관련된 법률은 무엇인가?

① 수의사법　　　　　　　② 유실물법
③ 축산물 위생관리법　　　④ 폐기물관리법
⑤ 장사 등에 관한 법률

> **해설** ④ 동물보호센터의 장은 동물의 사체가 발생한 경우 「폐기물관리법」에 따라 처리하거나 동물장묘업의 등록을 한 자가 설치·운영하는 동물장묘시설에서 처리하여야 한다(동물보호법 제22조 제3항).

06 동물보호법상 시·도 및 시·군·구가 동물의 소유권을 취득할 수 없는 경우는?

① 유기동물을 발견한 날로부터 10일이 지나도 동물의 소유자 등을 알 수 없는 경우
② 동물의 소유자가 그 동물의 소유권을 포기한 경우
③ 동물 소유자가 보호비용의 납부기한이 종료된 날부터 10일이 지나도 보호비용을 납부하지 아니한 경우
④ 동물의 소유자를 확인한 날부터 10일이 지나도 정당한 사유 없이 동물의 소유자와 연락이 되지 않는 경우
⑤ 동물의 소유자를 확인한 날부터 10일이 지나도 정당한 사유 없이 동물 소유자가 반환받을 의사를 표시하지 않는 경우

> **해설** 시·도와 시·군·구가 동물의 소유권을 취득할 수 있는 경우(동물보호법 제20조)
> 1. 동물보호조치 사실을 공고한 날부터 10일이 지나도 동물의 소유자 등을 알 수 없는 경우
> 2. 동물의 소유자가 그 동물의 소유권을 포기한 경우
> 3. 학대받은 동물의 소유자가 보호비용의 납부기한이 종료된 날부터 10일이 지나도 보호비용을 납부하지 아니한 경우
> 4. 동물의 소유자를 확인한 날부터 10일이 지나도 정당한 사유 없이 동물의 소유자와 연락이 되지 아니하거나 소유자가 반환받을 의사를 표시하지 아니한 경우

07 동물보호법령상 동물실험금지 적용 예외에 해당하는 동물은?

① 유실 동물
② 보호조치 중인 유기동물
③ 인수공통전염병의 연구에 필요한 동물
④ 장애인 보조견
⑤ 소방청 119 구조견

> **해설** 동물실험의 금지 등(동물보호법 제24조, 시행규칙 제23조)
> 누구든지 유실·유기동물(보호조치 중인 동물을 포함)을 대상으로 하는 실험, 「장애인복지법」에 따른 장애인 보조견 등 사람이나 국가를 위하여 봉사하고 있거나 봉사한 동물로서 대통령령으로 정하는 동물을 대상으로 하는 실험을 하여서는 아니 된다. 다만, 해당 동물종(種)의 건강, 질병관리연구 등 농림축산식품부령으로 정하는 불가피한 사유로 농림축산식품부령으로 정하는 바에 따라 승인을 받은 경우에는 그러하지 아니하다.
> 1. 인수공통전염병(人獸共通傳染病) 등 질병의 진단·치료 또는 연구를 하는 경우. 다만, 해당 질병의 확산으로 인간 및 동물의 건강과 안전에 심각한 위해가 발생될 것이 우려되는 때만 해당한다.
> 2. 법 제24조제2호에 따른 동물의 선발을 목적으로 하거나 해당 동물의 효율적인 훈련방식에 관한 연구를 하는 경우

08 동물보호법령상 동물복지축산농장 인증심사에 관한 내용으로 적절하지 않은 것은?

① 인증심사원은 인증심사를 완료한 때에는 인증평가 관련 자료, 사진 등과 함께 인증심사결과보고서를 검역본부장에게 제출하여야 한다.

② 인증심사원은 인증심사결과보고서를 참고로 하여 인증기준에 따라 적합 여부를 판정하여야 한다.

③ 인증심사원과 동물복지축산농장 인증 자문위원은 인증신청인과 관련된 자료와 심사내용에 대하여 비밀을 유지하여야 한다.

④ 검역본부장은 '서류 적합'으로 판정할 경우에는 신청일로부터 30일 이내에 신청인에게 인증심사일정을 알린다.

⑤ 검역본부장은 적합 여부를 판정하기 어려울 경우에는 자문위원회를 구성하여 자문할 수 있다.

> **해설** ② 검역본부장은 인증심사원으로부터 받은 인증심사결과보고서를 참고로 하여 인증기준에 따라 적합 여부를 판정하여야 한다(동물보호법 시행규칙 별표 7).

09 동물보호법상 반려동물 관련 동물생산업 영업허가가 가능한 사람은?

① 허가를 받으려는 자가 피한정후견인인 경우

② 영업 종류별 시설기준 외의 부분에 따른 시설과 인력을 갖추지 않은 경우

③ 허가를 받으려는 자가 이 법을 위반하여 벌금형 이상의 형을 선고받고 그 형이 확정된 날부터 3년이 지나지 아니한 경우

④ 동물의 보호 및 공중위생상의 위해 방지 등에 관한 교육을 받지 않은 경우

⑤ 허가가 취소된 후 1년이 지난 법인의 대표자가 취소된 업종과 같은 업종의 허가를 받으려는 경우

> **해설** ⑤ 허가가 취소된 후 1년이 지난 자(법인 대표자를 포함)는 영업허가를 받을 수 있다(동물보호법 제34조 제4항 제4호).
>
> 영업허가를 받을 수 없는 자(동물보호법 제34조 제4항)
> 1. 허가를 받으려는 자(법인인 경우에는 임원을 포함한다)가 미성년자, 피한정후견인 또는 피성년후견인인 경우
> 2. 제32조제1항 각 호 외의 부분에 따른 시설과 인력을 갖추지 아니한 경우
> 3. 제37조제1항에 따른 교육을 받지 아니한 경우
> 4. 제38조제1항에 따라 허가가 취소된 후 1년이 지나지 아니한 자(법인인 경우에는 그 대표자를 포함한다)가 취소된 업종과 같은 업종의 허가를 받으려는 경우
> 5. 허가를 받으려는 자가 이 법을 위반하여 벌금형 이상의 형을 선고받고 그 형이 확정된 날부터 3년이 지나지 아니한 경우. 다만, 제8조(동물학대 등의 금지)를 위반하여 벌금형 이상의 형을 선고받은 경우에는 그 형이 확정된 날부터 5년으로 한다.

10 동물보호법령상 동물보호감시원의 직무가 아닌 것은?

① 동물의 적정한 사육·관리에 대한 교육 및 지도
② 동물학대행위의 예방, 중단 또는 재발방지를 위하여 필요한 조치
③ 동물의 적정한 운송과 반려동물 전달 방법에 대한 지도·감독
④ 등록대상동물의 신청 및 등록대상동물의 관리에 대한 인증
⑤ 동물보호센터의 운영에 관한 감독

> **해설** 동물보호감시원의 직무(동물보호법 시행령 제14조 제3항)
> • 동물의 적정한 사육·관리에 대한 교육 및 지도
> • 동물학대행위의 예방, 중단 또는 재발방지를 위하여 필요한 조치
> • 동물의 적정한 운송과 반려동물 전달 방법에 대한 지도·감독
> • 동물의 도살방법에 대한 지도
> • 등록대상동물의 등록 및 등록대상동물의 관리에 대한 감독
> • 맹견의 관리 및 출입금지 등에 대한 감독
> • 설치·지정되는 동물보호센터의 운영에 관한 감독
> • 윤리위원회의 구성·운영 등에 관한 지도·감독 및 개선명령의 이행 여부에 대한 확인 및 지도
> • 동물복지축산농장으로 인증받은 농장의 인증기준 준수 여부 감독
> • 영업등록을 하거나 영업허가를 받은 자의 시설·인력 등 등록 또는 허가사항, 준수사항, 교육 이수 여부에 관한 감독
> • 반려동물을 위한 장묘시설의 설치·운영에 관한 감독
> • 출입·검사에 따른 조치, 보고 및 자료제출 명령의 이행 여부 등에 관한 확인·지도
> • 위촉된 동물보호명예감시원에 대한 지도
> • 그 밖에 동물의 보호 및 복지 증진에 관한 업무

11 동물보호법령상 동물실험윤리위원회가 동물실험시행기관을 지도·감독하는 방법으로 옳지 않은 것은?

① 동물실험의 윤리적·과학적 타당성에 대한 심의
② 동물실험에 사용하는 동물의 생산·도입·관리·실험 및 이용과 실험이 끝난 뒤 해당 동물의 처리에 관한 확인 및 평가
③ 동물실험시행기관의 운영자 또는 종사자에 대한 교육·훈련 등에 대한 확인 및 평가
④ 동물실험 및 동물실험시행기관의 동물복지 수준 및 관리실태에 대한 확인 및 평가
⑤ 동물학대 방지, 동물복지, 유실·유기동물의 입양 및 동물실험윤리 등의 교육·홍보 계획 시행

> **해설** ⑤는 국가·지방자치단체 및 국민의 책무로서, 국가는 동물의 적정한 보호·관리를 위하여 5년마다 ⑤의 사항이 포함된 동물복지종합계획을 수립·시행하여야 하며, 지방자치단체는 국가의 계획에 적극 협조하여야 한다(동물보호법 제4조 제1항 제4호).
> ① 동물보호법 시행령 제11조 제1호
> ② 동물보호법 시행령 제11조 제2호
> ③ 동물보호법 시행령 제11조 제3호
> ④ 동물보호법 시행령 제11조 제4호

12 동물보호법상 윤리위원회의 구성에 대한 설명으로 옳은 것은?

① 윤리위원회는 위원장 1명을 포함하여 2명 이상 20명 이하의 위원으로 구성한다.
② 위원은 농림축산식품부장관이 위촉한다.
③ 위원의 2분의 1 이상은 해당 동물실험시행기관과 이해관계가 없는 사람이어야 한다.
④ 위원의 임기는 3년으로 한다.
⑤ 윤리위원회의 구성 및 이해관계의 범위 등에 관한 사항은 농림축산식품부령으로 정한다.

해설 윤리위원회의 구성(동물보호법 제27조)
① 윤리위원회는 위원장 1명을 포함하여 3명 이상 15명 이하의 위원으로 구성한다.
② 위원은 다음에 해당하는 사람 중에서 동물실험시행기관의 장이 위촉하며, 위원장은 위원 중에서 호선한다. 다만, 제25조 제2항에 따라 구성된 윤리위원회의 위원은 해당 동물실험시행기관의 장들이 공동으로 위촉한다.
  1. 수의사로서 농림축산식품부령으로 정하는 자격기준에 맞는 사람
  2. 제4조 제4항에 따른 민간단체가 추천하는 동물보호에 관한 학식과 경험이 풍부한 사람으로서 농림축산식품부령으로 정하는 자격기준에 맞는 사람
  3. 그 밖에 실험동물의 보호와 윤리적인 취급을 도모하기 위하여 필요한 사람으로서 농림축산식품부령으로 정하는 사람
③ 윤리위원회에는 제2항 제1호 및 제2호에 해당하는 위원을 각각 1명 이상 포함하여야 한다.
④ 윤리위원회를 구성하는 위원의 3분의 1 이상은 해당 동물실험시행기관과 이해관계가 없는 사람이어야 한다.
⑤ 위원의 임기는 2년으로 한다.
⑥ 그 밖에 윤리위원회의 구성 및 이해관계의 범위 등에 관한 사항은 농림축산식품부령으로 정한다.

13 수의사법상 동물보건사의 청문을 실시하여야 하는 경우는?

① 동물병원 수의사와의 분쟁 시
② 동물 주인과의 분쟁 시
③ 동물보건사 자격의 취소 처분 시
④ 동물보건사 자격의 유예 처분 시
⑤ 동물보건사 근무태만 신고 시

해설 청문(수의사법 제36조 제3호, 제16조의6)
농림축산식품부장관 또는 시장·군수는 다음의 어느 하나에 해당하는 처분을 하려면 청문을 실시하여야 한다.
  3. 제32조제1항에 따른 동물보건사 자격의 취소

14 수의사법상 동물보건사의 자격 조건이 되는 사람을 올바르게 고른 것은?

> 가. 농림축산식품부장관의 평가인증을 받은 전문대학 또는 이와 같은 수준 이상의 학교의 동물
> 간호 관련 학과를 졸업한 사람
> 나. 농림축산식품부장관의 평가인증을 받은 평생교육기관의 고등학교 교과 과정에 상응하는 동물
> 간호에 관한 교육과정을 이수한 후 농림축산식품부령으로 정하는 동물 간호 관련 업무에 6개월
> 동안 종사한 사람
> 다. 외교부장관이 인정하는 외국의 동물 간호 관련 면허나 자격을 가진 사람

① 가   ② 가, 나
③ 가, 나, 다   ④ 가, 다
⑤ 나, 다

해설 나. 고등학교 졸업학력 인정자로서 농림축산식품부장관의 평가인증을 받은 평생교육기관의 고등학교
　　　교과 과정에 상응하는 동물 간호에 관한 교육과정을 이수한 후 농림축산식품부령으로 정하는 동물
　　　간호 관련 업무에 1년 이상 종사한 사람(수의사법 제16조의2 제2호).
　　다. 농림축산식품부장관이 인정하는 외국의 동물 간호 관련 면허나 자격을 가진 사람(수의사법 제16조
　　　의2 제3호).

15 수의사법령상 동물보건사 자격시험에 합격한 후 제출해야 하는 서류가 아닌 것은?

① 증명사진 1장, 전신사진 1장
② 전문대학에서 동물간호 교육과정을 이수한 졸업장
③ 마약 중독자가 아님을 증명하는 의사의 진단서
④ 정신질환자가 아님을 증명하는 의사의 진단서
⑤ 농림축산식품부장관이 인정한 외국의 동물 간호 관련 면허 증명 서류

해설 ① 가로 3.5센티미터, 세로 4.5센티미터 규격의 사진을 2장 제출하여야 한다(수의사법 시행규칙 제14
　　　조의2 제4호).

16 수의사법상 동물보건사의 업무에 대한 설명으로 옳은 것은?

① 동물보건사는 급박한 상황에서는 동물을 진료할 수 있다.
② 동물보건사는 동물이 위급할 경우 동물병원 밖에서 동물을 진료할 수 있다.
③ 동물보건사는 수의사 부재 시 동물을 진료할 수 있다.
④ 동물보건사는 수의사의 지도가 없어도 동물을 간호할 수 있다.
⑤ 동물보건사는 수의사의 지도 아래 진료 보조 업무를 수행할 수 있다.

> **해설** ①·②·③ 수의사가 아니면 동물을 진료할 수 없다(수의사법 제10조).
> ④ 수의사법 제16조의5 제1항
>
> 동물보건사의 업무(수의사법 제16조의5 제1항)
> 동물보건사는 무면허 진료행위의 금지에도 불구하고 동물병원 내에서 수의사의 지도 아래 동물의 간호 또는 진료 보조 업무를 수행할 수 있다.

17 수의사법상 동물보건사의 자격에 대한 설명으로 옳지 않은 것은?

① 농림축산식품부장관이 자격증을 발급한다.
② 행정안전부장관은 자격에 관한 사항을 자격대장에 등록하여야 한다.
③ 자격증은 다른 사람에게 빌려주거나 빌려서는 아니 된다.
④ 자격증은 알선하여서는 아니 된다.
⑤ 자격증 발급에 필요한 사항은 농림축산식품부령으로 정한다.

> **해설** ② 농림축산식품부장관은 자격에 관한 사항을 자격대장에 등록하여야 한다(수의사법 제6조 제1항, 제16조의6).

18 수의사법상 부정행위로 합격이 무효가 된 수험자는 그 후 몇 번까지 동물보건사 국가시험에 응시할 수 없는가?

① 한 번
② 두 번
③ 세 번
④ 네 번
⑤ 다섯 번

> **해설** 수험자의 부정행위(수의사법 제9조의2, 제16조의6)
> • 부정한 방법으로 동물보건사 국가시험에 응시한 사람 또는 동물보건사 국가시험에서 부정행위를 한 사람에 대하여는 그 시험을 정지시키거나 그 합격을 무효로 한다.
> • 위의 내용에 따라 시험이 정지되거나 합격이 무효가 된 사람은 그 후 두 번까지는 동물보건사 국가시험에 응시할 수 없다.

19 수의사법상 농림축산식품부장관이 동물보건사 자격을 취소해야 하는 경우가 아닌 것은?

① 외상 후 스트레스 장애 판정을 받아 치료 중인 자
② 「정신건강증진 및 정신질환자 복지서비스 지원에 관한 법률」에 따른 정신질환자
③ 「동물보호법」을 위반하여 금고 이상의 실형을 선고받고 그 집행이 끝나지 않은 자
④ 피성년후견인 또는 피한정후견인
⑤ 대마 등의 향정신성의약품(向精神性醫藥品) 중독자

해설 농림축산식품부장관은 동물보건사가 결격사유에 해당하면 그 면허를 취소하여야 한다(수의사법 제32조 제1항 단서).

동물보건사의 결격사유(수의사법 제5조)
1. 「정신건강증진 및 정신질환자 복지서비스 지원에 관한 법률」에 따른 정신질환자. 다만, 정신건강의학과전문의가 동물보건사로서 직무를 수행할 수 있다고 인정하는 사람은 그러하지 아니하다.
2. 피성년후견인 또는 피한정후견인
3. 마약, 대마(大麻), 그 밖의 향정신성의약품(向精神性醫藥品) 중독자. 다만, 정신건강의학과전문의가 동물보건사로서 직무를 수행할 수 있다고 인정하는 사람은 그러하지 아니하다.
4. 「수의사법」, 「가축전염병예방법」, 「축산물위생관리법」, 「동물보호법」, 「의료법」, 「약사법」, 「식품위생법」 또는 「마약류관리에 관한 법률」을 위반하여 금고 이상의 실형을 선고받고 그 집행이 끝나지(집행이 끝난 것으로 보는 경우를 포함) 아니하거나 면제되지 아니한 사람

20 수의사법상 동물보건사가 취업상황 등을 신고하지 않았을 경우의 과태료는?

① 100만 원 이하　　　　　　　② 200만 원 이하
③ 300만 원 이하　　　　　　　④ 400만 원 이하
⑤ 500만 원 이하

해설 과태료(수의사법 제41조 제2항 2의2호)
다음의 어느 하나에 해당하는 자에게는 100만 원 이하의 과태료를 부과한다.
2의2. 제14조에 따른 신고를 하지 아니한 자

신고(수의사법 제14조)
동물보건사는 농림축산식품부령으로 정하는 바에 따라 그 실태와 취업상황(근무지가 변경된 경우를 포함한다) 등을 제23조에 따라 설립된 대한수의사회에 신고하여야 한다.

제1과목 **기초 동물보건학**

01 다음 중 체순환의 흐름으로 옳은 것은?

① 좌심실 – 대동맥 – 말초조직 – 대정맥 – 우심방
② 우심실 – 폐동맥 – 폐 – 폐정맥 – 좌심방
③ 우심실 – 대동맥 – 말초조직 – 대정맥 – 좌심방
④ 좌심실 – 폐동맥 – 폐 – 폐정맥 – 우심방
⑤ 좌심실 – 폐동맥 – 말초조직 – 폐정맥 – 우심방

해설
- 체순환(대순환): 좌심실 – 대동맥 – 말초조직 – 대정맥 – 우심방
- 폐순환(소순환): 우심실 – 폐동맥 – 폐 – 폐정맥 – 좌심방
- 문맥순환: 모세혈관망을 두 번 통과하는 순환이다.

02 다음 중 항온동물에 해당하지 않는 것은?

① 개   ② 토끼
③ 고양이   ④ 뱀
⑤ 늑대

해설
- 항온동물: 환경 온도가 변화하거나 운동으로 열이 발생하더라도 일정한 범위에서 체온이 유지되는 동물로, 포유류와 조류가 여기에 속한다.
- 변온동물: 주위환경과의 열전도성이 높아 환경 온도와 체온이 비슷하게 변하는 동물로, 무척추동물이나 어류, 양서류, 파충류 등이 여기에 속한다.

03 뇌하수체 전엽에서 분비되는 호르몬을 모두 옳게 고른 것은?

가. 항이뇨호르몬	나. 갑상샘자극호르몬
다. 부신피질자극호르몬	라. 성장호르몬
마. 옥시토신	바. 난포자극호르몬

① 가, 나, 다

② 나, 다, 라

③ 가, 나, 다, 라

④ 나, 다, 라, 마

⑤ 나, 다, 라, 바

해설 • 뇌하수체 전엽 호르몬: 성장호르몬, 최유호르몬, 갑상샘자극호르몬, 부신피질자극호르몬, 난포자극
호르몬, 황체형성호르몬
• 뇌하수체 중엽 호르몬: 멜라닌세포자극호르몬
• 뇌하수체 후엽 호르몬: 항이뇨호르몬, 옥시토신

04 개의 배란 및 발정에 대한 설명으로 옳지 않은 것은?

① 주로 봄, 가을에 발정이 나타난다.

② 암캐의 첫 발정 개시 시기는 일반적으로 7~10개월 때이다.

③ 암캐의 1회 배란 시 배란되는 난자의 평균 수는 7개 정도이다.

④ 개의 평균 임신 기간은 90일이다.

⑤ 개의 가장 안정적인 번식 수명은 1.5년령~4년령이다.

해설 ④ 개의 평균 임신 기간은 62~63일 정도이다.

05 개의 생식기관에 대한 설명으로 옳지 않은 것은?

① 개에는 전립샘이 있으나 정낭샘이나 요도방울샘이 없다.

② 개의 음경에는 음경골이 있다.

③ 수컷의 생식도는 부고환, 정관 및 요도가 포함된다.

④ 개의 고환은 구형에 가깝다.

⑤ 부고환은 정자의 형성에 관여한다.

해설 ⑤ 부고환은 정자의 성숙 및 저장, 운반에 관여하며, 정자의 형성에 관여하는 기관은 고환이다.

06 다음에서 설명하는 기관에 해당하는 것은?

> • 변형된 피부의 선으로 복측의 양 옆으로 중앙 부위에 대칭적으로 배열되어 있다.
> • 동물의 크기에 따라 수가 8~12개까지 있다.

① 유선　　　　　　　　　　② 발톱
③ 괄약근　　　　　　　　　④ 항문낭
⑤ 발볼록살

해설　유선은 변형된 피부의 선으로 복측의 양 옆으로 중앙 부위에 대칭적으로 배열되어 있다.
동물의 크기에 따라 수가 8~12개까지 있으며, 선조직은 유선동을 따라 젖을 분비한다.

07 개와 고양이의 피부에 대한 특징으로 옳지 않은 것은?

① 몸에서 가장 두꺼운 표피는 발볼록살이다.
② 등쪽과 바깥쪽의 표피보다 배쪽 표피가 더욱 각질화된 세포로 이루어져 있다.
③ 갈고리 모양의 발톱은 피부의 구조체로서 짧게 자르면 출혈이 생긴다.
④ 코에는 피모가 없으며, 표피나 내피에 보통 고농도의 색소가 침착되어 있다.
⑤ 발바닥의 땀샘은 달리기 및 오르기에서 발바닥과 지면의 접지를 개선시킨다.

해설　② 등쪽과 바깥쪽의 표피가 배쪽 표피보다 더욱 각질화된 세포로 이루어져 있다.

08 다음에서 설명하는 방향 용어로 옳은 것은?

> • 머리, 몸통 또는 사지를 길이 방향에 따라 나누어서 오른쪽과 왼쪽이 똑같이 나뉘는 단면이다.

① 단면　　　　　　　　　　② 정중단면
③ 가로단면　　　　　　　　④ 등단면
⑤ 시상단면

해설 ② 정중단면(Median plane)에 대한 설명이다.
- 단면(plane): 직선으로 이을 수 있는 두 지점을 낀 실제적이거나 가상적인 면이다.
- 가로단면(Transverse plane): 긴축에 대해 직각으로 머리, 몸통 또는 사지를 가로지르는 단면이다.
- 등단면(Dorsal plane): 정중단면과 가로단면에 직각으로 지나는 단면이다.
- 시상단면(Sagittal plane): 머리, 몸통 또는 사지를 정중단면에 평행하게 지나는 면이다.

09 다음 중 신장에 대한 설명으로 옳지 않은 것은?

① 좌우 1쌍이며, 후복강에 위치한다.
② 노폐물 배설, 혈액 삼투압 및 pH 조절 등의 기능을 한다.
③ 개의 경우, 좌측 신장이 우측 신장보다 위쪽에 위치한다.
④ 내측 모서리 중앙 부분은 신문으로, 요관 및 신동맥·신정맥이 연결되어 있다.
⑤ 신장의 피질에는 사구체가 존재하여 혈장을 여과하고 흡수하는 근위세뇨관이 분포한다.

해설 ③ 개의 경우, 우측 신장이 좌측 신장보다 위쪽에 위치한다. 우측 신장은 흉추 12~13번, 좌측 신장은 요추 1~2번 사이에 위치한다.

10 다음 중 호르몬의 특징으로 옳은 것을 모두 고른 것은?

가. 외분비선에서 만들어진다.
나. 표적 장기가 없다.
다. 세포와 세포 사이를 통하는 화학적 전달 물질이다.
라. 매우 적은 양으로도 효과적인 반응을 보인다.
마. 뇌하수체, 갑상샘, 췌장, 부신 등에서 생성된다.

① 가, 나, 다
② 가, 다, 라
③ 나, 다, 라
④ 나, 라, 마
⑤ 다, 라, 마

해설 가. 호르몬은 내분비선에서 만들어지며, 별도의 도관 없이 혈액 속으로 직접 분비된다.
나. 호르몬은 전신 내 퍼지지만, 특이성과 선택성이 뚜렷하여 표적 장기 및 조직에만 작용한다.

11 개선충(개옴진드기)에 대한 설명으로 옳은 것을 모두 고른 것은?

> 가. 매우 심한 가려움을 유발한다.
> 나. 귀 끝을 손으로 누르면 뒷다리를 부르르 떠는 이개족 반사가 특징이다.
> 다. 비듬이 많이 생긴다.
> 라. 치료기간은 보통 3주 정도 걸린다.

① 가, 다   ② 가, 나, 다
③ 나, 라   ④ 가, 다, 라
⑤ 가, 나, 다, 라

해설 개선충: 피부에 사는 외부 기생충으로, 소양증으로 자주 긁어서 비듬이 많이 생기게 되고 피부가 헐고 염증이 생긴다. 사람에게도 감염될 수 있으며, 바르는 약으로도 예방할 수 있다.

12 소화기계 이상으로 입원했을 때 매일 체크되어야 할 사항이 아닌 것은?

① 식욕 변화를 체크한다.
② 구토 여부를 체크한다.
③ 복통이 있는지 체크한다.
④ 체중 변화를 매일 측정할 필요는 없다.
⑤ 움직임이나 운동량을 체크한다.

해설 소화기계 이상으로 입원했을 때 매일 체크되어야 할 사항: 식욕, 구토, 복통, 운동, 체중변화를 매일 체크해야 한다.

13 반려견이 높은 곳에서 뛰어 내리면서 갑자기 소리를 지르거나, 뒷다리를 절거나 들고 다닐 때 의심되는 질환은?

① 관절염   ② 고관절 이형성
③ 슬개골 탈구   ④ 광견병
⑤ 대퇴골두 괴사증

해설 ③ 슬개골 탈구: 슬개골은 무릎뼈로, 무릎뼈가 빠지는 것을 이르며 오래되면 관절변형이 온다.
④ 광견병: 광견병 바이러스로 감염된 개의 타액 속에 있다가 상처나 공기, 점막감염 등으로 침투하여 중추신경계를 침범해서 신경증상을 일으킨다. 인수공통감염병이며 백신으로 예방이 가능하다.

14 다음 중 뇌하수체에 문제가 생기거나 부신종양 및 스테로이드 제제의 과잉 복용 등으로 부신 기능이 항진되어 발생하는 질환은?

① 당뇨병
② 쿠싱 증후군
③ 췌장염
④ 갑상선 기능 저하증
⑤ 라임병

> **해설** ② 쿠싱 증후군: 부신 피질 기능 항진증이라고도 하며 비글이나 보스턴테리어 등 고양이보다는 개에게 많이 발생한다. 다음, 다뇨, 다식 등의 증상과 함께 배가 항아리처럼 불러오는 것이 특징이다. 탈모나 근육의 약화, 거친 호흡 등이 나타나기도 한다.
> ⑤ 라임병(Lyme disease): 진드기에 의해 발열, 두통, 피로감이 나타나는 인수공통감염병으로, 1975년 미국의 코네티컷 주의 라임시에서 처음 발견되었으며 주로 여름에 절정을 이룬다.

15 자궁축농증에 대한 설명으로 바른 것을 모두 고른 것은?

> 가. 자궁축농증은 대부분 발정 뒤에 발병한다.
> 나. 자궁축농증은 자궁 내막 안에 염증과 질의 분비물을 보인다.
> 다. 구토, 설사, 식욕부진 증상이 심하게 나타난다.
> 라. 다음, 다뇨 증상이 있다.

① 가, 나, 다
② 가, 라
③ 나, 다
④ 라
⑤ 가, 나, 다, 라

> **해설** 자궁축농증: 자궁 안에 세균 감염에 의한 염증으로 인해 화농이 쌓이는 치명적인 질병으로, 반려견인 경우 7세 이상의 암컷에게 발생하기 쉬우며 치료 시기를 놓치게 되면 패혈증으로 사망에 이를 수 있다. 출산 계획이 없다면 예방을 위해 중성화 수술로 난소와 자궁을 적출하도록 한다.

16 항문낭(항문분비샘) 질환에 대한 설명으로 옳지 않은 것은?

① 항문 주위에 역한 냄새를 풍기는 액들이 흘러나와 묻어 있거나 항문을 비비는 증상이 나타날 수 있다.
② 시추, 퍼그, 슈나우저 등에서 자주 발생한다.
③ 목욕하기 전에 항문낭을 짜주면 예방할 수 있다.
④ 항문낭은 개의 비린내가 나는 원인이다.
⑤ 제때 치료를 받지 않아도 저절로 낫는 경우가 많다.

> **해설** ⑤ 제때 치료를 받지 않을 시에, 항문 주위 괄약근 손상으로 배변 실금과 같은 증상이 나타날 수 있다.

17 다음 신경계의 분류 중 뇌와 척수는 어느 신경계에 속하는가?

① 중추신경계   ② 말초신경계

③ 자율신경계   ④ 교감신경계

⑤ 부교감신경계

> **해설** ① 중추신경계: 뇌와 척수로 구성되며, 명확한 경계가 없이 연속된다. 개의 뇌 무게는 70~150g으로 체중에 대한 비율은 1:100~400으로 사람보다는 비율이 낮다.
> ② 말초신경계: 중추신경계통에 연결되어 온몸에 분포하며, 보통 감각 신경과 운동 신경을 합하여 말초 신경계라고 한다.
> ③ 자율신경계: 교감신경계와 부교감신경계로 구분되며, 대뇌의 지배에서 비교적 독립하여 자동적으로 작용하기 때문에 자율신경계로 불린다.
> ④ 교감신경계: 대부분 흥분 내지 촉진작용을 한다.
> ⑤ 부교감신경계: 동안신경, 안면신경, 설인신경, 미주신경으로 구성되어 있으며, 진정 또는 억제작용을 한다.

18 동물병원의 치과 간호에 적합하지 않은 것은?

① 치석제거 후에는 보다 철저한 양치가 필요하다.

② 치주질환이 심하면 스켈링이 필요할 수도 있다.

③ 치근이 손상되어 발치한 경우에는 후처치가 필요 없다.

④ 치석이 심하면 심장질환이 생길 수 있음을 보호자에게 알려준다.

⑤ 보호자에게 양치시키는 방법을 알려준다.

> **해설** 발치한 후에는 곪은 곳을 째거나 따서 고름을 빼는 배농 → 세척 → 봉합 등의 후처치 과정이 필요하다.

19 말티즈나 푸들, 시츄와 같은 품종에서 흔하게 나타나는 안질환으로, 눈물이 과도하게 흘러 눈 밖으로 넘쳐나는 질병은?

① 안구돌출   ② 결막염

③ 유루증   ④ 백내장

⑤ 순막노출증

> **해설** ③ 유루증: 눈물 속의 라이소자임 색소가 눈 주위를 물들여 갈색이나 어두운 색으로 지저분하게 변색시키며 피부병을 만들고 시큼한 냄새를 풍기게 되는 질환이다. 눈물샘에 문제가 있거나 각종 안질환으로 발생하기도 하며, 눈물이 코로 빠져나가는 누비관이 막히는 경우나 눈꺼풀이나 속눈썹이 눈을 찌르는 경우에도 발생한다. 눈물의 분비량을 줄여주는 수술을 하거나 누비관 개통술로 치료하며, 평상시에는 눈물이나 눈곱을 반려견용 안구세정제를 이용하여 닦아내도록 한다.

④ 백내장: 노화나 당뇨병 등으로 수정체가 백색으로 탁하게 변화되는 것으로, 수술로 사물을 식별할 수 있게 해준다.

⑤ 순막노출증: 개의 눈 안쪽에 있는 깜박막 내지 제3안검이라는 순막이 밖으로 빠져나온 것이다. 주로 비글이나 코카 스파니엘과 같은 품종에서 흔히 발생하며 수술로 치료한다.

20 귀 진드기(Ear mite)에 대한 설명으로 바른 것은?

> 가. 개선충의 일종이다.
> 나. 어두운색 귀지가 과다하게 분비되는 경우가 많다.
> 다. 감염되면 귀를 심하게 흔들게 된다.
> 라. 외부기생충 예방약으로 예방할 수 있다.
> 마. 심하면 피부병으로 진행되기도 한다.

① 가, 다, 라   ② 가, 나, 다
③ 라, 마   ④ 가, 나, 다, 라
⑤ 가, 나, 라, 마

해설 귀 진드기: 개선충의 일종으로, 주로 어린 강아지의 외이도 내에 번식하여 심한 소양증을 일으켜서 귀를 심하게 흔들게 되고 악취를 내며 어두운 색의 지저분한 귀지가 생기게 된다. 치료는 비교적 쉬우며, 재발을 위해 진드기(외부기생충) 예방약을 바르도록 한다.

21 다음 질병 예방에 대한 설명으로 옳지 않은 것은?

① 질병의 악화를 방지하기 위한 조기치료는 2차 예방이다.
② 예방접종, 환경개선 및 안전관리 등은 1차 예방에 해당한다.
③ 중증화되는 것을 예방하기 위해 조기진단, 조기치료, 집단검진이 요구된다.
④ 재활을 위한 의학적 노력으로 기능을 회복시키는 것은 2차 예방에 속한다.
⑤ 사전에 질병을 예방하기 위해 환경위생, 영양관리에 힘쓰는 것은 적극적인 1차 예방이다.

해설 ④ 재활을 위한 의학적 노력으로 인한 기능 회복은 3차 예방에 속한다.

Leavell과 Clark 교수의 질병 자연사에 따른 5단계 예방조치

예방 차원	질병 과정	예방 대책
1차 예방	1단계: 비병원성기	적극적 예방(건강증진, 환경개선)
	2단계: 초기병원성기	소극적 예방(특수예방, 예방접종)으로 숙주의 면역 강화
2차 예방	3단계: 불현성감염기	중증화의 예방(조기진단, 조기치료, 집단검진)
	4단계: 발현성감염기	조기치료로 인한 악화 방지
3차 예방	5단계: 회복기	무능력의 예방(재활, 사회생활 복귀)

22 다음에서 설명하는 물질로만 짝지어진 것은?

> • 환경 중에 배설된 화학물질로 체내 유입되어 호르몬처럼 작용하여 체내 정상적인 대사를 방해한다.
> • 생체 내 항상성 유지와 성장발육 관련 호르몬 생산과 분비, 운반, 대사 등을 교란시키는 유해화학 물질이다.

① 비스페놀 A, 차아염소산나트륨
② 차아염소산나트륨, 다이옥신
③ 비스페놀 A, 다이옥신
④ 이산화타이타늄, 차아염소산나트륨
⑤ 비스페놀 A, 이산화타이타늄

해설 차아염소산나트륨(NaClO)은 물이나 기구를 소독하는 산화제이고, 이산화타이타늄(Titanium Dioxide)은 백색의 미세한 분말로 흰색 페인트의 안료로 많이 이용되고 있다.

내분비계 장애물질
• 내분비계의 정상적인 기능을 방해하는 환경오염물질로, 체내에 유입되면 호르몬처럼 작용한다.
• 내분비계 장애물질은 생태계 및 인간의 생식기능저하, 기형, 성장장애, 암 등을 유발하는 물질로 추정한다.
• 대표적인 환경호르몬은 Polychlorinated Biphenyis(PCBs), Dioxin, Bisphenol A 및 Toxaphene 등이다.

23 계란, 돼지 간, 돼지 신장 등 장기 내에 잔류하여 섭취 시 인체에 간암을 일으키는 물질로 알려진 것은?

① 오크라톡신 A
② 제랄레논
③ 아플라톡신 B1
④ 테트로도톡신
⑤ 아플라톡신 M1

해설 축산식품 내 자연적 곰팡이독소의 종류

곰팡이독소	인체에 미치는 영향	식품
아플라톡신 B1	간암	계란, 돼지 간, 돼지근육, 돼지 신장
아플라톡신 M1*	–	젖소 우유
오크라톡신 A	신장 손상	돼지 간, 돼지 신장, 소시지
제랄레논	여성화(Estrogenic)	돼지 간, 돼지 근육

* 아플라톡신 M1은 설치류에는 강력한 발암물질로 작용하나 인간에게 영향을 미친다는 증거는 없다.

24 다음의 설명에 해당하는 것은?

> • 전염력이 있다.
> • 균이 침입해도 별다른 증상 없이 지낸다.
> • 질병 관리 면에서 대단히 중요하다.
> • 규모와 발생양식을 파악하기 어렵다.

① 불현성감염   ② 현성감염

③ 직접접촉 감염   ④ 해충에 의한 감염

⑤ 진애감염

해설 ① 불현성감염은 감염되어 병원체가 체내에서 증식해도 발병되지 않는 상태로, 전염력이 있으나 감염 규모와 발생양식을 파악하기 어렵기 때문에 질병 관리 면에서 대단히 중요하다. ③, ④, ⑤는 감염 경로에 의한 분류이다.

현성감염과 불현성감염
• 감염: 병원체가 사람 또는 동물에 침입하여 증식 또는 성장하는 상태
• 현성감염: 감염되어 발병된 상태
• 불현성 감염: 감염되어 병원체가 체내에서 증식해도 발병되지 않는 상태로, 전염력이 있으나 감염규 모와 발생양식을 파악하기 어렵기 때문에 질병 관리 면에서 대단히 중요하다.

25 소독약의 살균력 측정지표로 사용하는 소독약은?

① 알코올   ② 자외선

③ 석탄산   ④ 승홍

⑤ 크레졸

해설 석탄산
• 사용농도: 3% 수용액
• 소독: 기구, 용기, 의류 및 오물
• 각종 소독약의 소독력을 나타내는 기준이 된다.
• 장점: 살균력이 안전하고 유기물의 존재 시에도 소독력이 약화되지 않는다.
• 단점: 피부점막의 자극성과 금속 부식성이 있으며 취기와 독성이 있다.

26 빈칸 (A)와 (B)에 들어갈 알맞은 것으로 짝지어진 것은?

> ___(A)___ 은(는) 동물을 감염시켜 감염성 ___(B)___ 을(를) 일으킨다. 증상은 불규칙한 발열(파상열), 발한, 근육통, 불면, 관절통 등이 있다.

	(A)	(B)
①	페스트	사망
②	구제역	사망
③	광견병	유산
④	브루셀라증	유산
⑤	조류인플루엔자	폐렴

해설 브루셀라증(Brucella, 파상열)
- 병원체
  - *Brucella melitensis*: 양, 염소에 감염되어 유산을 일으키는 병원체
  - *Brucella abortus*: 소에 감염되어 유산을 일으키는 병원체
  - *Brucella suis*: 돼지에 감염되는 병원체
- 소, 돼지, 양, 염소 등에 감염성 유산을 일으키는 질환
- 잠복기: 14~30일 정도
- 증상: 불규칙한 발열(파상열), 발한, 근육통, 불면, 관절통 등
- 사람에는 불현성 감염이 많고 간이나 비장이 붓고 패혈증 발생

27 빈칸 (A)와 (B)에 들어갈 알맞은 것으로 짝지어진 것은?

> ___(A)___ 에 감염된 소는 뇌조직 신경세포 내에 독성단백질 ___(B)___ 가(이) 장기간 축적 증식되어 스폰지 모양의 병변이 나타남으로써 주로 신경증상이 나타난다.

	(A)	(B)
①	광견병	아밀로이드
②	광우병	프리온
③	페스트	아밀로이드
④	광우병	니그리소체
⑤	광견병	프리온

해설 광우병

- 광우병은 본래 4~5세 소에게 주로 발생하는 해면상 뇌증으로, 이상행동을 보이다가 죽어가는 전염성 뇌질환이다.
- 인간에게 감염될 가능성이 확인되었으며, 광우병의 단백질 화학 구조는 인간 광우병(야콥병)을 일으키는 원인 물질인 프리온(단백질+바이러스)과 비슷하다고 알려져 있다.
- 광우병에 걸린 소는 뇌에 구멍이 생겨 급작스럽게 포악해지고 정신이상과 거동불안 등의 행동을 보인다.
- 사람이 광우병에 걸리면 다른 해면상 뇌질환과 같이 수년 동안 진행되는데, 기억력 상실과 이상행동을 보이며 정신 지체 및 치매가 생기고 수족의 무의식적 운동 등이 나타난다.

28 기생충과 감염경로의 연결이 옳지 않은 것은?

① 구충 – 경피
② 편충 – 경구
③ 회충 – 경피
④ 광절열두조충 – 경구
⑤ 동양모양선충 – 경구

해설 ③ 회충은 채소류를 섭취할 때 음식과 함께 입으로 들어가서 감염된다. 소장에서 기생하고, 채소와 손을 깨끗이 하는 것이 예방법이다.

29 제1종 가축전염병이며, 조류의 급성 감염병으로 전파가 빠르고 병원성이 다양한 질병은?

① 페스트
② 광견병
③ 신종플루
④ 조류인플루엔자
⑤ 장출혈성 대장균감염증

해설 조류인플루엔자(Avian Influenza, AI)

- 조류인플루엔자 바이러스 감염에 의하여 발생하는 조류의 급성 전염병으로 닭 · 칠면조 · 오리 등 가금류에서 피해가 심하게 나타난다.
- 바이러스의 병원성 정도에 따라 저병원성과 고병원성 조류인플루엔자로 크게 구분된다.
- 고병원성 조류인플루엔자는 세계동물보건기구(OIE)에서도 위험도가 높아 관리 대상 질병으로 지정, 발생 시 OIE에 의무적으로 보고하도록 되어 있다.

가축전염병의 정의(가축전염병예방법 제2조)

제1종 가축전염병	우역, 우폐역, 구제역, 가성우역, 블루텅병, 리프트계곡열, 럼피스킨병, 양두, 수포성구내염, 아프리카마역, 아프리카돼지열병, 돼지열병, 돼지수포병, 뉴캣슬병, 고병원성 조류인플루엔자 및 그 밖에 이에 준하는 질병으로서 농림축산식품부령으로 정하는 가축의 전염성 질병
제2종 가축전염병	탄저, 기종저, 브루셀라병, 결핵병, 요네병, 소해면상뇌증, 큐열, 돼지오제스키병, 돼지일본뇌염, 돼지테센병, 스크래피(양해면상뇌증), 비저, 말전염성빈혈, 말바이러스성동맥염, 구역, 말전염성자궁염, 동부말뇌염, 서부말뇌염, 베네수엘라말뇌염, 추백리(병아리흰설사병), 가금티푸스, 가금콜레라, 광견병, 사슴만성소모성질병 및 그 밖에 이에 준하는 질병으로서 농림축산식품부령으로 정하는 가축의 전염성 질병
제3종 가축전염병	소유행열, 소아카바네병, 닭마이코플라스마병, 저병원성 조류인플루엔자, 부저병 및 그 밖에 이에 준하는 질병으로서 농림축산식품부령으로 정하는 가축의 전염성 질병

30 다음의 설명에 해당하는 질병은?

> - *Coxiella burnetii*에 의해 감염되는 인수공통감염병이다.
> - 감염된 소, 양, 염소 등의 젖, 대·소변이나 출산 시 양수 및 태반 물질을 통해 감염된다.
> - 멸균 처리되지 않은 유제품, 오염된 음식의 섭취를 통해서도 감염될 수 있다.
> - 고열, 두통, 근육통, 혼미, 인후통, 오한, 발한, 가래 없는 기침, 구토, 설사, 복통, 흉통 등의 증상이 있다.

① 탄저
② 큐열
③ 일본뇌염
④ 브루셀라증
⑤ 중증급성호흡기증후군(SARS)

해설 큐열은 인수공통감염병으로, *Coxiella burnetii* 균에 의해 감염되는 질환이다. 사람과 사람 사이에는 전파되지 않기 때문에 환자나 접촉자를 관리할 필요는 없다. 인체 감염은 주로 호흡기나 소화기를 통해서 이루어진다. 이 병은 양을 비롯한 가축들이 새끼를 낳는 봄과 초여름에 주로 관찰되며, 동물에게는 유산을 일으킨다. 큐열에 감염된 가축과 자주 접촉하는 축산업자나 수의사, 도축 관련 종사자 등이 고위험 직업군으로 알려져 있다. 우리나라 법정감염병의 제3급감염병으로 분류되어 있다.

31 반려동물에 대한 설명으로 옳지 않은 것은?

① 사람과 함께 더불어 살아가는 동물을 의미한다.
② 반려견의 역할이 가정견과 경비견으로 축소되었다.
③ 반려동물은 개, 고양이, 소형 포유류 등 범위가 다양하다.
④ 개는 인간과 가장 오랜 역사 동안 함께 해온 동물이다.
⑤ 상실감, 고독감 등을 해소시켜주고 사회의 적응을 돕는 역할을 한다.

해설 ② 반려견은 가정견, 경비견, 탐지견, 사냥견, 목양견 등 다양한 역할을 하고 있다.

32 한국의 천연기념물로 지정된 개로 나열된 것은?

① 진돗개, 삽살개, 동경이
② 진돗개, 시바, 차우차우
③ 차우차우, 동경이, 치와와
④ 삽살개, 동경이, 시바
⑤ 동경이, 보더콜리, 차우차우

해설 진돗개는 천연기념물 제53호, 삽살개는 제368호, 동경이는 제540호로 지정되어 있다.

33 북유럽이 원산지이며 청회색의 융단을 만지는 듯한 촉감의 짧은 털을 가진 고양이 품종은?

① 터키쉬 앙고라
② 러시안 블루
③ 노르웨이 숲
④ 페르시안 고양이
⑤ 옥시캣

해설 ① 터키쉬 앙고라는 터키가 원산지이며 고양이 중에서 가장 영리한 품종이다.
③ 노르웨이 숲은 밝은 녹색 바탕에 황금 띠가 둘러진 눈 색이 특징인 장모종 고양이이다.
④ 페르시안 고양이는 긴 털이 몸 전체를 덮고 있으며, 둥글고 큰 머리에 납작한 코가 특징이다.
⑤ 옥시캣은 은색, 갈색 바탕에 반점 모양의 짧은 털을 가진 집고양이이다.

34 개의 감각기관 발달순서를 바르게 나열한 것은?

① 시각, 청각, 촉각, 미각, 후각
② 시각, 후각, 청각, 촉각, 미각
③ 미각, 촉각, 시각, 후각, 청각
④ 후각, 청각, 시각, 촉각, 미각
⑤ 후각, 시각, 청각, 미각, 촉각

해설 개의 감각기관은 후각 → 청각 → 시각 → 촉각 → 미각 순으로 발달한다.
후각은 태어나자마자 발달하기 시작하고, 2주면 눈을 뜨지만 물체의 형태를 구분할 수 있는 건 4주부터
이다. 미각은 감각기관 중 가장 마지막에 발달하는데 맛을 구분한다기보다는 소화할 수 있는 음식인지
를 판단하는 기능을 한다.

35 반려견 관리에 대한 설명으로 옳지 않은 것은?

① 항문낭은 정기적으로 짜주어야 한다.
② 귓속에 털이 너무 많으면 뽑아주어야 한다.
③ 중성화 수술 후 비만 관리에 주의를 기울여야 한다.
④ 실내견들의 발톱은 아주 짧게 잘라주어야 미끄러지지 않는다.
⑤ 사람이 쓰는 칫솔이나 소금을 사용하여 양치질시키는 것은 바람직하지 않다.

해설 ④ 개의 발톱 안쪽 부분에는 혈관이 통하고 있어 짧게 잘라낼 경우 출혈이 일어날 수 있다. 흰색 발톱을
가진 견종은 햇빛에 비추어 보면서 혈관을 피해 잘라주고 검은색 발톱을 가진 견종은 눈대중으로
적당히 잘라주어야 한다.

36 고양이 습성에 대한 설명으로 옳은 것은?

① 정해진 곳에 배설하는 습성이 있다.

② 고양이는 개와 다르게 무리 내에서 서열을 정하지 않는다.

③ 꼬리를 꼿꼿이 세우고 사람에게 머리를 비비는 행동은 공격의 의미이다.

④ 고양이는 주행성 동물이므로 아침 7시~오후 3시에 가장 활발한 모습을 보인다.

⑤ 꼬리를 심하게 휘휘 돌리는 것은 기분이 매우 좋은 상태일 때 보이는 행동이다.

> **해설** ② 한 집에서 여러 마리를 키우는 경우에도 고양이들 사이에 서열이 정해진다.
> ③ 꼬리를 세우고 사람에게 다가와 머리를 비비는 것은 어리광을 부리는 행동이다.
> ④ 고양이는 야행성 동물이며 밤 11~12시쯤 가장 활발한 모습을 보인다.
> ⑤ 꼬리를 심하게 돌리는 것은 기분이 매우 나쁠 때 보이는 행동이다.

37 고양이를 관리하는 방법으로 바람직한 것은?

① 체온을 잴 때는 체온계를 3분간 입에 물려서 잰다.

② 수컷의 중성화 수술은 3살 이후에 해주는 것이 적당하다.

③ 고양이 전용 사료를 주어 부족한 타우린을 보충해주어야 한다.

④ 닭뼈를 주는 것은 금기사항이지만 소금물에 삶은 닭가슴살은 우수한 간식이다.

⑤ 실내에서 키우는 고양이의 경우 발톱을 아주 짧게 잘라주어야 미끄러지지 않는다.

> **해설** ① 고양이의 정상 체온은 38~39℃이며, 체온계를 항문에 2cm 정도 넣어서 잰다.
> ② 수컷의 중성화 수술은 6개월 미만에 해주는 것이 좋다.
> ④ 염분이 들어간 음식은 신장병이나 고혈압 등을 유발할 수 있다.
> ⑤ 고양이의 발톱 안쪽 부분에는 혈관이 통하고 있어 짧게 잘라낼 경우 출혈이 일어날 수 있다.

38 햄스터에게 금기되는 식품이 아닌 것은?

① 생콩   ② 살구

③ 생감자   ④ 해바라기씨

⑤ 소금물에 삶은 옥수수

> **해설** ④ 해바라기씨는 햄스터가 아주 좋아하는 먹이 중 하나이지만 너무 자주 먹이면 해바라기씨의 지방 성분 때문에 비만이 될 수 있으니 적당히 주는 것이 좋다.
> ① 생콩은 알레르기를 유발할 수 있다.
> ② 살구, 매화 등은 호흡곤란을 일으킬 수 있다.
> ③ 생감자에는 '솔라닌'이라는 독소 성분이 들어있다.
> ⑤ 사람이 먹는 조미료가 들어간 음식은 주어서는 안 되며 너무 뜨거운 음식은 반드시 식혀서 주어야 한다.

39 강아지 행동을 해석한 것으로 옳지 않은 것은?

① 항복의 표시로 바닥에 벌렁 누워서 배를 내보인다.
② 슬플 때 상대를 향해 이빨을 드러내고 으르렁거린다.
③ 강아지는 서로의 엉덩이와 꼬리 냄새를 맡으며 인사한다.
④ 기쁠 때 꼬리를 세차게 흔들며 몸 전체로 감정을 나타낸다.
⑤ 상대의 얼굴을 핥으며 꼬리를 천천히 흔드는 것은 좋아한다는 표현이다.

> **해설** ② 강아지는 슬픈 감정을 느낄 때 꼬리를 낮게 내리고, 화가 났을 때 상대를 향해 이빨을 드러내고 으르렁거린다.

40 친칠라에 대한 설명으로 옳지 않은 것은?

① 평균 수명은 10년 정도이다.
② 암컷이 수컷보다 크고 공격적이다.
③ 갓 태어난 새끼는 2주가 지나야 뛰어다닐 수 있다.
④ 실크 같은 촉감의 모피를 얻기 위해 많이 기르기 시작했다.
⑤ 임신기간은 약 112일 정도이며 1회에 1~2마리의 새끼를 낳는다.

> **해설** ③ 친칠라의 새끼는 생후 몇 시간이 지나면 뛰어다닐 수 있다.

41 공기 중의 산소에 의해 쉽게 산화되어 효력이 가장 빨리 상실되는 것은?

① 비타민 A
② 비타민 B_1
③ 비타민 C
④ 비타민 D
⑤ 비타민 E

> **해설** 비타민 A는 공기 중의 산소에 의해 쉽게 산화되어 파괴되기 때문에 사료의 제조 및 저장과정 동안에 상당량이 파괴된다.

42 다음 중 단순단백질이 아닌 것은?

① 알부민
② 인단백질
③ 프롤라민
④ 글로불린
⑤ 프로타민

해설 인단백질은 복합단백질의 종류 중 하나이다.

43 다음 중 필수 아미노산이 아닌 것은?

① 글리신
② 아르기닌
③ 라이신
④ 트립토판
⑤ 트레오닌

해설 글리신은 비필수 아미노산에 해당한다.

44 사람이나 가축의 장내 미생물에 의해 합성되어 사용되는 비타민은?

① 비타민 A
② 비타민 K
③ 비타민 C
④ 비오틴
⑤ 판토텐산

해설 비타민 K는 혈액을 신속하고 정상적으로 응고시키는 데 관여하고, 식사를 통하여 흡수될 뿐만 아니라 장내 미생물에 의해 합성되어 사용된다.

45 소화효소의 특징으로 옳지 않은 것은?

① 주성분은 단백질이다.
② 35~40℃에서 가장 활발하게 작용한다.
③ 최적 pH에서만 작용한다.
④ 한 종류의 효소는 한 종류의 기질에만 작용한다.
⑤ 입, 위, 소장에만 존재한다.

해설 입, 위, 췌장, 소장에서 각각 존재한다.

46 구리(Cu)에 대한 설명 중 옳지 않은 것은?

① 체내 모든 조직에 존재한다.
② 필수 광물질인 동시에 중독 광물질이다.
③ 간에 저장되며, 담즙으로 많이 배출된다.
④ 갑상선 호르몬의 중요한 구성요소로 결핍증상이 쉽게 일어난다.
⑤ 간이나 쓸개 질환이 있을 때, 배출이 억제되면서 중독 증상이 나타난다.

> **해설** 갑상선 호르몬의 중요한 구성요소인 필수 미네랄은 요오드(I)이다. 요오드는 시판되는 사료에 충분히 함유되어 있어 결핍증상이 쉽게 일어나지 않는다.

47 사료가치의 평가방법에 대한 설명으로 옳지 않은 것은?

① 일반성분분석법은 사료의 조성분 함량에 기초를 두고 있는 방법이다.
② 미량성분에 의한 평가법은 사료에 들어있는 아미노산, 지방산, 미광량물질 및 비타민 등 특정한 미량성분 함량을 측정하여 평가하는 방법이다.
③ 생물학적 평가방법은 사료 중 영양소 함량의 분석을 통해서 측정하는 것이다.
④ 물리적 평가방법은 사료의 외형, 냄새, 색깔 등을 기준으로 평가하는 방법이다.
⑤ 물리적·화학적·생물학적 평가방법으로 나눌 수 있다.

> **해설** 생물학적 평가방법은 해당 동물을 직접 이용하여 에너지나 단백질 등을 측정하므로 많은 시간이 소요되고 과정이 복잡하지만 평가결과의 정확도가 높은 평가방법이다. 사료 중의 영양소 함량을 분석하여 측정하는 것은 화학적 평가방법이다.

48 사료에 대한 설명으로 옳지 않은 것은?

① 동물의 건강 상태, 나이, 사육 환경 등을 종합적으로 고려하여 사료의 종류를 선택해야 한다.
② 식욕이 부진한 경우 질병이나 통증에 의한 것일 수 있으니 건강검진이 필요하다.
③ 건조사료는 노령 동물이나 잇몸에 염증이 있어 식사를 거부하는 동물에게 적합하다.
④ 사료 첨가물에 알레르기가 있는 경우 동결건조사료나 냉동사료를 추천한다.
⑤ 알레르기가 있으면 검사를 통해 어떤 첨가물에 의한 것인지 수의학적인 확인이 필요하다.

> **해설** 건조사료는 치아가 튼튼하고 씹는 것을 좋아하는 일반적인 건강한 동물에게 적합하다. 노령 동물이나 잇몸에 염증이 있어 식사를 거부하는 동물에게는 반건조사료나 통조림사료가 적합하다.

49 처방식 사료에 대한 설명으로 옳지 않은 것은?

① 관절질환에는 글루코사민과 콘드로이틴의 원료가 추가된 사료가 도움이 된다.

② 신장질환에는 신장질환의 진행을 촉진하는 인을 감소시킨 사료가 도움이 된다.

③ 심장질환에는 나트륨을 증가시킨 처방식 사료가 도움이 된다.

④ 알레르기질환에는 기존에 먹지 않았던 원료를 사용하거나 가수분해한 사료가 도움이 될 수 있다.

⑤ 비만 치료 시 사료 섭취량을 줄인다면, 단백질과 미네랄의 불균형을 방지하는 사료의 급여가 필요하다.

해설 나트륨은 심장 기능에 부담을 주기 때문에, 이를 감소시킨 처방식 사료가 도움이 된다.

50 반추동물에 대한 설명으로 옳지 않은 것은?

① 반추동물은 4개의 위를 가진 초식동물을 말한다.

② 반추동물에는 소, 면양, 산양 등이 있다.

③ 반추동물의 아래턱에는 8개의 앞니가 있으나 위턱에는 없다.

④ 반추동물의 입에는 모두 4개의 침샘을 가지고 있다.

⑤ 1위에서 반추작용과 미생물에 의한 효소작용을 거쳐 일부는 1위 내에서 소화 및 흡수되고, 나머지 발효산물들은 3위로 이동한다.

해설 반추동물의 입에는 모두 8개의 침샘을 가지고 있어 많은 양의 침을 분비한다.

51 생애번식성공도라고 하며 어느 동물이 낳은 새끼의 수와 그 새끼들이 번식연령에 도달하기까지의 생존율의 곱으로 나타내는 개념은?

① 육아행동   ② 적응도

③ 성행동의 메커니즘   ④ 생득적 해발기구

⑤ K전략

해설 동물행동학의 주요 기본적 개념인 적응도(Fitness)는 생애번식성공도(Lifetime Reproductive Success)라고 하며 수치로 나타낼 수 있는데, 어느 동물이 낳은 새끼의 수(출산수)와 그 새끼들이 번식연령에 도달하기까지의 생존율의 곱으로 나타낸다.

52 행동의 동기부여 중 옳지 않은 것은?

① 사회적 동기부여

② 호메오스타시스성 동기부여

③ 정동적 동기부여

④ 번식성 동기부여

⑤ 외발적 동기부여

해설 행동의 동기부여 중 하나로는 호기심이나 조작욕, 접촉욕과 같은 내발적 동기부여가 있다.

53 문제행동에 대한 설명으로 옳지 않은 것은?

① 주인이 문제라고 간주하는 행동이다.

② 행동 레퍼토리가 정상 레퍼토리에서 크게 벗어난 것이다.

③ 정상 범위의 행동 레퍼토리의 빈도가 많거나 혹은 적은 경우다.

④ 주인에게 그 행동이 매우 성가신 경우다.

⑤ 문제행동은 동물들에게 완전히 비정상적인 행동이다.

해설 문제행동 중에는 정상행동의 범위에 속하는 행동이더라도 사람과의 관계에서 그 행동이 문제가 되는 경우가 많다.

54 개의 행동발달 단계 중 젖을 떼고 나서 성 성숙에 이르기까지의 기간에 해당하는 것은?

① 신생아기   ② 이행기

③ 사회화기   ④ 약령기

⑤ 성년기

해설 약령기는 견종이나 개체에 따른 차이가 크지만 상한은 대략 6~12개월까지로 여겨진다.

55 새끼고양이의 행동발달에 대한 설명으로 옳지 않은 것은?

① 쉽게 둥지를 벗어난다.
② 스스로 체온유지를 할 수 없다.
③ 입위반사는 태어나면서부터 바로 보인다.
④ 전정계의 기능은 천천히 발달한다.
⑤ 굴곡반사는 태어나면서 바로 보인다.

해설 신생아가 어미고양이에게 다가갈 때는 앞발로 노를 젓듯이 무릎을 끌고 가는데 균형 잡힌 운동을 할
수 없기 때문에 새끼고양이가 둥지를 벗어나 헤맬 걱정은 없다.

56 약물요법을 고려하는 경우로 옳지 않은 것은?

① 주인이 안락사를 생각하고 있다.
② 상동장애 등으로 동물의 자상 정도가 심하다.
③ 안전을 위해 행동수정법 전에 실시한다.
④ 천둥 등 동물에게 반응을 일으키는 자극의 발현시기의 예측과 컨트롤이 불가능하다.
⑤ 자극에 대한 동물의 반응이 너무 심하여 탈감작 등의 치료를 시작할 수 있다.

해설 행동수정법에 실패했거나 개선의 가능성이 없을 경우에 약물요법을 고려할 수 있다.

57 주인이 없을 때 불안감을 느껴서 짖거나 부적절하게 배설하거나 구토, 설사, 떨림, 지성피부염
과 같은 생리학적 증상을 나타내는 것은?

① 공포성 공격행동   ② 분리불안
③ 고령성 인지장애   ④ 상동장애
⑤ 특발성 공격행동

해설 개가 빈 집에 있는 동안 불안을 느끼는 것으로, 분리불안을 보이는 개와 주인 사이에는 종종 과도한
애착관계가 보인다.

58 동물병원에 겁먹은 개나 고양이가 방문했을 경우 적절한 대처방법이 아닌 것은?

① 처벌을 피한다.
② 달랜다.
③ 신경을 분산시키는 행동을 한다.
④ 무서워할 수 있는 자극을 주지 않는다.
⑤ 동물에게서 주인을 떨어뜨린다.

> **해설** 달래는 행위는 목소리나 그 방법이 동물을 칭찬하는 행위와 비슷해서 겁먹은 동물에게 겁먹어도 좋다는 잘못된 메시지를 전달하게 된다. 그리고 처벌의 경우에는 겁먹은 동물의 불안과 공포를 증가시켜 문제를 더 크게 만든다.

59 고양이의 스프레이행동과 부적절한 배설의 차이점에 대한 설명 중 옳은 것은?

① 스프레이행동의 배설량은 적고, 부적절한 배설량은 많다.
② 스프레이행동은 일반적으로 앉아서 하고, 부적절한 배설은 서서 한다.
③ 스프레이행동은 화장실을 사용하지 않고, 부적절한 배설은 사용한다.
④ 스프레이행동은 좋아하는 장소에서 하고, 부적절한 배설은 수직면에 한다.
⑤ 스프레이행동의 원인에는 화장실에 대한 불만이 있을 수 있고, 부적절한 배설의 원인에는 번식기의 암컷고양이가 주변에 있는 경우일 수 있다.

> **해설** ② 스프레이행동은 일반적으로 서서 하고, 부적절한 배설은 앉아서 한다.
> ③ 스프레이행동은 일반적인 배설 시에 화장실을 사용하고, 부적절한 배설은 일반적으로 화장실을 사용하지 않는다.
> ④ 스프레이행동은 일반적으로 수직면에 하고, 부적절한 배설은 좋아하는 장소에서 한다.
> ⑤ 스프레이행동의 원인에는 번식기의 암컷고양이가 주변에 있는 경우일 수 있고, 부적절한 배설의 원인에는 화장실에 대한 불만이 있을 수 있다.

60 처음에는 동물이 반응을 일으키지 않을 정도의 약한 자극을 반복하고 단계적으로 자극의 정도를 높여 가며 서서히 길들여가는 행동수정법은?

① 홍수법   ② 계통적 탈감작
③ 길항조건부여   ④ 처벌
⑤ 트레이닝

> **해설** 계통적 탈감작에 대한 설명이며, 길항조건부여와 함께 이용되는 경우가 많다. 특히 성숙한 동물에게 효과적이다.

01 응급실에서 사용하는 수액 처치 물품과 용도로 바르게 짝지어진 것은?

① 수액세트와 연장선: 자발 호흡이 없는 환자에게 양압 호흡을 하기 위한 기기

② 수액 압박 백(bag): 응급 수액을 투여할 때 수액을 압박하여 다량을 공급할 수 있게 하는 압박 백(bag)

③ 3-WAY stop cock: 수액 또는 다량의 약물을 시간당 정확한 양으로 주입하기 위해 수액 라인을 연결하여 사용하는 기기

④ 실린지 펌프(syringe pump): 수액세트와 연장선 사이에 연결하여 각종 약물을 투여할 수 있는 3방향 밸브

⑤ 인퓨전 펌프(infusion pump): 주사기를 이용하여 약물을 일정한 속도와 시간으로 환자에게 주입하기 위한 기기

해설 ① 수액세트와 연장선: 수액 백(bag)에 바로 연결하는 수액 라인과 연장선
③ 3-WAY stop cock: 수액세트와 연장선 사이에 연결하여 각종 약물을 투여할 수 있는 3방향 밸브
④ 실린지 펌프(syringe pump): 주사기를 이용하여 약물을 일정한 속도와 시간으로 환자에게 주입하기 위한 기기
⑤ 인퓨전 펌프(infusion pump): 수액 또는 다량의 약물을 시간당 정확한 양으로 주입하기 위해 수액 라인을 연결하여 사용하는 기기

02 응급실 기기의 준비 및 관리에 관한 설명으로 옳지 않은 것은?

① 응급실 체크리스트를 작성하여 이용한다.

② 기기가 지정된 위치에 있는지 반드시 확인한다.

③ 전기 기기에 소독 스프레이를 이용하여 반드시 소독을 한다.

④ 배터리를 사용하는 기기는 배터리 잔량과 여유 배터리 재고를 확인한다.

⑤ 전원을 사용하는 응급 기기의 전원을 켜 정상 작동을 확인한다.

해설 전기 기기에 소독 스프레이를 직접 분사하면 고장이 발생하므로 거즈 또는 솜을 묻혀 닦아낸다.

03 동물 응급 상황에서 흔히 사용할 수 있는 응급 약물이 아닌 것은?

① 아트로핀(atropine)
② 리도카인(lidocaine)
③ 에피네프린(epinephrine)
④ 탄산수소나트륨(sodium bicarbonate)
⑤ 도파민(dopamine)

해설 응급 상황에서 흔히 사용하는 약물
아트로핀(atropine), 리도카인(lidocaine), 에피네프린(epinephrine), 탄산수소나트륨(sodium bicarbonate), 바소프레신(vasopressin), 날록손(naloxone), 20% 포도당 등이 있다.

04 동물병원 응급실을 일상점검할 때 옳지 않은 것은?

① 바닥에 불필요한 물품이 없는지 확인한다.
② 전원을 사용하는 기기의 전원을 켜 정상 작동을 확인한다.
③ 산소 잔량은 산소통의 잔량 게이지를 통해 하루 두 번 확인한다.
④ 산소 유량계의 표시된 선까지 증류수가 충분한지 확인한다.
⑤ 모든 확인이 끝나면 수의사 또는 담당자의 확인을 받는다.

해설 ③ 산소통의 잔량을 확인하고 비누 거품을 이용해 산소 유출 여부를 확인하는데 산소 잔량은 산소통의 잔량 게이지(gauge)를 통해 수시로 확인해야 한다.

05 응급질환 중 두개 외상(head trauma) 시 처치 보조로 옳은 것은?

① 복부를 압박할 수 있는 보정 행위는 피한다.
② 흉부를 압박하지 않는다.
③ 케이지의 3면 벽에 패드를 고정하여 이차 충격을 예방한다.
④ 사지 냉감이 확인되므로 집중적으로 모니터링한다.
⑤ 경부를 압박하는 보정 또는 흥분을 최소화한다.

해설 ① 암컷 개와 고양이에게 나타나는 자궁축농증(pyometra)에 대한 처치 보조이다.
② 승모판 폐쇄 부전(mitral valve insufficiency; MVI)에 대한 처치 보조이다.
④ 쇼크(shock)의 초기 단계에 대한 처치 보조이다.
⑤ 기관 허탈(tracheal collapse; TC)에 대한 보조이다.

06 위 확장과 염전(gastric dilatation volvulus; GDV)에 관한 설명으로 옳지 않은 것은?

① 사망률이 매우 높은 응급으로, 좁고 깊은 흉부를 가진 대형견에게서 주로 발생한다.
② 원인은 알려지지 않았으나, 사료를 먹거나 물을 마신 뒤 운동을 했을 때 발생할 확률이 높다.
③ 위 확장은 위가 뒤틀린 것을 말하고, 염전은 위가 팽창된 것을 말한다.
④ 전대동맥과 문맥의 혈류를 방해함으로써 저혈량 쇼크에 이르러 사망하게 된다.
⑤ 급작스러운 활력 저하와 과도한 유연(침 흘림)을 보이며 심한 복부 팽만과 복통 증상이 있다.

해설 위 확장은 급성으로 위가 팽창된 것이며, 염전은 확장된 위가 뒤틀린 것을 말한다.

07 동물 응급 처치 수행 시 보조 역할로 옳지 않은 것은?

① 동물을 이송할 때는 왼손으로 가슴을 받치고 오른손으로 엉덩이를 받쳐 안정된 보정 자세로 이송한다.
② 수의사의 지시에 따라 생체지표를 체크하고 응급동물 분류 용지에 기록한다.
③ 직접 채혈하여 초기 검사 항목의 혈당(blood glucose), 젖산(lactate), PCV(적혈구 용적률), 전해질 검사를 시행한다.
④ 수의사가 IV카테터 장착을 준비하면 동물을 안정되게 보정한다.
⑤ 체온 측정은 동물의 거부감으로 인해 심박수, 호흡수, 혈압에 영향을 줄 수 있으므로 마지막에 측정한다.

해설 수의사가 채혈한 혈액으로 초기 검사 항목의 혈당(blood glucose), 젖산(lactate), PCV(적혈구 용적률), 전해질 검사를 시행한다. 초기 검사 후 검사 결과를 분류 용지에 기록한다.

08 심폐소생술에 필요한 주요 가구 및 물품으로 바르게 묶인 것은?

㉠ 후두경	㉡ 기관튜브(ET-tube)
㉢ 멸균장갑	㉣ 나비침
㉤ 석션기(suction unit)	

① ㉠, ㉡, ㉢　　　　　　　　　　② ㉠, ㉡, ㉣
③ ㉡, ㉢, ㉤　　　　　　　　　　④ ㉠, ㉢, ㉤
⑤ ㉢, ㉣, ㉤

해설 심폐소생술에 필요한 주요 기구 및 물품
후두경, 기관튜브(ET-tube), 암부백(AMBU bag), 비멸균장갑, IV카테터, 수액 및 수액세트, 다양한
크기의 주사기, 영양공급관, 나비침, 약물 용량표, 3-way stopcock

09 동물 심폐소생술 점검과 시행에 관한 설명으로 옳지 않은 것은?

① 후두경의 조명은 정상인지 조명의 밝기를 확인한다.
② 기본 심폐소생술은 삽관(A) → 호흡(B) → 순환(C)의 순서대로 시행한다.
③ 흉부를 압박할 때 두 팔은 곧게 편 상태에서 해야 쉽게 지치지 않는다.
④ 기관내관의 삽관(air way; A) 시 동물의 몸을 흉와위 상태로 보정한다.
⑤ 기관내관(endotracheal tube; ET-tube)은 한 가지 크기인지 확인한다.

해설 ⑤ 기관내관(endotracheal tube; ET-tube)은 크기가 다양하게 비치되어 있는지 확인한다.

10 응급동물 모니터링 기기 사용에 관한 설명으로 옳은 것은?

① 산소포화도를 측정할 때는 산소포화도의 변화를 확인하기 위해 2분 이상 측정한다.
② 젖산 수치를 측정할 때는 혈액을 스트립에 흡입시킨 120초 후에 결괏값을 확인한다.
③ 혈당을 측정할 때는 정상 범위는 75~140mg/dl이다.
④ 심전도 모니터기를 사용하여 심전도를 측정할 때는 심박수, 호흡수, 맥박수를 모니터링
한다.
⑤ 젖산 수치의 정상값은 3.5mmol/L 이하이다.

해설 ① 산소포화도를 측정할 때는 산소포화도의 변화를 확인하기 위해 1분 이상 측정한다.
② 젖산 수치를 측정할 때는 혈액을 스트립에 흡입시킨 60초 후에 결괏값을 확인한 후 차트에 기록하
는 데 측정 시간은 제조사마다 다르며, 일반적으로 15초에서 60초 사이이다.
④ 심전도 모니터기를 사용하여 심전도를 측정할 때는 심박수, 호흡수를 모니터링한다.
⑤ 젖산 수치의 정상값은 2.5mmol/L 이하이다.

11 동물 모니터링에 관한 설명으로 옳지 않은 것은?

① 중증 동물은 수의사의 지시에 따라 30분 또는 1시간 단위로 혈압을 측정하여 변화를 모니터링한다.

② 기력 없이 누워 있는 상태로, 외부의 환경에 반응하는 정도를 혼미(stupor)라 한다.

③ 수액을 공급해도 배뇨가 6시간 이상 없으면 수의사에게 보고한다.

④ 산소 공급을 시행하고 호흡 양상의 변화가 있을 때는 반드시 담당 수의사에게 보고한다.

⑤ 체온 측정 시 체온이 불안정하면 일정한 간격(약 30분)을 두고 계속 측정해야 한다.

> **해설** ② 기력 없이 누워 있는 상태로, 외부의 환경에 반응하는 정도는 침울(depression)이다.

12 호흡 곤란 동물의 산소요법 보조에 관한 설명으로 옳지 않은 것은?

① 마스크는 단두종의 개나 고양이에게는 부적절하다.

② 고농도의 산소를 공급하는 것은 동맥 내 산소 분압을 높이고 혈장에 용해되는 산소량을 많게 하기 위함이다.

③ 대부분 응급치료에서 우선순위는 산소 공급이며, 산소는 세포의 대사와 조직의 보전에 필수이므로 매우 중요하다.

④ 산소 튜브를 이용하는 방법은 코와 입에 산소 튜브를 대 주는 것으로 마스크보다 효과가 크다.

⑤ 산소 공급 시에는 환자의 눈에 점안 젤(인공 눈물)을 주기적으로 도포하여야 한다.

> **해설** ④ 산소 튜브를 이용하는 방법은 코와 입에 산소 튜브를 가까이 대 주는 것이며, 마스크보다는 효과가 작지만, 마스크를 싫어하는 동물에게 응급 목적으로 적용하기 좋은 방법이다.

13 넥칼라를 이용한 산소 공급 시 유의점으로 옳지 않은 것은?

① 동물에게 맞는 넥칼라를 선택하고 동물의 머리 둘레에 맞게 넥칼라를 조정한다.

② 랩을 넥칼라의 앞쪽 지름 양쪽으로 4~5cm 여유 있게 잘라 바닥에 놓는다.

③ 넥칼라의 2/3를 랩으로 씌우고 투명 테이프로 고정한다.

④ 산소라인을 넥칼라의 안쪽에 테이프를 이용하여 고정한다.

⑤ 동물에게 산소 넥칼라를 씌운 후 초기에 칼라 안에 산소가 천천히 채워지도록 낮은 양으로 채우고, 이후에 수의사의 지시에 따라 양을 조절한다.

해설 ⑤ 동물에게 산소 넥칼라를 씌운 후 초기에 칼라 안에 산소가 빨리 채워지도록 높은 양으로 채우고, 이후에 수의사의 지시에 따라 양을 조절한다.

14 혈관을 통한 비경구 영양 공급을 시행해야 하는 동물로 옳지 않은 것은?

① 심한 구토가 있는 동물
② 장 무력증 · 장 폐색이 있는 동물
③ 장의 영양분 흡수력이 없는 동물
④ 장관 튜브장착을 위한 마취를 할 수 없는 동물
⑤ 수혈을 받은 경험이 있는 동물

해설 비경구 영양(parenteral nutrition; PN)
• 동물 대부분이 장을 통한 영양 공급이 가능하므로, 경구로 영양 공급이 가능하지만 경구로의 공급을 할 수 없는 경우에는 혈관을 통한 비경구 영양 공급을 시행한다.
• 심한 구토 · 장 무력증 · 장 폐색이 있는 동물, 장의 영양분 흡수력이 없는 동물, 장관 튜브장착을 위한 마취를 할 수 없는 동물에게 적용한다.

15 비경구 영양(parenteral nutrition; PN) 공급 시 주의 사항으로 옳지 않은 것은?

① PN 용액은 상온에서 최대 2일까지만 사용한다.
② 수액세트와 bag은 5일마다 교체한다.
③ 아미노산과 지방이 변성하지 않도록 빛을 차광한다.
④ 동물에게 장착한 IV카테터는 약물 투여를 위해 사용해서는 안 된다.
⑤ 체온 증가 여부는 일정 시간 간격을 두고 확인한다.

해설 ② 수액세트와 bag은 2일마다 교체한다.

비경구 영양(parenteral nutrition; PN) 공급 시 주의 사항
• PN 용액은 상온에서 최대 2일까지만 사용한다.
• 수액세트와 bag은 2일마다 교체한다.
• 아미노산과 지방이 변성하지 않도록 빛을 차광한다.
• 혼합액을 조제할 때와 투여할 때 반드시 무균으로 시행한다.
• 동물에게 장착한 IV카테터는 PN 공급 전용으로 사용하고, 약물 투여를 위해 사용해서는 안 된다.
• 체온 증가 여부는 일정 시간 간격을 두고 확인한다.
• 고삼투성 용액이 말초 혈관으로 투여되는 것으로 정맥염 발생이 많으므로 IV카테터는 멸균으로 철저히 관리되어야 한다.

16 수혈 준비 보조하기에 대한 설명으로 옳지 않은 것은?

① 농축 적혈구의 채혈 일자를 반드시 확인한다.
② 수혈 팩을 개봉하기 전에 소독제를 이용해 처치대를 반드시 소독한다.
③ 수혈 세트의 도입침이 손이나 옷에 닿지 않도록 주의하고 수혈세트의 도입침을 수혈 팩에 찌를 때 수혈 팩이 손상되지 않도록 주의한다.
④ 수혈세트 2단의 점적봉 안쪽 면에 혈액이 묻을 경우 혈액의 점도로 인해 혈액이 점적봉의 내부 벽을 타고 흐르므로 점적봉의 벽에 묻지 않도록 주의한다.
⑤ 수혈 시작 후 60분 이내에 급성 부작용이 나타나므로, 주의 깊게 환자의 상태를 모니터링 한다.

해설 ⑤ 수혈 시작 후 30분 이내에 급성 부작용이 나타나므로, 주의 깊게 환자의 상태를 모니터링 한다.

17 피부 연고제를 투여할 때의 방법으로 옳지 않은 것은?

① 연고제를 적용하기 전에 손을 깨끗이 씻는다.
② 동물의 환부는 비눗물을 사용하여 깨끗하게 씻어낸다.
③ 처방에 따른 연고제를 준비한다.
④ 환부를 핥거나 발로 긁지 않게 엘리자베스 칼라나 붕대 등으로 보호조치를 취한다.
⑤ 환부에 가급적 자극을 주지 않도록 연고를 조심해서 얇게 펴 바른다.

해설 동물의 환부가 지저분하다면 미지근한 온수로 씻어내고 깨끗한 거즈 등으로 닦아내거나 말린다.

18 천자를 통해 정맥 내에 장착하고 수액제를 수액관을 통해 투여하는 경로 역할을 하는 의료용 물품은?

① IV카테터   ② 점적통
③ 도입침   ④ PVC백
⑤ 조절기

해설 ① 바늘의 지름 크기에 따라 다양한 IV카테터가 있고, 카테터의 색깔로 구분한다. 한 번 장착하면 장시간 사용할 수 있으며 일정 기간이 지나면 감염 위험 때문에 제거하여야 한다.

19 동물보건사의 역할로 옳지 않은 것은?

① 약물의 종류에 따른 보관 및 관리를 할 수 있다.

② 처방전을 보고 약품을 준비할 수 있다.

③ 처방된 약물을 경구 투약할 수 있다.

④ 처방된 방법으로 수액 처치를 할 수 있다.

⑤ 처방된 외용제를 투여할 수 있다.

> **해설** ④ 수액 처치는 수의사의 역할이고, 동물보건사는 수의사의 주사 투여나 수액 처치를 보조할 수 있다.

20 약물 알레르기에 대한 설명으로 옳은 것은?

① 약물 분자가 체내 단백질과 결합함으로써 항원으로 작용해 항체를 형성시켜 그 약물이 다시 체내에 노출되면 항원-항체반응이 일어나 나타나는 현상이다.

② 약물에 대한 감수성이 비정상적으로 저하되어, 정상 상태에서는 일정한 반응을 보이는 용량을 투여하는데도 아무런 반응이 나타나지 않아 용량을 늘려야 동일한 효과를 얻을 수 있는 것을 말한다.

③ 서로 다른 두 가지 이상의 약물을 동시에 투여할 때 나타나는 효과로서, 약물을 병용하였을 때 작용이 오히려 적게 나타나는 경우이다.

④ 약물 대부분은 어떤 조직 장기와 특별한 친화성을 가지고 있어서 친화성을 가진 조직 장기에 영향을 끼치게 되는 작용이다.

⑤ 약물을 투여한 후 약물이 직접 접촉한 장기에 일으키는 고유한 약리작용으로 일차작용이라고도 한다.

> **해설** ① 알레르기
> ② 내성
> ③ 길항작용
> ④ 선택작용
> ⑤ 직접작용

21 주사기에 약물을 채울 때의 내용으로 옳지 않은 것은?

① 적절한 주사기와 바늘의 종류를 결정해야 한다.

② 주사제를 거꾸로 세워 필요한 약물 용량을 채운다.

③ 주삿바늘을 주사제의 뚜껑에 삽입한다.

④ 주사기 내 공기를 뺄 때는 주삿바늘을 위로하여 주사기 몸체를 손가락으로 쳐 공기를 위로 올린다.

⑤ 처방전이나 진료기록부를 보고 약물의 종류와 주사량을 결정한다.

> **해설** ③ 주사기 뚜껑을 분리한 후 주사제의 고무 중간에 삽입한다.

22 처방전에서 'PO'의 약어가 의미하는 것은?

① 근육 투여   ② 경구 투여

③ 피하 투여   ④ 식사 후

⑤ 정맥 내 투여

> **해설** 진료부나 처방전에 주로 사용하는 의학용어
>
> | 약어 | 의미 | 약어 | 의미 |
> |---|---|---|---|
> | ad lib | 원하는 대로 | PO | 경구 투여 |
> | b.i.d | 1일 2회 | IV | 정맥 내 투여 |
> | t.i.d | 1일 3회 | IM | 근육 투여 |
> | q.i.d | 1일 4회 | SC | 피하 투여 |
> | pc | 식사 후 | prn | 필요할 때마다 |

23 동물병원에서 실시하는 각종 투여 방법 중 다음 밑줄 친 이 방법에 해당하는 것은?

> 가장 간편하고 안전하면서도 경제적이다. 또한, <u>이 방법</u>으로는 어떠한 약물도 투여할 수 있으며 철저한 소독이 필요하지 않다는 것이 장점이다.

① 경구적 투여   ② 비경구적 투여 중 피하 주사

③ 비경구적 투여 중 근육 내 주사   ④ 비경구적 투여 중 정맥 내 주사

⑤ 비경구적 투여 중 복강 내 주사

> **해설** 경구적 투여는 약물을 내복하는 방법으로서, 가장 간편하고 안전하면서도 경제적이다. 경구적 투여는 어떠한 약물도 투여할 수 있으며 철저한 소독이 필요하지 않다. 그러나 불쾌한 맛이 있거나, 위산에 의하여 파괴되거나 위장 점막에 대한 자극이 강한 경우에는 경구적 투여가 곤란하다.

24 **동물에게 약을 경구 투여할 때 수행 방법으로 옳지 않은 것은?**

① 경구 투여는 반드시 직접 손으로 입을 벌린 후 투여해야 한다.
② 약을 투여할 때에는 코가 위로 향하도록 머리의 앞부분을 올린다.
③ 한 손으로는 코의 주둥이 부분을 잡고 다른 손으로 아래턱을 밑으로 조심스럽게 당겨 입을 연다.
④ 경구용 약물을 목 깊숙한 곳에 투여해야 한다.
⑤ 동물이 약물을 삼킬 때까지 입을 닫은 채로 유지한다.

해설 경구 투여는 입을 통해 경구용 약물을 투여하는 것을 말한다. 순한 동물은 직접 손으로 입을 벌린 후 투여할 수 있고, 협조적이지 않은 동물은 알약 투약기 등을 이용하여 투여할 수 있다.

25 **경구제 투약 방법 중 동물에게 강제로 투약할 때 수행 순서로 옳은 것은?**

가. 동물을 테이블 위나 바닥에 앉힌다.
나. 동물의 뒤쪽 또는 옆에서 접근한 후, 한 손으로 위턱을 잡고 위쪽과 뒤쪽으로 부드럽게 약간 민다.
다. 목 주변을 단단히 잡아 머리를 고정한다.
라. 목의 인두 부위를 부드럽게 마사지한다.
마. 입을 닫고 코를 약간 위로 들어준다.
바. 가능한 한 혀 뒤쪽으로 약을 넣는다.

① 가 - 나 - 다 - 라 - 마 - 바
② 가 - 다 - 나 - 바 - 마 - 라
③ 가 - 라 - 다 - 나 - 마 - 바
④ 가 - 다 - 라 - 마 - 바 - 나
⑤ 가 - 다 - 마 - 바 - 나 - 라

해설 동물에게 강제로 투약하는 방법
• 동물을 테이블 위나 바닥에 앉힌다.
• 목 주변을 단단히 잡아 머리를 고정한다.
• 보호자가 동물의 뒤쪽 또는 옆에서 접근한 후, 한 손으로 위턱을 잡고 위쪽과 뒤쪽으로 부드럽게 약간 민다.
• 가능한 한 혀 뒤쪽으로 약을 넣는다.
• 입을 닫고 코를 약간 위로 들어준다.
• 잘 삼킬 수 있도록 목의 인두 부위를 부드럽게 마사지한다.

26 동물에게 강제로 투약할 때 위턱을 한 손으로 잡고 뒤와 위쪽으로 약간 미는 이유로 옳은 것은?

① 가능한 한 혀 앞쪽으로 약을 넣기 위해서이다.

② 동물을 두려움에서 가급적 보호하기 위해서이다.

③ 동물의 혀를 가장 길게 내밀게 하기 위해서이다.

④ 동물의 목과 인두 부위를 부드럽게 마사지하기 위해서이다.

⑤ 아래턱을 아래로 자연스럽게 벌려서 약을 입안에 넣기 위해서이다.

> **해설** 위턱을 한 손으로 잡고 뒤와 위쪽으로 약간 미는 이유는 아래턱이 아래로 자연스럽게 벌려지면서 약을 입안에 넣기 위함이다.

27 눈이 아픈 애완견에게 안약을 투약하는 방법으로 옳은 것은?

① 애완견이 불안함을 덜 느끼게 하기 위해 보호자는 애완견의 앞쪽에 위치한다.

② 애완견의 머리를 비스듬히 올리고 투약하는 눈의 뺨 위쪽을 한쪽 손으로 잡는다.

③ 안약 병을 잡은 손으로 애완견의 이마 뒤쪽 부분을 살짝 끌어당긴다.

④ 안약을 투입한 후 안약이 잘 들어갈 수 있도록 자세를 바로 바꾸어준다.

⑤ 안약이 눈에 잘 들어갈 수 있게 결막 부위에 살짝 안약 투입구를 닿게 한다.

> **해설** ③ 안약 병을 잡은 손으로 동물의 이마 뒤쪽 부분을 살짝 끌어당겨 결막이 노출되도록 한다.
> ① 보호자는 애완견의 뒤쪽에 위치한다.
> ② 머리를 비스듬히 올리고 투약하는 눈의 뺨 아래쪽을 한쪽 손으로 잡는다.
> ④ 안약 투입 후 안약이 흡수될 때까지 몇 분간 그 자세를 유지한다.
> ⑤ 결막 부위에 안약 투입구가 닿지 않도록 조심하면서 한 방울만 떨어뜨린다. 안약 투입구가 결막에 닿으면 안약이 오염될 수 있다.

28 약물을 보관할 때 일반적으로 주의해야 할 사항으로 옳지 않은 것은?

① 냉장 보관은 2~8℃를 유지하되, 10℃까지는 허용된다.

② 가연성 약물은 좀 더 안전한 캐비닛과 같은 장소에 보관한다.

③ 유아 및 어린이가 쉽게 접근할 수 없는 장소에 보관한다.

④ 개봉 후 한 달이 지난 약물은 되도록 유통기한과 상관없이 폐기한다.

⑤ 저장 및 보관 방법은 사용 설명서를 따른다.

해설　① 냉장 보관은 2~8℃를 항상 유지한다.

약물 보관 시 일반적인 주의사항
- 저장 및 보관 방법은 사용 설명서를 따른다.
- 냉장 보관은 2~8℃를 항상 유지한다.
- 유아 및 어린이가 쉽게 접근할 수 없는 장소에 보관한다.
- 가연성 약물은 좀 더 안전한 캐비닛과 같은 장소에 보관한다.
- 유통기한을 확인한다.
- 개봉 후 한 달이 지난 약물은 되도록 유통기한과 상관없이 폐기한다.

29 주삿바늘에 대한 내용으로 옳지 않은 것은?

① 24게이지보다 18게이지의 주삿바늘이 더 굵다.
② 주삿바늘의 두께는 게이지(gauge) 단위로 표시한다.
③ 게이지가 클수록 주삿바늘의 지름은 커진다.
④ 약물 점성이 높을수록 낮은 게이지의 주삿바늘을 사용한다.
⑤ 주삿바늘의 길이는 mm로 나타낸다.

해설　③ 게이지가 클수록 주삿바늘의 지름은 가늘어진다. 예를 들면 18게이지의 주삿바늘이 24게이지의 주삿바늘보다 굵다.

30 주사의 효능이 가장 빨리 나타나고 동물의 혈액 중 유효농도를 정확하게 조절할 수 있어 응급 시 가장 좋은 투여법은?

① 피하주사
② 피내주사
③ 근육 내 주사
④ 복강 내 주사
⑤ 정맥 내 주사

해설　⑤ 정맥 내 주사: 직접 정맥 내에 약물을 투여하는 방법이다. 투여가 곤란한 자극성 약물이나 고장성(Hypertonic)인 약물도 정맥 내 주사로는 천천히 투여할 수 있는 장점이 있다.
　① 피하주사: 약물을 피하에 투여하는 방법으로 주사법 중에서 가장 쉽다. 그러나 약물의 투여량이 많거나 자극이 강한 약물을 주사하는 경우에는 통증뿐 아니라 화농까지 일으킬 수 있어 자극성이 없는 약물을 소량 투여할 때 주로 사용한다.
　② 피내주사: 주삿바늘이 보일 정도로 표피 가까운 곳에 투여하는 주사법이다.
　③ 근육 내 주사: 근육에는 혈관 분포가 피하보다 비교적 풍부하여 흡수가 빠르고 작용이 빨리 나타나는 주사법이다. 그러나 피하주사법보다 통증을 더 유발할 수 있다.
　④ 복강 내 주사: 복강 내로 직접 약물을 투여하는 주사법으로, 복막은 흡수면적이 넓어 약물이 신속히 흡수되어 동물실험에서 이 방법을 많이 이용한다.

31 동물병원의 진료용 물품끼리 묶인 것은?

가. 주사침	나. 헤파린튜브
다. 알레르기용 샴푸	라. 수술가운
마. 배변판	

① 나, 다　　　　　　　　　　　　② 다, 라
③ 가, 다, 마　　　　　　　　　　④ 가, 다, 라
⑤ 가, 나, 라

해설

진료용 물품	• 각종 수액제·주사제·경구제·외용제 약물 • 약제용품(약 봉투, 투약 병) • 주사기 및 주사침 • 수술용 바늘 및 봉합사 • 수액용품(IV카테터, 나비침, 헤파린캡, 수액세트, 밸브커넥터 등) • 반창고 및 붕대 • 수술기구(가위, 포셉, 클램프, 니들홀더, 수술용 칼, 수술용 메스대 등) • 진단용 키트(심장사상충, 홍역, 파보, 코로나 등) • 각종 튜브(헤파린튜브, 채혈튜브, 체뇨튜브, 내시경튜브 등) • 초음파용 젤 및 내시경용 윤활제 • 멸균장갑, 마스크, 가운 및 기타 일회용품(수술가운, 수술포, 기계포, 일회용 덧신 및 모자 등) • 소독 봉투, 각종 소독 및 세척제 • 영상진단 기기 물품(X-ray 필름, 그리드, 현상액, 고정액, 세척액, 방호복(납가운 및 멸균장갑), 내시경필름 등) • 넥칼라 • 토니켓
판매용 물품	• 사료 및 간식류 • 소품 및 의류(목줄, 배변판, 캣타워 등) • 청결용품(샴푸, 눈 세정제, 귀 세정제, 치약, 칫솔 등)

32 의료 폐기물 처리 순서에 알맞게 나열한 것은?

> 가. 용기 밀폐
> 나. 내피 비닐 밀봉 및 내외부 소독
> 다. 전용용기 사용 및 내부 소독
> 라. 폐기물 위탁 처리업체로 인계
> 마. 지정된 격리 보관 장소에 임시보관

① 가 – 나 – 라 – 마 – 다
② 나 – 다 – 가 – 마 – 라
③ 다 – 나 – 가 – 마 – 라
④ 라 – 가 – 나 – 마 – 다
⑤ 마 – 나 – 다 – 라 – 가

> **해설** 의료 폐기물 처리 순서
> 전용용기 사용 및 내부 소독 → 내피 비닐 밀봉 및 내외부 소독 → 용기 밀폐 → 지정된 격리 보관
> 장소에 임시보관 → 폐기물 위탁 처리업체로 인계

33 의료 폐기물 전용용기 사용방법으로 알맞지 않은 것은?

① 의료 폐기물 종류별로 사용 가능한 전용용기를 구분하여 준비한다.
② 봉투형 용기에 담은 의료 폐기물은 다시 상자형 용기에 담아 위탁 처리한다.
③ 전용용기 외부에 의료 폐기물임을 나타내는 도형을 표시할 때 격리 의료 폐기물은 노란색으로 표시한다.
④ 전용용기에 폐기물을 최초로 투입할 때 사용 개시 연월일을 기재한 후 사용한다.
⑤ 주삿바늘, 수술용 칼날, 봉합 바늘 등의 손상성 폐기물은 합성수지형 전용용기에 넣어 배출한다.

> **해설** ③ 격리 의료 폐기물은 전용용기 외부에 붉은색으로 의료 폐기물임을 나타내는 도형을 표시한다.

34 동물병원 위생관리에 대한 내용으로 옳은 것은?

① 혈액이나 기타 유기물이 혼재되어 있어도 소독제의 살균효과에는 영향이 없다.

② 봉투형 용기는 의료 폐기물이 그 용량의 90% 이상이 차지 않도록 주의를 기울인다.

③ 동물병원이 아닌 장소에서 발생하는 동물 사체는 발생량에 따라 생활 또는 사업장 일반
폐기물로 분류된다.

④ 의료 폐기물의 보관창고, 보관장소 및 냉장시설은 월 1회 이상 약물소독의 방법으로 소독
한다.

⑤ 의료 폐기물을 보관하는 냉장시설은 섭씨 8도 이하를 유지해야 한다.

> **해설** ① 혈액이나 기타 유기물이 혼재되어 있으면 소독제의 살균효과는 감소한다.
> ② 봉투형 용기는 의료 폐기물이 그 용량의 75% 이상이 차지 않도록 항상 주의를 기울여야 한다.
> ④ 의료 폐기물의 보관창고, 보관장소 및 냉장시설은 주 1회 이상 약물소독의 방법으로 소독한다.
> ⑤ 의료 폐기물을 보관하는 냉장시설은 섭씨 4도 이하를 유지해야 한다.

35 의료 폐기물의 종류와 그 보관기간이 잘못 짝지어진 것은?

① 격리 폐기물 – 7일

② 손상성 폐기물 – 30일

③ 일반 의료 폐기물 – 15일

④ 혈액 오염 폐기물 – 15일

⑤ 조직물류 폐기물 – 45일

> **해설** 조직물류 폐기물은 섭씨 4도 이하의 전용 냉장시설에 15일간 보관할 수 있다.

36 처방전에서 사용하는 약어를 바르게 설명한 것은?

① lot. : 주사제

② syr. : 수액제

③ inj. : 시럽제

④ inf. : 로션제

⑤ opht. soln. : 점안액(Ophtalmic solution)

해설
① lot.: 로션제(Lotion)
② syr.: 시럽제(Syrup)
③ inj.: 주사제(Injection)
④ inf.: 수액제(Infusion)

37 다음에서 설명하는 검사방법은?

> 자기장을 이용해 고주파를 발생시켜 영상을 구성하는 원리를 이용하는 검사방법이다. 연부조직 사이의 표현력 및 대조도가 높아, 뇌·척수 등의 신경계 진단, 근육과 인대 진단, 장기의 병변 진단에 유용하다.

① 조영 검사
② MRI 검사
③ CBC 검사
④ 방사선 검사
⑤ 분변 검사

해설
① 조영 검사: 단순한 방사선 검사만으로 정확한 진단을 내리기 어려울 때 실시하는 영상진단방법이다.
③ CBC 검사: 혈액에 존재하는 세 가지 종류의 세포(적혈구, 백혈구, 혈소판)에 대한 정보를 다양한 지표를 이용하여 파악하는 검사이다.
④ 방사선 검사: 내부 장기의 모양과 크기의 이상 유무, 근골격계의 이상 유무 등을 진단하기 위해 x-ray 사진 기기를 이용하는 영상진단방법이다.
⑤ 분변 검사: 소화기 질환의 진단에 매우 중요한 검사로, 동물병원에서 시행하는 분변 검사에는 육안 검사와 현미경 검사가 있다.

38 동물병원에서 예약을 관리하고 검사 결과를 입력하는 과정에 대해 잘못 설명한 것은?

① 진료 예약은 동물의 대기시간을 단축하는 데 목적이 있다.
② 진료 예약을 통해 동물병원의 주어진 자원과 진료 능력을 최대한 활용할 수 있다.
③ 내원 전날 문자나 전화로 안내하면 예약 부도율은 높아진다.
④ 검사 결과를 입력할 때에는 다른 동물과 검사 결과가 바뀌지 않도록 주의한다.
⑤ 검사 결과 입력 전 동물과 보호자의 인적사항을 반드시 확인한다.

해설
③ 예약 일자 전날에 전화나 문자를 이용하여 동물이 내원할 수 있도록 안내하면 예약 부도율이 낮아진다.

39 보호자에게 수납 내용을 설명할 때 주의할 사항이 아닌 것은?

① 모든 상담 및 설명은 수의사와 의견을 일치시키는 것이 좋다.

② 보호자에게 심리적 부담을 줄 만한 표현은 피한다.

③ 아무리 많은 정보라도, 알고 있는 내용을 모두 보호자에게 전달해야 한다.

④ 수납 내용을 설명할 때에는 보호자의 나이와 성별을 고려하여야 한다.

⑤ 보호자가 하는 질문의 의도가 무엇인지 정확히 파악한 후 대답한다.

> **해설** ③ 지나치게 많은 정보는 오히려 보호자에게 혼란을 줄 수 있으므로, 알고 있는 정보를 모두 전달하는 것은 피해야 한다.

40 보호자에게 동의서를 받을 때 주의할 사항을 바르게 설명한 것은?

① 마취 동의서는 동물에게 마취를 한 이후에 작성한다.

② 개인정보 수집·활용 동의서는 본인이 직접 작성할 필요가 없다.

③ 입원 동의서에는 동물에 관한 정보만 기재하고, 보호자에 관한 정보는 기재하지 않는다.

④ 진정 동의서를 작성할 때에는 어려운 의학적 용어를 많이 사용하는 것이 좋다.

⑤ 수술 동의서는 반드시 수의사의 충분한 설명을 듣고 이에 동의하였을 경우에 작성한다.

> **해설** ① 마취 동의서는 동물에게 마취를 하기 이전에 작성하는 것으로, 보호자는 반드시 수의사의 충분한 설명을 듣고 이에 동의하였을 경우에 작성해야 한다.
> ② 개인정보 수집·활용 동의서는 자신의 개인정보를 수집하여 활용해도 된다고 본인이 직접 동의를 하기 위하여 작성하는 문서이다.
> ③ 입원 동의서에는 동물과 보호자에 관한 기본 정보를 정확하게 기재해야 한다.
> ④ 진정 동의서는 의학적 수준이 없는 보호자도 충분히 이해할 수 있는 쉬운 언어로 작성해야 한다.

41 보호자에게 검사 결과를 설명할 때 주의해야 할 내용으로 틀린 것은?

① 진료실 내에 CCTV를 설치할 경우에는 안내문을 붙인다.

② 진료실에서 수의사에게 검사와 관련된 결과를 들을 수 있도록 안내한다.

③ 수의사가 설명한 내용이라도, 보호자가 이해하지 못한 경우 다시 설명해 준다.

④ 추가로 더 전문적인 설명이 필요한 경우에는 진료실과 다시 연계한다.

⑤ 검사 결과지는 보호자가 요청할 경우에만 출력해서 활용한다.

> **해설** ⑤ 컴퓨터 화면만 보고 검사 결과를 제대로 확인할 수 없을 때에는, 보호자가 따로 요청하지 않더라도 결과지를 출력하여 형광펜이나 볼펜으로 표시하면서 설명할 수도 있다.

42 동물병원에서 비대면 보호자를 응대할 때 유의할 사항을 잘못 설명한 것은?

① 보호자가 동물병원을 처음 선택할 때 대부분 인터넷을 참고하기 때문에 소문에 유의한다.

② 익명성이 보장된 인터넷에 병원에 대한 부정적인 내용이 없도록 잘 관리한다.

③ 처음 연결되는 직원의 응대는 동물병원의 매출과 직접적인 관련이 없다.

④ 불만 보호자는 잠재 보호자에게 매우 부정적인 영향력을 행사할 수 있다.

⑤ 불만 보호자의 의견을 적극적으로 받아들이고, 신속하게 대응하는 자세가 필요하다.

> **해설** ③ 인터넷 검색만을 통하여 정보를 파악한 후 동물병원에 연락하는 보호자가 많기 때문에, 처음 연결
> 되는 직원의 응대는 동물병원 매출과 직접적인 연관이 있다.

43 동물보호법령상 등록대상동물을 잘못 설명한 것은?

① 등록대상동물이란 동물의 보호, 유실·유기방지, 질병의 관리, 공중위생상의 위해 방지 등
   을 위하여 등록이 필요하다고 인정하여 대통령령으로 정하는 동물을 말한다.

② 대통령령으로 정하는 등록대상동물은 월령(月齡) 2개월 이상인 개를 말한다.

③ 등록대상동물의 소유자는 시장·군수·구청장·특별자치시장에게 등록대상동물을 등록
   하여야 한다.

④ 동물등록대행기관에는 동물병원, 동물보호단체, 동물판매업자, 동물보호센터 등이 있다.

⑤ 등록대상동물을 기르는 곳에서 벗어나게 하는 경우 소유자의 성명, 소유자의 주소, 동물등
   록번호를 표시한 인식표를 부착해야 한다.

> **해설** ⑤ 등록대상동물을 기르는 곳에서 벗어나게 하는 경우 해당 동물의 소유자등은 소유자의 성명, 소유자
> 의 전화번호, 동물등록번호(등록한 동물만 해당)를 표시한 인식표를 등록대상동물에 부착하여야
> 한다(동물보호법 시행규칙 제11조).
> ① 동물보호법 제2조 제2호
> ② 동물보호법 시행령 제3조
> ③ 동물보호법 제12조 제1항
> ④ 동물보호법 시행규칙 제10조 제1항

44 수입동물 검역 과정을 순서대로 나열한 것은?

> ⊙ 수입동물 사전신고서 제출   ⓛ 수입도착 신고
> ⓒ 하역 및 운송   ② 선상·기상검사
> ⑩ 역학조사, 임상검사, 정밀검사   ⑭ 검역시행장 계류
> ⊗ 검역 신청   ◎ 판정

① ⊙ → ⓛ → ⓒ → ② → ⑩ → ⑭ → ⊗ → ◎
② ⊙ → ⓛ → ⓒ → ② → ⊗ → ⑩ → ⑭ → ◎
③ ⊙ → ⓛ → ⑩ → ⓒ → ② → ⊗ → ⑭ → ◎
④ ⊙ → ⓛ → ② → ⓒ → ⑭ → ⊗ → ⑩ → ◎
⑤ ⊙ → ⓛ → ② → ⑭ → ⓒ → ⊗ → ⑩ → ◎

해설   수입동물 검역 과정
- 수입동물 사전신고서 제출: 수입 전에 관할지역본부장에게 사전신고서 제출
- 수입도착 신고: 도착 사항, 하역 및 운송 계획 등에 대해 신고
- 선상·기상검사: 전용 선박의 선상검사는 외항에서, 전용 항공기의 기상검사는 가축 방역상 합리적 인 장소에서 실시
- 하역 및 운송: 가축 방역상 안전한 방법으로 실시하며, 검역시행장까지의 운송은 검역관의 사전지시 를 받음
- 검역시행장 계류: 검역기간 동안 계류
- 검역 신청: 수입자 또는 대리인이 검역 신청을 함
- 역학조사, 임상검사, 정밀검사
- 판정
  - 합격: 검역증명서 교부
  - 불합격: 반송, 소각 또는 매몰

45 X-ray 촬영 준비에 대한 설명으로 옳지 않은 것은?

① X선실은 법적으로 정해진 방어 시설을 갖추어야 한다.
② X-ray 기기는 튜브, 콜리메이터(collimator), 컨트롤 패널 등으로 이루어져 있다.
③ 필름과 카세트, 그리드(grid), 마커(marker), 필름 ID 카메라 등의 물품을 사용한다.
④ 투시 기기보다 일반 X-ray 기기를 이용하여 검사할 때 훨씬 더 많은 양의 방사선이 발생한다.
⑤ 일반 X-ray 기기는 필름을 이용하고, CR·DR 기기는 필름을 사용하지 않는다.

해설   ④ 투시 기기를 이용하여 검사할 때 훨씬 더 많은 양의 방사선이 발생한다.
투시(fluoroscopy) 기기
투시 기기를 이용하여 정지 영상이 아닌 움직이는 동영상을 볼 수 있다. 조영술을 하거나 시술 및 수술을 할 때 사용한다. 투시 기기를 이용하여 검사할 때는 훨씬 더 많은 양의 방사선이 발생한다.

46 동물병원에서 판매하는 일반 사료에 대해 바르게 설명한 것은?

① 건조 사료는 같은 양을 먹었을 때 습식보다 포만감이 크다.

② 반건조 사료는 수분함량이 5-10% 전후인 식품으로, 식감이 부드럽다.

③ 통조림 사료는 건조 상태이므로 섭취 직전 물에 불려주어야 한다.

④ 동결건조 사료는 수분함량이 70-80% 전후인 식품으로, 튜브 형태로 많이 나온다.

⑤ 냉동 사료는 고기와 채소 등 수분을 함유한 음식을 냉동건조 방식으로 제조한 것이다.

> 해설 ① 건조 사료: 수분함량이 10% 전후의 식품으로, 알갱이가 딱딱하기 때문에 이빨과 털, 두뇌 발달에
> 좋다. 건조 상태이므로 같은 양을 먹었을 때 습식보다 포만감이 크다.
> ② 반건조 사료: 수분함량이 25-35% 전후의 식품으로, 양갱과 같은 부드러운 식감이 특징이다. 기호
> 성이 좋으나 제품의 보존을 위해 알레르기나 암을 유발하는 보존료를 첨가한 제품이 있을 수 있으므
> 로 유의한다.
> ③ 통조림 사료: 수분함량이 70-80% 전후의 식품으로, 캔 통조림 형태가 대부분이며 최근 플라스틱
> 용기에 수프나 스튜 형태로도 많이 나온다. 젖은 형태이므로 기호성이 매우 좋다.
> ④ 동결건조 사료(냉동건조 사료): 고기와 채소 등 수분을 함유한 음식을 동결 건조 방식으로 제조한
> 것으로, 섭취 직전 물에 불려 주는 것이 특징이다. 신선한 재료로 제대로 만들면 집에서 만든 자연식
> 에 가장 가깝다.
> ⑤ 냉동 사료: 통조림 사료와 비슷한 형태를 급속 냉동하여 만들었기 때문에 보존을 위한 첨가물을
> 섞지 않은 것이 가장 큰 특징이다. 냉동의 특성상 필요한 영양소가 충분하지 않을 수 있다.

47 CT의 기본원리와 기기관리에 대한 설명으로 옳은 것은?

① CT 검사를 하기 위하여 개와 고양이는 전신마취를 해야 한다.

② CT는 갠트리, 테이블, 조작 콘솔, 메인 컴퓨터, RF 코일로 구성되어 있다.

③ CT 검사실의 벽은 콘크리트 20cm 이상이거나 벽 내부에 납 층이 없어야 한다.

④ CT는 MRI보다 뼈의 구조와 모양을 더 자세히 볼 수는 없다.

⑤ 영상에 허상이 발생하면 튜브를 새로 교체해야 한다.

> 해설 ②는 MRI 기기 구성에 대한 설명이다. CT는 크게 원통형의 갠트리, 테이블, 콘솔, 컴퓨터 장치로 구성
> 되어 있다.
> ③ CT 검사실은 X선이 발생하는 구역이므로 방사선 발생 구역 표시를 해야 하고, 방의 벽은 콘크리트
> 30cm 이상이거나 벽 내부에 납 층이 있어야 한다.
> ④ CT는 MRI보다 뼈의 구조와 모양을 더 자세히 볼 수 있어서, 특히 외상으로 인한 뼈의 골절, 암으로
> 인한 뼈의 용해 등을 자세히 확인할 수 있다.
> ⑤ 영상에 허상이 발생하면 튜브에 대해 정기적으로 전문가의 관리를 받는 게 좋다.
> CT(Computed Tomography, 컴퓨터 단층촬영)
> 동물을 통해 지나온 X선을 전기 신호로 바꾼 후 컴퓨터가 읽을 수 있는 언어로 바꾸고 이것을 이미지화
> 하여 모니터상에 나타낸다.

48 MRI의 기본원리와 기기관리에 대한 설명으로 옳지 않은 것은?

① 자석의 종류에 따라 자기장의 세기가 다르며, 영구자석, 전자석, 초전도자석 등이 있다.

② MRI는 척수, 인대 등 연부 조직을 좀 더 자세히 보는데 CT보다 더 유리하다.

③ MRI를 촬영할 때는 저주파를 사용한다.

④ 심박 조율기를 장착하였다면 다른 검사로 대체해야 한다.

⑤ 초전도 MRI 기기는 헬륨을 주기적으로 채워 넣는 날짜를 체크해야 한다.

> **해설** ③ MRI를 촬영할 때는 고주파를 사용하기 때문에 주변의 전자파를 차단해야 좋은 영상을 얻을 수 있다.
>
> MRI(Magnetic Resonance Imaging, 자기공명영상)
> 우리 몸 안에는 60~70%가 수분으로 되어 있다. MRI에 내장된 큰 자석과 코일들, 동물 몸 주변에 놓는 코일에 의해 물 분자를 구성하는 원자 중 수소 원자를 고 에너지의 상태로 만들어 공명을 일으키고, 이로 인해 나타나는 운동 에너지로 생기는 펄스를 잡아 영상화하는 것을 말한다.

49 초음파 기기의 구성에 대한 설명 중 틀린 것은?

① 프로브(probe)는 변환기(transducer) 또는 탐촉자라고도 한다.

② 볼록형 프로브(convex probe)는 사다리꼴 모양으로, 빔을 생성하는 프로브이며 가장 넓은 영역을 검사할 수 있다.

③ 조절 패널(control panel)에서 트랙볼(track ball)은 모니터상의 마우스 포인터 이동 등을 한다.

④ 직선형 프로브(linear probe)는 정사각형의 시야를 가지며 볼록형 프로브보다 시야가 넓다.

⑤ 모니터는 프로브를 통해 변환된 영상을 나타내는 창이다.

> **해설** ④ 직선형 프로브(linear probe)는 직사각형의 시야를 가지며 볼록형 프로브보다 시야가 좁다.

50 초음파 검사 시 안전·유의 사항으로 옳지 않은 것은?

① 복배위 자세를 유지할 때는 동물이 다치지 않도록 유의한다.

② 공격적인 동물은 입마개 또는 엘리자베스칼라를 하여 물리지 않도록 한다.

③ 외부 기생충이나 전염병이 있으면 장갑을 꼭 착용하고 동물을 보정한다.

④ 검사에 협조적인 동물도 검사 중 통증이 유발되면 공격적으로 변할 수 있으므로 주의한다.

⑤ 후지 마비, 전신 마비가 있을 경우 신경 자극으로 인한 움직임이 없으므로 보정은 하지 않아도 된다.

해설 후지 마비, 전신 마비가 있다고 하더라도 완전 마비가 아니라면 신경 자극으로 인한 움직임이 발생하여 사고가 일어날 수 있으므로 보정해야 한다.

51 CT에 관한 설명으로 옳지 않은 것은?

① 1988년부터 CT에 대한 연구가 시작되었으며 현재도 계속 개발 중이다.

② 구성은 갠트리(gantry), 테이블, 콘솔, 영상화를 위한 컴퓨터 장치로 되어 있다.

③ 동물을 통해 지나온 X선을 전기 신호로 바꾼 후 컴퓨터가 읽을 수 있는 언어로 바꿔 이것을 이미지화한 후 모니터상에 나타내는 것이다.

④ computed tomography의 약자로, 컴퓨터 단층촬영을 말한다.

⑤ 예전에는 수의학에서 반드시 쓰이는 장비였으나 현재는 쓰이지 않는다.

해설 ⑤ 수의학에서도 없어서는 안 되는 중요한 검사 장비 중 하나이다.

52 CT 촬영을 위한 보정 시 세 가지 요소로 옳은 것은?

① 꼬리 위치, 몸의 자세, 머리 방향

② 몸의 자세, 머리 방향, 다리 위치

③ 얼굴 방향, 꼬리 위치, 몸의 자세

④ 눕는 자세, 꼬리 위치, 머리 방향

⑤ 몸의 크기, 머리 방향, 몸의 자세

해설
• 몸의 자세: 회전(rotation)이 없고, 양쪽이 대칭되도록 보정한다.
• 머리 방향: 동물의 크기, 테이블 이동 가능 거리 등을 고려하여 동물의 머리 방향을 결정한다.
• 다리 위치: 촬영 부위와 맞닿지 않도록 보정한다.

53 CT실 구성과 CT 기본 지식에 대한 설명 중 옳지 않은 것은?

① CT 기기를 작동하는 방은 동물이 있는 방과 같은 곳에 위치하여야 한다.
② 기기가 있는 모든 방은 과부하가 걸리지 않도록 실내 온도가 자동으로 적절히 조절되어야 한다.
③ 기계실은 CT와 콘솔들에 전력 공급을 하는 메인 컴퓨터들을 한 곳에 모아 놓은 곳이다.
④ 검사실은 X선이 발생하는 구역이므로 방사선 발생 구역 표시를 해야 한다.
⑤ 외상으로 인한 뼈의 골절, 암으로 인한 뼈의 용해 등을 자세히 확인할 수 있다.

> **해설** ① X선으로부터 검사자를 보호하기 위하여 CT 기기를 작동하는 방은 동물이 있는 방과 분리, 차단되어 있어야 한다.

54 조영술에 관한 설명 중 틀린 것은?

① 식도 조영술을 할 때 식도 천공이 의심되는 환자는 무조건 요오드 계열 조영제를 사용해야 한다.
② 상부 위장관 조영술은 위와 소장의 운동 확인이나 이물의 유무에 대한 평가를 위한 조영술이다.
③ 방광 및 요로 조영술은 방광의 위치, 모양, 파열의 여부와 요도의 모양, 폐색 등을 확인하기 위한 조영술이다.
④ 식도 조영술은 식도의 비정상 여부를 관찰하기 위해 사용하는 조영 방법 중 하나다.
⑤ 배설성 요로 조영술은 대장의 배설 능력을 관찰하기 위한 조영술이다.

> **해설** ⑤ 배설성 요로 조영술은 신장의 배설 능력, 요관의 모양이나 폐색 여부를 관찰하기 위한 조영술이다.

55 조영제를 이용한 조영술에 관한 설명으로 옳지 않은 것은?

① 동물 상태에 따라 조영술의 방법이 조금씩 달라질 수 있다.
② 조영제를 사용하기 전에 수의사와 상의해야 한다.
③ 조영제의 종류와 동물에게 나타날 수 있는 조영제의 부작용을 숙지한다.
④ 황산바륨의 조영제는 80%가 넘는 농도로 상품화되어 있다.
⑤ 조영제는 유통기한을 확인하고 사용한다.

> **해설** ④ 황산바륨의 조영제는 100%가 넘는 농도로 상품화되어 있으며, 황산바륨 가루가 바닥에 가라앉기 때문에 사용 전에 많이 흔들어 줘야 한다.

56 식도 조영술에 대한 설명 중 옳지 않은 것은?

① 조영제로 황산바륨 조영제, 황산바륨 가루, 요오드 조영제가 있다.
② 조영제 농도는 짙게, 즉 걸쭉하게 한다.
③ 동물에게 조영제를 먹이면서 투시 기기를 이용해 실시간으로 본다.
④ 황산바륨 조영제에 a/d를 소량 섞어 기호성을 높여 주는 것이 좋다.
⑤ 조영술이 진행되는 동안 동물을 보정하지 않아야 한다.

해설 ⑤ 조영술이 진행되는 동안 동물을 보정한다.

57 동물 진단용 방사선 발생장치의 안전관리에 관한 설명으로 옳지 않은 것은?

① 방사선 관계종사자는 X선이 나오는 영상기기를 사용하고 관리하는 모든 사람을 말한다.
② X선이 나오는 영상기기를 사용하는 구역에는 누구든지 알아볼 수 있도록 방사선 구역 표시를 해야 한다.
③ 방사선 관계종사자는 연간 4분기로 나누어 3개월마다 X선 피폭 검사를 받는다.
④ 방사선 방어시설의 벽은 콘크리트 10cm 이상이거나 벽 내부에 납 층이 구성되어 있어야 한다.
⑤ 방어복과 X선실의 차폐를 철저히 하고, 동물과 방사선 촬영자의 과다노출에 유의한다.

해설 ④ 벽은 콘크리트 25cm 이상이거나 벽 내부에 납 층이 구성되어 있어야 한다.

58 다음 괄호 안에 공통으로 들어갈 말로 옳은 것은?

> • (   )란 영상화한 인접한 구조 간의 밝기 차이 정도를 말한다.
> • X선 촬영된 금속과 공기를 비교했을 때 밝고 어두운 것을 비교하면 (   )가 크다고 말할 수 있다.

① 밀도   ② 대비도
③ 상대도   ④ 검사도
⑤ 조건도

해설 대비도란 영상화한 인접한 구조 간의 밝기 차이 정도를 말한다. 예를 들어 X선 촬영된 금속과 공기를 비교했을 때 밝고 어두운 것을 비교하면 대비도가 크다고 말할 수 있다.

59 X-ray 검사를 위한 동물 기본 보정 중 외측상(LAT) 촬영의 머리 쪽 보정을 할 때 방법은?

① 동물의 앞다리와 머리를 잡는다.
② 동물의 뒷다리와 꼬리를 잡는다.
③ 동물의 뒷발과 머리를 잡는다.
④ 동물의 뒷다리를 잡는다.
⑤ 동물의 대퇴부와 둔부를 함께 잡는다.

해설 기본 보정 시 외측상(LAT) 촬영
• 머리 쪽 보정 시: 동물의 앞다리와 머리를 잡는다.
• 꼬리 쪽 보정 시: 동물의 뒷다리와 꼬리를 잡는다.

60 X-ray 촬영 준비할 때 유의해야 할 점으로 옳지 않은 것은?

① 방사선은 생체 세포의 DNA에 영향을 끼칠 수 있다는 것을 인지한다.
② 방사선 피폭량이 과하면 세포 변화 및 괴사를 일으킬 수 있으므로 유의한다.
③ 촬영실에는 반드시 2명 이상의 인원이 들어가야 한다.
④ 방어 장비는 검사 시 반드시 착용한다.
⑤ 임신부, 성장이 끝나지 않은 미성년자의 출입은 촬영 시에는 금지한다.

해설 ③ 촬영실에는 최소한의 인원만 들어가며, 출입할 때 꼭 방어복을 착용한다.

제3과목 **임상 동물보건학**

01 기초문진에 대한 다음 설명 중 옳지 않은 것은?

① 문진표를 보호자에게 배부하여 직접 작성하게 하거나, 동물병원 직원이 직접 보호자에게 질문하여 작성할 수 있다.

② 동물병원에 내원하는 동물은 의사소통할 수 없으므로 보호자를 통해 동물과 관련된 각종 정보를 얻을 수밖에 없다.

③ 보호자의 기억이 정확하지 않더라도 가능한 한 많은 항목을 작성하는 것이 좋다.

④ 함께 기르는 동물, 급여하는 음식, 최근의 신체 변화, 예방접종 상황, 이빨 관리 상황, 피부와 털 관리 상황, 운동 여부 등에 대해 확인한다.

⑤ 보호자의 이름, 주소, 연락처, 이메일 주소 등을 확인한다.

해설 ③ 잘못된 정보는 정확한 진단을 내리는 데 방해를 줄 수 있으므로 보호자의 기억이 정확하지 않다면 추측으로 작성하지 않아야 하며, 객관적인 내용을 얻도록 하여야 한다.

02 보정에 대한 다음 설명 중 옳지 않은 것은?

① 개방된 공간에서의 핸들링은 동물이 불안감을 느끼고 공격성을 나타내게 되므로 가능하면 피하는 것이 좋다.

② 동물에게 엘리자베스 칼라를 장착하면 동물이 무는 것을 방어할 수 있고, 수술 후 수술부위를 핥거나 IV카테터 장착 후 수액 줄을 끊는 것 등을 방지할 수 있다.

③ 동물을 핸들링하기 전에 보호자와 충분히 상의하고, 가능하면 보호자의 도움을 받는 것이 좋다.

④ 약물 처치 보정은 아세프로마진(acepromazine), 메데토미딘(medetomidine), 부토르파놀(butorphanol), 다이아제팜(diazepam) 등의 약물을 이용할 수 있으며, 수의사의 감독이 필요하다.

⑤ 토끼를 수건으로 감싸면 토끼는 안심하게 되고, 귀, 눈, 입 부분에 접근하기 쉬워진다. 또한, 토끼의 눈을 덮으면 토끼가 조용하게 있는 데 도움이 된다.

해설 ① 갇힌 공간에서의 핸들링은 동물이 불안감을 느끼고 공격성을 나타내게 되므로 가능하면 피하는 것이 좋다.

03 정맥천자 등에 대한 설명 중 옳지 않은 것은 모두 몇 개인가?

> ㉠ 정맥천자를 통해 정맥 내 주사나 채혈을 할 수 있다.
> ㉡ 요골 쪽 피부정맥은 많은 양을 채혈할 때 유용한 정맥이다.
> ㉢ 목정맥은 정맥 내 주사나 채혈을 위해 가장 많이 이용하는 정맥이다.
> ㉣ 고양이도 개와 마찬가지로 요골 쪽 피부정맥과 목정맥을 통해 정맥천자가 가능하다.
> ㉤ 요골쪽 피부정맥을 통한 천자나 목정맥 천자를 위한 보정은 통증을 수반하는 과정이므로 특별히 보정에 주의한다.
> ㉥ 정맥 내 주사는 수의사에 의해 시행된다.

① 1개   ② 2개
③ 3개   ④ 4개
⑤ 5개

해설 제시된 지문 중 옳지 않은 것은 2개(㉡, ㉢)이다.
㉡ 목정맥은 많은 양을 채혈할 때 유용한 정맥이다.
㉢ 요골 쪽 피부정맥은 정맥 내 주사나 채혈을 위해 가장 많이 이용하는 정맥이다.

04 5단계의 비만도 측정법(body conditioning scoring) 중 다음에 해당하는 개·고양이의 비만도는?

> 갈비뼈가 쉽게 만져짐, 체내 지방이 두드러지지 않음

① 매우 마름(BCS 1)   ② 마름(BCS 2)
③ 정상(BCS 3)   ④ 비만(BCS 4)
⑤ 심한 비만(BCS 5)

해설 제시된 지문은 비만도 마름(BCS 2)에 해당하는 사항이다.
개, 고양이의 비만도 측정법

전신상태(비만도)	확인사항
매우 마름(BCS 1)	갈비뼈, 등뼈, 골반을 멀리서도 식별 가능. 체내 지방이 거의 없음
마름(BCS 2)	갈비뼈가 쉽게 만져짐. 체내 지방이 두드러지지 않음
정상(BCS 3)	갈비뼈가 만져짐. 체내 지방이 두드러지지 않음. 척추가 만져짐
비만(BCS 4)	갈비뼈가 어느 정도 보임. 엉덩이 주위에 체내 지방이 두드러짐
심한 비만(BCS 5)	갈비뼈를 만질 수 없음. 많은 양의 지방이 온몸을 덮고 있음

05 생체지수의 측정 등에 대한 내용으로 옳지 않은 것은?

① 일반적으로 체온은 수은체온계나 전자체온계를 사용하여 항문으로 측정하며, 항문에 심한 통증이 있는 동물은 귀를 이용하여 고막체온계로 측정할 수 있다.

② 일반적으로 의식이 있는 상태일 경우 뒷다리 사타구니 안쪽에 있는 대퇴동맥을 이용하여 맥박 수를 측정한다.

③ 정상 맥박 수보다 빠른 것을 빠른맥(빈맥)이라 하고, 느린 것을 느린맥(서맥)이라 한다.

④ 호흡수와 호흡양상은 흉부와 복부를 맨눈으로 관찰하여 확인할 수 있으며, 흡기와 호기 과정을 다 거쳤을 때 1회로 산정한다.

⑤ 정상 호흡수보다 빠르고 얕아진 상태를 완서호흡이라고 하고, 호흡수가 정상보다 감소한 상태를 빈호흡이라고 한다.

해설 ⑤ 정상 호흡수보다 빠르고 동시에 호흡이 얕아진 상태를 빈호흡(tachypnea)이라고 하고, 발열, 중독, 통증 상태일 때 주로 발생한다. 반대로 호흡수가 정상보다 감소한 상태를 완서호흡(bradypnea)이라고 하며, 이는 마약성 약물이나 진정제 종류의 중독이거나 대사성 알칼리증일 때 주로 나타난다.

06 투약에 사용되는 물품에 대한 설명으로 옳지 않은 것은?

① 일반적으로 소형견에게는 1~3mL의 주사기를 사용하며, 15kg 이상의 중·대형견에게는 3~10mL의 주사기를 사용한다.

② 주삿바늘의 두께는 게이지(gauge) 단위로 표시하는데, 게이지가 클수록 주삿바늘의 지름이 굵어진다.

③ 토니켓은 혈관을 압박하는 도구이며, 말초 혈액의 유입 및 유출을 제한하는 목적으로 사용한다.

④ 수액세트는 수액이 든 약물 병이나 PVC백에 연결하기 위한 도입침, 수액의 투여 상태와 투여 속도를 확인할 수 있는 점적통, 수액관, 수액 속도를 조절할 수 있는 조절기 등으로 구성된다.

⑤ IV카테터는 천자를 통해 정맥 내에 장착하고 수액제를 수액관을 통해 투여하는 경로 역할을 하는 의료용 물품이다.

해설 ② 게이지가 클수록 주삿바늘의 지름은 가늘어지며, 점성이 높은 약물일수록 낮은 게이지의 주삿바늘을 사용한다.

07 전염성 질병의 원인체에 대한 내용 중 다음 빈칸의 ㉠~㉣에 들어갈 내용으로 옳게 짝 지어진 것은?

> • (㉠): 크기가 광학현미경으로 확인이 가능한 0.5~5㎛이며, 하나의 세포로만 이루어진 단세포 미생물이다.
> • (㉡): 광학현미경으로는 관찰되지 않는 0.02~0.2㎛의 크기를 가지며, 자체적인 대사와 증식을 하지 못하는 미생물이다.
> • (㉢): 자체적으로 살지 못하고, 주로 영양분의 섭취를 다른 숙주에게 의지하며 살아가는 진핵생물이다.
> • (㉣): 대부분이 비병원성이지만, 일부는 건강한 조직에 침입하여 질병을 일으킬 수 있다. 대표적으로 동물의 피부병을 일으키는 효모균과 사상균 등이 있다.

① ㉠ 바이러스, ㉡ 진균(곰팡이), ㉢ 기생충, ㉣ 세균
② ㉠ 세균, ㉡ 바이러스, ㉢ 기생충, ㉣ 진균(곰팡이)
③ ㉠ 진균(곰팡이), ㉡ 바이러스, ㉢ 기생충, ㉣ 세균
④ ㉠ 기생충, ㉡ 바이러스, ㉢ 세균, ㉣ 진균(곰팡이)
⑤ ㉠ 바이러스, ㉡ 기생충, ㉢ 진균(곰팡이), ㉣ 세균

해설 순서대로 ㉠ 세균, ㉡ 바이러스, ㉢ 기생충, ㉣ 진균(곰팡이)이다.

08 개와 고양이의 전염병에 대한 설명으로 옳지 않은 것은?

① 파보장염은 CPV-2 virus가 소화기계에 침범하여 구토, 설사, 발열을 일으키며 감염에 대한 저항성을 약화하는 소화기 장염이다.
② FeLV는 RNA 바이러스인 고양이 백혈병 바이러스로서, 종양과 면역력 약화를 유발하기 때문에 굉장히 치명적인 바이러스이다.
③ 심장사상충은 심장에 기생하는 기생충으로, 선충의 하나이며 타액을 통해 전염되거나 선천적으로 감염된다.
④ 코로나장염은 성견의 경우 아무런 증상 없이 지나갈 수 있지만 어린 강아지에게는 치명적일 수 있으며, 증상은 기운 없음, 식사 거부, 구토와 설사, 혈변, 탈수 등이 있다.
⑤ 개 디스템퍼는 개의 대표적인 급성 열성의 바이러스성 질병으로, 3~6일 정도의 잠복기를 거쳐 비염, 2봉성 발열, 심한 호흡기 증상, 발바닥의 경화, 소화기장애, 신경증상 등이 나타난다.

해설 ③ 심장사상충은 모기를 매개로 하여 전염되며, 심장사상충을 매개하는 모기는 60여 종 이상이다.

09 다음 중 고체온증이 나타나는 경우는?

① 전신마취 상태   ② 쇼크

③ 순환부전   ④ 패혈증

⑤ 분만 말기

> **해설** 감염, 패혈증 또는 열사병일 때 고체온증(hyperthermia)을 보이며, 반대로 전신마취 상태, 쇼크, 순환부전 또는 분만 말기일 때는 저체온증(hypothermia)을 나타낸다.

10 다음과 같은 특징을 갖는 비경구적 투여법은?

> • 작용이 가장 빨리 나타난다.
> • 혈액 중의 유효농도를 정확하게 조절할 수 있다.
> • 다른 방법으로 투여가 곤란한 자극성 약물이나 고장성인 약물도 천천히 투여할 수 있다.
> • 응급 시 가장 좋은 투여법이다.

① 흡입   ② 복강 내 주사

③ 근육 내 주사   ④ 정맥 내 주사

⑤ 피하주사

> **해설** 제시된 지문은 정맥 내 주사의 특징이다.
>
> 비경구적 투여

피하주사	• 약물을 피하에 투여하는 방법으로, 주사법 중에서는 가장 쉬운 방법이다. • 약물의 투여량이 많거나 자극이 강한 약물을 주사하는 경우에는 통증이 심할 뿐만 아니라 화농까지 일으킬 수 있으므로, 자극성이 없는 약물을 소량 투여할 때 주로 사용한다.
근육 내 주사	• 근육에는 혈관 분포가 피하보다 비교적 풍부하여 흡수가 빠르고 작용이 빨리 나타난다. • 피하주사법보다 통증을 더 유발하는 단점이 있다. • 약물 설명서를 참조하여 근육 내 주사를 할 수 있는 약물만 투여해야 한다.
정맥 내 주사	• 직접 정맥 내 약물을 투여하는 방법으로서, 작용이 가장 빨리 나타나고 혈액 중의 유효농도를 정확하게 조절할 수 있어 응급 시 가장 좋은 투여법이다. • 다른 방법으로 투여가 곤란한 자극성 약물이나 고장성(hypertonic)인 약물도 정맥 내 주사로는 천천히 투여할 수 있다.
복강 내 주사	• 복강 내로 직접 약물을 투여하는 방법으로, 복막은 흡수면적이 넓어 약물이 신속히 흡수된다. • 동물실험에서 이 방법을 많이 이용하나, 임상에서는 복막염 등의 위험성이 있어 주로 사용되지는 않는다.
흡입	• 기체 상태 또는 휘발성 약물은 보통 호흡기계를 통해 흡입으로 투여하며, 전신마취제에서 주로 사용한다. • 호흡기계 작용 약물 중 수용성 약물도 분무 상태로 만들어 흡입시키기도 한다.
외용제 투여	외용제는 연고, 크림, 로션, 스프레이제 등이 있다.
기타 투여법	점안제, 샴푸의 도포제 등의 방법으로 투여하는 방법이 있다.

안심Touch

11 혈압과 관련된 내용으로 옳지 않은 것은?

① 수축기 혈압(SAP)은 동맥 혈압의 최대치이며, 이완기 혈압(DAP)은 혈압의 최소치이다.

② 평균 동맥압(MAP)=DAP+(SAP−DAP)이다.

③ 저혈압이란 평균 동맥압이 60mmHg 이하이거나 수축기 동맥압이 80mmHg 이하인 것을 말한다.

④ 고혈압이란 안정 상태의 동물에게서 평균 동맥압이 130~140mmHg 이상이거나 수축기 동맥압이 180~190mmHg 이상인 경우를 말한다.

⑤ 측정할 부위가 심장 위치보다 낮으면 높게 측정될 수 있으므로 측정 부위를 심장 위치와 가깝게 하여 측정한다.

> **해설** ② 평균 동맥압(MAP) = DAP + (SAP − DAP) ÷ 3이다.

12 다음 중 비응급 골절에 해당하는 것은?

① 어깨 및 팔꿈치 탈골
② 견갑골 골절
③ 대퇴골두 골절
④ 골반 골절
⑤ 개방 골절

> **해설** 비응급 골절에 해당하는 것은 ②이다. ①, ③, ④는 중등도의 골절이며 ⑤는 응급한 골절에 해당한다.
>
> 골절
> 골절은 주로 외상에 의해 발생하며 치료의 필요에 따라 세 가지로 분류한다.
>
> | 응급한 골절 | 구조의 기능 유지와 생명과 관련 있으며 두개골 골절, 척추 골절 및 개방 골절이 있다. |
> |---|---|
> | 중등도의 골절 | 즉시 처치하지 않으면 기능의 이상 또는 심각한 문제가 발생할 수 있는 것으로, 성장판 골절, 대퇴골두 골절, 어깨 및 팔꿈치 탈골, 골반 골절 등이 있다. |
> | 비응급 골절 | 견갑골 및 비개방 골절이 있다. |

13 중성화 수술에 대한 설명으로 옳지 않은 것은?

① 암컷은 자궁과 난소를 수술로 제거하며, 수컷은 고환을 제거한다.

② 중성화 수술을 받은 수컷은 테스토스테론 수치가 감소하여 공격성과 지배력이 최소화된다.

③ 중성화 수술을 받은 암컷은 자궁 질환, 자궁과 난소 종양, 자궁축농증의 발병이 감소한다.

④ 개와 고양이는 주로 6~8개월령, 그중 대형견은 10~14개월령에 시행한다.

⑤ 중성화 수술 후 대사율이 감소하므로 식이 조절 및 적절한 운동이 필요하며, 수컷의 경우에는 회음부 탈장, 회음부 선종의 발병이 증가한다.

해설 ⑤ 중성화 수술을 받은 수컷은 전립선 질환, 회음부 탈장, 회음부 선종의 발병이 감소하며, 고환에 생기는 질병을 예방할 수 있다. 중성화 수술을 받은 후에는 대사율이 감소하므로, 식이 조절 및 적절한 운동이 필요하다.

14 입원실에 대한 설명으로 옳지 않은 것은?

① 일반입원실은 경증의 환자를 위한 입원실이며, 개 입원실은 환기가 잘 되어야 하고, 고양이 입원실은 개 입원실과 멀리 떨어진 조용한 곳에 위치해야 한다.
② 격리입원실은 전염성 질병에 걸린 환자를 위한 입원실로서 일반입원실과 분리되어 독립된 공간으로 운영되어야 한다.
③ 격리입원실은 독립된 환기 시스템을 구비하고 있어야 하며, 한 곳으로만 출입할 수 있도록 하고 1~2명에 의해 동물의 처치와 관리가 이루어져야 한다.
④ 집중치료실은 손쉽게 환자감시를 할 수 있어야 하고 처치실 근처에 위치해야 한다.
⑤ 청소를 실시할 때에는 격리입원실을 먼저 청소하고, 청결한 입원실을 맨 나중에 청소한다.

해설 ⑤ 청소를 실시할 때에는 청결한 입원실을 먼저 청소하고, 격리입원실은 맨 나중에 청소한다.

15 다음에서 설명하는 소독약으로 옳은 것은?

> • 휘발성이 강하여 잔존효과가 없고, 유기물 부스러기에 의해 소독효과를 방해받는다.
> • 피부 소독을 포함하여 다양한 곳에 사용 가능하다.
> • 세균에는 효과적이지만, 아포형성균이나 바이러스, 곰팡이에는 효과가 없다.
> • 보통 70% 용액을 사용한다.

① 알코올 ② 클로르헥시딘
③ 요오드제 ④ 과산화제
⑤ 염소제

해설 제시된 지문은 알코올의 특징이다.
② 클로르헥시딘: 피부 세척과 기구 소독 등에 사용하며, 세균과 곰팡이를 포함하여 광범위한 살균효과를 가진다.
③ 요오드제: 소독 부위를 갈색으로 염색시키며, 잔존 효과가 있다. 피부 소독 등에 사용하며, 세균, 곰팡이, 원충, 일부 바이러스에 효과적이나 포자형성균에는 효과가 없다.
④ 과산화제: 염증 부위 세척, 출혈 부위 및 환경 소독 등 다양하게 사용 가능하며, 혐기성 세균에 효과적이다.
⑤ 염소제: 조직에 매우 자극적이어서 생체 조직에는 직접 사용하지 않고 사육시설, 입원시설 등의 환경 소독에 사용한다. 세균, 바이러스 등에 효과적이다.

16 20% 소독약 원액을 1%로 희석하여 사용하려고 할 경우 희석배율은 얼마인가?

① 0.05
② 5
③ 10
④ 20
⑤ 50

> **해설** 원액의 농도가 100%가 아닌 경우에는 '원액농도 ÷ 희석농도 = 희석배율'에 따라 희석할 배율을 구한다. 20(%) ÷ 1(%) = 20이므로, 희석배율은 20이다.

17 필수영양소에 대한 다음 설명 중 옳지 않은 것은 모두 몇 개인가?

> ㉠ 체내에서 합성할 수 없는 아미노산을 필수아미노산이라고 하며, 개는 10개, 고양이는 1개가 더 많은 11개의 필수아미노산이 있다.
> ㉡ 지방은 에너지가 농축된 영양소로, 과량의 섭취 시에는 높은 에너지로 인한 과체중(비만), 습진, 탈모가 생길 가능성이 있으며, 고양이에서는 황색지방병(yellow fat disease)을 유발할 수도 있다.
> ㉢ 탄수화물은 개가 반드시 섭취해야 하는 필수영양소이다.
> ㉣ 식이섬유는 불소화 다당류의 집합체로 개와 고양이에서는 소화가 어렵다.
> ㉤ 비타민은 에너지원으로 사용되지 않으며, 소량으로 동물 체내에서 대사작용을 조절하는 기능을 갖는 영양소이다.

① 1개
② 2개
③ 3개
④ 4개
⑤ 5개

> **해설** 옳지 않은 것은 1개(㉢)이다.
> ㉢ 탄수화물은 개에서는 반드시 섭취해야 하는 필수영양소는 아니다. 개의 경우는 단백질과 지방으로 체내에서 필요로 하는 포도당(glucose)을 충당할 수 있으며, 권장 섭취량도 전체 섭취량의 10% 이하이다.

18 체중 10kg의 정상적인 성견에게 A사료(4kcal/g)를 공급한다면 1일 사료 급여량은 얼마인가? (단, RER = 30 × 체중 + 70)

① 92.5g/day
② 185g/day
③ 200g/day
④ 280g/day
⑤ 370g/day

해설 휴식기에너지요구량(RER) = 30 × 10 + 70 = 370kcal
일일에너지요구량(DER) = 2 × 370 = 740kcal
사료급여량 = 일일에너지요구량(DER) ÷ 사료g당 칼로리이므로, 740 ÷ 4 = 185g/day

19 다음 빈칸의 ⊙~ⓜ에 들어갈 숫자가 옳지 않은 것은?

> • 개의 임신기간은 (⊙)일이며, 자궁 내 강아지는 임신 (ⓛ)주부터 급속하게 성장하게 된다.
> • 일반적으로 소형견은 (ⓒ)세 이상, 대형견은 (②)세 이상을 노령견으로 분류하며, 노령견의
>   경우 노령견에 맞게 열량이 낮으면서 각 영양성분이 함유되어 있는 사료를 선택해야 한다.
> • 고양이의 경우에도 (ⓜ)세부터는 사료를 변경하는 것이 좋다.

① ⊙ 63
② ⓛ 2~3
③ ⓒ 7
④ ② 5
⑤ ⓜ 7

해설 개는 수정란의 자궁내막으로의 착상이 매우 늦은 동물로, 임신 2~3주 후에 착상되어 임신 5~6주부터
급속하게 성장을 하게 된다.

20 수의의무기록에 대한 설명으로 옳지 않은 것은?

① 동물병원에서 동물의 임상진료에 대한 모든 사항을 문서로 기록하는 것으로서, 질병중심의
무기록(SOVMR) 방식은 SOAP 방법에 따라 기록한다.

② SOAP 방법에서 '주관적(S)'은 측정할 수 없는 정보(행동, 자세, 식욕 등)로서 개인적 생각
에 기초한다.

③ SOAP 방법에서 '객관적(O)'은 측정할 수 있는 정보(체온, 맥박, 호흡수 등)로서 검사결과
에 기초한다.

④ SOAP 방법에서 '사정/평가(A)'는 주관적, 객관적 정보를 바탕으로 동물의 상태를 평가하
여 수의간호사가 생각하는 진단 또는 증상이다.

⑤ SOAP 방법에서 '계획(P)'은 평가에 따라 필요한 처치 또는 수행해야 할 일에 대한 계획
이다.

해설 수의의무기록 작성 방식은 과거에 사용되던 질병중심의무기록(SOVMR)과 현재 사용되는 문제중심의
무기록(POVMR)이 있으며, 문제중심의무기록 방식은 SOAP 방법, 즉 주관적(S), 객관적(O), 평가(A),
계획(P)에 따라 기록한다.

21 약물용량의 계산과 관련된 내용으로 옳지 않은 것은?

① 대부분의 약물은 미터법을 사용하며, 킬로그램(kg)당 밀리그램(mg)으로 복용량이 지시된다.

② 1회 투여 용량 = 지시된 용량 ÷ 체중(kg)이다.

③ 총 투여 횟수 = 1일 투여 횟수 × 총 투여 일수이다.

④ 총 투여 용량 = 1회 투여 용량 × 총 투여 횟수이다.

⑤ 약물의 수량 = 총 투여 용량 ÷ 지정된 약물 용량이다.

> **해설** ② 1회 투여 용량 = 지시된 용량 × 체중(kg)이다.

22 임상증상이 다음과 같을 때, 수의간호사의 환자평가와 간호중재로 가장 적절한 것은?

> 청색증, 호흡곤란, 빈호흡, 심리상태 변화, 산소포화도 감소

① 과체중 – 1일 요구량에 따른 체중감소를 위한 식이 계산, 적정한 운동 실시 등

② 심부전증 – 산소공급, 기본 동물감시, ECG와 산소포화도 측정, 혈압 측정 등

③ 전해질 불균형 – 처방된 약물 투여, 기본 동물감시, ECG 감시 등

④ 저산소증 – 산소공급, 기본 동물감시, 맥박산소측정과 동맥혈가스분석 측정 등

⑤ 통증 – 처방된 진통제 투여, 통증 반응 감시, 진통제에 대한 부작용 감시 등

> **해설** 동물이 청색증, 호흡곤란, 빈호흡 등의 증상을 보이면 저산소증(hypoxia) 상태라고 평가할 수 있으며, 저산소증 상태라고 환자평가가 완료되면 개선을 위한 산소 공급방법 등을 계획하여야 한다.

23 다음 중 물품 및 기기 등의 명칭과 용도의 연결이 옳지 않은 것은?

① 암부백 – 자발 호흡이 없는 환자에게 양압 호흡을 하기 위한 기기

② 후두경 – 기관내관을 삽관하기 위한 보조기기로, 끝에 광원이 있는 기기

③ 기관내관 – 후두경을 이용해 기관에 삽관하여 인공호흡을 하기 위한 기기

④ 실린지 펌프 – 수액 또는 다량의 약물을 시간당 정확한 양으로 주입하기 위해 수액 라인을 연결하여 사용하는 기기

⑤ 석션기 – 기도 및 구강 내 삼출물의 흡입을 위한 기기

> **해설** ④는 인퓨전 펌프(infusion pump)에 대한 설명이다. 실린지 펌프(syringe pump)는 주사기를 이용하여 약물을 일정한 속도와 시간으로 환자에게 주입하기 위한 기기이다.

24 탈수 정도는 체중에 대한 퍼센트(%)로 나타낸다. 탈수 정도가 12~15%일 때의 증상으로 옳은 것은?

① 무증상, 병력상 탈수 가능성 있음

② 피부 탄력도의 경미한 감소

③ 피부 탄력도의 현저한 감소와 함께 안구가 들어가 보일 수 있음, 잇몸 점막의 건조, CRT의 경미한 지연

④ 피부가 제자리로 돌아오지 않음, CRT 지연, 안구가 들어가 보임, 점막 건조, 쇼크 증상(잦은 맥박, 약한 맥압 등)

⑤ 명확한 쇼크 증상, 허탈, 심한 기력 저하, 사망 가능성

해설 ① 5% 미만, ② 5%, ③ 6~8%, ④ 10~12%, ⑤ 12~15%의 탈수 정도일 때의 증상이다. 몸의 수분이 4~5% 이상 손실되어야 임상적으로 확인할 수 있으며, 탈수 증상이 심해져 쇼크 상태가 되면 체중의 10~12% 이상 탈수라고 본다.

25 수혈의 부작용 중 초기 면역 반응이 아닌 것은?

① 과다호흡   ② 잦은 맥박

③ 소양증   ④ 구토, 홍반

⑤ 적혈구 용적의 감소

해설 ⑤는 후기 면역 반응에 해당한다.

수혈 부작용

초기 면역 반응	• 30분~1시간 이내 증상 발현 • 진전(떨림), 잦은 맥박, 과다호흡, 고체온, 구토, 홍반, 소양증
후기 면역 반응	• 3~15일 증상 • 적혈구 용적의 감소, 고체온, 식욕 저하

26 부분 비경구 영양(Partial Parenteral Nutrition ; PPN)에 대한 설명으로 옳은 것은?

① 하루 열량 요구량을 100% 공급하는 것이다.

② 7일 이내의 단기간 영양 공급을 할 때 시행한다.

③ 용액의 삼투압이 매우 높다.

④ 반드시 경정맥을 통해 투여한다.

⑤ 현재 수의 임상에서는 거의 사용하지 않는다.

> **해설** ①, ③, ④, ⑤는 7일 이상 영양 공급이 필요한 경우에 적용하는 총 비경구 영양(total parenteral nutrition ; TPN)에 대한 설명이다.
>
> 부분 비경구 영양(Partial Parenteral Nutrition ; PPN)
> • 열량 요구량의 50% 정도만을 공급하는 것으로 단기간(7일 이내) 영양 공급을 할 때 시행한다.
> • 일반 말초 정맥으로 투여할 수 있다.
> • 비경구 영양 공급에서는 대부분 PPN으로 영양 공급을 한다.

27 산소요법 중 비강 산소 튜브를 이용하는 산소 공급에 대한 설명으로 옳지 않은 것은?

① 산소 결핍 상태(저산소혈증)의 치료와 예방 목적으로 고농도의 의료용 산소를 공급하는 산소요법이다.

② 비강 내 국소마취제를 1~2방울 투여한 후, 1분 뒤 비강을 통하여 눈의 내안각 위치까지 튜브를 삽입하고 반창고나 의료용 스테이플러로 고정하여 공급하는 방법이다.

③ 1~3mm 지름의 튜브를 사용한다.

④ 장기간의 치료에 적용하며, 12~24시간 간격으로 튜브의 위치를 바꿔 주어야 한다.

⑤ 높은 산소량으로 비강 점막이 손상될 수 있으며, 공급량이 너무 많으면 위 확장이 일어날 수 있다.

> **해설** 비강 산소 튜브는 장기간의 치료에 적용하며, 48~72시간 간격으로 튜브의 위치를 바꿔 주어야 한다.

28 심폐소생술에 대한 설명으로 옳지 않은 것은?

① 심폐소생술은 심장이 정지한 상태에서 혈액을 인공적으로 순환시키고, 산소 공급과 이산화
탄소 배출을 도와 뇌의 손상을 최소화하고 심장과 폐가 다시 기능할 수 있도록 하는 것이다.
② 비가역성 뇌 손상의 시작은 산소 공급이 5분 이상 되지 않는 시점부터 시작된다.
③ 심폐정지란 폐환기(호흡)와 순환 혈액의 정지를 말한다.
④ 심폐소생술은 기도확보 – 호흡 – 순환 순으로 시행한다.
⑤ 인공호흡은 암부백 또는 흡입마취기를 통해 시행한다.

해설 비가역성 뇌 손상의 시작은 산소 공급이 3분 이상 되지 않는 시점부터 시작되므로 3분 응급 처치(three minute emergency)라고 한다.

29 다음의 증상을 보이는 경우는 척수 병변의 몇 단계인가?

운동 실조, 고유 감각 소실, 후지 불완전마비

① 1단계   ② 2단계
③ 3단계   ④ 4단계
⑤ 5단계

해설 제시된 지문은 척수 병변 2단계에 해당한다.

척수 손상
운동 실조, 불완전마비, 완전마비 등의 증상을 보이며, 병변 부위에 따라 사지마비 또는 후지마비를 보일 수 있다. 척수 병변은 1단계에서 5단계로 나눈다.

단계	증상
1단계	통증이 있으나 운동 기능은 보존
2단계	운동 실조, 고유 감각 소실, 후지 불완전마비
3단계	후지마비
4단계	후지마비와 함께 소변 정체
5단계	후지마비와 소변 정체와 함께 통증 감각 소실

30 수술실의 위생 관리 등에 대한 설명으로 옳지 않은 것은?

① 수술방은 멸균지역이므로 위생 관리를 가장 철저하게 해야 한다.

② 수술방을 청소할 때에는 수술실 전용 가운, 모자, 마스크 등을 착용하여야 하며, 청소도구 또한 수술방 전용으로 사용하여야 한다.

③ 수술방 청소 시 수술기기 및 기구 등을 수술방 밖으로 반출하여서는 안 된다.

④ 바닥 물청소 시에는 걸레에 소독제를 적시어 가장 안쪽부터 문 쪽으로 걸레질한다.

⑤ 수술실에서 발생하는 폐기물은 수술 후 즉시 폐기한다.

> **해설** 수술실 청소는 매일 청소 및 일주일 단위 청소로 구분하여 실시하며, 일주일 단위 청소 시에는 이동이 가능한 수술기기를 수술방 밖으로 내보내고 수술기기 등의 위치 때문에 매일 청소하지 못했던 구석진 공간까지 청소한다.

31 일반적인 수술기구 세척의 진행 순서로 옳은 것은?

① 약액 침전 → 오염 물질 제거 → 초음파 세척

② 오염 물질 제거 → 초음파 세척 → 약액 침전

③ 약액 침전 → 초음파 세척 → 오염 물질 제거

④ 오염 물질 제거 → 약액 침전 → 초음파 세척

⑤ 초음파 세척 → 오염 물질 제거 → 약액 침전

> **해설** 일반적인 수술기구의 세척은 약액 침전 → 오염 물질 제거 → 초음파 세척 순으로 진행된다.
>
> 수술기구의 세척

약액 침전	수술 직후 기구에 붙어 있는 혈액과 조직 등을 떼어 내고 증류수·수술기구 전용 세제 등에 담가 놓아 세척을 용이하게 한다.
오염 물질 제거	• 수술기구 전용 세제를 사용하여 손으로 기구를 씻어낸다. • 수돗물을 사용하면 기구가 변색되거나 오염될 수 있으므로 증류수를 사용하여 헹군다.
초음파 세척	• 기기를 사용하여 톱니·교차 부위 등의 미세한 틈까지 세척한다. • 전용 세척액(효소세정제)을 넣고 세척한 후, 증류수로 깨끗하게 헹군다.

32 **고압증기 멸균법에 대한 설명으로 옳지 않은 것은?**

① 가열된 포화수증기로 미생물을 사멸시키는 방식이다.

② 안전하고 사용하기 쉬워 동물병원에서 가장 많이 사용하는 멸균법이다.

③ 일반적으로 121℃에서 15분 이상 멸균하면 모든 미생물을 사멸시킬 수 있다.

④ 수술기구, 수술포, 수술가운, 고무류 등 거의 모든 수술기구의 멸균에 사용한다.

⑤ EO 가스 멸균법보다 멸균 시간이 짧고 가격이 저렴하다.

해설 열에 약한 고무류, 플라스틱(PE) 등에는 EO 가스 멸균법이 사용된다.

수술기구 멸균 방법

고압증기 멸균법	• 가열된 포화수증기로 미생물을 사멸시키는 방식이다. • 안전하고 사용이 용이하여 동물병원에서 가장 많이 사용하는 방식이다. • 열에 약한 고무류, 플라스틱(PE) 등은 멸균할 수 없다.
EO 가스 멸균법	• 에틸렌옥사이드 가스로 멸균하는 방식이다. • EO 가스는 독성과 폭발의 위험이 있으므로 취급에 주의하여야 한다. • 고무류, 플라스틱 등 열·습기에 민감한 물품의 멸균에 사용한다. • 고압증기 멸균법에 비해 멸균 시간이 길고 가격이 비싸다.
플라스마 멸균법	• 과산화수소 가스를 멸균제로 이용하는 방식이다. • 친환경적이고 안전한 멸균 방법이다. • 거즈, 수술포 등 수분을 흡수하는 물질에는 적용할 수 없다.

33 **다음 봉합재료의 종류 및 용도에 대한 설명 중 옳지 않은 것은?**

① 바늘 끝의 모양이 둥근 형태인 환침(round needle)은 장, 혈관, 피하지방과 같은 부드러운 조직 봉합에 사용한다.

② 바늘 끝의 모양이 삼각형 모양으로 각이 진 각침(cutting needle)은 피부를 봉합할 때 사용한다.

③ 봉합사는 흡수성 봉합사와 비흡수성 봉합사로 구분하며, 재료에 따라 자연사와 인공합성사로 구분한다.

④ 흡수성 봉합사는 silk, cotton, linen 등이 있다.

⑤ 비흡수성 봉합사는 stainless steel, nylon(dafilon, ethilon) 등이 있다.

해설 silk, cotton, linen, stainless steel, nylon(dafilon, ethilon)은 비흡수성 봉합사이다. 흡수성 봉합사는 자연사인 surgical gut(catcut), collagen과 인공합성사인 polydioxanone(PDS suture), polyglactin 910(vicryl), polyglycolic acid(dexon) 등이 있다.

34 다음에서 설명하는 수술기구의 명칭은?

> • 붙잡는 기구이다.
> • 끝 부위의 형태는 편형(smooth), 치아(toothed), 톱니(serrated) 모양 등이다.
> • Adson, Brown-Adson, Bishop-Harmon, DeBakey 등이 있다.

① 지혈 포셉(hemostat forceps)　　　② 수술가위(scissors)
③ 조직 포셉(tissue forceps)　　　　④ 바늘 잡개(needle holder)
⑤ 움켜잡기 포셉(grasping forceps)

해설 제시된 지문은 조직 포셉(tissue forceps)에 대한 설명이다.

붙잡는 기구의 주요 종류

조직 포셉	Adson, Brown-Adson, Bishop-Harmon, DeBakey 등이 있다.
지혈 포셉	mosquito, Kelly, Crile, Rochester-Carmalt 등이 있다.
움켜잡기 포셉	Alis tissue forceps, Babcock forceps, towel clamp 등이 있다.
바늘 잡개	Mayo-Hegar, Olsen-Hegar, Castroviejo 등이 있다.

35 다음 중 소형 동물에게 일반적으로 사용되는 수술칼 날은?

① 3번 날　　　　　　　② 20번 날
③ 1번 날　　　　　　　④ 5번 날
⑤ 10번 날

해설 동물병원에서는 10, 11, 12, 15, 20번 날이 사용되며, 일반적으로 소형 동물에게는 3번 손잡이에 10번 날이 사용된다.

36 흡입마취 및 흡입마취기에 관한 설명으로 옳지 않은 것은?

① 흡입마취는 산소와 마취제가 혼합된 가스를 흡입시켜 전신을 마취하는 방법이다.
② 의료용 고압가스 용기의 외부 색은 산소 - 녹색, 이산화탄소 - 회색, 아산화질소 - 파란색이다.
③ 액체 상태의 마취제를 기체 상태로 바꾸어 공급하는 장치를 기화기(vaporizer)라 한다.
④ 산소통은 완전 충전 시 2,000psi이며, 남은 산소량이 500psi 이하일 때에는 교체를 준비하여야 한다.
⑤ 산소 플러시 밸브(oxygen flush valve)는 기화기와 유량계를 우회하여 신선한 산소를 환자에게 바로 공급할 때 사용한다.

해설 의료용 산소용기의 색은 백색이며, 공업용 산소용기의 색은 녹색이다.
의료용 가스용기 등의 표시(고압가스 안전관리법 시행규칙 별표 24)

가스의 종류	도색의 구분	가스의 종류	도색의 구분
산소	백색	질소	흑색
액화탄산가스	회색	아산화질소	청색
헬륨	갈색	싸이크로프로판	주황색
에틸렌	자색	그 밖의 가스	회색

37 마취 전 혈액 검사의 지표에 대한 내용이다. 옳지 않은 것은?

① 적혈구용적이 감소하면 탈수 가능성이 있다.

② 총 단백이 감소하면 부종이 발생할 수 있다.

③ 혈당이 증가하면 당뇨병 가능성이 있다.

④ 요소 질소는 콩팥의 기능을 평가하는 지표이다.

⑤ 알라닌 아미노 전이 효소(ALT)는 간세포의 손상 시 유출되는 효소이다.

해설 적혈구용적(PCV)이 정상보다 감소하면 빈혈, 증가하면 탈수 가능성이 있다.
마취 전 혈액 검사

적혈구용적(PCV)	정상보다 감소 시 빈혈, 증가 시 탈수 가능성이 있다.
총 단백	정상보다 감소 시 부종이 발생할 수 있다.
혈당	정상보다 감소 시 저혈당증, 증가 시 당뇨병 가능성이 있다.
요소 질소(BUN)	정상보다 증가 시 콩팥 기능 부전 가능성이 있다.
알라닌 아미노 전이 효소(ALT)	상승 시 간 손상이 있음을 의미한다.

38 다음의 마취 전 주요 투약제 중 비마약성 진통제는?

① 모르핀(morphine)

② 페니실린(penicillin)

③ 디아제팜(diazepam)

④ 펜타닐(fentanyl)

⑤ 트라마돌(tramadol)

해설 ① · ④는 마약성 진통제, ②는 항생제, ③은 진정제이다.
마취 전 주요 투약제

항생제		세파졸린, 페니실린, 엔로플록사신, 세프티오퍼 등
진정제		아세프로마진, 디아제팜, 미다졸람, 자일라진, 메데토미딘 등
진통제	비마약성	트라마돌, 카프로펜, 멜록시캄, 나프록센 등
	마약성	모르핀, 펜타닐, 부토르파놀 등

39 다음 중 순환간호사의 수행업무에 해당하는 것은?

> ㄱ. 수술팩을 열고 수술 기구를 기구대 위에 올려 배치한다.
> ㄴ. 기구대 위에 있는 수술칼 손잡이에 날을 장착한다.
> ㄷ. 수술 중에 수술자에게 기구를 정확하고 안전하게 전달한다.
> ㄹ. 수술이 끝난 후 수술 부위를 봉합하기 전에 수술 기구와 거즈의 수량을 확인한다.

① 보기 중에 없음
② ㄱ
③ ㄴ
④ ㄹ
⑤ ㄱ, ㄹ

해설 제시된 지문은 모두 소독간호사의 수행업무에 해당한다.

수술실 간호사

순환간호사	• 수술 장갑을 착용하지 않은 간호사이다. • 수술 시작에서 종료까지 수술이 원활히 진행되도록 동물 감시, 물품 지원 등의 업무를 진행한다. • 수행 업무는 수술실 준비, 수술대에 동물 보정, 수술 부위 준비, 수술자와 멸균간호사의 가운 착용 돕기, 수술 중에 필요한 물품 지원, 마취 감시 및 기록지 작성 등이다.
소독간호사	• 스크러브(외과적 손세정)를 하고 수술 장갑을 착용한 간호사이다. • 수술이 원활히 진행될 수 있도록 멸균가운, 모자, 마스크, 수술 장갑을 착용하고 멸균 영역에서 수술자의 수술을 직접 보조한다. • 수행 업무는 수술 포 덮기, 수술 기구대에 기구배치, 수술자에게 직접 기구 전달, 조직 견인 및 보정, 수술 전후 거즈 및 봉합바늘 수량체크 등이다.

40 수술 기구의 전달 방법 중 옳지 않은 것은?

① 수술칼은 칼날이 보조자를 향하도록 전달한다.
② 바늘 잡개는 봉합사가 연결된 바늘을 잡아 바늘이 위쪽으로 향하도록 세워 전달한다.
③ 지혈 포셉은 팁이 위쪽을 향하도록 세워 전달한다.
④ 조직 포셉은 팁이 위쪽을 향하도록 세워 전달한다.
⑤ 수술 가위는 날 부위를 잡고 손잡이 부위가 수술자의 손바닥 위에 오도록 전달한다.

해설 조직 포셉은 팁이 아래쪽을 향하도록 세워 전달한다.

41 다음 중 동물을 흉와위 자세로 눕혀야 하는 수술은?

① 개복 수술

② 치과 수술

③ 귀 수술

④ 척추 수술

⑤ 다리 수술

해설 척추 수술, 꼬리 및 회음부 수술의 경우에는 흉와위 자세, 개복 수술의 경우에는 앙와위 자세, 다리 수술, 치과 및 귀 수술의 경우에는 횡와위 자세로 눕힌다.

동물의 수술자세

앙와위	동물의 등 쪽이 테이블에 접촉한다.
횡와위	동물의 옆쪽이 테이블에 접촉한다.
흉와위	동물의 배 쪽이 테이블에 접촉한다.

42 다음 중 피부의 소독 방법과 수술 부위의 연결이 옳지 않은 것은?

① target – 복부

② perineal – 항문

③ orthopedic – 눈

④ target – 흉부

⑤ perineal – 회음부

해설 다리 수술일 때는 orthopedic pattern 방법으로 소독한다.

수술 부위의 소독

수술 부위를 2% 포비돈 거즈로 소독 방법에 따라 소독하고, 2분 후에 70% 알코올 거즈로 닦아낸다.

일반적인 수술 (복부, 흉부 등)	• target pattern 방법으로 소독한다. • 수술 부위를 앞뒤로 10~20회 닦고 원을 그리며 안쪽에서 바깥쪽으로 닦아낸다.
항문 및 회음부 수술	• perineal pattern 방법으로 소독한다. • 세 부분으로 나누어 target pattern 방법으로 닦는다. • 항문의 오른쪽을 닦고 왼쪽을 닦은 후 마지막으로 항문을 닦는다.
다리 수술	• orthopedic pattern 방법으로 소독한다. • 거즈 붕대와 테이프로 발목 부위를 감싼 후 수액걸이에 걸어놓고 발목 부위부터 엉덩이 쪽으로 닦는다.
눈 수술	눈 주위의 털을 제거하고 베이비 샴푸를 물에 3배 희석하여 거즈에 적신 후 털 제거한 부위를 부드럽게 닦아낸다. 이후 50배 희석한 포비돈으로 눈 주위 피부를 소독하며, 안구에 털, 이물이 묻었으면 생리식염수로 세정한다.

43 내시경 및 내시경 시술 등에 대한 설명으로 옳지 않은 것은?

① 내시경은 상부 위장관(식도, 위)의 이물 제거와 위장관 점막의 육안검사와 위장관의 점막조직 체취, 식도 협착 확장, 작은 점막 병소 제거 등에서 사용한다.

② 내시경을 시행하기 위해서는 전신마취가 필요하다.

③ 동물의 상부 위장관 내시경을 위해서는 음식은 검사 전 12~18시간 절식, 음수는 검사 4시간 전부터 중단해야 한다.

④ poly grab 포셉은 비교적 편평하고 단단히 잡아 이물을 제거하거나 조직 생검(biopsy)할 때 사용한다.

⑤ 석션기는 내시경의 본체와 연결하여 위장관의 체액과 내시경을 통해 주입한 물을 흡인하는 데 사용한다.

> **해설** ④는 alligator jaw 포셉에 대한 설명이다. poly grab 포셉은 모양이 불규칙하고 부드러운 이물을 제거할 때 사용하며, 삼발이 끝이 고리 형태로 얇은 와이어로 되어 있다.

44 마취에 대한 설명 중 옳지 않은 것은?

① 감각의 소실 범위와 마취제의 투여 방법에 따라 국소마취와 전신마취로 구분한다.

② 전신마취는 크게 주사마취와 흡입마취로 구분한다.

③ 신경차단(nerve block)은 척추에 마취제를 주입하는 전신마취이다.

④ 주사마취는 정해진 주사 용량을 한 번에 주사해야 한다.

⑤ 흡입마취는 가스화한 마취제를 호흡하는 과정에서 마취를 유지하기 때문에 마취의 회복이 빠르다.

> **해설** 신경차단(nerve block)은 말초 신경 부위에 마취제를 주사하는 국소마취이다.
>
> 마취의 종류
>
> | | | |
> |---|---|---|
> | **국소마취** | 표면마취 | 국소마취제를 스프레이로 피부 표면, 안구, 요도 등에 뿌리거나 바른다. |
> | | 신경차단 | 말초 신경 부위에 마취제를 주사한다. |
> | | 경막외마취 | 척추에 마취제를 주입한다. |
> | **전신마취** | 주사마취 | 마취제를 주사기로 투입한다. |
> | | 흡입마취 | 마취기를 이용하여 가스화한 마취제를 폐포로 주입한다. |

45 흡입마취기의 호흡 회로는 호흡 가스의 재사용여부에 따라 재호흡 방식과 비재호흡 방식의 두 가지 형태가 있다. 다음 중 재호흡 방식에 대한 설명으로 옳지 않은 것은?

① 7kg 이하의 작은 동물에게 사용하는 방식이다.

② 동물이 호기 시 배출한 가스에 포함된 이산화탄소를 이산화탄소 흡수제로 제거한 후 동물이 다시 호흡하는 방식이다.

③ 수증기와 열이 보존되므로 체온 유지에 유리하다.

④ 운반 가스(산소)와 휘발성 마취제가 적게 필요하다.

⑤ 회로 내 가스 저항이 발생한다.

해설 재호흡 방식의 경우 회로 내 가스저항이 발생하여 작은 동물일수록 호흡에 어려움이 발생하므로 7kg 이상의 동물에게 적용된다. 비재호흡 방식은 회로 내 가스 저항이 낮아 동물의 호흡이 수월하므로 7kg 이하의 작은 동물에게 사용된다.

흡입마취기 호흡 회로

재호흡 방식	• 7kg 이상의 동물에게 적용된다. • 동물이 호기 시 배출한 가스에 포함된 이산화탄소를 이산화탄소 흡수제(소다 라임)로 제거한 후 동물이 다시 호흡하는 방식이다. • 운반 가스와 휘발성 마취제는 더 적게 필요하고 수증기와 열은 보존되어 체온 유지에 유리한 장점이 있다. • 회로 내 가스 저항이 발생하여 작은 동물일수록 호흡에 어려움이 발생한다.
비재호흡 방식	• 7kg 이하의 작은 동물에게 적용된다. • 호기 시 배출된 휘발성 마취제와 이산화탄소는 신선 가스의 유입에 따라 배출되어 재사용되지 않는다. • 회로 내 가스 저항이 낮아 동물이 호흡하기 수월하고 사용이 간단하며, 흡입마취제의 정확한 제어가 가능하다. • 많은 양의 산소가 필요하여 덜 경제적이며, 열과 습기를 보존하지 못하여 동물이 저체온에 빠질 위험성이 있다.

46 인공호흡기(ventilator)의 용적 조절(volume control) 버튼을 돌려 1회 호흡량(tidal volume)을 설정할 수 있다. 다음 중 5kg인 동물의 일반적인 1회 호흡량으로 적합한 것은?

① 5mL   ② 14.3mL

③ 72mL   ④ 144mL

⑤ 300mL

해설 1회 호흡량(tidal volume)은 동물의 체중에 따라 다르고, 소형 동물은 14.3mL/kg으로 계산하여 1회 호흡량을 정한다. 따라서, 5kg 동물의 경우 5kg×14.3mL＝71.5mL이므로, 약 72mL이다.

47 마취 단계 중 정형외과, 흉부 수술 등의 큰 수술이 진행되는 단계는?

① 1단계

② 2단계

③ 3단계 1기

④ 3단계 2기

⑤ 4단계

> **해설** 상처 봉합, 스케일링 등의 작은 수술은 3단계 1기에서 진행되며, 정형외과 및 흉부 수술 등의 큰 수술은 3단계 2기에서 진행된다.

48 마취 모니터링에 대한 다음 설명 중 옳지 않은 것은?

① 호흡수는 안정적인 마취 동안에는 8~20회/분이며, 만약 8회/분 미만이면 깊은 마취상태이고 즉시 수술자에게 보고한다.

② 심박수가 대형견 50회/분, 소형견 70회/분, 고양이 100회/분 이하의 느린 맥박일 때는 즉시 수술자에게 보고한다.

③ 심박수가 대형견 180회/분, 소형견 200회/분, 고양이 220회/분 이상인 잦은 맥박일 때는 즉시 수술자에게 보고한다.

④ 모세혈관 재충만 시간(CRT)은 2초 이하이면 정상이고, 2초 이상이면 저혈량 쇼크 발생 가능성을 의미하므로 즉시 보고한다.

⑤ 체온은 15분마다 직장에서 측정하며, 30℃ 이하이면 즉시 보고한다.

> **해설** 체온은 15분마다 직장에서 측정하며, 35℃ 이하이면 즉시 보고한다. 수술 중에 체온은 빠르게 떨어지므로 저체온에 주의하여야 한다.

49 감시기기 중 ECG 모니터의 주용도는?

① 혈중 산소포화도를 측정하기 위한 기기

② 도플러를 이용해 환자의 수축기 혈압을 측정하기 위한 기기

③ 심전도를 통해 환자의 상태를 실시간 확인하기 위한 기기

④ 혈중 젖산 수치를 측정하기 위한 기기

⑤ 심박수 및 심음을 청진하기 위한 기기

> **해설** 심장의 전기적 활동을 증폭하여 기록한 파형을 심전도라 하며, ECG(electrocardiogram) 모니터의 주 용도는 심전도를 통해 환자의 상태를 실시간 확인하는 것이다(심전도 파형과 함께 산소포화도, 체온, 호흡수, 혈압을 모니터에서 모두 실시간 감시할 수 있다). ①은 산소포화도 측정기, ②는 도플러 혈압계, ④는 젖산 측정기, ⑤는 청진기의 주용도이다.

50 수술 후 회복 단계에서 다음과 같은 증상을 보이는 합병증으로 옳은 것은?

> • 머리를 케이지에 부딪침
> • 소리를 지름
> • 앞발로 케이지를 긁음

① 쇼크
② 통증
③ 섬망
④ 저체온
⑤ 출혈

해설 마취 회복 시 과다 행동을 보이는 경우는 섬망의 증상에 해당한다. 증상이 심한 경우에는 안아주거나 진정제를 투여하여야 한다.
① 쇼크: 잦은 맥박, 창백한 점막, CRT 지연, 사지말단의 냉감 등의 증상이 나타난다. 5분마다 생체지표를 측정하며 수액 관리, 체온 유지 등의 처지를 실시한다.
② 통증: 불안해하며 움직임을 꺼리고, 끙끙거리거나 식욕이 감퇴하는 증상을 보인다. 심한 경우 진통제를 투여한다.
④ 저체온: 경련을 일으키거나 마취 회복이 느린 경우에는 지속적으로 체온을 체크하며, 담요, 열선, ICU 등으로 보온한다.
⑤ 출혈: 약간의 출혈은 5~10분간 압박 지혈하며, 과도한 내부 출혈의 경우 수의사에게 즉시 보고한다.

51 수술 후 수술실 정리에 대한 설명 중 옳지 않은 것은?

① 피 묻은 거즈, 신체 조직물은 의료 폐기물 전용 용기에 버린다.
② 사용한 주사기의 바늘은 손상성 폐기물통에 버리고, 나머지 주사기 부위는 의료 폐기물 전용 용기에 버린다.
③ 수술칼 날과 수술칼 손잡이는 손상성 폐기물통에 버린다.
④ 일회용 봉합사 바늘은 손상성 폐기물통에 버린다.
⑤ 일반 쓰레기는 쓰레기통에 버린다.

해설 수술칼은 칼날 분리 방법에 따라 분리한 후, 칼날은 손상성 폐기물통에 버리고 수술칼 손잡이는 수술기기와 함께 수술 준비실로 보낸다.

52 다음에서 설명하는 드레싱으로 옳은 것은?

> • 멸균된 면봉을 하트만액에 적셔서 상처 가까이에 댄다.
> • 드레싱이 메말라서 제거할 때 삼출물과 조직파편을 같이 제거한다.

① Dry-to-dry 드레싱
② 구멍난 필름 드레싱
③ Wet-to-dry 드레싱
④ 습윤 드레싱
⑤ Dry-to-wet 드레싱

> **해설** 거즈 드레싱에는 Dry-to-dry와 Wet-to-dry 드레싱이 있으며, 제시된 지문은 Wet-to-dry 드레싱에 대한 설명이다.
> ① Dry-to-dry 드레싱: 드레싱을 바꿀 때 건조한 면봉을 상처에 사용해서 괴사조직과 조직파편을 면봉에 묻혀 제거한다. 이 방법은 상처의 괴사조직제거에 효과적이지만 고통스러운 방법이다.
> ② 구멍난 필름 드레싱: 보통 약간의 삼출물이 있는 수술적 상처에 사용한다. 상처 치료를 위해 청결하고 건조한 환경을 제공한다.
> ④ 습윤 드레싱: 상처부위를 밀폐시켜 습윤 환경을 유지하는 것으로 염증단계와 치유단계에서 상처부위의 세포증식과 기능을 촉진시킨다. 폴리우레탄 폼, 하이드로겔, 하이드로콜로이드 등이 있다.

53 붕대(bandage)에 대한 설명으로 옳지 않은 것은?

① 일반적으로 3개의 층으로 구성되며, 상처부위에서 바깥쪽으로 1차, 2차, 3차 붕대로 구성된다.
② 1차 붕대는 접촉층으로서 피부에 직접 접촉이 이루어지는 붕대이다. 피부 또는 상처 부위의 직접적인 보호 역할을 하게 된다.
③ 2차 붕대는 1차 붕대를 밖에서 감싸며 움직이지 않게 고정시키고 보호하는 역할을 하며, 물에 젖지 않도록 방수성을 가지는 재료를 사용한다.
④ 3차 붕대는 동물에 적용하는 가장 바깥층의 붕대이며, 1차, 2차 붕대를 더 넓게 감싸는 것이 일반적이다.
⑤ 붕대교체는 발생되는 삼출액의 양에 따라 교체 빈도가 결정되며, 삼출액 발생이 가장 많은 상처 초기에는 최소 1일 1회 이상 교체한다.

> **해설** 물에 젖지 않도록 방수성을 갖는 재료를 사용하여야 하는 것은 3차 붕대이다. 2차 붕대는 상처부위로부터 나오는 혈액, 삼출물, 괴사조직 등을 흡수하는 기능을 담당한다.

54 다음 빈 칸에 알맞은 용어는?

> (   )란 화학물질 및 화학물질을 함유한 제제(대상 화학물질)의 명칭 및 함유량, 유해, 위험성, 취급 방법, 응급조치 요령, 안전 및 보건상의 취급 주의사항, 건강 유해성 및 물리적 위험성 등을 상세히 설명하는 자료로, 화학물질을 안전하게 사용하기 위한 설명서이다.

① CAS
② EDTA
③ MSDS
④ CBC
⑤ DTM

해설 제시된 지문은 물질안전보건자료(MSDS)에 대한 설명이다.
① CAS: 이제까지 알려진 모든 화합물, 중합체 등을 기록하는 번호이다. 미국화학회에서 운영하는 서비스이며, 검사실에서 보관 중인 모든 시약은 CAS 번호 또는 물질명(영문)을 기준으로 시약 정보를 검색할 수 있다.
② EDTA: 항응고제의 일종으로서 ethylenediaminetetraacetic acid의 약자이다.
④ CBC: 일반 혈액 검사(complete blood count)이다. 혈액 내에 존재하는 세 가지 종류의 세포인 적혈구, 백혈구, 혈소판의 정보를 파악할 수 있다.
⑤ DTM: 피부 사상균 진단 배지의 약자이다.

55 분변 검사용 도말 표본 염색에 사용되는 루골(lugol) 용액에 대한 설명으로 옳지 않은 것은?

① 요오드 50g, 요오드화칼륨 100g에 증류수를 가하여 1,000mL로 만든 용액이다.
② 진한 녹청색의 냄새가 없는 결정으로, 분자량 319.86이다.
③ 세포 염색 시 주로 핵 부분이 더 선명하게 보이고, 세포막도 잘 보이게 한다.
④ 단세포 진핵 원생생물을 염색할 때 유용하다.
⑤ 냉장고에 차광 보관한다.

해설 ②는 메틸렌블루에 대한 설명이다. 메틸렌블루는 산화환원의 지시약, 세포의 핵 염색에 사용된다.

56 요 검사 중 딥스틱 검사에 대한 설명으로 옳지 않은 것은?

① 검체 요는 농축되고 산도가 높아 정확한 정보를 줄 수 있는 아침 첫 소변이 가장 좋다.

② 딥스틱의 항목마다 한 방울씩 떨어뜨려 비색 반응을 관찰한다.

③ 약 60초 정도 스트립의 비색 반응이 완료된 후, 제품의 케이스 또는 따로 제공되는 표준 색조표와 비교하여 이상 유무를 검사지에 기록한다.

④ 딥스틱의 패드에 있는 시약은 열, 직사광선, 습기, 휘발성 시약에 취약하므로 주의한다.

⑤ 사용한 딥스틱은 제자리에 가져다 두며, 냉장 보관한다.

> **해설** 딥스틱은 보관장소의 온도가 30℃를 넘으면 안 되며, 냉장고에 보관해도 안 된다.

57 다음 중 그람 염색법에 의하여 자주색으로 변하는 세균은?

① 탄저균   ② 살모넬라균

③ 이질균   ④ 티푸스균

⑤ 대장균

> **해설** 탄저균은 그람 염색법에 의하여 자주색으로 변하는 그람 양성균이다.
>
> 그람 염색에 따른 세균의 분류
>
> | 그람 양성균 | • 그람 염색법에 의하여 자주색으로 변하는 세균이다.
• 포도상구균 · 연쇄상구균 · 폐렴균 · 나병균 · 디프테리아균 · 파상풍균 · 탄저균 · 방선균 등이 있다. |
> |---|---|
> | 그람 음성균 | • 그람 염색법으로 염색하였을 때 자주색은 탈색되고 사프라닌으로 붉게 염색되는 세균이다.
• 살모넬라균 · 이질균 · 티푸스균 · 대장균 · 콜레라균 · 페스트균 · 임균 · 수막염균 · 스피로헤타 등이 있다. |

58 항응고제를 첨가하여 fibrinogen이 fibrin으로 전환되지 않은 상태로 혈액 속에 남아 있는 액체 성분을 무엇이라 하는가?

① 혈장   ② 헤파린

③ 혈청   ④ 혈구세포

⑤ 과립구

해설 항응고제를 첨가하여 fibrinogen이 fibrin으로 전환되지 않은 상태로 혈액 속에 남아 있는 액체 성분을 혈장(plasma)이라고 하며, 항응고제를 첨가하지 않아 fibrinogen이 fibrin으로 전환되어 원심 분리 후 fibrin이 제거된 액체 성분을 혈청(serum)이라 한다.
② 헤파린은 혈액 응고 과정 중 트롬빈(thrombin)의 형성을 방해하거나 중화함으로써 대개 24시간 동안 응고를 방지하는 강력한 항응고제이다.
④ 혈액은 액체 성분인 혈장과 고형 성분인 혈구세포(적혈구, 백혈구, 혈소판)로 구성된다.
⑤ 백혈구는 염색하여 현미경으로 볼 때 세포질 내 과립의 존재 여부에 따라 과립구(granulocyte)와 무과립구(agranulocyte)로 분류한다.

59 일반 혈액 검사(CBC)에서 혈액 중 적혈구의 비율을 의미하는 것은?

① Hb
② HCT
③ RETICS
④ MCV
⑤ PLT

해설 혈액 중 적혈구(red blood cell ; RBC)의 비율을 뜻하는 것은 HCT(hematocrit)이다.
① Hb(hemoglobin): 적혈구를 구성하는 혈색소
③ RETICS(reticulocytes): 세망적혈구
④ MCV(mean corpuscular volume): 평균 적혈구 용적
⑤ PLT(platelet count): 혈소판 수

60 다음의 혈액 검사 물품에 대한 설명 중 옳은 것은?

① PCV 검사 튜브는 채혈한 혈액의 항응고 처리를 위한 튜브이다.
② 항응고제 튜브는 적혈구 용적률 검사를 위해 사용하는 튜브이다.
③ 일반 CBC 검사에는 heparin 튜브를 사용한다.
④ 생화학 검사에는 EDTA 튜브를 사용한다.
⑤ 혈액형 진단 키트 검사를 수행하기 위해서는 EDTA 튜브, 또는 항응고제가 섞인 튜브를 사용해야 한다.

해설 ① PCV(packed cell volume) 검사 튜브는 적혈구 용적률 검사를 위해 사용하는 튜브이다.
② 항응고제 튜브(heparin/EDTA)는 채혈한 혈액의 항응고 처리를 위한 튜브이다.
③ 일반 CBC 검사에는 EDTA 튜브를 사용한다.
④ 생화학 검사에는 heparin 튜브를 사용한다.

제4과목 동물 보건·윤리 및 복지관련 법규

01 동물보호법령상 농림축산식품부장관이 검역본부장에게 위임할 수 있는 권한이 아닌 것은?

① 동물실험의 원칙에 관한 고지
② 윤리위원회의 구성·운영 등에 관한 지도·감독 및 개선명령
③ 동물복지축산농장의 인증
④ 동물보호감시원의 수당 지급
⑤ 실태조사 및 정보의 공개

해설 ④ 명예감시원의 위촉, 해촉, 수당 지급이 농림축산식품부장관이 검역본부장에게 위임하는 권한 사항
이다(동물보호법 시행령 제16조 제10호).

02 동물보호법상 동물을 죽음에 이르게 하는 학대행위를 한 자에 대한 벌칙으로 옳은 것은?

① 300만 원 이하의 벌금
② 500만 원 이하의 벌금
③ 300만 원 이하의 과태료
④ 2년 이하의 징역 또는 2천만 원 이하의 벌금
⑤ 3년 이하의 징역 또는 3천만 원 이하의 벌금

해설 다음에 해당하는 자는 3년 이하의 징역 또는 3천 만 원 이하의 벌금에 처한다(동물보호법 제46조 제1항)
1. 동물을 죽음에 이르게 하는 학대행위를 한 자
2. 등록대상동물의 외출 시 안전조치 또는 맹견 소유자 등의 준수사항을 위반하여 사람을 사망에 이르
게 한 자

03 동물보호법상의 동물 보호의 기본 원칙이 아닌 것은?

① 동물이 질병으로부터 자유롭게 한다.
② 동물이 공포와 스트레스를 받지 않게 한다.
③ 동물이 굶주림을 겪거나 영양이 결핍될 수 있도록 한다.
④ 동물이 신체의 원형을 유지하면서 살 수 있게 한다.
⑤ 동물이 본래의 습성을 유지하면서 살 수 있게 한다.

해설 ③ 동물이 갈증 및 굶주림을 겪거나 영양이 결핍되지 아니하도록 할 것(동물보호법 제3조 제2호)

04 다음 빈칸에 들어갈 동물보호법상의 정의로 가장 적절한 것은?

> (   )이란 동물의 보호, 유실·유기방지, 질병의 관리, 공중위생상의 위해 방지 등을 위하여 등록이 필요하다고 인정하여 대통령령으로 정하는 동물을 말한다.

① 반려동물　　　　　　　　　② 척추동물
③ 야생동물　　　　　　　　　④ 유기동물
⑤ 등록대상동물

> **해설** "등록대상동물"이란 동물의 보호, 유실·유기방지, 질병의 관리, 공중위생상의 위해 방지 등을 위하여 등록이 필요하다고 인정하여 대통령령으로 정하는 동물을 말한다(동물보호법 제2조 제2호).

05 동물보호법령상 동물복지위원회에 대한 내용으로 옳지 않은 것은?

① 위원의 임기는 2년으로 한다.
② 위원장은 위원 중에서 호선한다.
③ 위원회는 위원장 1명을 포함하여 10명 이내의 위원으로 구성한다.
④ 위원회의 회의는 위원 2분의 1 이상의 요구가 있을 때 위원장이 소집한다.
⑤ 복지위원회는 심의사항과 관련하여 필요하면 관계인을 출석시켜 의견을 들을 수 있다.

> **해설** ④ 복지위원회의 회의는 농림축산식품부장관 또는 위원 3분의 1 이상의 요구가 있을 때 위원장이 소집한다(동물보호법 시행령 제6조 제5항).
> ① 동물보호법 시행령 제6조 제3항
> ② 동물보호법 제5조 제3항
> ③ 동물보호법 제5조 제2항
> ⑤ 동물보호법 시행령 제6조 제7항

06 동물보호법령상 소유자 등이 월령이 3개월 이상인 맹견과 외출할 때 안전장치 및 이동장치를 하지 않은 행위의 3차 이상 위반 시 벌칙 기준은?

① 벌금 100만 원
② 과태료 100만 원
③ 과태료 200만 원
④ 벌금 300만 원
⑤ 과태료 300만 원

해설 소유자 등이 월령이 3개월 이상인 맹견을 동반하고 외출할 때 안전장치 및 이동장치를 하지 않은 행위의 1차 위반 시 100만 원, 2차 위반 시 200만 원, 3차 이상 위반 시에는 300만 원의 과태료를 부과한다(동물보호법 시행령 [별표]).

07 동물보호법령상 동물등록번호의 부여방법 및 규격으로 옳지 않은 것은?

① 동물등록번호 체계에 따라 이미 등록된 동물등록번호는 재사용할 수 없다.
② 무선식별장치의 분실로 무선식별장치를 재주입하거나 재부착하는 경우에는 동물등록번호를 다시 부여받아야 한다.
③ 무선식별장치의 등록번호 체계는 동물개체식별–코드구조에 따라 총 15자리로 구성된다.
④ 무선식별장치는 기관코드, 국가코드, 개체식별코드로 표시된다.
⑤ 기관코드는 3자리로 등록하고, 농림축산식품부는 "410"으로 표시한다.

해설 무선식별장치의 규격(동물보호법 시행규칙 [별표 2])
1. 구성: 총 15자리(국가코드3 + 개체식별코드 12)
2. 표시

코드 종류	기관코드(5–9비트)	국가코드(17–26비트)	개체식별코드(27–64비트)
KS C ISO 11784	1	410	12자리

• 기관코드(1자리): 농림축산식품부는 "1"로 등록하되, 리더기로 인식(표시)할 때에는 표시에서 제외
• 국가코드(3자리): 대한민국을 "410"으로 표시
• 개체식별코드(12자리): 검역본부장이 무선식별장치 공급업체별로 일괄 할당한 번호체계

08 동물보호법상 시장·군수·구청장이 영업의 등록 또는 허가를 반드시 취소해야 하는 경우는?

① 동물에 대한 학대행위 등을 한 경우

② 거짓으로 허가를 받은 것이 판명된 경우

③ 등록 받은 날부터 1년이 지나도 영업을 시작하지 아니한 경우

④ 영업의 등록 또는 허가의 변경신고를 하지 아니한 경우

⑤ 영업자 준수사항을 지키지 아니한 경우

> **해설** 시장·군수·구청장은 영업자가 거짓이나 그 밖의 부정한 방법으로 등록을 하거나 허가를 받은 것이 판명된 경우에는 등록 또는 허가를 취소하여야 한다(동물보호법 제38조 제1항).

09 동물보호법상 동물보호명예감시원을 위촉할 수 있는 사람은?

① 대통령　　　　　　　　　　② 행정안전부장관

③ 시장·군수·구청장　　　　　④ 검역본부장

⑤ 동물보호센터장

> **해설** 농림축산식품부장관, 시·도지사 및 시장·군수·구청장은 동물의 학대 방지 등 동물보호를 위한 지도·계몽 등을 위하여 동물보호명예감시원을 위촉할 수 있다(동물보호법 제41조 제1항).

10 동물보호법령상 동물보호센터 운영위원회의 심의사항이 아닌 것은?

① 동물보호센터의 사업계획에 관한 사항

② 동물보호센터의 사업 실행에 관한 사항

③ 동물보호센터의 예산·결산에 관한 사항

④ 등록대상동물의 등록에 관한 사항

⑤ 동물보호법의 준수 여부 등에 관한 사항

> **해설** ④는 동물보호법상 농림축산부장관이 매년 정기적으로 수집·조사·분석하는 실태조사 및 정보의 공개에 대한 내용이다(동물보호법 제45조 제1항).
> ①·②·③·⑤ 동물보호센터 운영위원회 심의사항(동물보호법 시행규칙 제17조 제2항)

11 **동물보호법령상 윤리위원회의 운영에 대한 설명으로 옳지 않은 것은?**

① 윤리위원회의 회의는 재적위원 3분의 1 이상이 소집을 요구하는 경우 위원장이 소집한다.

② 윤리위원회의 회의는 재적위원 과반수의 출석으로 개의하고, 출석위원 과반수의 찬성으로 의결한다.

③ 동물실험계획을 심의·평가하는 회의에는 동물실험시행기관과 이해관계가 없는 위원이 1 명 이상 참석해야 한다.

④ 회의록 등 윤리위원회의 구성·운영 등과 관련된 기록 및 문서는 3년 이상 보존하여야 한다.

⑤ 윤리위원회 위원장은 매년 윤리위원회의 운영 및 동물실험의 실태에 관한 사항을 다음 해 1월 31일까지 농림축산식품부장관에게 통지하여야 한다.

> **해설** ⑤ 동물실험시행기관의 장은 매년 윤리위원회의 운영 및 동물실험의 실태에 관한 사항을 다음 해 1월 31일까지 농림축산식품부장관에게 통지하여야 한다.
>
> 윤리위원회의 운영(동물보호법 시행령 제12조)
> ① 윤리위원회의 회의는 다음의 어느 하나에 해당하는 경우에 위원장이 소집하고, 위원장이 그 의장이 된다.
>   1. 재적위원 3분의 1 이상이 소집을 요구하는 경우
>   2. 해당 동물실험시행기관의 장이 소집을 요구하는 경우
>   3. 그 밖에 위원장이 필요하다고 인정하는 경우
> ② 윤리위원회의 회의는 재적위원 과반수의 출석으로 개의하고, 출석위원 과반수의 찬성으로 의결한다.
> ③ 동물실험계획을 심의·평가하는 회의에는 다음의 위원이 각각 1명 이상 참석해야 한다.
>   1. 법 제27조제2항제1호에 따른 위원
>   2. 법 제27조제4항에 따른 동물실험시행기관과 이해관계가 없는 위원
> ④ 회의록 등 윤리위원회의 구성·운영 등과 관련된 기록 및 문서는 3년 이상 보존하여야 한다.
> ⑤ 윤리위원회는 심의사항과 관련하여 필요하다고 인정할 때에는 관계인을 출석시켜 의견을 들을 수 있다.
> ⑥ 동물실험시행기관의 장은 해당 기관에 설치된 윤리위원회의 효율적인 운영을 위하여 다음의 사항에 대하여 적극 협조하여야 한다.
>   1. 윤리위원회의 독립성 보장
>   2. 윤리위원회의 결정 및 권고사항에 대한 즉각적이고 효과적인 조치 및 시행
>   3. 윤리위원회의 설치 및 운영에 필요한 인력, 장비, 장소, 비용 등에 관한 적절한 지원
> ⑦ 동물실험시행기관의 장은 매년 윤리위원회의 운영 및 동물실험의 실태에 관한 사항을 다음 해 1월 31일까지 농림축산식품부령으로 정하는 바에 따라 농림축산식품부장관에게 통지하여야 한다.
> ⑧ 제1항부터 제7항까지에서 규정한 사항 외에 윤리위원회의 효율적인 운영을 위하여 필요한 사항은 농림축산식품부장관이 정하여 고시한다.

12 동물보호법령상 윤리위원회 위원 자격에 대한 설명으로 옳지 않은 것은?

① 대한수의사회에서 인정하는 실험동물 전문수의사

② 동물실험시행기관에서 동물실험 또는 실험동물에 관한 업무에 1년 이상 종사한 수의사

③ 법인 또는 단체에서 동물보호나 동물복지에 관한 업무에 6개월 동안 종사한 사람

④ 「고등교육법」 제2조에 따른 학교에서 실시하는 동물보호·동물복지 또는 동물실험에 관련된 교육을 이수한 사람

⑤ 검역본부장이 실시하는 동물보호·동물복지 또는 동물실험에 관련된 교육을 이수한 사람

해설 ③ 법인 또는 단체에서 동물보호나 동물복지에 관한 업무에 1년 이상 종사한 사람

윤리위원회 위원 자격(동물보호법 시행규칙 제26조)

① 법 제27조 제2항 제1호에서 "농림축산식품부령으로 정하는 자격기준에 맞는 사람"이란 다음의 어느 하나에 해당하는 사람을 말한다.

  1. 「수의사법」 제23조에 따른 대한수의사회에서 인정하는 실험동물 전문수의사

  2. 영 제4조에 따른 동물실험시행기관에서 동물실험 또는 실험동물에 관한 업무에 1년 이상 종사한 수의사

  3. 제2항 제2호 또는 제4호에 따른 교육을 이수한 수의사

② 법 제27조 제2항 제2호에서 "농림축산식품부령으로 정하는 자격기준에 맞는 사람"이란 다음의 어느 하나에 해당하는 사람을 말한다.

  1. 영 제5조 각 호에 따른 법인 또는 단체에서 동물보호나 동물복지에 관한 업무에 1년 이상 종사한 사람

  2. 영 제5조 각 호에 따른 법인·단체 또는 「고등교육법」 제2조에 따른 학교에서 실시하는 동물보호·동물복지 또는 동물실험에 관련된 교육을 이수한 사람

  3. 「생명윤리 및 안전에 관한 법률」 제6조에 따른 국가생명윤리심의위원회의 위원 또는 같은 법 제9조에 따른 기관생명윤리심의위원회의 위원으로 1년 이상 재직한 사람

  4. 검역본부장이 실시하는 동물보호·동물복지 또는 동물실험에 관련된 교육을 이수한 사람

13 수의사법상 동물보건사의 자격 중 다음 괄호 안에 들어갈 말로 옳은 것은?

> 동물보건사가 되려는 사람은 다음 각 호의 어느 하나에 해당하는 사람으로서 동물보건사 자격시험에 합격한 후 농림축산식품부령으로 정하는 바에 따라 농림축산식품부장관의 자격인정을 받아야한다(법 제16조의2).
> 2. 고등학교 졸업학력 인정자로서 농림축산식품부장관의 평가인증을 받은 평생교육기관의 고등학교 교과 과정에 상응하는 동물 간호에 관한 교육과정을 이수한 후 농림축산식품부령으로 정하는 동물 간호 관련 업무에 (　　　) 이상 종사한 사람

① 3개월
② 6개월
③ 9개월
④ 1년
⑤ 1년 6개월

> **해설**　동물보건사의 자격(수의사법 제16조의2)
> 동물보건사가 되려는 사람은 다음 각 호의 어느 하나에 해당하는 사람으로서 동물보건사 자격시험에 합격한 후 농림축산식품부령으로 정하는 바에 따라 농림축산식품부장관의 자격인정을 받아야 한다.
> 1. 농림축산식품부장관의 평가인증을 받은 전문대학 또는 이와 같은 수준 이상의 학교의 동물 간호 관련 학과를 졸업한 사람(동물보건사 자격시험 응시일부터 6개월 이내에 졸업이 예정된 사람을 포함)
> 2. 고등학교 졸업학력 인정자로서 농림축산식품부장관의 평가인증을 받은 평생교육기관의 고등학교 교과 과정에 상응하는 동물 간호에 관한 교육과정을 이수한 후 농림축산식품부령으로 정하는 동물 간호 관련 업무에 1년 이상 종사한 사람
> 3. 농림축산식품부장관이 인정하는 외국의 동물 간호 관련 면허나 자격을 가진 사람

14 수의사법령상 동물보건사 양성기관의 평가인증에 대한 설명으로 옳지 않은 것은?

> 가. 평가인증을 받으려는 양성기관은 해당 양성기관의 설립 및 운영 현황 자료를 교육부장관에게 제출해야 한다.
> 나. 평가인증을 받으려는 양성기관은 교육과정의 운영에 필요한 비용의 기준을 충족해야 한다.
> 다. 농림축산식품부장관은 평가인증을 위해 필요한 경우 양성기관에 의견의 진술을 요청할 수 있다.

① 가
② 가, 나
③ 가, 나, 다
④ 나, 다
⑤ 다

> **해설**　다. 수의사법 시행규칙 제14조의5 제3항
> 가. 해당 양성기관의 설립 및 운영 현황 자료를 농림축산식품부장관에게 제출해야 한다(수의사법 시행규칙 제14조의5 제2항 제1호).
> 나. 교육과정의 운영에 필요한 교수 및 운영 인력을 갖출 것의 기준을 충족해야 한다(수의사법 시행규칙 제14조의5 제1항 제2호).

15 수의사법상 동물보건사가 하는 업무의 한계에 대한 설명으로 옳지 않은 것은?

① 동물보건사는 동물을 진료할 수 없다.
② 동물보건사는 동물병원 내에서 업무를 수행할 수 있다.
③ 동물보건사는 수의사의 지도 아래에서만 업무를 수행할 수 있다.
④ 동물보건사는 진료 보조는 할 수 있으나 간호를 해서는 안 된다.
⑤ 동물보건사 업무의 한계에 관한 사항은 농림축산식품부령으로 정한다.

> 해설 ④ 동물보건사는 동물병원 내에서 수의사의 지도 아래 동물의 간호 또는 진료 보조 업무를 수행할
> 수 있다(수의사법 제16조의5 제1항).

16 수의사법령상 동물보건사의 동물의 진료 보조 업무에 해당하지 않는 것은?

① 약물 도포 ② 동물 관찰
③ 경구 투여 ④ 마취 보조
⑤ 수술 보조

> 해설 동물보건사의 업무 범위와 한계(수의사법 시행규칙 제14조의7)
> 법 제16조의5 제1항에 따른 동물보건사의 동물의 간호 또는 진료 보조 업무의 구체적인 범위와 한계는
> 다음과 같다.
> • 동물의 간호 업무: 동물에 대한 관찰, 체온·심박수 등 기초 검진 자료의 수집, 간호판단 및 요양을
>   위한 간호
> • 동물의 진료 보조 업무: 약물 도포, 경구 투여, 마취·수술의 보조 등 수의사의 지도 아래 수행하는
>   진료의 보조

17 수의사법상 자격증을 다른 사람에게 대여하여 자격이 취소된 경우 자격 취소 후 몇 년이 지났을
때 그 자격을 다시 내줄 수 있는가?

① 3개월 ② 6개월
③ 1년 ④ 1년 6개월
⑤ 2년

> 해설 농림축산식품부장관은 자격이 취소된 사람이 다음의 어느 하나에 해당하면 그 자격을 다시 내줄 수
> 있다(수의사법 제32조 제3항, 제16조의6).
> • 결격사유(수의사법 제5조)로 자격이 취소된 경우에는 그 취소의 원인이 된 사유가 소멸되었을 때
> • 다음의 사유로 자격이 취소된 경우에는 자격이 취소된 후 2년이 지났을 때
>   – 자격효력 정지기간에 수의업무를 하거나 농림축산식품부령으로 정하는 기간에 3회 이상 자격효력
>   정지처분을 받았을 때
>   – 자격증을 다른 사람에게 대여하였을 때

18 수의사법령상 동물보건사가 수의사회에 실태 등을 신고할 경우 수의사 회장은 신고개시일 며칠 전까지 공고하여야 하는가?

① 7일 전까지
② 20일 전까지
③ 30일 전까지
④ 60일 전까지
⑤ 90일 전까지

> **해설** 신고(수의사법 제16조의 6, 제14조)
> 동물보건사는 농림축산부령으로 정하는 바에 따라 그 실태와 취업상황(근무지가 변경된 경우 포함) 등을 대한수의사회에 신고하여야 한다.
>
> 동물보건사의 실태 등의 신고 및 보고(수의사법 시행규칙 제14조)
> • 법 제14조에 따른 동물보건사의 실태와 취업 상황 등에 관한 신고는 법 제23조에 따라 설립된 수의사 회의 장이 동물보건사의 수급상황을 파악하거나 그 밖의 동물의 진료시책에 필요하다고 인정하여 신고하도록 공고하는 경우에 하여야 한다.
> • 수의사 회장은 위에 따른 공고를 할 때에는 신고의 내용·방법·절차와 신고기간 그 밖의 신고에 필요한 사항을 정하여 신고개시일 60일 전까지 하여야 한다.

19 수의사법령상 농림축산식품부장관은 동물보건사자격시험을 실시하려는 경우에는 시험일 (   )일 전까지 시험일시 등을 공고해야 하는가?

① 30일
② 60일
③ 90일
④ 120일
⑤ 150일

> **해설** 동물보건사 자격시험의 실시 등(수의사법 시행규칙 제14조의4 제1항)
> 농림축산식품부장관은 동물보건사자격시험을 실시하려는 경우에는 시험일 90일 전까지 시험일시, 시험장소, 응시원서 제출기간 및 그 밖에 시험에 필요한 사항을 농림축산식품부의 인터넷 홈페이지 등에 공고해야 한다.

20 수의사법상 정당한 사유 없이 수의사가 법에 따른 연수교육을 받지 아니한 경우 부과되는 과태료는?

① 50만 원 이하의 과태료
② 100만 원 이하의 과태료
③ 200만 원 이하의 과태료
④ 300만 원 이하의 과태료
⑤ 500만 원 이하의 과태료

> **해설** 과태료(수의사법 제41조 제2항 제9호)
> 다음의 어느 하나에 해당하는 자에게는 100만 원 이하의 과태료를 부과한다.
> 9. 정당한 사유 없이 제34조(제16조의6에 따라 준용되는 경우를 포함한다)에 따른 연수교육을 받지 아니한 사람

부록

수의사법
동물보호법

수의사법

[시행 2021. 8. 28.] [법률 제16546호, 2019. 8. 27., 일부개정]

제1장　총칙

제1조(목적) 이 법은 수의사(獸醫師)의 기능과 수의(獸醫)업무에 관하여 필요한 사항을 규정함으로써 동물의 건강증진, 축산업의 발전과 공중위생의 향상에 기여함을 목적으로 한다.

제2조(정의) 이 법에서 사용하는 용어의 뜻은 다음과 같다.

1. "수의사"란 수의업무를 담당하는 사람으로서 농림축산식품부장관의 면허를 받은 사람을 말한다.
2. "동물"이란 소, 말, 돼지, 양, 개, 토끼, 고양이, 조류(鳥類), 꿀벌, 수생동물(水生動物), 그 밖에 대통령령으로 정하는 동물을 말한다.
3. "동물진료업"이란 동물을 진료[동물의 사체 검안(檢案)을 포함한다. 이하 같다]하거나 동물의 질병을 예방하는 업(業)을 말한다.

3의2. "동물보건사"란 동물병원 내에서 수의사의 지도 아래 동물의 간호 또는 진료 보조 업무에 종사하는 사람으로서 농림축산식품부장관의 자격인정을 받은 사람을 말한다.

4. "동물병원"이란 동물진료업을 하는 장소로서 제17조에 따른 신고를 한 진료기관을 말한다.

제3조(직무) 수의사는 동물의 진료 및 보건과 축산물의 위생 검사에 종사하는 것을 그 직무로 한다.

제2장　수의사

제4조(면허) 수의사가 되려는 사람은 제8조에 따른 수의사 국가시험에 합격한 후 농림축산식품부령으로 정하는 바에 따라 농림축산식품부장관의 면허를 받아야 한다.

제5조(결격사유) 다음 각 호의 어느 하나에 해당하는 사람은 수의사가 될 수 없다.

1. 「정신건강증진 및 정신질환자 복지서비스 지원에 관한 법률」 제3조 제1호에 따른 정신질환자. 다만, 정신건강의학과전문의가 수의사로서 직무를 수행할 수 있다고 인정하는 사람은 그러하지 아니하다.
2. 피성년후견인 또는 피한정후견인
3. 마약, 대마(大麻), 그 밖의 향정신성의약품(向精神性醫藥品) 중독자. 다만, 정신건강의학과전문의가 수의사로서 직무를 수행할 수 있다고 인정하는 사람은 그러하지 아니하다.
4. 이 법, 「가축전염병예방법」, 「축산물위생관리법」, 「동물보호법」, 「의료법」, 「약사법」, 「식품위생법」 또는 「마약류관리에 관한 법률」을 위반하여 금고 이상의 실형을 선고받고 그 집행이 끝나지(집행이 끝난 것으로 보는 경우를 포함한다) 아니하거나 면제되지 아니한 사람

제6조(면허의 등록) ① 농림축산식품부장관은 제4조에 따라 면허를 내줄 때에는 면허에 관한 사항을 면허대장에 등록하고 그 면허증을 발급하여야 한다.

② 제1항에 따른 면허증은 다른 사람에게 빌려주거나 빌려서는 아니 되며, 이를 알선하여서도 아니 된다.

③ 면허의 등록과 면허증 발급에 필요한 사항은 농림축산식품부령으로 정한다.

제7조 삭제

제8조(수의사 국가시험) ① 수의사 국가시험은 매년 농림축산식품부장관이 시행한다.

② 수의사 국가시험은 동물의 진료에 필요한 수의학과 수의사로서 갖추어야 할 공중위생에 관한 지식 및 기능에 대하여 실시한다.

③ 농림축산식품부장관은 제1항에 따른 수의사 국가시험의 관리를 대통령령으로 정하는 바에 따라 시험 관리 능력이 있다고 인정되는 관계 전문기관에 맡길 수 있다.

④ 수의사 국가시험 실시에 필요한 사항은 대통령령으로 정한다.

제9조(응시자격) ① 수의사 국가시험에 응시할 수 있는 사람은 제5조 각 호의 어느 하나에 해당되지 아니하는 사람으로서 다음 각 호의 어느 하나에 해당하는 사람으로 한다.

1. 수의학을 전공하는 대학(수의학과가 설치된 대학의 수의학과를 포함한다)을 졸업하고 수의학사 학위를 받은 사람. 이 경우 6개월 이내에 졸업하여 수의학사 학위를 받을 사람을 포함한다.
2. 외국에서 제1호 전단에 해당하는 학교(농림축산식품부장관이 정하여 고시하는 인정기준에 해당하는 학교를 말한다)를 졸업하고 그 국가의 수의사 면허를 받은 사람

② 제1항 제1호 후단에 해당하는 사람이 해당 기간에 수의학사 학위를 받지 못하면 처음부터 응시자격이 없는 것으로 본다.

제9조의2(수험자의 부정행위) ① 부정한 방법으로 제8조에 따른 수의사 국가시험에 응시한 사람 또는 수의사 국가시험에서 부정행위를 한 사람에 대하여는 그 시험을 정지시키거나 그 합격을 무효로 한다.

② 제1항에 따라 시험이 정지되거나 합격이 무효가 된 사람은 그 후 두 번까지는 제8조에 따른 수의사 국가시험에 응시할 수 없다.

제10조(무면허 진료행위의 금지) 수의사가 아니면 동물을 진료할 수 없다. 다만, 「수산생물질병 관리법」 제37조의2에 따라 수산질병관리사 면허를 받은 사람이 같은 법에 따라 수산생물을 진료하는 경우와 그 밖에 대통령령으로 정하는 진료는 예외로 한다.

제11조(진료의 거부 금지) 동물진료업을 하는 수의사가 동물의 진료를 요구받았을 때에는 정당한 사유 없이 거부하여서는 아니 된다.

제12조(진단서 등) ① 수의사는 자기가 직접 진료하거나 검안하지 아니하고는 진단서, 검안서, 증명서 또는 처방전(「전자서명법」에 따른 전자서명이 기재된 전자문서 형태로 작성한 처방전을 포함한다. 이하 같다)을 발급하지 못하며, 「약사법」 제85조 제6항에 따른 동물용 의약품(이하 "처방대상 동물용 의약품"이라 한다)을 처방·투약하지 못한다. 다만, 직접 진료하거나 검안한 수의사가 부득이한 사유로 진단서, 검안서 또는 증명서를 발급할 수 없을 때에는 같은 동물병원에 종사하는 다른 수의사가 진료부 등에 의하여 발급할 수 있다.

② 제1항에 따른 진료 중 폐사(斃死)한 경우에 발급하는 폐사 진단서는 다른 수의사에게서 발급받을 수 있다.

③ 수의사는 직접 진료하거나 검안한 동물에 대한 진단서, 검안서, 증명서 또는 처방전의 발급을 요구받았을 때에는 정당한 사유 없이 이를 거부하여서는 아니 된다.

④ 제1항부터 제3항까지의 규정에 따른 진단서, 검안서, 증명서 또는 처방전의 서식, 기재사항, 그 밖에 필요한 사항은 농림축산식품부령으로 정한다.

⑤ 제1항에도 불구하고 농림축산식품부장관에게 신고한 축산농장에 상시고용된 수의사와 「동물원 및 수족관의 관리에 관한 법률」 제3조 제1항에 따라 등록한 동물원 또는 수족관에 상시고용된 수의사는 해당 농장, 동물원 또는 수족관의 동물에게 투여할 목적으로 처방대상 동물용 의약품에 대한 처방전을 발급할 수 있다. 이 경우 상시고용된 수의사의 범위, 신고방법, 처방전 발급 및 보존 방법, 진료부 작성 및 보고, 교육, 준수사항 등 그 밖에 필요한 사항은 농림축산식품부령으로 정한다.

제12조의2(처방대상 동물용 의약품에 대한 처방전의 발급 등) ① 수의사(제12조 제5항에 따른 축산농장, 동물원 또는 수족관에 상시고용된 수의사를 포함한다. 이하 제2항에서 같다)는 동물에게 처방대상 동물용 의약품을 투약할 필요가 있을 때에는 처방전을 발급하여야 한다.

② 수의사는 제1항에 따라 처방전을 발급할 때에는 제12조의3 제1항에 따른 수의사처방관리시스템(이하 "수의사처방관리시스템"이라 한다)을 통하여 처방전을 발급하여야 한다. 다만, 전산장애, 출장 진료 그 밖에 대통령령으로 정하는 부득이한 사유로 수의사처방관리시스템을 통하여 처방전을 발급하지 못할 때에는 농림축산식품부령으로 정하는 방법에 따라 처방전을 발급하고 부득이한 사유가 종료된 날부터 3일 이내에 처방전을 수의사처방관리시스템에 등록하여야 한다.

③ 제1항에도 불구하고 수의사는 본인이 직접 처방대상 동물용 의약품을 처방·조제·투약하는 경우에는 제1항에 따른 처방전을 발급하지 아니할 수 있다. 이 경우 해당 수의사는 수의사처방관리시스템에 처방대상 동물용 의약품의 명칭, 용법 및 용량 등 농림축산식품부령으로 정하는 사항을 입력하여야 한다.

④ 제1항에 따른 처방전의 서식, 기재사항, 그 밖에 필요한 사항은 농림축산식품부령으로 정한다.

⑤ 제1항에 따라 처방전을 발급한 수의사는 처방대상 동물용 의약품을 조제하여 판매하는 자가 처방전에 표시된 명칭·용법 및 용량 등에 대하여 문의한 때에는 즉시 이에 응답하여야 한다. 다만, 다음 각 호의 어느 하나에 해당하는 경우에는 그러하지 아니하다.

1. 응급한 동물을 진료 중인 경우
2. 동물을 수술 또는 처치 중인 경우
3. 그 밖에 문의에 응답할 수 없는 정당한 사유가 있는 경우

제12조의3(수의사처방관리시스템의 구축·운영) ① 농림축산식품부장관은 처방대상 동물용 의약품을 효율적으로 관리하기 위하여 수의사처방관리시스템을 구축하여 운영하여야 한다.

② 수의사처방관리시스템의 구축·운영에 필요한 사항은 농림축산식품부령으로 정한다.

제13조(진료부 및 검안부) ① 수의사는 진료부나 검안부를 갖추어 두고 진료하거나 검안한 사항을 기록하고 서명하여야 한다.

② 제1항에 따른 진료부 또는 검안부의 기재사항, 보존기간 및 보존방법, 그 밖에 필요한 사항은 농림축산식품부령으로 정한다.

③ 제1항에 따른 진료부 또는 검안부는 「전자서명법」에 따른 전자서명이 기재된 전자문서로 작성·보관할 수 있다.

제13조의2(수술등중대진료에 관한 설명) ① 수의사는 동물의 생명 또는 신체에 중대한 위해를 발생하게 할 우려가 있는 수술, 수혈 등 농림축산식품부령으로 정하는 진료(이하 "수술등중대진료"라 한다)를 하는 경우에는 수술등중대진료 전에 동물의 소유자 또는 관리자(이하 "동물소유자등"이라 한다)에게 제2항 각 호의 사항을 설명하고, 서면(전자문서를 포함한다)으로 동의를 받아야 한다. 다만, 설명 및 동의 절차로 수술등중대진료가 지체되면 동물의 생명이 위험해지거나 동물의 신체에 중대한 장애를 가져올 우려가 있는 경우에는 수술등중대진료 이후에 설명하고 동의를 받을 수 있다.

② 수의사가 제1항에 따라 동물소유자등에게 설명하고 동의를 받아야 할 사항은 다음 각 호와 같다.

1. 동물에게 발생하거나 발생 가능한 증상의 진단명
2. 수술등중대진료의 필요성, 방법 및 내용
3. 수술등중대진료에 따라 전형적으로 발생이 예상되는 후유증 또는 부작용
4. 수술등중대진료 전후에 동물소유자등이 준수하여야 할 사항

③ 제1항 및 제2항에 따른 설명 및 동의의 방법·절차 등에 관하여 필요한 사항은 농림축산식품부령으로 정한다.

[본조신설 2022. 1. 4.]

[시행일 : 2022. 7. 5.] 제13조의2

제14조(신고) 수의사는 농림축산식품부령으로 정하는 바에 따라 그 실태와 취업상황(근무지가 변경된 경우를 포함한다) 등을 제23조에 따라 설립된 대한수의사회에 신고하여야 한다.

제15조(진료기술의 보호) 수의사의 진료행위에 대하여는 이 법 또는 다른 법령에 규정된 것을 제외하고는 누구든지 간섭하여서는 아니 된다.

제16조(기구 등의 우선 공급) 수의사는 진료행위에 필요한 기구, 약품, 그 밖의 시설 및 재료를 우선적으로 공급받을 권리를 가진다.

제2장의2 동물보건사

제16조의2(동물보건사의 자격) 동물보건사가 되려는 사람은 다음 각 호의 어느 하나에 해당하는 사람으로서 동물보건사 자격시험에 합격한 후 농림축산식품부령으로 정하는 바에 따라 농림축산식품부장관의 자격인정을 받아야 한다.

1. 농림축산식품부장관의 평가인증(제16조의4 제1항에 따른 평가인증을 말한다. 이하 이 조에서 같다)을 받은 「고등교육법」 제2조 제4호에 따른 전문대학 또는 이와 같은 수준 이상의 학교의 동물 간호 관련 학과를 졸업한 사람(동물보건사 자격시험 응시일부터 6개월 이내에 졸업이 예정된 사람을 포함한다)
2. 「초·중등교육법」 제2조에 따른 고등학교 졸업자 또는 초·중등교육법령에 따라 같은 수준의 학력이 있다고 인정되는 사람(이하 "고등학교 졸업학력 인정자"라 한다)으로서 농림축산식품부장관의 평가인증을 받은 「평생교육법」 제2조 제2호에 따른 평생교육기관의 고등학교 교과 과정에 상응하는 동물 간호에 관한 교육과정을 이수한 후 농림축산식품부령으로 정하는 동물 간호 관련 업무에 1년 이상 종사한 사람
3. 농림축산식품부장관이 인정하는 외국의 동물 간호 관련 면허나 자격을 가진 사람

제16조의3(동물보건사의 자격시험) ① 동물보건사 자격시험은 매년 농림축산식품부장관이 시행한다.

② 농림축산식품부장관은 제1항에 따른 동물보건사 자격시험의 관리를 대통령령으로 정하는 바에 따라 시험 관리 능력이 있다고 인정되는 관계 전문기관에 위탁할 수 있다.

③ 농림축산식품부장관은 제2항에 따라 자격시험의 관리를 위탁한 때에는 그 관리에 필요한 예산을 보조할 수 있다.

④ 제1항부터 제3항까지에서 규정한 사항 외에 동물보건사 자격시험의 실시 등에 필요한 사항은 농림축산식품부령으로 정한다.

제16조의4(양성기관의 평가인증) ① 동물보건사 양성과정을 운영하려는 학교 또는 교육기관(이하 "양성기관"이라 한다)은 농림축산식품부령으로 정하는 기준과 절차에 따라 농림축산식품부장관의 평가인증을 받을 수 있다.

② 농림축산식품부장관은 제1항에 따라 평가인증을 받은 양성기관이 다음 각 호의 어느 하나에 해당하는 경우에는 농림축산식품부령으로 정하는 바에 따라 평가인증을 취소할 수 있다. 다만, 제1호에 해당하는 경우에는 평가인증을 취소하여야 한다.

1. 거짓이나 그 밖의 부정한 방법으로 평가인증을 받은 경우

2. 제1항에 따른 양성기관 평가인증 기준에 미치지 못하게 된 경우

제16조의5(동물보건사의 업무) ① 동물보건사는 제10조에도 불구하고 동물병원 내에서 수의사의 지도 아래 동물의 간호 또는 진료 보조 업무를 수행할 수 있다.

② 제1항에 따른 구체적인 업무의 범위와 한계 등에 관한 사항은 농림축산식품부령으로 정한다.

제16조의6(준용규정) 동물보건사에 대해서는 제5조, 제6조, 제9조의2, 제14조, 제32조 제1항 제1호·제3호, 같은 조 제3항, 제34조, 제36조 제3호를 준용한다. 이 경우 "수의사"는 "동물보건사"로, "면허"는 "자격"으로, "면허증"은 "자격증"으로 본다.

제3장　동물병원

제17조(개설) ① 수의사는 이 법에 따른 동물병원을 개설하지 아니하고는 동물진료업을 할 수 없다.

② 동물병원은 다음 각 호의 어느 하나에 해당되는 자가 아니면 개설할 수 없다.

1. 수의사

2. 국가 또는 지방자치단체

3. 동물진료업을 목적으로 설립된 법인(이하 "동물진료법인"이라 한다)

4. 수의학을 전공하는 대학(수의학과가 설치된 대학을 포함한다)

5. 「민법」이나 특별법에 따라 설립된 비영리법인

③ 제2항 제1호부터 제5호까지의 규정에 해당하는 자가 동물병원을 개설하려면 농림축산식품부령으로 정하는 바에 따라 특별자치도지사·특별자치시장·시장·군수 또는 자치구의 구청장(이하 "시장·군수"라 한다)에게 신고하여야 한다. 신고 사항 중 농림축산식품부령으로 정하는 중요 사항을 변경하려는 경우에도 같다.

④ 시장·군수는 제3항에 따른 신고를 받은 경우 그 내용을 검토하여 이 법에 적합하면 신고를 수리하여야 한다.

⑤ 동물병원의 시설기준은 대통령령으로 정한다.

제17조의2(동물병원의 관리의무) 동물병원 개설자는 자신이 그 동물병원을 관리하여야 한다. 다만, 동물병원 개설자가 부득이한 사유로 그 동물병원을 관리할 수 없을 때에는 그 동물병원에 종사하는 수의사 중에서 관리자를 지정하여 관리하게 할 수 있다.

제17조의3(동물 진단용 방사선발생장치의 설치·운영) ① 동물을 진단하기 위하여 방사선발생장치(이하 "동물 진단용 방사선발생장치"라 한다)를 설치·운영하려는 동물병원 개설자는 농림축산식품부령으로 정하는 바에 따라 시장·군수에게 신고하여야 한다. 이 경우 시장·군수는 그 내용을 검토하여 이 법에 적합하면 신고를 수리하여야 한다.

② 동물병원 개설자는 동물 진단용 방사선발생장치를 설치·운영하는 경우에는 다음 각 호의 사항을 준수하여야 한다.

1. 농림축산식품부령으로 정하는 바에 따라 안전관리 책임자를 선임할 것
2. 제1호에 따른 안전관리 책임자가 그 직무수행에 필요한 사항을 요청하면 동물병원 개설자는 정당한 사유가 없으면 지체 없이 조치할 것
3. 안전관리 책임자가 안전관리업무를 성실히 수행하지 아니하면 지체 없이 그 직으로부터 해임하고 다른 직원을 안전관리 책임자로 선임할 것
4. 그 밖에 안전관리에 필요한 사항으로서 농림축산식품부령으로 정하는 사항

③ 동물병원 개설자는 동물 진단용 방사선발생장치를 설치한 경우에는 제17조의5 제1항에 따라 농림축산식품부장관이 지정하는 검사기관 또는 측정기관으로부터 정기적으로 검사와 측정을 받아야 하며, 방사선 관계 종사자에 대한 피폭(被曝)관리를 하여야 한다.

④ 제1항과 제3항에 따른 동물 진단용 방사선발생장치의 범위, 신고, 검사, 측정 및 피폭관리 등에 필요한 사항은 농림축산식품부령으로 정한다.

제17조의4(동물 진단용 특수의료장비의 설치·운영) ① 동물을 진단하기 위하여 농림축산식품부장관이 고시하는 의료장비(이하 "동물 진단용 특수의료장비"라 한다)를 설치·운영하려는 동물병원 개설자는 농림축산식품부령으로 정하는 바에 따라 그 장비를 농림축산식품부장관에게 등록하여야 한다.

② 동물병원 개설자는 동물 진단용 특수의료장비를 농림축산식품부령으로 정하는 설치 인정기준에 맞게 설치·운영하여야 한다.

③ 동물병원 개설자는 동물 진단용 특수의료장비를 설치한 후에는 농림축산식품부령으로 정하는 바에 따라 농림축산식품부장관이 실시하는 정기적인 품질관리검사를 받아야 한다.

④ 동물병원 개설자는 제3항에 따른 품질관리검사 결과 부적합 판정을 받은 동물 진단용 특수의료장비를 사용하여서는 아니 된다.

제17조의5(검사·측정기관의 지정 등) ① 농림축산식품부장관은 검사용 장비를 갖추는 등 농림축산식품부령으로 정하는 일정한 요건을 갖춘 기관을 동물 진단용 방사선발생장치의 검사기관 또는 측정기관(이하 "검사·측정기관"이라 한다)으로 지정할 수 있다.

② 농림축산식품부장관은 제1항에 따른 검사·측정기관이 다음 각 호의 어느 하나에 해당하는 경우에는 지정을 취소하거나 6개월 이내의 기간을 정하여 업무의 정지를 명할 수 있다. 다만, 제1호부터 제3호까지의 어느 하나에 해당하는 경우에는 그 지정을 취소하여야 한다.

1. 거짓이나 그 밖의 부정한 방법으로 지정을 받은 경우
2. 고의 또는 중대한 과실로 거짓의 동물 진단용 방사선발생장치 등의 검사에 관한 성적서를 발급한 경우
3. 업무의 정지 기간에 검사·측정업무를 한 경우

4. 농림축산식품부령으로 정하는 검사·측정기관의 지정기준에 미치지 못하게 된 경우

5. 그 밖에 농림축산식품부장관이 고시하는 검사·측정업무에 관한 규정을 위반한 경우

③ 제1항에 따른 검사·측정기관의 지정절차 및 제2항에 따른 지정 취소, 업무 정지에 필요한 사항은 농림축산식품부령으로 정한다.

④ 검사·측정기관의 장은 검사·측정업무를 휴업하거나 폐업하려는 경우에는 농림축산식품부령으로 정하는 바에 따라 농림축산식품부장관에게 신고하여야 한다.

제18조(휴업·폐업의 신고) 동물병원 개설자가 동물진료업을 휴업하거나 폐업한 경우에는 지체 없이 관할 시장·군수에게 신고하여야 한다. 다만, 30일 이내의 휴업인 경우에는 그러하지 아니하다.

제19조 삭제

> **제19조(수술 등의 진료비용 고지)** ① 동물병원 개설자는 수술등중대진료 전에 수술등중대진료에 대한 예상 진료비용을 동물소유자등에게 고지하여야 한다. 다만, 수술등중대진료가 지체되면 동물의 생명 또는 신체에 중대한 장애를 가져올 우려가 있거나 수술등중대진료 과정에서 진료비용이 추가되는 경우에는 수술등중대진료 이후에 진료비용을 고지하거나 변경하여 고지할 수 있다.
>
> ② 제1항에 따른 고지 방법 등에 관하여 필요한 사항은 농림축산식품부령으로 정한다.
>
> [본조신설 2022. 1. 4.]
>
> [시행일 : 2023. 1. 5.] 제19조

제20조 삭제

> **제20조(진찰 등의 진료비용 게시)** ① 동물병원 개설자는 진찰, 입원, 예방접종, 검사 등 농림축산식품부령으로 정하는 동물진료업의 행위에 대한 진료비용을 동물소유자등이 쉽게 알 수 있도록 농림축산식품부령으로 정하는 방법으로 게시하여야 한다.
>
> ② 동물병원 개설자는 제1항에 따라 게시한 금액을 초과하여 진료비용을 받아서는 아니 된다.
>
> [본조신설 2022. 1. 4.]
>
> [시행일 : 2023. 1. 5.] 제20조

제20조의2(발급수수료) ① 제12조 및 제12조의2에 따른 진단서 등 발급수수료 상한액은 농림축산식품부령으로 정한다.

② 동물병원 개설자는 의료기관이 동물의 소유자 또는 관리자(이하 "동물 소유자등"이라 한다)로부터 징수하는 진단서 등 발급수수료를 농림축산식품부령으로 정하는 바에 따라 고지·게시하여야 한다.

③ 동물병원 개설자는 제2항에서 고지·게시한 금액을 초과하여 징수할 수 없다.

> **제20조의2(발급수수료)** ① 제12조 및 제12조의2에 따른 진단서 등 발급수수료 상한액은 농림축산식품부령으로 정한다.
>
> ② 동물병원 개설자는 의료기관이 동물소유자등로부터 징수하는 진단서 등 발급수수료를 농림축산식품부령으로 정하는 바에 따라 고지·게시하여야 한다.
>
> ③ 동물병원 개설자는 제2항에서 고지·게시한 금액을 초과하여 징수할 수 없다.
>
> [본조신설 2012. 2. 22.]
>
> [시행일 : 2022. 7. 5.] 제20조의2

제20조의3(동물 진료의 분류체계 표준화) 농림축산식품부장관은 동물 진료의 체계적인 발전을 위하여 동물의 질병명, 진료항목 등 동물 진료에 관한 표준화된 분류체계를 작성하여 고시하여야 한다.

[본조신설 2022. 1. 4.]

[시행일 : 2024. 1. 5.] 제20조의3

제20조의4(진료비용 등에 관한 현황의 조사 · 분석 등) ① 농림축산식품부장관은 동물병원에 대하여 제20조 제1항에 따라 동물병원 개설자가 게시한 진료비용 및 그 산정기준 등에 관한 현황을 조사 · 분석하여 그 결과를 공개할 수 있다.

② 농림축산식품부장관은 제1항에 따른 조사 · 분석을 위하여 필요한 때에는 동물병원 개설자에게 관련 자료의 제출을 요구할 수 있다. 이 경우 자료의 제출을 요구받은 동물병원 개설자는 정당한 사유가 없으면 이에 따라야 한다.

③ 제1항에 따른 조사 · 분석 및 결과 공개의 범위 · 방법 · 절차에 관하여 필요한 사항은 농림축산식품부령으로 정한다.

[본조신설 2022. 1. 4.]

[시행일 : 2023. 1. 5.] 제20조의4

제21조(공수의) ① 시장 · 군수는 동물진료 업무의 적정을 도모하기 위하여 동물병원을 개설하고 있는 수의사, 동물병원에서 근무하는 수의사 또는 농림축산식품부령으로 정하는 축산 관련 비영리법인에서 근무하는 수의사에게 다음 각 호의 업무를 위촉할 수 있다. 다만, 농림축산식품부령으로 정하는 축산 관련 비영리법인에서 근무하는 수의사에게는 제3호와 제6호의 업무만 위촉할 수 있다.

1. 동물의 진료

2. 동물 질병의 조사 · 연구

3. 동물 전염병의 예찰 및 예방

4. 동물의 건강진단

5. 동물의 건강증진과 환경위생 관리

6. 그 밖에 동물의 진료에 관하여 시장 · 군수가 지시하는 사항

② 제1항에 따라 동물진료 업무를 위촉받은 수의사[이하 "공수의(公獸醫)"라 한다]는 시장 · 군수의 지휘 · 감독을 받아 위촉받은 업무를 수행한다.

제22조(공수의의 수당 및 여비) ① 시장 · 군수는 공수의에게 수당과 여비를 지급한다.

② 특별시장 · 광역시장 · 도지사 또는 특별자치도지사 · 특별자치시장(이하 "시 · 도지사"라 한다)은 제1항에 따른 수당과 여비의 일부를 부담할 수 있다.

제22조의2(동물진료법인의 설립 허가 등) ① 제17조 제2항에 따른 동물진료법인을 설립하려는 자는 대통령령으로 정하는 바에 따라 정관과 그 밖의 서류를 갖추어 그 법인의 주된 사무소의 소재지를 관할하는 시·도지사의 허가를 받아야 한다.

② 동물진료법인은 그 법인이 개설하는 동물병원에 필요한 시설이나 시설을 갖추는 데에 필요한 자금을 보유하여야 한다.

③ 동물진료법인이 재산을 처분하거나 정관을 변경하려면 시·도지사의 허가를 받아야 한다.

④ 이 법에 따른 동물진료법인이 아니면 동물진료법인이나 이와 비슷한 명칭을 사용할 수 없다.

제22조의3(동물진료법인의 부대사업) ① 동물진료법인은 그 법인이 개설하는 동물병원에서 동물진료업무 외에 다음 각 호의 부대사업을 할 수 있다. 이 경우 부대사업으로 얻은 수익에 관한 회계는 동물진료법인의 다른 회계와 구분하여 처리하여야 한다.

1. 동물진료나 수의학에 관한 조사·연구
2. 「주차장법」 제19조 제1항에 따른 부설주차장의 설치·운영
3. 동물진료업 수행에 수반되는 동물진료정보시스템 개발·운영 사업 중 대통령령으로 정하는 사업

② 제1항 제2호의 부대사업을 하려는 동물진료법인은 타인에게 임대 또는 위탁하여 운영할 수 있다.

③ 제1항 및 제2항에 따라 부대사업을 하려는 동물진료법인은 농림축산식품부령으로 정하는 바에 따라 미리 동물병원의 소재지를 관할하는 시·도지사에게 신고하여야 한다. 신고사항을 변경하려는 경우에도 또한 같다.

④ 시·도지사는 제3항에 따른 신고를 받은 경우 그 내용을 검토하여 이 법에 적합하면 신고를 수리하여야 한다.

제22조의4(「민법」의 준용) 동물진료법인에 대하여 이 법에 규정된 것 외에는 「민법」 중 재단법인에 관한 규정을 준용한다.

제22조의5(동물진료법인의 설립 허가 취소) 농림축산식품부장관 또는 시·도지사는 동물진료법인이 다음 각 호의 어느 하나에 해당하면 그 설립 허가를 취소할 수 있다.

1. 정관으로 정하지 아니한 사업을 한 때
2. 설립된 날부터 2년 내에 동물병원을 개설하지 아니한 때
3. 동물진료법인이 개설한 동물병원을 폐업하고 2년 내에 동물병원을 개설하지 아니한 때
4. 농림축산식품부장관 또는 시·도지사가 감독을 위하여 내린 명령을 위반한 때
5. 제22조의3 제1항에 따른 부대사업 외의 사업을 한 때

제4장 **대한수의사회**

제23조(설립) ① 수의사는 수의업무의 적정한 수행과 수의학술의 연구·보급 및 수의사의 윤리 확립을 위하여 대통령령으로 정하는 바에 따라 대한수의사회(이하 "수의사회"라 한다)를 설립하여야 한다.

② 수의사회는 법인으로 한다.

③ 수의사는 제1항에 따라 수의사회가 설립된 때에는 당연히 수의사회의 회원이 된다.

제24조(설립인가) 수의사회를 설립하려는 경우 그 대표자는 대통령령으로 정하는 바에 따라 정관과 그 밖에 필요한 서류를 농림축산식품부장관에게 제출하여 그 설립인가를 받아야 한다.

제25조(지부) 수의사회는 대통령령으로 정하는 바에 따라 특별시·광역시·도 또는 특별자치도·특별자치시에 지부(支部)를 설치할 수 있다.

제26조(「민법」의 준용) 수의사회에 관하여 이 법에 규정되지 아니한 사항은 「민법」 중 사단법인에 관한 규정을 준용한다.

제27조 삭제

제28조 삭제

제29조(경비 보조) 국가나 지방자치단체는 동물의 건강증진 및 공중위생을 위하여 필요하다고 인정하는 경우 또는 제37조 제3항에 따라 업무를 위탁한 경우에는 수의사회의 운영 또는 업무 수행에 필요한 경비의 전부 또는 일부를 보조할 수 있다.

제5장 감독

제30조(지도와 명령) ① 농림축산식품부장관, 시·도지사 또는 시장·군수는 동물진료 시책을 위하여 필요하다고 인정할 때 또는 공중위생상 중대한 위해가 발생하거나 발생할 우려가 있다고 인정할 때에는 대통령령으로 정하는 바에 따라 수의사 또는 동물병원에 대하여 필요한 지도와 명령을 할 수 있다. 이 경우 수의사 또는 동물병원의 시설·장비 등이 필요한 때에는 농림축산식품부령으로 정하는 바에 따라 그 비용을 지급하여야 한다.

② 농림축산식품부장관 또는 시장·군수는 동물병원이 제17조의3 제1항부터 제3항까지 및 제17조의4 제1항부터 제3항까지의 규정을 위반하였을 때에는 농림축산식품부령으로 정하는 바에 따라 기간을 정하여 그 시설·장비 등의 전부 또는 일부의 사용을 제한 또는 금지하거나 위반한 사항을 시정하도록 명할 수 있다.

③ 농림축산식품부장관은 인수공통감염병의 방역(防疫)과 진료를 위하여 질병관리청장이 협조를 요청하면 특별한 사정이 없으면 이에 따라야 한다.

제30조(지도와 명령) ① 농림축산식품부장관, 시·도지사 또는 시장·군수는 동물진료 시책을 위하여 필요하다고 인정할 때 또는 공중위생상 중대한 위해가 발생하거나 발생할 우려가 있다고 인정할 때에는 대통령령으로 정하는 바에 따라 수의사 또는 동물병원에 대하여 필요한 지도와 명령을 할 수 있다. 이 경우 수의사 또는 동물병원의 시설·장비 등이 필요한 때에는 농림축산식품부령으로 정하는 바에 따라 그 비용을 지급하여야 한다.

② 농림축산식품부장관 또는 시장·군수는 동물병원이 제17조의3 제1항부터 제3항까지 및 제17조의4 제1항부터 제3항까지의 규정을 위반하였을 때에는 농림축산식품부령으로 정하는 바에 따라 기간을 정하여 그 시설·장비 등의 전부 또는 일부의 사용을 제한 또는 금지하거나 위반한 사항을 시정하도록 명할 수 있다.

③ 농림축산식품부장관 또는 시장·군수는 동물병원이 정당한 사유 없이 제20조 제1항 또는 제2항을 위반하였을 때에는 농림축산식품부령으로 정하는 바에 따라 기간을 정하여 위반한 사항을 시정하도록 명할 수 있다. 〈신설 2022. 1. 4.〉

④ 농림축산식품부장관은 인수공통감염병의 방역(防疫)과 진료를 위하여 질병관리청장이 협조를 요청하면 특별한 사정이 없으면 이에 따라야 한다. 〈개정 2013. 3. 23., 2020. 8. 11., 2022. 1. 4.〉

[시행일 : 2023. 1. 5.] 제30조

제31조(보고 및 업무 감독) ① 농림축산식품부장관은 수의사회로 하여금 회원의 실태와 취업상황 등 농림축산식품부령으로 정하는 사항에 대하여 보고를 하게 하거나 소속 공무원에게 업무 상황과 그 밖의 관계 서류를 검사하게 할 수 있다.

② 시·도지사 또는 시장·군수는 수의사 또는 동물병원에 대하여 질병 진료 상황과 가축 방역 및 수의업무에 관한 보고를 하게 하거나 소속 공무원에게 그 업무 상황, 시설 또는 진료부 및 검안부를 검사하게 할 수 있다.

③ 제1항이나 제2항에 따라 검사를 하는 공무원은 그 권한을 표시하는 증표를 지니고 이를 관계인에게 보여주어야 한다.

제32조(면허의 취소 및 면허효력의 정지) ① 농림축산식품부장관은 수의사가 다음 각 호의 어느 하나에 해당하면 그 면허를 취소할 수 있다. 다만, 제1호에 해당하면 그 면허를 취소하여야 한다.

1. 제5조 각 호의 어느 하나에 해당하게 되었을 때

2. 제2항에 따른 면허효력 정지기간에 수의업무를 하거나 농림축산식품부령으로 정하는 기간에 3회 이상 면허효력 정지처분을 받았을 때

3. 제6조 제2항을 위반하여 면허증을 다른 사람에게 대여하였을 때

② 농림축산식품부장관은 수의사가 다음 각 호의 어느 하나에 해당하면 1년 이내의 기간을 정하여 농림축산식품부령으로 정하는 바에 따라 면허의 효력을 정지시킬 수 있다. 이 경우 진료기술상의 판단이 필요한 사항에 관하여는 관계 전문가의 의견을 들어 결정하여야 한다.

1. 거짓이나 그 밖의 부정한 방법으로 진단서, 검안서, 증명서 또는 처방전을 발급하였을 때

2. 관련 서류를 위조하거나 변조하는 등 부정한 방법으로 진료비를 청구하였을 때

3. 정당한 사유 없이 제30조 제1항에 따른 명령을 위반하였을 때

4. 임상수의학적(臨床獸醫學的)으로 인정되지 아니하는 진료행위를 하였을 때

5. 학위 수여 사실을 거짓으로 공표하였을 때

6. 과잉진료행위나 그 밖에 동물병원 운영과 관련된 행위로서 대통령령으로 정하는 행위를 하였을 때

③ 농림축산식품부장관은 제1항에 따라 면허가 취소된 사람이 다음 각 호의 어느 하나에 해당하면 그 면허를 다시 내줄 수 있다.

1. 제1항 제1호의 사유로 면허가 취소된 경우에는 그 취소의 원인이 된 사유가 소멸되었을 때

2. 제1항 제2호 및 제3호의 사유로 면허가 취소된 경우에는 면허가 취소된 후 2년이 지났을 때

④ 동물병원은 해당 동물병원 개설자가 제2항 제1호 또는 제2호에 따라 면허효력 정지처분을 받았을 때에는 그 면허효력 정지기간에 동물진료업을 할 수 없다.

제33조(동물진료업의 정지) 시장·군수는 동물병원이 다음 각 호의 어느 하나에 해당하면 농림축산식품부령으로 정하는 바에 따라 1년 이내의 기간을 정하여 그 동물진료업의 정지를 명할 수 있다.

1. 개설신고를 한 날부터 3개월 이내에 정당한 사유 없이 업무를 시작하지 아니할 때
2. 무자격자에게 진료행위를 하도록 한 사실이 있을 때
3. 제17조 제3항 후단에 따른 변경신고 또는 제18조 본문에 따른 휴업의 신고를 하지 아니하였을 때
4. 시설기준에 맞지 아니할 때
5. 제17조의2를 위반하여 동물병원 개설자 자신이 그 동물병원을 관리하지 아니하거나 관리자를 지정하지 아니하였을 때
6. 동물병원이 제30조 제1항에 따른 명령을 위반하였을 때
7. 동물병원이 제30조 제2항에 따른 사용 제한 또는 금지 명령을 위반하거나 시정 명령을 이행하지 아니하였을 때
8. 동물병원이 제31조 제2항에 따른 관계 공무원의 검사를 거부·방해 또는 기피하였을 때

제33조(동물진료업의 정지) 시장·군수는 동물병원이 다음 각 호의 어느 하나에 해당하면 농림축산식품부령으로 정하는 바에 따라 1년 이내의 기간을 정하여 그 동물진료업의 정지를 명할 수 있다. 〈개정 2013. 3. 23., 2022. 1. 4.〉

1. 개설신고를 한 날부터 3개월 이내에 정당한 사유 없이 업무를 시작하지 아니할 때
2. 무자격자에게 진료행위를 하도록 한 사실이 있을 때
3. 제17조 제3항 후단에 따른 변경신고 또는 제18조 본문에 따른 휴업의 신고를 하지 아니하였을 때
4. 시설기준에 맞지 아니할 때
5. 제17조의2를 위반하여 동물병원 개설자 자신이 그 동물병원을 관리하지 아니하거나 관리자를 지정하지 아니하였을 때
6. 동물병원이 제30조 제1항에 따른 명령을 위반하였을 때
7. 동물병원이 제30조 제2항에 따른 사용 제한 또는 금지 명령을 위반하거나 시정 명령을 이행하지 아니하였을 때
7의2. 동물병원이 제30조 제3항에 따른 시정 명령을 이행하지 아니하였을 때
8. 동물병원이 제31조 제2항에 따른 관계 공무원의 검사를 거부·방해 또는 기피하였을 때

[전문개정 2010. 1. 25.]
[시행일 : 2023. 1. 5.] 제33조

제33조의2(과징금 처분) ① 시장·군수는 동물병원이 제33조 각 호의 어느 하나에 해당하는 때에는 대통령령으로 정하는 바에 따라 동물진료업 정지 처분을 갈음하여 5천만원 이하의 과징금을 부과할 수 있다.

② 제1항에 따른 과징금을 부과하는 위반행위의 종류와 위반정도 등에 따른 과징금의 금액과 그 밖에 필요한 사항은 대통령령으로 정한다.

③ 시장·군수는 제1항에 따른 과징금을 부과받은 자가 기한 안에 과징금을 내지 아니한 때에는 「지방행정 제재·부과금의 징수 등에 관한 법률」에 따라 징수한다.

제6장　보칙

제34조(연수교육) ① 농림축산식품부장관은 수의사에게 자질 향상을 위하여 필요한 연수교육을 받게 할 수 있다.

② 국가나 지방자치단체는 제1항에 따른 연수교육에 필요한 경비를 부담할 수 있다.

③ 제1항에 따른 연수교육에 필요한 사항은 농림축산식품부령으로 정한다.

제35조 삭제

제36조(청문) 농림축산식품부장관 또는 시장·군수는 다음 각 호의 어느 하나에 해당하는 처분을 하려면 청문을 실시하여야 한다.

1. 제17조의5 제2항에 따른 검사·측정기관의 지정취소

2. 제30조 제2항에 따른 시설·장비 등의 사용금지 명령

3. 제32조 제1항에 따른 수의사 면허의 취소

제37조(권한의 위임 및 위탁) ① 이 법에 따른 농림축산식품부장관의 권한은 대통령령으로 정하는 바에 따라 그 일부를 시·도지사에게 위임할 수 있다.

② 농림축산식품부장관은 대통령령으로 정하는 바에 따라 제17조의4 제1항에 따른 등록 업무, 제17조의4 제3항에 따른 품질관리검사 업무, 제17조의5 제1항에 따른 검사·측정기관의 지정 업무, 제17조의5 제2항에 따른 지정 취소 업무 및 제17조의5 제4항에 따른 휴업 또는 폐업 신고에 관한 업무를 수의업무를 전문적으로 수행하는 행정기관에 위임할 수 있다.

③ 농림축산식품부장관 및 시·도지사는 대통령령으로 정하는 바에 따라 수의(동물의 간호 또는 진료 보조를 포함한다) 및 공중위생에 관한 업무의 일부를 제23조에 따라 설립된 수의사회에 위탁할 수 있다.

> **제37조(권한의 위임 및 위탁)** ① 이 법에 따른 농림축산식품부장관의 권한은 대통령령으로 정하는 바에 따라 그 일부를 시·도지사에게 위임할 수 있다.
>
> ② 농림축산식품부장관은 대통령령으로 정하는 바에 따라 제17조의4 제1항에 따른 등록 업무, 제17조의4 제3항에 따른 품질관리검사 업무, 제17조의5 제1항에 따른 검사·측정기관의 지정 업무, 제17조의5 제2항에 따른 지정 취소 업무 및 제17조의5 제4항에 따른 휴업 또는 폐업 신고에 관한 업무를 수의업무를 전문적으로 수행하는 행정기관에 위임할 수 있다.
>
> ③ 농림축산식품부장관 및 시·도지사는 대통령령으로 정하는 바에 따라 수의(동물의 간호 또는 진료 보조를 포함한다) 및 공중위생에 관한 업무의 일부를 제23조에 따라 설립된 수의사회에 위탁할 수 있다.
>
> ④ 농림축산식품부장관은 대통령령으로 정하는 바에 따라 제20조의3에 따른 동물 진료의 분류체계 표준화 및 제20조의4 제1항에 따른 진료비용 등의 현황에 관한 조사·분석 업무의 일부를 관계 전문 기관 또는 단체에 위탁할 수 있다. 〈신설 2022. 1. 4.〉
>
> [시행일 : 2022. 7. 5.] 제37조

제38조(수수료) 다음 각 호의 어느 하나에 해당하는 자는 농림축산식품부령으로 정하는 바에 따라 수수료를 내야 한다.

1. 제6조(제16조의6에서 준용하는 경우를 포함한다)에 따른 수의사 면허증 또는 동물보건사 자격증을 재 발급받으려는 사람

2. 제8조에 따른 수의사 국가시험에 응시하려는 사람

2의2. 제16조의3에 따른 동물보건사 자격시험에 응시하려는 사람

3. 제17조 제3항에 따라 동물병원 개설의 신고를 하려는 자

4. 제32조 제3항(제16조의6에서 준용하는 경우를 포함한다)에 따라 수의사 면허 또는 동물보건사 자격을 다시 부여받으려는 사람

제7장 벌칙

제39조(벌칙) ① 다음 각 호의 어느 하나에 해당하는 사람은 2년 이하의 징역 또는 2천만원 이하의 벌금에 처하거나 이를 병과(倂科)할 수 있다.

1. 제6조 제2항(제16조의6에 따라 준용되는 경우를 포함한다)을 위반하여 수의사 면허증 또는 동물보건사 자격증을 다른 사람에게 빌려주거나 빌린 사람 또는 이를 알선한 사람

2. 제10조를 위반하여 동물을 진료한 사람

3. 제17조 제2항을 위반하여 동물병원을 개설한 자

② 다음 각 호의 어느 하나에 해당하는 자는 300만원 이하의 벌금에 처한다.

1. 제22조의2 제3항을 위반하여 허가를 받지 아니하고 재산을 처분하거나 정관을 변경한 동물진료법인

2. 제22조의2 제4항을 위반하여 동물진료법인이나 이와 비슷한 명칭을 사용한 자

제40조 삭제

제41조(과태료) ① 다음 각 호의 어느 하나에 해당하는 자에게는 500만원 이하의 과태료를 부과한다.

1. 제11조를 위반하여 정당한 사유 없이 동물의 진료 요구를 거부한 사람

2. 제17조 제1항을 위반하여 동물병원을 개설하지 아니하고 동물진료업을 한 자

3. 제17조의4 제4항을 위반하여 부적합 판정을 받은 동물 진단용 특수의료장비를 사용한 자

② 다음 각 호의 어느 하나에 해당하는 자에게는 100만원 이하의 과태료를 부과한다.

1. 제12조 제1항을 위반하여 거짓이나 그 밖의 부정한 방법으로 진단서, 검안서, 증명서 또는 처방전을 발급한 사람

1의2. 제12조 제1항을 위반하여 처방대상 동물용 의약품을 직접 진료하지 아니하고 처방·투약한 자

1의3. 제12조 제3항을 위반하여 정당한 사유 없이 진단서, 검안서, 증명서 또는 처방전의 발급을 거부한 자

1의4. 제12조 제5항을 위반하여 신고하지 아니하고 처방전을 발급한 수의사

1의5. 제12조의2 제1항을 위반하여 처방전을 발급하지 아니한 자

1의6. 제12조의2 제2항 본문을 위반하여 수의사처방관리시스템을 통하지 아니하고 처방전을 발급한 자

1의7. 제12조의2 제2항 단서를 위반하여 부득이한 사유가 종료된 후 3일 이내에 처방전을 수의사처방관리시스템에 등록하지 아니한 자

1의8. 제12조의2 제3항 후단을 위반하여 처방대상 동물용 의약품의 명칭, 용법 및 용량 등 수의사처방관리시스템에 입력하여야 하는 사항을 입력하지 아니하거나 거짓으로 입력한 자

2. 제13조를 위반하여 진료부 또는 검안부를 갖추어 두지 아니하거나 진료 또는 검안한 사항을 기록하지 아니하거나 거짓으로 기록한 사람

2의2. 제14조(제16조의6에 따라 준용되는 경우를 포함한다)에 따른 신고를 하지 아니한 자

3. 제17조의2를 위반하여 동물병원 개설자 자신이 그 동물병원을 관리하지 아니하거나 관리자를 지정하지 아니한 자

4. 제17조의3 제1항 전단에 따른 신고를 하지 아니하고 동물 진단용 방사선발생장치를 설치·운영한 자

4의2. 제17조의3 제2항에 따른 준수사항을 위반한 자

5. 제17조의3 제3항에 따라 정기적으로 검사와 측정을 받지 아니하거나 방사선 관계 종사자에 대한 피폭 관리를 하지 아니한 자

6. 제18조를 위반하여 동물병원의 휴업·폐업의 신고를 하지 아니한 자

6의2. 제20조의2 제3항을 위반하여 고지·게시한 금액을 초과하여 징수한 자

6의3. 제22조의3 제3항을 위반하여 신고하지 아니한 자

7. 제30조 제2항에 따른 사용 제한 또는 금지 명령을 위반하거나 시정 명령을 이행하지 아니한 자

8. 제31조 제2항에 따른 보고를 하지 아니하거나 거짓 보고를 한 자 또는 관계 공무원의 검사를 거부·방해 또는 기피한 자

9. 정당한 사유 없이 제34조(제16조의6에 따라 준용되는 경우를 포함한다)에 따른 연수교육을 받지 아니한 사람

③ 제1항이나 제2항에 따른 과태료는 대통령령으로 정하는 바에 따라 농림축산식품부장관, 시·도지사 또는 시장·군수가 부과·징수한다.

제41조(과태료) ① 다음 각 호의 어느 하나에 해당하는 자에게는 500만원 이하의 과태료를 부과한다.

1. 제11조를 위반하여 정당한 사유 없이 동물의 진료 요구를 거부한 사람

2. 제17조 제1항을 위반하여 동물병원을 개설하지 아니하고 동물진료업을 한 자

3. 제17조의4 제4항을 위반하여 부적합 판정을 받은 동물 진단용 특수의료장비를 사용한 자

② 다음 각 호의 어느 하나에 해당하는 자에게는 100만원 이하의 과태료를 부과한다. 〈개정 2011. 7. 25., 2012. 2. 22., 2013. 7. 30., 2015. 1. 20., 2019. 8. 27., 2022. 1. 4.〉

1. 제12조 제1항을 위반하여 거짓이나 그 밖의 부정한 방법으로 진단서, 검안서, 증명서 또는 처방전을 발급한 사람

1의2. 제12조 제1항을 위반하여 처방대상 동물용 의약품을 직접 진료하지 아니하고 처방·투약한 자

1의3. 제12조 제3항을 위반하여 정당한 사유 없이 진단서, 검안서, 증명서 또는 처방전의 발급을 거부한 자

1의4. 제12조 제5항을 위반하여 신고하지 아니하고 처방전을 발급한 수의사

1의5. 제12조의2 제1항을 위반하여 처방전을 발급하지 아니한 자

1의6. 제12조의2 제2항 본문을 위반하여 수의사처방관리시스템을 통하지 아니하고 처방전을 발급한 자

1의7. 제12조의2 제2항 단서를 위반하여 부득이한 사유가 종료된 후 3일 이내에 처방전을 수의사처방관리시스템에 등록하지 아니한 자

1의8. 제12조의2 제3항 후단을 위반하여 처방대상 동물용 의약품의 명칭, 용법 및 용량 등 수의사처방관리시스템에 입력하여야 하는 사항을 입력하지 아니하거나 거짓으로 입력한 자

2. 제13조를 위반하여 진료부 또는 검안부를 갖추어 두지 아니하거나 진료 또는 검안한 사항을 기록하지 아니하거나 거짓으로 기록한 사람

2의2. 제13조의2를 위반하여 동물소유자등에게 설명을 하지 아니하거나 서면으로 동의를 받지 아니한 자

2의3. 제14조(제16조의6에 따라 준용되는 경우를 포함한다)에 따른 신고를 하지 아니한 자

3. 제17조의2를 위반하여 동물병원 개설자 자신이 그 동물병원을 관리하지 아니하거나 관리자를 지정하지 아니한 자

4. 제17조의3 제1항 전단에 따른 신고를 하지 아니하고 동물 진단용 방사선발생장치를 설치·운영한 자

4의2. 제17조의3 제2항에 따른 준수사항을 위반한 자

5. 제17조의3 제3항에 따라 정기적으로 검사와 측정을 받지 아니하거나 방사선 관계 종사자에 대한 피폭관리를 하지 아니한 자

6. 제18조를 위반하여 동물병원의 휴업·폐업의 신고를 하지 아니한 자

6의2. 제20조의2 제3항을 위반하여 고지·게시한 금액을 초과하여 징수한 자

6의3. 제22조의3 제3항을 위반하여 신고하지 아니한 자

7. 제30조 제2항에 따른 사용 제한 또는 금지 명령을 위반하거나 시정 명령을 이행하지 아니한 자

8. 제31조 제2항에 따른 보고를 하지 아니하거나 거짓 보고를 한 자 또는 관계 공무원의 검사를 거부·방해 또는 기피한 자

9. 정당한 사유 없이 제34조(제16조의6에 따라 준용되는 경우를 포함한다)에 따른 연수교육을 받지 아니한 사람

③ 제1항이나 제2항에 따른 과태료는 대통령령으로 정하는 바에 따라 농림축산식품부장관, 시·도지사 또는 시장·군수가 부과·징수한다.

[시행일 : 2022. 7. 5.] 제41조

부칙

〈제17472호, 2020. 8. 11.〉 (정부조직법)

제1조(시행일) 이 법은 공포 후 1개월이 경과한 날부터 시행한다. 다만, …〈생략〉…, 부칙 제4조에 따라 개정되는 법률 중 이 법 시행 전에 공포되었으나 시행일이 도래하지 아니한 법률을 개정한 부분은 각각 해당 법률의 시행일부터 시행한다.

제2조 및 제3조 생략

제4조(다른 법률의 개정) ①부터 ⑤까지 생략

⑥ 수의사법 일부를 다음과 같이 개정한다.

제30조 제3항 중 "보건복지부장관"을 "질병관리청장"으로 한다.

⑦부터 ㉝까지 생략

제5조 생략

수의사법 시행령

[시행 2021. 8. 28.] [대통령령 제31950호, 2021. 8. 24., 일부개정]

제1조(목적) 이 영은 「수의사법」에서 위임된 사항과 그 시행에 필요한 사항을 규정함을 목적으로 한다.

제2조(정의) 「수의사법」(이하 "법"이라 한다) 제2조 제2호에서 "대통령령으로 정하는 동물"이란 다음 각 호의 동물을 말한다.

1. 노새·당나귀
2. 친칠라·밍크·사슴·메추리·꿩·비둘기
3. 시험용 동물
4. 그 밖에 제1호부터 제3호까지에서 규정하지 아니한 동물로서 포유류·조류·파충류 및 양서류

제3조(수의사 국가시험위원회) 법 제8조에 따른 수의사 국가시험(이하 "국가시험"이라 한다)의 시험문제 출제 및 합격자 사정(査定) 등 국가시험의 원활한 시행을 위하여 농림축산식품부에 수의사 국가시험위원회(이하 "위원회"라 한다)를 둔다.

제4조(위원회의 구성 및 기능) ① 위원회는 위원장 1명, 부위원장 1명과 13명 이내의 위원으로 구성한다.

② 위원장은 농림축산식품부차관이 되고, 부위원장은 농림축산식품부의 수의(獸醫)업무를 담당하는 3급 공무원 또는 고위공무원단에 속하는 일반직공무원이 된다.

③ 위원은 수의학 및 공중위생에 관한 전문지식과 경험이 풍부한 사람 중에서 농림축산식품부장관이 위촉한다.

④ 제3항에 따라 위촉된 위원의 임기는 위촉된 날부터 2년으로 한다.

⑤ 위원회의 서무를 처리하기 위하여 간사 1명과 서기 몇 명을 두며, 농림축산식품부 소속 공무원 중에서 위원장이 지정한다.

⑥ 위원회는 다음 각 호의 사항에 관하여 심의한다.

1. 국가시험 제도의 개선 및 운영에 관한 사항
2. 제9조의2에 따른 출제위원의 선정에 관한 사항
3. 국가시험의 시험문제 출제, 과목별 배점 및 합격자 사정에 관한 사항
4. 그 밖에 국가시험과 관련하여 위원장이 회의에 부치는 사항

⑦ 이 영에서 규정한 사항 외에 위원회의 운영에 필요한 사항은 위원장이 정한다.

제4조의2(위원의 해촉) 농림축산식품부장관은 제4조 제3항에 따른 위원이 다음 각 호의 어느 하나에 해당하는 경우에는 해당 위원을 해촉(解囑)할 수 있다.

1. 심신장애로 인하여 직무를 수행할 수 없게 된 경우
2. 직무와 관련된 비위사실이 있는 경우
3. 직무태만, 품위손상이나 그 밖의 사유로 인하여 위원으로 적합하지 아니하다고 인정되는 경우
4. 위원 스스로 직무를 수행하는 것이 곤란하다고 의사를 밝히는 경우

제5조(위원장의 직무 등) ① 위원장은 위원회의 업무를 총괄하고, 위원회를 대표한다.

② 부위원장은 위원장을 보좌하며, 위원장이 부득이한 사유로 직무를 수행할 수 없을 때에는 위원장의 직무를 대행한다.

제6조(위원회의 회의) ① 위원장은 위원회의 회의를 소집하고, 그 의장이 된다.

② 위원장은 회의를 소집하려면 회의의 일시·장소 및 안건을 회의 개최 3일 전까지 각 위원에게 서면으로 통지하여야 한다. 다만, 긴급한 안건의 경우에는 그러하지 아니한다.

③ 위원회의 회의는 위원장 및 부위원장을 포함한 위원 과반수의 출석으로 개의(開議)하고, 출석위원 과반수의 찬성으로 의결한다.

제7조(수당 등) 위원회에 출석한 위원에게는 예산의 범위에서 수당과 여비를 지급한다.

제8조(공고) 농림축산식품부장관(제11조에 따른 행정기관에 국가시험의 관리업무를 맡기는 경우에는 해당 행정기관의 장을 말한다. 이하 제9조, 제9조의2 및 제10조에서 같다)은 국가시험을 실시하려면 시험 실시 90일 전까지 시험과목, 시험장소, 시험일시, 응시원서 제출기간, 그 밖에 시험의 시행에 필요한 사항을 공고하여야 한다.

제9조(시험과목 등) ① 국가시험의 시험과목은 다음 각 호와 같다.

1. 기초수의학
2. 예방수의학
3. 임상수의학
4. 수의법규·축산학

② 제1항에 따른 시험과목별 시험내용 및 출제범위는 농림축산식품부장관이 위원회의 심의를 거쳐 정한다.

③ 국가시험은 필기시험으로 하되, 필요하다고 인정할 때에는 실기시험 또는 구술시험을 병행할 수 있다.

④ 국가시험은 전 과목 총점의 60퍼센트 이상, 매 과목 40퍼센트 이상 득점한 사람을 합격자로 한다.

[전문개정 2011. 1. 24.]

제9조의2(출제위원 등) ① 농림축산식품부장관은 국가시험을 실시할 때마다 수의학 및 공중위생에 관한 전문지식과 경험이 풍부한 사람 중에서 시험과목별로 시험문제의 출제 및 채점을 담당할 사람(이하 "출제위원"이라 한다) 2명 이상을 위촉한다.

② 제1항에 따라 위촉된 출제위원의 임기는 위촉된 날부터 해당 국가시험의 합격자 발표일까지로 한다. 이 경우 농림축산식품부장관은 필요하다고 인정할 때에는 그 임기를 연장할 수 있다.

③ 제1항에 따라 위촉된 출제위원에게는 예산의 범위에서 수당과 여비를 지급하며, 국가시험의 관리·감독 업무에 종사하는 사람(소관 업무와 직접 관련된 공무원은 제외한다)에게는 예산의 범위에서 수당을 지급한다.

제10조(응시 절차) 국가시험에 응시하려는 사람은 농림축산식품부장관이 정하는 응시원서를 농림축산식품부장관에게 제출하여야 한다. 이 경우 법 제9조 제1항 각 호에 해당하는지의 확인을 위하여 농림축산식품부령으로 정하는 서류를 응시원서에 첨부하여야 한다.

제11조(관계 전문기관의 국가시험 관리 등) ① 농림축산식품부장관이 법 제8조 제3항에 따라 국가시험의 관리를 맡길 수 있는 관계 전문기관은 수의업무를 전문적으로 수행하는 행정기관으로 한다.

② 농림축산식품부장관이 제1항에 따른 행정기관에 국가시험의 관리업무를 맡기는 경우에는 제3조에도 불구하고 위원회를 해당 행정기관(이하 이 항에서 "시험관리기관"이라 한다)에 둔다. 이 경우 제4조를

적용할 때 "농림축산식품부장관" 및 "농림축산식품부차관"은 각각 "시험관리기관의 장"으로 보고, "농림축산식품부의 수의업무를 담당하는 3급 공무원 또는 고위공무원단에 속하는 일반직공무원"은 "시험관리기관의 장이 지정하는 사람"으로 보며, "농림축산식품부 소속 공무원"은 "시험관리기관 소속 공무원"으로 본다.

제12조(수의사 외의 사람이 할 수 있는 진료의 범위) 법 제10조 단서에서 "대통령령으로 정하는 진료"란 다음 각 호의 행위를 말한다.

1. 수의학을 전공하는 대학(수의학과가 설치된 대학의 수의학과를 포함한다)에서 수의학을 전공하는 학생이 수의사의 자격을 가진 지도교수의 지시·감독을 받아 전공 분야와 관련된 실습을 하기 위하여 하는 진료행위

2. 제1호에 따른 학생이 수의사의 자격을 가진 지도교수의 지도·감독을 받아 양축 농가에 대한 봉사활동을 위하여 하는 진료행위

3. 축산 농가에서 자기가 사육하는 다음 각 목의 가축에 대한 진료행위

    가. 「축산법」 제22조 제1항 제4호에 따른 허가 대상인 가축사육업의 가축

    나. 「축산법」 제22조 제3항에 따른 등록 대상인 가축사육업의 가축

    다. 그 밖에 농림축산식품부장관이 정하여 고시하는 가축

4. 농림축산식품부령으로 정하는 비업무로 수행하는 무상 진료행위

제12조의2(처방전을 발급하지 못하는 부득이한 사유) 법 제12조의2 제2항 단서에서 "대통령령으로 정하는 부득이한 사유"란 응급을 요하는 동물의 수술 또는 처치를 말한다.

제13조(동물병원의 시설기준) ① 법 제17조 제5항에 따른 동물병원의 시설기준은 다음 각 호와 같다.

1. 개설자가 수의사인 동물병원 : 진료실·처치실·조제실, 그 밖에 청결유지와 위생관리에 필요한 시설을 갖출 것. 다만, 축산 농가가 사육하는 가축(소·말·돼지·염소·사슴·닭·오리를 말한다)에 대한 출장진료만을 하는 동물병원은 진료실과 처치실을 갖추지 아니할 수 있다.

2. 개설자가 수의사가 아닌 동물병원 : 진료실·처치실·조제실·임상병리검사실, 그 밖에 청결유지와 위생관리에 필요한 시설을 갖출 것. 다만, 지방자치단체가 「동물보호법」 제15조 제1항에 따라 설치·운영하는 동물보호센터의 동물만을 진료·처치하기 위하여 직접 설치하는 동물병원의 경우에는 임상병리검사실을 갖추지 아니할 수 있다.

② 제1항에 따른 시설의 세부 기준은 농림축산식품부령으로 정한다.

제13조의2(동물진료법인의 설립 허가 신청) 법 제22조의2 제1항에 따라 같은 법 제17조 제2항 제3호에 따른 동물진료법인(이하 "동물진료법인"이라 한다)을 설립하려는 자는 동물진료법인 설립허가신청서에 농림축산식품부령으로 정하는 서류를 첨부하여 그 법인의 주된 사무소의 소재지를 관할하는 특별시장·광역시장·도지사 또는 특별자치도지사·특별자치시장(이하 "시·도지사"라 한다)에게 제출하여야 한다.

제13조의3(동물진료법인의 재산 처분 또는 정관 변경의 허가 신청) 법 제22조의2 제3항에 따라 재산 처분이나 정관 변경에 대한 허가를 받으려는 동물진료법인은 재산처분허가신청서 또는 정관변경허가신청서에 농림축산식품부령으로 정하는 서류를 첨부하여 그 법인의 주된 사무소의 소재지를 관할하는 시·도지사에게 제출하여야 한다.

제13조의4(동물진료정보시스템 개발·운영 사업) 법 제22조의3 제1항 제3호에서 "대통령령으로 정하는 사업"이란 다음 각 호의 사업을 말한다.

1. 진료부(진단서 및 증명서를 포함한다)를 전산으로 작성·관리하기 위한 시스템의 개발·운영 사업

2. 동물의 진단 등을 위하여 의료기기로 촬영한 영상기록을 저장·전송하기 위한 시스템의 개발·운영 사업

제14조(수의사회의 설립인가) 법 제24조에 따라 수의사회의 설립인가를 받으려는 자는 다음 각 호의 서류를 농림축산식품부장관에게 제출하여야 한다.

1. 정관
2. 자산 명세서
3. 사업계획서 및 수지예산서
4. 설립 결의서
5. 설립 대표자의 선출 경위에 관한 서류
6. 임원의 취임 승낙서와 이력서

제15조 삭제

제16조 삭제

제17조 삭제

제18조(지부의 설치) 수의사회는 법 제25조에 따라 지부를 설치하려는 경우에는 그 설립등기를 완료한 날부터 3개월 이내에 특별시·광역시·도 또는 특별자치도·특별자치시에 지부를 설치하여야 한다.

제18조의2(윤리위원회의 설치) 수의사회는 법 제23조 제1항에 따라 수의업무의 적정한 수행과 수의사의 윤리 확립을 도모하고, 법 제32조 제2항 각 호 외의 부분 후단에 따른 의견의 제시 등을 위하여 정관에서 정하는 바에 따라 윤리위원회를 설치·운영할 수 있다.

제19조 [종전 제19조는 제21조로 이동 〈2011. 1. 24.〉]

제20조(지도와 명령) 법 제30조 제1항에 따라 농림축산식품부장관, 시·도지사 또는 시장·군수·구청장(자치구의 구청장을 말한다. 이하 같다)이 수의사 또는 동물병원에 할 수 있는 지도와 명령은 다음 각 호와 같다.

1. 수의사 또는 동물병원 기구·장비의 대(對)국민 지원 지도와 동원 명령
2. 공중위생상 위해(危害) 발생의 방지 및 동물 질병의 예방과 적정한 진료 등을 위하여 필요한 시설·업무개선의 지도와 명령
3. 그 밖에 가축전염병의 확산이나 인수공통감염병으로 인한 공중위생상의 중대한 위해 발생의 방지 등을 위하여 필요하다고 인정하여 하는 지도와 명령

제20조의2(과잉진료행위 등) 법 제32조 제2항 제6호에서 "과잉진료행위나 그 밖에 동물병원 운영과 관련된 행위로서 대통령령으로 정하는 행위"란 다음 각 호의 행위를 말한다.

1. 불필요한 검사·투약 또는 수술 등 과잉진료행위를 하거나 부당하게 많은 진료비를 요구하는 행위
2. 정당한 사유 없이 동물의 고통을 줄이기 위한 조치를 하지 아니하고 시술하는 행위나 그 밖에 이에 준하는 행위로서 농림축산식품부령으로 정하는 행위
3. 허위광고 또는 과대광고 행위
4. 동물병원의 개설자격이 없는 자에게 고용되어 동물을 진료하는 행위
5. 다른 동물병원을 이용하려는 동물의 소유자 또는 관리자를 자신이 종사하거나 개설한 동물병원으로 유인하거나 유인하게 하는 행위
6. 법 제11조, 제12조 제1항·제3항, 제13조 제1항·제2항 또는 제17조 제1항을 위반하는 행위

제20조의3(과징금의 부과 등) ① 법 제33조의2 제1항에 따라 과징금을 부과하는 위반행위의 종류와 위반 정도 등에 따른 과징금의 금액은 별표 1과 같다.

② 특별자치도지사·특별자치시장·시장·군수 또는 구청장(이하 "시장·군수"라 한다)은 법 제33조의2 제1항에 따라 과징금을 부과하려면 그 위반행위의 종류와 과징금의 금액을 서면으로 자세히 밝혀 과징금을 낼 것을 과징금 부과 대상자에게 알려야 한다.

③ 제2항에 따른 통지를 받은 자는 통지를 받은 날부터 30일 이내에 과징금을 시장·군수가 정하는 수납기관에 내야 한다. 다만, 천재지변이나 그 밖의 부득이한 사유로 그 기간 내에 과징금을 낼 수 없는 경우에는 그 사유가 없어진 날부터 7일 이내에 내야 한다.

④ 제3항에 따라 과징금을 받은 수납기관은 과징금을 낸 자에게 영수증을 발급하고, 과징금을 받은 사실을 지체 없이 시장·군수에게 통보해야 한다.

⑤ 과징금의 징수절차는 농림축산식품부령으로 정한다.

제20조의4(권한의 위임) ① 농림축산식품부장관은 법 제37조 제1항에 따라 다음 각 호의 권한을 시·도지사에게 위임한다.

1. 법 제12조 제5항 전단에 따른 축산농장, 동물원 또는 수족관에 상시고용된 수의사의 상시고용 신고의 접수

2. 법 제12조 제5항 후단에 따른 축산농장, 동물원 또는 수족관에 상시고용된 수의사의 진료부 보고

② 농림축산식품부장관은 법 제37조 제2항에 따라 다음 각 호의 업무를 농림축산검역본부장에게 위임한다.

1. 법 제17조의4 제1항에 따른 등록 업무

2. 법 제17조의4 제3항에 따른 품질관리검사 업무

3. 법 제17조의5 제1항에 따른 검사·측정기관의 지정 업무

4. 법 제17조의5 제2항에 따른 지정 취소 업무

5. 법 제17조의5 제4항에 따른 휴업 또는 폐업 신고의 수리 업무

③ 시·도지사는 제1항에 따라 농림축산식품부장관으로부터 위임받은 권한의 일부를 농림축산식품부장관의 승인을 받아 시장·군수 또는 구청장에게 다시 위임할 수 있다.

제21조(업무의 위탁) 농림축산식품부장관은 법 제37조 제3항에 따라 법 제34조에 따른 수의사의 연수교육에 관한 업무를 수의사회에 위탁한다.

제21조의2(고유식별정보의 처리) 농림축산식품부장관(제20조의4에 따라 농림축산식품부장관의 권한을 위임받은 자를 포함한다) 및 시장·군수(해당 권한이 위임·위탁된 경우에는 그 권한을 위임·위탁받은 자를 포함한다)는 다음 각 호의 어느 하나에 해당하는 사무를 수행하기 위하여 불가피한 경우 「개인정보 보호법 시행령」 제19조 제1호, 제2호 또는 제4호에 따른 주민등록번호, 여권번호 또는 외국인등록번호가 포함된 자료를 처리할 수 있다.

1. 법 제4조에 따른 수의사 면허 발급에 관한 사무

2. 법 제16조의2에 따른 동물보건사 자격인정에 관한 사무

3. 법 제17조에 따른 동물병원의 개설신고 및 변경신고에 관한 사무

4. 법 제17조의3에 따른 동물 진단용 방사선발생장치의 설치·운영 신고에 관한 사무

5. 법 제17조의5에 따른 검사·측정기관의 지정에 관한 사무

6. 법 제18조에 따른 동물병원 휴업·폐업의 신고에 관한 사무

제22조(규제의 재검토) 농림축산식품부장관은 제13조에 따른 동물병원의 시설기준에 대하여 2017년 1월 1일을 기준으로 3년마다(매 3년이 되는 해의 1월 1일 전까지를 말한다) 그 타당성을 검토하여 개선 등의 조치를 해야 한다.

제23조(과태료의 부과기준) 법 제41조 제1항 및 제2항에 따른 과태료의 부과기준은 별표 2와 같다.

부칙

⟨제31950호, 2021. 8. 24.⟩

제1조(시행일) 이 영은 공포한 날부터 시행한다. 다만, 제21조의2의 개정규정은 2021년 8월 28일부터 시행한다.

제2조(과태료 부과 시 위반 횟수 산정에 관한 적용례) 이 영 시행 전의 위반행위로 받은 과태료 부과처분은 별표 2 제1호 가목 전단의 개정규정에도 불구하고 그 처분을 한 날과 다시 같은 위반행위를 하여 적발된 날이 1년 이내인 경우에만 위반행위 횟수 산정에 포함한다.

안심Touch

수의사법 시행규칙

[시행 2021. 9. 8.] [농림축산식품부령 제491호, 2021. 9. 8., 일부개정]

제1조(목적) 이 규칙은 「수의사법」 및 같은 법 시행령에서 위임된 사항과 그 시행에 필요한 사항을 규정함을 목적으로 한다.

제1조의2(응시원서에 첨부하는 서류) 「수의사법 시행령」(이하 "영"이라 한다) 제10조 후단에서 "농림축산식품부령으로 정하는 서류"란 다음 각 호의 서류를 말한다.

1. 「수의사법」(이하 "법"이라 한다) 제9조 제1항 제1호에 해당하는 사람은 수의학사 학위증 사본 또는 졸업 예정 증명서

2. 법 제9조 제1항 제2호에 해당하는 사람은 다음 각 목의 서류. 다만, 법률 제5953호 수의사법중개정법률 부칙 제4항에 해당하는 자는 나목 및 다목의 서류를 제출하지 아니하며, 법률 제7546호 수의사법 일부개정법률 부칙 제2항에 해당하는 자는 다목의 서류를 제출하지 아니한다.

    가. 외국 대학의 수의학사 학위증 사본

    나. 외국의 수의사 면허증 사본 또는 수의사 면허를 받았음을 증명하는 서류

    다. 외국 대학이 법 제9조 제1항 제2호에 따른 인정기준에 적합한지를 확인하기 위하여 영 제8조에 따른 수의사 국가시험 관리기관(이하 "시험관리기관"이라 한다)의 장이 정하는 서류

제2조(면허증의 발급) ① 법 제4조에 따라 수의사의 면허를 받으려는 사람은 법 제8조에 따른 수의사 국가시험에 합격한 후 시험관리기관의 장에게 다음 각 호의 서류를 제출하여야 한다.

1. 법 제5조 제1호 본문에 해당하는 사람이 아님을 증명하는 의사의 진단서 또는 같은 호 단서에 해당하는 사람임을 증명하는 정신과전문의의 진단서

2. 법 제5조 제3호 본문에 해당하는 사람이 아님을 증명하는 의사의 진단서 또는 같은 호 단서에 해당하는 사람임을 증명하는 정신과전문의의 진단서

3. 사진(응시원서와 같은 원판으로서 가로 3센티미터 세로 4센티미터의 모자를 쓰지 않은 정면 상반신) 2장

② 시험관리기관의 장은 영 제10조 및 제1항에 따라 제출받은 서류를 검토하여 법 제5조 및 제9조에 따른 결격사유 및 응시자격 해당 여부를 확인한 후 다음 각 호의 사항을 적은 수의사 면허증 발급 대상자 명단을 농림축산식품부장관에게 제출하여야 한다.

1. 성명(한글·영문 및 한문)

2. 주소

3. 주민등록번호(외국인인 경우에는 국적·생년월일 및 성별)

4. 출신학교 및 졸업 연월일

③ 농림축산식품부장관은 합격자 발표일부터 50일 이내(법 제9조 제1항 제2호에 해당하는 사람의 경우에는 외국에서 수의학사 학위를 받은 사실과 수의사 면허를 받은 사실 등에 대한 조회가 끝난 날부터 50일 이내)에 수의사 면허증을 발급하여야 한다.

제3조(면허증 및 면허대장 등록사항) ① 법 제6조에 따른 수의사 면허증은 별지 제1호 서식에 따른다.

② 법 제6조에 따른 면허대장에 등록하여야 할 사항은 다음 각 호와 같다.

1. 면허번호 및 면허 연월일

2. 성명 및 주민등록번호(외국인은 성명·국적·생년월일·여권번호 및 성별)

3. 출신학교 및 졸업 연월일

4. 면허취소 또는 면허효력 정지 등 행정처분에 관한 사항

5. 제4조에 따라 면허증을 재발급하거나 면허를 재부여하였을 때에는 그 사유

6. 제5조에 따라 면허증을 갱신하였을 때에는 그 사유

제4조(면허증의 재발급 등) 제2조 제3항에 따라 면허증을 발급받은 사람이 다음 각 호의 어느 하나에 해당하는 사유로 면허증을 재발급받거나 법 제32조에 따라 취소된 면허를 재부여받으려는 때에는 별지 제2호 서식의 신청서에 다음 각 호의 구분에 따른 해당 서류를 첨부하여 농림축산식품부장관에게 제출하여야 한다.

1. 잃어버린 경우 : 별지 제3호 서식의 분실 경위서와 사진(신청 전 6개월 이내에 촬영한 가로 3센티미터 세로 4센티미터의 모자를 쓰지 않은 정면 상반신. 이하 이 조 및 제5조 제3항에서 같다) 1장

2. 헐어 못 쓰게 된 경우 : 해당 면허증과 사진 1장

3. 기재사항 변경 등의 경우 : 해당 면허증과 그 변경에 관한 증명 서류 및 사진 1장

4. 취소된 면허를 재부여받으려는 경우 : 면허취소의 원인이 된 사유가 소멸되었음을 증명할 수 있는 서류와 사진 1장

제5조(면허증의 갱신) ① 농림축산식품부장관은 필요하다고 인정하는 경우에는 수의사 면허증을 갱신할 수 있다.

② 농림축산식품부장관은 제1항에 따라 수의사 면허증을 갱신하려는 경우에는 갱신 절차, 기간, 그 밖에 필요한 사항을 정하여 갱신발급 신청 개시일 20일 전까지 그 내용을 공고하여야 한다.

③ 제2항에 따라 수의사 면허증을 갱신하여 발급받으려는 사람은 별지 제2호 서식의 신청서에 면허증(잃어버린 경우에는 별지 제3호 서식의 분실 경위서)과 사진 1장을 첨부하여 농림축산식품부장관에게 제출하여야 한다.

제6조 삭제

제7조 삭제

제8조(수의사 외의 사람이 할 수 있는 진료의 범위) 영 제12조 제4호에서 "농림축산식품부령으로 정하는 비업무로 수행하는 무상 진료행위"란 다음 각 호의 행위를 말한다.

1. 광역시장·특별자치시장·도지사·특별자치도지사가 고시하는 도서·벽지(僻地)에서 이웃의 양축 농가가 사육하는 동물에 대하여 비업무로 수행하는 다른 양축 농가의 무상 진료행위

2. 사고 등으로 부상당한 동물의 구조를 위하여 수행하는 응급처치행위

제8조의2(동물병원의 세부 시설기준) 영 제13조 제2항에 따른 동물병원의 세부 시설기준은 별표 1과 같다.

제9조(진단서의 발급 등) ① 법 제12조 제1항에 따라 수의사가 발급하는 진단서는 별지 제4호의2 서식에 따른다.

② 법 제12조 제2항에 따른 폐사 진단서는 별지 제5호 서식에 따른다.

③ 제1항 및 제2항에 따른 진단서 및 폐사 진단서에는 연도별로 일련번호를 붙이고, 그 부본(副本)을 3년간 갖추어 두어야 한다.

제10조(증명서 등의 발급) 법 제12조에 따라 수의사가 발급하는 증명서 및 검안서의 서식은 다음 각 호와 같다.

1. 출산 증명서 : 별지 제6호 서식
2. 사산 증명서 : 별지 제7호 서식
3. 예방접종 증명서 : 별지 제8호 서식
4. 검안서 : 별지 제9호 서식

제11조(처방전의 서식 및 기재사항 등) ① 법 제12조 제1항 및 제12조의2 제1항·제2항에 따라 수의사가 발급하는 처방전은 별지 제10호 서식과 같다.

② 처방전은 동물 개체별로 발급하여야 한다. 다만, 다음 각 호의 요건을 모두 갖춘 경우에는 같은 축사(지붕을 같이 사용하거나 지붕에 준하는 인공구조물을 같이 또는 연이어 사용하는 경우를 말한다)에서 동거하고 있는 동물들에 대하여 하나의 처방전으로 같이 처방(이하 "군별 처방"이라 한다)할 수 있다.

1. 질병 확산을 막거나 질병을 예방하기 위하여 필요한 경우일 것
2. 처방 대상 동물의 종류가 같을 것
3. 처방하는 동물용 의약품이 같을 것

③ 수의사는 처방전을 발급하는 경우에는 다음 각 호의 사항을 적은 후 서명(「전자서명법」에 따른 전자서명을 포함한다. 이하 같다)하거나 도장을 찍어야 한다. 이 경우 처방전 부본(副本)을 처방전 발급일부터 3년간 보관해야 한다.

1. 처방전의 발급 연월일 및 유효기간(7일을 넘으면 안 된다)
2. 처방 대상 동물의 이름(없거나 모르는 경우에는 그 동물의 소유자 또는 관리자가 임의로 정한 것), 종류, 성별, 연령(명확하지 않은 경우에는 추정연령), 체중 및 임신 여부. 다만, 군별 처방인 경우에는 처방 대상 동물들의 축사번호, 종류 및 총 마릿수를 적는다.
3. 동물의 소유자 또는 관리자의 성명·생년월일·전화번호. 농장에 있는 동물에 대한 처방전인 경우에는 농장명도 적는다.
4. 동물병원 또는 축산농장의 명칭, 전화번호 및 사업자등록번호
5. 다음 각 목의 구분에 따른 동물용 의약품 처방 내용
   가. 「약사법」 제85조 제6항에 따른 동물용 의약품(이하 "처방대상 동물용 의약품"이라 한다) : 처방대상 동물용 의약품의 성분명, 용량, 용법, 처방일수(30일을 넘으면 안 된다) 및 판매 수량(동물용 의약품의 포장 단위로 적는다)
   나. 처방대상 동물용 의약품이 아닌 동물용 의약품인 경우 : 가목의 사항. 다만, 동물용 의약품의 성분명 대신 제품명을 적을 수 있다.
6. 처방전을 작성하는 수의사의 성명 및 면허번호

④ 제3항 제1호 및 제5호에도 불구하고 수의사는 다음 각 호의 어느 하나에 해당하는 경우에는 농림축산식품부장관이 정하는 기간을 넘지 아니하는 범위에서 처방전의 유효기간 및 처방일수를 달리 정할 수 있다.

1. 질병예방을 위하여 정해진 연령에 같은 동물용 의약품을 반복 투약하여야 하는 경우

2. 그 밖에 농림축산식품부장관이 정하는 경우

⑤ 제3항 제5호 가목에도 불구하고 효과적이거나 안정적인 치료를 위하여 필요하다고 수의사가 판단하는 경우에는 제품명을 성분명과 함께 쓸 수 있다. 이 경우 성분별로 제품명을 3개 이상 적어야 한다.

제11조의2 삭제

제12조(축산농장 등의 상시고용 수의사의 신고 등) ① 법 제12조 제5항 전단에 따라 축산농장(「동물보호법 시행령」 제4조에 따른 동물실험시행기관을 포함한다. 이하 같다), 「동물원 및 수족관의 관리에 관한 법률」 제3조 제1항에 따라 등록한 동물원 또는 수족관(이하 이 조에서 "축산농장등"이라 한다)에 상시고용된 수의사로 신고(이하 "상시고용 신고"라 한다)를 하려는 경우에는 별지 제11호 서식의 신고서에 다음 각 호의 서류를 첨부하여 특별시장·광역시장·특별자치시장·도지사·특별자치도지사(이하 "시·도지사" 라 한다)나 시장·군수 또는 자치구의 구청장에게 제출해야 한다.

1. 해당 축산농장등에서 1년 이상 일하고 있거나 일할 것임을 증명할 수 있는 다음 각 목의 어느 하나에 해당하는 서류

　가. 「근로기준법」에 따라 체결한 근로계약서 사본

　나. 「소득세법」에 따른 근로소득 원천징수영수증

　다. 「국민연금법」에 따른 국민연금 사업장가입자 자격취득 신고서

　라. 그 밖에 고용관계를 증명할 수 있는 서류

2. 수의사 면허증 사본

② 수의사가 상시고용된 축산농장등이 두 곳 이상인 경우에는 그 중 한 곳에 대해서만 상시고용 신고를 할 수 있으며, 신고를 한 해당 축산농장등의 동물에 대해서만 처방전을 발급할 수 있다.

③ 법 제12조 제5항 후단에 따른 상시고용된 수의사의 범위는 해당 축산농장등에 1년 이상 상시고용되어 일하는 수의사로서 1개월당 60시간 이상 해당 업무에 종사하는 사람으로 한다.

④ 상시고용 신고를 한 수의사(이하 "신고 수의사"라 한다)가 발급하는 처방전에 관하여는 제11조를 준용한다. 다만, 처방대상 동물용 의약품의 처방일수는 7일을 넘지 아니하도록 한다.

⑤ 신고 수의사는 처방전을 발급하는 진료를 한 경우에는 제13조에 따라 진료부를 작성하여야 하며, 해당 연도의 진료부를 다음 해 2월 말까지 시·도지사나 시장·군수 또는 자치구의 구청장에게 보고하여야 한다.

⑥ 신고 수의사는 제26조에 따라 매년 수의사 연수교육을 받아야 한다.

⑦ 신고 수의사는 처방대상 동물용 의약품의 구입 명세를 작성하여 그 구입일부터 3년간 보관해야 하며, 처방대상 동물용 의약품이 해당 축산농장등 밖으로 유출되지 않도록 관리하고 농장주 또는 운영자를 지도해야 한다.

제12조의2(처방전의 발급 등) ① 법 제12조의2 제2항 단서에서 "농림축산식품부령으로 정하는 방법"이란 처방전을 수기로 작성하여 발급하는 방법을 말한다.

② 법 제12조의2 제3항 후단에서 "농림축산식품부령으로 정하는 사항"이란 다음 각 호의 사항을 말한다.

1. 입력 연월일 및 유효기간(7일을 넘으면 안 된다)

2. 제11조 제3항 제2호·제4호 및 제5호의 사항

3. 동물의 소유자 또는 관리자의 성명·생년월일·전화번호. 농장에 있는 동물에 대한 처방인 경우에는 농장명도 적는다.

4. 입력하는 수의사의 성명 및 면허번호

제12조의3(수의사처방관리시스템의 구축·운영) ① 농림축산식품부장관은 법 제12조의3 제1항에 따른 수의사처방관리시스템(이하 "수의사처방관리시스템"이라 한다)을 통해 다음 각 호의 업무를 처리하도록 한다.

1. 처방대상 동물용 의약품에 대한 정보의 제공

2. 법 제12조의2 제2항에 따른 처방전의 발급 및 등록

3. 법 제12조의2 제3항에 따른 처방대상 동물용 의약품에 관한 사항의 입력 관리

4. 처방대상 동물용 의약품의 처방·조제·투약 등 관련 현황 및 통계 관리

② 농림축산식품부장관은 수의사처방관리시스템의 개인별 접속 및 보안을 위한 시스템 관리 방안을 마련해야 한다.

③ 제1항 및 제2항에서 규정한 사항 외에 수의사처방관리시스템의 구축·운영에 필요한 사항은 농림축산식품부장관이 정하여 고시한다.

제13조(진료부 및 검안부의 기재사항) 법 제13조 제1항에 따른 진료부 또는 검안부에는 각각 다음 사항을 적어야 하며, 1년간 보존하여야 한다.

1. 진료부

   가. 동물의 품종·성별·특징 및 연령

   나. 진료 연월일

   다. 동물의 소유자 또는 관리인의 성명과 주소

   라. 병명과 주요 증상

   마. 치료방법(처방과 처치)

   바. 사용한 마약 또는 향정신성의약품의 품명과 수량

   사. 동물등록번호(「동물보호법」 제12조에 따라 등록한 동물만 해당한다)

2. 검안부

   가. 동물의 품종·성별·특징 및 연령

   나. 검안 연월일

   다. 동물의 소유자 또는 관리인의 성명과 주소

   라. 폐사 연월일(명확하지 않을 때에는 추정 연월일) 또는 살처분 연월일

   마. 폐사 또는 살처분의 원인과 장소

   바. 사체의 상태

   사. 주요 소견

제14조(수의사의 실태 등의 신고 및 보고) ① 법 제14조에 따른 수의사의 실태와 취업 상황 등에 관한 신고는 법 제23조에 따라 설립된 수의사회의 장(이하 "수의사회장"이라 한다)이 수의사의 수급상황을 파악하거나 그 밖의 동물의 진료시책에 필요하다고 인정하여 신고하도록 공고하는 경우에 하여야 한다.

② 수의사회장은 제1항에 따른 공고를 할 때에는 신고의 내용·방법·절차와 신고기간 그 밖의 신고에 필요한 사항을 정하여 신고개시일 60일 전까지 하여야 한다.

제14조의2(동물보건사의 자격인정) ① 법 제16조의2에 따라 동물보건사 자격인정을 받으려는 사람은 법 제16조의3에 따른 동물보건사 자격시험(이하 "동물보건사자격시험"이라 한다)에 합격한 후 농림축산식품부장관에게 다음 각 호의 서류를 제출해야 한다.

1. 법 제5조 제1호 본문에 해당하는 사람이 아님을 증명하는 의사의 진단서 또는 같은 호 단서에 해당하는 사람임을 증명하는 정신건강의학과전문의의 진단서

2. 법 제5조 제3호 본문에 해당하는 사람이 아님을 증명하는 의사의 진단서 또는 같은 호 단서에 해당하는 사람임을 증명하는 정신건강의학과전문의의 진단서

3. 법 제16조의2 또는 법률 제16546호 수의사법 일부개정법률 부칙 제2조 각 호의 어느 하나에 해당하는지를 증명할 수 있는 서류

4. 사진(규격은 가로 3.5센티미터, 세로 4.5센티미터로 하며, 이하 같다) 2장

② 농림축산식품부장관은 제1항에 따라 제출받은 서류를 검토하여 다음 각 호에 해당하는지 여부를 확인해야 한다.

1. 법 제16조의2 또는 법률 제16546호 수의사법 일부개정법률 부칙 제2조 각 호에 따른 자격

2. 법 제16조의6에서 준용하는 법 제5조에 따른 결격사유

③ 농림축산식품부장관은 법 제16조의2에 따른 자격인정을 한 경우에는 동물보건사자격시험의 합격자 발표일부터 50일 이내(법 제16조의2 제3호에 해당하는 사람의 경우에는 외국에서 동물 간호 관련 면허나 자격을 받은 사실 등에 대한 조회가 끝난 날부터 50일 이내)에 동물보건사 자격증을 발급해야 한다.

제14조의3(동물 간호 관련 업무) 법 제16조의2 제2호에서 "농림축산식품부령으로 정하는 동물 간호 관련 업무"란 제14조의7 각 호의 업무를 말한다.

제14조의4(동물보건사 자격시험의 실시 등) ① 농림축산식품부장관은 동물보건사자격시험을 실시하려는 경우에는 시험일 90일 전까지 시험일시, 시험장소, 응시원서 제출기간 및 그 밖에 시험에 필요한 사항을 농림축산식품부의 인터넷 홈페이지 등에 공고해야 한다.

② 동물보건사자격시험의 시험과목은 다음 각 호와 같다.

1. 기초 동물보건학

2. 예방 동물보건학

3. 임상 동물보건학

4. 동물 보건·윤리 및 복지 관련 법규

③ 동물보건사자격시험은 필기시험의 방법으로 실시한다.

④ 동물보건사자격시험에 응시하려는 사람은 제1항에 따른 응시원서 제출기간에 별지 제11호의2 서식의 동물보건사 자격시험 응시원서(전자문서로 된 응시원서를 포함한다)를 농림축산식품부장관에게 제출해야 한다.

⑤ 동물보건사자격시험의 합격자는 제2항에 따른 시험과목에서 각 과목당 시험점수가 100점을 만점으로 하여 40점 이상이고, 전 과목의 평균 점수가 60점 이상인 사람으로 한다.

⑥ 제1항부터 제5항까지에서 규정한 사항 외에 동물보건사자격시험에 필요한 사항은 농림축산식품부장관이 정해 고시한다.

제14조의5(동물보건사 양성기관의 평가인증) ① 법 제16조의4 제1항에 따른 평가인증(이하 "평가인증"이라 한다)을 받으려는 동물보건사 양성과정을 운영하려는 학교 또는 교육기관(이하 "양성기관"이라 한다)은 다음 각 호의 기준을 충족해야 한다.

1. 교육과정 및 교육내용이 양성기관의 업무 수행에 적합할 것
2. 교육과정의 운영에 필요한 교수 및 운영 인력을 갖출 것
3. 교육시설·장비 등 교육여건과 교육환경이 양성기관의 업무 수행에 적합할 것

② 법 제16조의4 제1항에 따라 평가인증을 받으려는 양성기관은 별지 제11호의3 서식의 양성기관 평가인증 신청서에 다음 각 호의 서류 및 자료를 첨부하여 농림축산식품부장관에게 제출해야 한다.
1. 해당 양성기관의 설립 및 운영 현황 자료
2. 제1항 각 호의 평가인증 기준을 충족함을 증명하는 서류 및 자료

③ 농림축산식품부장관은 평가인증을 위해 필요한 경우에는 양성기관에게 필요한 자료의 제출이나 의견의 진술을 요청할 수 있다.

④ 농림축산식품부장관은 제2항에 따른 신청 내용이 제1항에 따른 기준을 충족한 경우에는 신청인에게 별지 제11호의4 서식의 양성기관 평가인증서를 발급해야 한다.

⑤ 제1항부터 제4항까지에서 규정한 사항 외에 평가인증의 기준 및 절차에 필요한 사항은 농림축산식품부장관이 정해 고시한다.

제14조의6(양성기관의 평가인증 취소) ① 농림축산식품부장관은 법 제16조의4 제2항에 따라 양성기관의 평가인증을 취소하려는 경우에는 미리 평가인증의 취소 사유와 10일 이상의 기간을 두어 소명자료를 제출할 것을 통보해야 한다.

② 농림축산식품부장관은 제1항에 따른 소명자료 제출 기간 내에 소명자료를 제출하지 아니하거나 제출된 소명자료가 이유 없다고 인정되면 평가인증을 취소한다.

제14조의7(동물보건사의 업무 범위와 한계) 법 제16조의5 제1항에 따른 동물보건사의 동물의 간호 또는 진료 보조 업무의 구체적인 범위와 한계는 다음 각 호와 같다.
1. 동물의 간호 업무 : 동물에 대한 관찰, 체온·심박수 등 기초 검진 자료의 수집, 간호판단 및 요양을 위한 간호
2. 동물의 진료 보조 업무 : 약물 도포, 경구 투여, 마취·수술의 보조 등 수의사의 지도 아래 수행하는 진료의 보조

제14조의8(자격증 및 자격대장 등록사항) ① 법 제16조의6에서 준용하는 법 제6조에 따른 동물보건사 자격증은 별지 제11호의5 서식에 따른다.

② 법 제16조의6에서 준용하는 법 제6조에 따른 동물보건사 자격대장에 등록해야 할 사항은 다음 각 호와 같다.
1. 자격번호 및 자격 연월일
2. 성명 및 주민등록번호(외국인은 성명·국적·생년월일·여권번호 및 성별)
3. 출신학교 및 졸업 연월일
4. 자격취소 등 행정처분에 관한 사항
5. 제14조의9에 따라 자격증을 재발급하거나 자격을 재부여했을 때에는 그 사유

제14조의9(자격증의 재발급 등) ① 법 제16조의6에서 준용하는 법 제6조에 따라 동물보건사 자격증을 발급받은 사람이 다음 각 호의 어느 하나에 해당하는 사유로 자격증을 재발급받으려는 때에는 별지 제11호의6 서식의 동물보건사 자격증 재발급 신청서에 다음 각 호의 구분에 따른 해당 서류를 첨부하여 농림축산식품부장관에게 제출해야 한다.

1. 잃어버린 경우 : 별지 제11호의7 서식의 동물보건사 자격증 분실 경위서와 사진 1장

2. 헐어 못 쓰게 된 경우 : 자격증 원본과 사진 1장

3. 자격증의 기재사항이 변경된 경우 : 자격증 원본과 기재사항의 변경내용을 증명하는 서류 및 사진 1장

② 법 제16조의6에서 준용하는 법 제6조에 따라 동물보건사 자격증을 발급받은 사람이 법 제32조 제3항에 따라 자격을 다시 받게 되는 경우에는 별지 제11호의6 서식의 동물보건사 자격증 재부여 신청서에 자격취소의 원인이 된 사유가 소멸됐음을 증명하는 서류를 첨부(법 제32조 제3항 제1호에 해당하는 경우로 한정한다)하여 농림축산식품부장관에게 제출해야 한다.

제15조(동물병원의 개설신고) ① 법 제17조 제2항 제1호에 해당하는 사람은 동물병원을 개설하려는 경우에는 별지 제12호 서식의 신고서에 다음 각 호의 서류를 첨부하여 그 개설하려는 장소를 관할하는 특별자치시장·특별자치도지사·시장·군수 또는 자치구의 구청장(이하 "시장·군수"라 한다)에게 제출(정보통신망에 의한 제출을 포함한다)하여야 한다. 이 경우 개설신고자 외에 그 동물병원에서 진료업무에 종사하는 수의사가 있을 때에는 그 수의사에 대한 제2호의 서류를 함께 제출(정보통신망에 의한 제출을 포함한다)해야 한다.

1. 동물병원의 구조를 표시한 평면도·장비 및 시설의 명세서 각 1부

2. 수의사 면허증 사본 1부

3. 별지 제12호의2 서식의 확인서 1부[영 제13조 제1항 제1호 단서에 따른 출장진료만을 하는 동물병원(이하 "출장진료전문병원"이라 한다)을 개설하려는 경우만 해당한다]

② 법 제17조 제2항 제2호부터 제5호까지의 규정에 해당하는 자는 동물병원을 개설하려는 경우에는 별지 제13호 서식의 신고서에 다음 각 호의 서류를 첨부하여 그 개설하려는 장소를 관할하는 시장·군수에게 제출(정보통신망에 의한 제출을 포함한다)해야 한다.

1. 동물병원의 구조를 표시한 평면도·장비 및 시설의 명세서 각 1부

2. 동물병원에 종사하려는 수의사의 면허증 사본

3. 법인의 설립 허가증 또는 인가증 사본 및 정관 각 1부(비영리법인인 경우만 해당한다)

③ 제2항에 따른 신고서를 제출받은 시장·군수는 「전자정부법」 제36조 제1항에 따른 행정정보의 공동이용을 통하여 법인 등기사항증명서(법인인 경우만 해당한다)를 확인하여야 한다.

④ 시장·군수는 제1항 또는 제2항에 따른 개설신고를 수리한 경우에는 별지 제14호 서식의 신고확인증을 발급(정보통신망에 의한 발급을 포함한다)하고, 그 사본을 법 제23조에 따른 수의사회에 송부해야 한다. 이 경우 출장진료전문병원에 대하여 발급하는 신고확인증에는 출장진료만을 전문으로 한다는 문구를 명시해야 한다.

⑤ 동물병원의 개설신고자는 법 제17조 제3항 후단에 따라 다음 각 호의 어느 하나에 해당하는 변경신고를 하려면 별지 제15호 서식의 변경신고서에 신고확인증과 변경 사항을 확인할 수 있는 서류를 첨부하여 시장·군수에게 제출하여야 한다. 다만, 제4호에 해당하는 변경신고를 하려는 자는 영 제13조 제1항 제1호 본문에 따른 진료실과 처치실을 갖추었음을 확인할 수 있는 동물병원 평면도를, 제5호에 해당하는 변경신고를 하려는 자는 별지 제12호의2 서식의 확인서를 함께 첨부해야 한다.

1. 개설 장소의 이전

2. 동물병원의 명칭 변경

3. 진료 수의사의 변경

4. 출장진료전문병원에서 출장진료전문병원이 아닌 동물병원으로의 변경

5. 출장진료전문병원이 아닌 동물병원에서 출장진료전문병원으로의 변경

6. 동물병원 개설자의 변경

⑥ 시장·군수는 제5항에 따른 변경신고를 수리하였을 때에는 신고대장 및 신고확인증의 뒤쪽에 그 변경 내용을 적은 후 신고확인증을 내주어야 한다.

제16조 삭제

제17조 삭제

제18조(휴업·폐업의 신고) ① 법 제18조에 따라 동물병원 개설자가 동물진료업을 휴업하거나 폐업한 경우에는 별지 제17호 서식의 신고서에 신고확인증을 첨부하여 동물병원의 개설 장소를 관할하는 시장·군수에게 제출하여야 하며, 시장·군수는 그 사본을 수의사회에 송부해야 한다.

② 제1항에 따라 폐업신고를 하려는 자가 「부가가치세법」 제8조 제7항에 따른 폐업신고를 같이 하려는 경우에는 별지 제17호 서식의 신고서와 같은 법 시행규칙 별지 제9호 서식의 폐업신고서를 함께 제출하거나 「민원처리에 관한 법률 시행령」 제12조 제10항에 따른 통합 폐업신고서를 제출해야 한다. 이 경우 관할 시장·군수는 함께 제출받은 폐업신고서 또는 통합 폐업신고서를 지체 없이 관할 세무서장에게 송부(정보통신망을 이용한 송부를 포함한다. 이하 이 조에서 같다)해야 한다.

③ 관할 세무서장이 「부가가치세법 시행령」 제13조 제5항에 따라 제1항에 따른 폐업신고서를 받아 이를 관할 시장·군수에게 송부한 경우에는 제1항에 따른 폐업신고서가 제출된 것으로 본다.

제19조(발급수수료) ① 법 제20조의2 제1항에 따른 처방전 발급수수료의 상한액은 5천원으로 한다.

② 법 제20조의2 제2항에 따라 동물병원 개설자는 진단서, 검안서, 증명서 및 처방전의 발급수수료의 금액을 정하여 접수창구나 대기실에 동물의 소유자 또는 관리인이 쉽게 볼 수 있도록 게시하여야 한다.

제20조 삭제

제21조(축산 관련 비영리법인) 법 제21조 제1항 각 호 외의 부분 본문 및 단서에서 "농림축산식품부령으로 정하는 축산 관련 비영리법인"이란 다음 각 호의 법인을 말한다.

1. 「농업협동조합법」에 따라 설립된 농업협동조합중앙회(농협경제지주회사를 포함한다) 및 조합

2. 「가축전염병예방법」 제9조에 따라 설립된 가축위생방역 지원본부

제22조(공수의의 업무 보고) 공수의는 법 제21조 제1항 각 호의 업무에 관하여 매월 그 추진결과를 다음 달 10일까지 배치지역을 관할하는 시장·군수에게 보고하여야 하며, 시장·군수(특별자치시장과 특별자치도지사는 제외한다)는 그 내용을 종합하여 매 분기가 끝나는 달의 다음 달 10일까지 특별시장·광역시장 또는 도지사에게 보고하여야 한다. 다만, 전염병 발생 및 공중위생상 긴급한 사항은 즉시 보고하여야 한다.

제22조의2(동물진료법인 설립허가절차) ① 영 제13조의2에 따라 동물진료법인 설립허가신청서에 첨부해야 하는 서류는 다음 각 호와 같다.

1. 법 제17조 제2항 제3호에 따른 동물진료법인(이하 "동물진료법인"이라 한다) 설립허가를 받으려는 자(이하 "설립발기인"이라 한다)의 성명·주소 및 약력을 적은 서류. 설립발기인이 법인인 경우에는 그 법인의 명칭·소재지·정관 및 최근 사업활동 내용과 그 대표자의 성명 및 주소를 적은 서류를 말한다.

2. 삭제

3. 정관

4. 재산의 종류·수량·금액 및 권리관계를 적은 재산 목록(기본재산과 보통재산으로 구분하여 적어야 한다) 및 기부신청서[기부자의 인감증명서 또는 「본인서명사실 확인 등에 관한 법률」 제2조 제3호에 따른 본인서명사실확인서 및 재산을 확인할 수 있는 서류(부동산·예금·유가증권 등 주된 재산에 관한 등기소·금융기관 등의 증명서를 말한다)를 첨부하되, 제2항에 따른 서류는 제외한다]

5. 사업 시작 예정 연월일과 사업 시작 연도 분(分)의 사업계획서 및 수입·지출예산서

6. 임원 취임 예정자의 이력서(신청 전 6개월 이내에 모자를 쓰지 않고 찍은 상반신 반명함판 사진을 첨부한다), 취임승낙서(인감증명서 또는 「본인서명사실 확인 등에 관한 법률」 제2조 제3호에 따른 본인서명사실확인서를 첨부한다) 및 「가족관계의 등록 등에 관한 법률」 제15조 제1항 제2호에 따른 기본증명서

7. 설립발기인이 둘 이상인 경우 대표자를 선정하여 허가신청을 할 때에는 나머지 설립발기인의 위임장

② 동물진료법인 설립허가신청을 받은 담당공무원은 「전자정부법」 제36조 제1항에 따른 행정정보의 공동이용을 통하여 건물 등기사항증명서와 토지 등기사항증명서를 확인해야 한다.

③ 시·도지사는 특별한 사유가 없으면 동물진료법인 설립허가신청을 받은 날부터 1개월 이내에 허가 또는 불허가 처분을 해야 하며, 허가처분을 할 때에는 동물진료법인 설립허가증을 발급해 주어야 한다.

④ 시·도지사는 제3항에 따른 허가 또는 불허가 처분을 하기 위하여 필요하다고 인정하면 신청인에게 기간을 정하여 필요한 자료를 제출하게 하거나 설명을 요구할 수 있다. 이 경우 그에 걸리는 기간은 제3항의 기간에 산입하지 않는다.

제22조의3(임원 선임의 보고) 동물진료법인은 임원을 선임(選任)한 경우에는 선임한 날부터 7일 이내에 임원 선임 보고서에 다음 각 호의 서류를 첨부하여 시·도지사에게 제출하여야 한다.

1. 임원 선임을 의결한 이사회의 회의록

2. 선임된 임원의 이력서(제출 전 6개월 이내에 모자를 쓰지 않고 찍은 상반신 반명함판 사진을 첨부하여야 한다). 다만, 종전 임원이 연임된 경우는 제외한다.

3. 취임승낙서

제22조의4(재산 처분의 허가절차) ① 영 제13조의3에 따라 재산처분허가신청서에 첨부하여야 하는 서류는 다음 각 호와 같다.

1. 재산 처분 사유서

2. 처분하려는 재산의 목록 및 감정평가서(교환인 경우에는 쌍방의 재산에 관한 것이어야 한다)

3. 재산 처분에 관한 이사회의 회의록

4. 처분의 목적, 용도, 예정금액, 방법과 처분으로 인하여 감소될 재산의 보충 방법 등을 적은 서류

5. 처분하려는 재산과 전체 재산의 대비표

② 제1항에 따른 허가신청은 재산을 처분(매도, 증여, 임대 또는 교환, 담보 제공 등을 말한다)하기 1개월 전까지 하여야 한다.

③ 시·도지사는 특별한 사유가 없으면 재산처분 허가신청을 받은 날부터 1개월 이내에 허가 또는 불허가 처분을 하여야 하며, 허가처분을 할 때에는 필요한 조건을 붙일 수 있다.

④ 시·도지사는 제3항에 따른 허가 또는 불허가 처분을 하기 위하여 필요하다고 인정하면 신청인에게 기간을 정하여 필요한 자료를 제출하게 하거나 설명을 요구할 수 있다. 이 경우 그에 걸리는 기간은 제3항의 기간에 산입하지 아니한다.

제22조의5(재산의 증가 보고) ① 동물진료법인은 매수(買受)・기부채납(寄附採納)이나 그 밖의 방법으로 재산을 취득한 경우에는 재산을 취득한 날부터 7일 이내에 그 법인의 재산에 편입시키고 재산증가 보고서에 다음 각 호의 서류를 첨부하여 시・도지사에게 제출하여야 한다.

1. 취득 사유서
2. 취득한 재산의 종류・수량 및 금액을 적은 서류
3. 재산 취득을 확인할 수 있는 서류(제2항에 따른 서류는 제외한다)

② 재산증가 보고를 받은 담당공무원은 증가된 재산이 부동산일 때에는 「전자정부법」 제36조 제1항에 따른 행정정보의 공동이용을 통하여 건물 등기사항증명서와 토지 등기사항증명서를 확인하여야 한다.

제22조의6(정관 변경의 허가신청) 영 제13조의3에 따라 정관변경허가신청서에 첨부하여야 하는 서류는 다음 각 호와 같다.

1. 정관 변경 사유서
2. 정관 개정안(신・구 정관의 조문대비표를 첨부하여야 한다)
3. 정관 변경에 관한 이사회의 회의록
4. 정관 변경에 따라 사업계획 및 수입・지출예산이 변동되는 경우에는 그 변동된 사업계획서 및 수입・지출예산서(신・구 대비표를 첨부하여야 한다)

제22조의7(부대사업의 신고 등) ① 동물진료법인은 법 제22조의3 제3항 전단에 따라 부대사업을 신고하려는 경우 별지 제20호 서식의 신고서에 다음 각 호의 서류를 첨부하여 제출하여야 한다.

1. 동물병원 개설 신고확인증 사본
2. 부대사업의 내용을 적은 서류
3. 부대사업을 하려는 건물의 평면도 및 구조설명서

② 시・도지사는 부대사업 신고를 받은 경우에는 별지 제21호 서식의 부대사업 신고증명서를 발급하여야 한다.

③ 동물진료법인은 법 제22조의3 제3항 후단에 따라 부대사업 신고사항을 변경하려는 경우 별지 제20호 서식의 변경신고서에 다음 각 호의 서류를 첨부하여 제출하여야 한다.

1. 부대사업 신고증명서 원본
2. 변경사항을 증명하는 서류

④ 시・도지사는 부대사업 변경신고를 받은 경우에는 부대사업 신고증명서 원본에 변경 내용을 적은 후 돌려주어야 한다.

제22조의8(법인사무의 검사・감독) ① 시・도지사는 법 제22조의4에서 준용하는 「민법」 제37조에 따라 동물진료법인 사무의 검사 및 감독을 위하여 필요하다고 인정되는 경우에는 다음 각 호의 서류를 제출할 것을 동물진료법인에 요구할 수 있다. 이 경우 제1호부터 제6호까지의 서류는 최근 5년까지의 것을 대상으로, 제7호 및 제8호의 서류는 최근 3년까지의 것을 그 대상으로 할 수 있다.

1. 정관
2. 임원의 명부와 이력서
3. 이사회 회의록
4. 재산대장 및 부채대장
5. 보조금을 받은 경우에는 보조금 관리대장
6. 수입・지출에 관한 장부 및 증명서류

7. 업무일지

8. 주무관청 및 관계 기관과 주고받은 서류

② 시·도지사는 필요한 최소한의 범위를 정하여 소속 공무원으로 하여금 동물진료법인을 방문하여 그 사무를 검사하게 할 수 있다. 이 경우 소속 공무원은 그 권한을 증명하는 증표를 지니고 관계인에게 보여주어야 한다.

제22조의9(설립등기 등의 보고) 동물진료법인은 법 제22조의4에서 준용하는 「민법」 제49조부터 제52조까지 및 제52조의2에 따라 동물진료법인 설립등기, 분사무소 설치등기, 사무소 이전등기, 변경등기 또는 직무집행정지 등 가처분의 등기를 한 경우에는 해당 등기를 한 날부터 7일 이내에 그 사실을 시·도지사에게 보고하여야 한다. 이 경우 담당공무원은 「전자정부법」 제36조 제1항에 따른 행정정보의 공동이용을 통하여 법인 등기사항증명서를 확인하여야 한다.

제22조의10(잔여재산 처분의 허가) 동물진료법인의 대표자 또는 청산인은 법 제22조의4에서 준용하는 「민법」 제80조 제2항에 따라 잔여재산의 처분에 대한 허가를 받으려면 다음 각 호의 사항을 적은 잔여재산처분허가신청서를 시·도지사에게 제출하여야 한다.

1. 처분 사유

2. 처분하려는 재산의 종류·수량 및 금액

3. 재산의 처분 방법 및 처분계획서

제22조의11(해산신고 등) ① 동물진료법인이 해산(파산의 경우는 제외한다)한 경우 그 청산인은 법 제22조의4에서 준용하는 「민법」 제86조에 따라 다음 각 호의 사항을 시·도지사에게 신고해야 한다.

1. 해산 연월일

2. 해산 사유

3. 청산인의 성명 및 주소

4. 청산인의 대표권을 제한한 경우에는 그 제한 사항

② 청산인이 제1항의 신고를 하는 경우에는 해산신고서에 다음 각 호의 서류를 첨부하여 제출해야 한다. 이 경우 담당공무원은 「전자정부법」 제36조 제1항에 따른 행정정보의 공동이용을 통하여 법인 등기사항증명서를 확인해야 한다.

1. 해산 당시 동물진료법인의 재산목록

2. 잔여재산 처분 방법의 개요를 적은 서류

3. 해산 당시의 정관

4. 해산을 의결한 이사회의 회의록

③ 동물진료법인이 정관에서 정하는 바에 따라 그 해산에 관하여 주무관청의 허가를 받아야 하는 경우에는 해산 예정 연월일, 해산의 원인과 청산인이 될 자의 성명 및 주소를 적은 해산허가신청서에 다음 각 호의 서류를 첨부하여 시·도지사에게 제출해야 한다.

1. 신청 당시 동물진료법인의 재산목록 및 그 감정평가서

2. 잔여재산 처분 방법의 개요를 적은 서류

3. 신청 당시의 정관

제22조의12(청산 종결의 신고) 동물진료법인의 청산인은 그 청산을 종결한 경우에는 법 제22조의4에서 준용하는 「민법」 제94조에 따라 그 취지를 등기하고 청산종결신고서(전자문서로 된 신고서를 포함한다)를 시·도지사에게 제출하여야 한다. 이 경우 담당공무원은 「전자정부법」 제36조 제1항에 따른 행정정보의 공동이용을 통하여 법인 등기사항증명서를 확인하여야 한다.

제22조의13(동물진료법인 관련 서식) 다음 각 호의 서식은 농림축산식품부장관이 정하여 농림축산식품부 인터넷 홈페이지에 공고하는 바에 따른다.

1. 제22조의2 제1항에 따른 동물진료법인 설립허가신청서
2. 제22조의2 제3항에 따른 설립허가증
3. 제22조의3에 따른 임원선임 보고서
4. 제22조의4 제1항에 따른 재산처분허가신청서
5. 제22조의5 제1항에 따른 재산증가 보고서
6. 제22조의6에 따른 정관변경허가신청서
7. 제22조의10에 따른 잔여재산처분허가신청서
8. 제22조의11 제2항 전단에 따른 해산신고서
9. 제22조의11 제3항에 따른 해산허가신청서
10. 제22조의12 전단에 따른 청산종결신고서

제22조의14(수의사 등에 대한 비용 지급 기준) 법 제30조 제1항 후단에 따라 수의사 또는 동물병원의 시설·장비 등이 필요한 경우의 비용 지급기준은 별표 1의2와 같다.

제22조의15(보고 및 업무감독) 법 제31조 제1항에서 "농림축산식품부령으로 정하는 사항"이란 회원의 실태와 취업상황, 그 밖의 수의사회의 운영 또는 업무에 관한 것으로서 농림축산식품부장관이 필요하다고 인정하는 사항을 말한다.

제23조(과잉진료행위 등) 영 제20조의2 제2호에서 "농림축산식품부령으로 정하는 행위"란 다음 각 호의 행위를 말한다.

1. 소독 등 병원 내 감염을 막기 위한 조치를 취하지 아니하고 시술하여 질병이 악화되게 하는 행위
2. 예후가 불명확한 수술 및 처치 등을 할 때 그 위험성 및 비용을 알리지 아니하고 이를 하는 행위
3. 유효기간이 지난 약제를 사용하거나 정당한 사유 없이 응급진료가 필요한 동물을 방치하여 질병이 악화되게 하는 행위

제24조(행정처분의 기준) 법 제32조 및 제33조에 따른 행정처분의 세부 기준은 별표 2와 같다.

제25조(신고확인증의 제출 등) ① 동물병원 개설자가 법 제33조에 따라 동물진료업의 정지처분을 받았을 때에는 지체 없이 그 신고확인증을 시장·군수에게 제출하여야 한다.

② 시장·군수는 법 제33조에 따라 동물진료업의 정지처분을 하였을 때에는 해당 신고대장에 처분에 관한 사항을 적어야 하며, 제출된 신고확인증의 뒤쪽에 처분의 요지와 업무정지 기간을 적고 그 정지기간이 만료된 때에 돌려주어야 한다.

제25조의2(과징금의 징수절차) 영 제20조의3 제5항에 따른 과징금의 징수절차에 관하여는 「국고금 관리법 시행규칙」을 준용한다. 이 경우 납입고지서에는 이의신청의 방법 및 기간을 함께 적어야 한다.

제26조(수의사 연수교육) ① 수의사회장은 법 제34조 제3항 및 영 제21조에 따라 연수교육을 매년 1회 이상 실시하여야 한다.

② 제1항에 따른 연수교육의 대상자는 동물진료업에 종사하는 수의사로 하고, 그 대상자는 매년 10시간 이상의 연수교육을 받아야 한다. 이 경우 10시간 이상의 연수교육에는 수의사회장이 지정하는 교육과목에 대해 5시간 이상의 연수교육을 포함하여야 한다.

③ 연수교육의 교과내용·실시방법, 그 밖에 연수교육의 실시에 필요한 사항은 수의사회장이 정한다.

④ 수의사회장은 연수교육을 수료한 사람에게는 수료증을 발급하여야 하며, 해당 연도의 연수교육의 실적을 다음 해 2월 말까지 농림축산식품부장관에게 보고하여야 한다.

⑤ 수의사회장은 매년 12월 31일까지 다음 해의 연수교육 계획을 농림축산식품부장관에게 제출하여 승인을 받아야 한다.

제27조 삭제

제28조(수수료) ① 법 제38조에 따라 내야 하는 수수료의 금액은 다음 각 호의 구분과 같다.

1. 법 제6조(법 제16조의6에서 준용하는 경우를 포함한다)에 따른 수의사 면허증 또는 동물보건사 자격증을 재발급받으려는 사람 : 2천원

2. 법 제8조에 따른 수의사 국가시험에 응시하려는 사람 : 2만원

2의2. 법 제16조의3에 따른 동물보건사자격시험에 응시하려는 사람 : 2만원

3. 법 제17조 제3항에 따라 동물병원 개설의 신고를 하려는 자 : 5천원

4. 법 제32조 제3항(법 제16조의6에서 준용하는 경우를 포함한다)에 따라 수의사 면허 또는 동물보건사 자격을 다시 부여받으려는 사람 : 2천원

② 제1항 제1호, 제2호, 제2호의2 및 제4호의 수수료는 수입인지로 내야 하며, 같은 항 제3호의 수수료는 해당 지방자치단체의 수입증지로 내야 한다. 다만, 수의사 국가시험 또는 동물보건사자격시험 응시원서를 인터넷으로 제출하는 경우에는 제1항 제2호 및 제2호의2에 따른 수수료를 정보통신망을 이용한 전자결제 등의 방법(정보통신망 이용료 등은 이용자가 부담한다)으로 납부해야 한다.

③ 제1항 제2호 및 제2호의2의 응시수수료를 납부한 사람이 다음 각 호의 어느 하나에 해당하는 경우에는 다음 각 호의 구분에 따라 응시 수수료의 전부 또는 일부를 반환해야 한다.

1. 응시수수료를 과오납한 경우 : 그 과오납한 금액의 전부

2. 접수마감일부터 7일 이내에 접수를 취소하는 경우 : 납부한 응시수수료의 전부

3. 시험관리기관의 귀책사유로 시험에 응시하지 못하는 경우 : 납부한 응시수수료의 전부

4. 다음 각 목에 해당하는 사유로 시험에 응시하지 못한 사람이 시험일 이후 30일 전까지 응시수수료의 반환을 신청한 경우 : 납부한 응시수수료의 100분의 50

    가. 본인 또는 배우자의 부모·조부모·형제·자매, 배우자 및 자녀가 사망한 경우(시험일부터 거꾸로 계산하여 7일 이내에 사망한 경우로 한정한다)

    나. 본인의 사고 및 질병으로 입원한 경우

    다. 「감염병의 예방 및 관리에 관한 법률」에 따라 진찰·치료·입원 또는 격리 처분을 받은 경우

제29조(규제의 재검토) 농림축산식품부장관은 다음 각 호의 사항에 대하여 다음 각 호의 기준일을 기준으로 3년마다(매 3년이 되는 해의 기준일과 같은 날 전까지를 말한다) 그 타당성을 검토하여 개선 등의 조치를 해야 한다.

1. 제2조에 따른 면허증의 발급 절차 : 2017년 1월 1일

2. 삭제

3. 제8조에 따른 수의사 외의 사람이 할 수 있는 진료의 범위 : 2017년 1월 1일

4. 제8조의2 및 별표 1에 따른 동물병원의 세부 시설기준 : 2017년 1월 1일

5. 제11조 및 별지 제10호 서식에 따른 처방전의 서식 및 기재사항 등 : 2017년 1월 1일

6. 제13조에 따른 진료부 및 검안부의 기재사항 : 2017년 1월 1일

7. 제14조에 따른 수의사의 실태 등의 신고 및 보고 : 2017년 1월 1일

8. 삭제

9. 제22조의2에 따른 동물진료법인 설립허가절차 : 2017년 1월 1일

10. 제22조의3에 따른 임원 선임의 보고 : 2017년 1월 1일

11. 제22조의4에 따른 재산 처분의 허가절차 : 2017년 1월 1일

12. 제22조의5에 따른 재산의 증가 보고 : 2017년 1월 1일

13. 삭제

14. 제22조의8에 따른 법인사무의 검사·감독 : 2017년 1월 1일

15. 제22조의9에 따른 설립등기 등의 보고 : 2017년 1월 1일

16. 제22조의10에 따른 잔여재산 처분의 허가신청 절차 : 2017년 1월 1일

17. 제22조의11에 따른 해산신고 절차 등 : 2017년 1월 1일

18. 제22조의12에 따른 청산 종결의 신고 절차 : 2017년 1월 1일

19. 제26조에 따른 수의사 연수교육 : 2017년 1월 1일

부칙

〈제491호, 2021. 9. 8.〉

제1조(시행일) 이 규칙은 공포한 날부터 시행한다.

제2조(동물보건사 자격시험 응시에 관한 특례) 법률 제16546호 수의사법 일부개정법률 부칙 제2조에서 "농림축산식품부령으로 정하는 실습교육"이란 다음 각 호의 교육과목에 대한 실습교육을 말한다. 이 경우 실습교육의 총 이수시간은 120시간으로 하되, 각 과목당 교육 이수시간은 25시간을 초과할 수 없다.

1. 제14조의4 제2항 각 호에 따른 동물보건사자격시험의 시험과목

2. 동물병원 실습

동물보호법

[시행 2021. 2. 12.] [법률 제16977호, 2020. 2. 11., 일부개정]

제1장 총칙

제1조(목적) 이 법은 동물에 대한 학대행위의 방지 등 동물을 적정하게 보호·관리하기 위하여 필요한 사항을 규정함으로써 동물의 생명보호, 안전 보장 및 복지 증진을 꾀하고, 건전하고 책임 있는 사육문화를 조성하여, 동물의 생명 존중 등 국민의 정서를 기르고 사람과 동물의 조화로운 공존에 이바지함을 목적으로 한다.

제2조(정의) 이 법에서 사용하는 용어의 뜻은 다음과 같다.

1. "동물"이란 고통을 느낄 수 있는 신경체계가 발달한 척추동물로서 다음 각 목의 어느 하나에 해당하는 동물을 말한다.

   가. 포유류

   나. 조류

   다. 파충류·양서류·어류 중 농림축산식품부장관이 관계 중앙행정기관의 장과의 협의를 거쳐 대통령령으로 정하는 동물

1의2. "동물학대"란 동물을 대상으로 정당한 사유 없이 불필요하거나 피할 수 있는 신체적 고통과 스트레스를 주는 행위 및 굶주림, 질병 등에 대하여 적절한 조치를 게을리하거나 방치하는 행위를 말한다.

1의3. "반려동물"이란 반려(伴侶) 목적으로 기르는 개, 고양이 등 농림축산식품부령으로 정하는 동물을 말한다.

2. "등록대상동물"이란 동물의 보호, 유실·유기방지, 질병의 관리, 공중위생상의 위해 방지 등을 위하여 등록이 필요하다고 인정하여 대통령령으로 정하는 동물을 말한다.

3. "소유자등"이란 동물의 소유자와 일시적 또는 영구적으로 동물을 사육·관리 또는 보호하는 사람을 말한다.

3의2. "맹견"이란 도사견, 핏불테리어, 로트와일러 등 사람의 생명이나 신체에 위해를 가할 우려가 있는 개로서 농림축산식품부령으로 정하는 개를 말한다.

4. "동물실험"이란 「실험동물에 관한 법률」 제2조 제1호에 따른 동물실험을 말한다.

5. "동물실험시행기관"이란 동물실험을 실시하는 법인·단체 또는 기관으로서 대통령령으로 정하는 법인·단체 또는 기관을 말한다.

제3조(동물보호의 기본원칙) 누구든지 동물을 사육·관리 또는 보호할 때에는 다음 각 호의 원칙을 준수하여야 한다.

1. 동물이 본래의 습성과 신체의 원형을 유지하면서 정상적으로 살 수 있도록 할 것
2. 동물이 갈증 및 굶주림을 겪거나 영양이 결핍되지 아니하도록 할 것

안심Touch

3. 동물이 정상적인 행동을 표현할 수 있고 불편함을 겪지 아니하도록 할 것

4. 동물이 고통·상해 및 질병으로부터 자유롭도록 할 것

5. 동물이 공포와 스트레스를 받지 아니하도록 할 것

제4조(국가·지방자치단체 및 국민의 책무) ① 국가는 동물의 적정한 보호·관리를 위하여 5년마다 다음 각 호의 사항이 포함된 동물복지종합계획을 수립·시행하여야 하며, 지방자치단체는 국가의 계획에 적극 협조하여야 한다.

1. 동물학대 방지와 동물복지에 관한 기본방침

2. 다음 각 목에 해당하는 동물의 관리에 관한 사항

    가. 도로·공원 등의 공공장소에서 소유자등이 없이 배회하거나 내버려진 동물(이하 "유실·유기동물"이라 한다)

    나. 제8조 제2항에 따른 학대를 받은 동물(이하 "피학대 동물"이라 한다)

3. 동물실험시행기관 및 제25조의 동물실험윤리위원회의 운영 등에 관한 사항

4. 동물학대 방지, 동물복지, 유실·유기동물의 입양 및 동물실험윤리 등의 교육·홍보에 관한 사항

5. 동물복지 축산의 확대와 동물복지축산농장 지원에 관한 사항

6. 그 밖에 동물학대 방지와 반려동물 운동·휴식시설 등 동물복지에 필요한 사항

② 특별시장·광역시장·도지사 및 특별자치도지사·특별자치시장(이하 "시·도지사"라 한다)은 제1항에 따른 종합계획에 따라 5년마다 특별시·광역시·도·특별자치도·특별자치시(이하 "시·도"라 한다) 단위의 동물복지계획을 수립하여야 하고, 이를 농림축산식품부장관에게 통보하여야 한다.

③ 국가와 지방자치단체는 제1항 및 제2항에 따른 사업을 적정하게 수행하기 위한 인력·예산 등을 확보하기 위하여 노력하여야 하며, 국가는 동물의 적정한 보호·관리, 복지업무 추진을 위하여 지방자치단체에 필요한 사업비의 전부나 일부를 예산의 범위에서 지원할 수 있다.

④ 국가와 지방자치단체는 대통령령으로 정하는 민간단체에 동물보호운동이나 그 밖에 이와 관련된 활동을 권장하거나 필요한 지원을 할 수 있다.

⑤ 모든 국민은 동물을 보호하기 위한 국가와 지방자치단체의 시책에 적극 협조하는 등 동물의 보호를 위하여 노력하여야 한다.

제5조(동물복지위원회) ① 농림축산식품부장관의 다음 각 호의 자문에 응하도록 하기 위하여 농림축산식품부에 동물복지위원회를 둔다.

1. 제4조에 따른 종합계획의 수립·시행에 관한 사항

2. 제28조에 따른 동물실험윤리위원회의 구성 등에 대한 지도·감독에 관한 사항

3. 제29조에 따른 동물복지축산농장의 인증과 동물복지축산정책에 관한 사항

4. 그 밖에 동물의 학대방지·구조 및 보호 등 동물복지에 관한 사항

② 동물복지위원회는 위원장 1명을 포함하여 10명 이내의 위원으로 구성한다.

③ 위원은 다음 각 호에 해당하는 사람 중에서 농림축산식품부장관이 위촉하며, 위원장은 위원 중에서 호선한다.

1. 수의사로서 동물보호 및 동물복지에 대한 학식과 경험이 풍부한 사람

2. 동물복지정책에 관한 학식과 경험이 풍부한 자로서 제4조 제4항에 해당하는 민간단체의 추천을 받은 사람

3. 그 밖에 동물복지정책에 관한 전문지식을 가진 사람으로서 농림축산식품부령으로 정하는 자격기준에 맞는 사람

④ 그 밖에 동물복지위원회의 구성·운영 등에 관한 사항은 대통령령으로 정한다.

제6조(다른 법률과의 관계) 동물의 보호 및 이용·관리 등에 대하여 다른 법률에 특별한 규정이 있는 경우를 제외하고는 이 법에서 정하는 바에 따른다.

제2장   동물의 보호 및 관리

제7조(적정한 사육·관리) ① 소유자등은 동물에게 적합한 사료와 물을 공급하고, 운동·휴식 및 수면이 보장되도록 노력하여야 한다.

② 소유자등은 동물이 질병에 걸리거나 부상당한 경우에는 신속하게 치료하거나 그 밖에 필요한 조치를 하도록 노력하여야 한다.

③ 소유자등은 동물을 관리하거나 다른 장소로 옮긴 경우에는 그 동물이 새로운 환경에 적응하는 데에 필요한 조치를 하도록 노력하여야 한다.

④ 제1항부터 제3항까지에서 규정한 사항 외에 동물의 적절한 사육·관리 방법 등에 관한 사항은 농림축산식품부령으로 정한다.

제8조(동물학대 등의 금지) ① 누구든지 동물에 대하여 다음 각 호의 행위를 하여서는 아니 된다.

1. 목을 매다는 등의 잔인한 방법으로 죽음에 이르게 하는 행위
2. 노상 등 공개된 장소에서 죽이거나 같은 종류의 다른 동물이 보는 앞에서 죽음에 이르게 하는 행위
3. 고의로 사료 또는 물을 주지 아니하는 행위로 인하여 동물을 죽음에 이르게 하는 행위
4. 그 밖에 수의학적 처치의 필요, 동물로 인한 사람의 생명·신체·재산의 피해 등 농림축산식품부령으로 정하는 정당한 사유 없이 죽음에 이르게 하는 행위

② 누구든지 동물에 대하여 다음 각 호의 학대행위를 하여서는 아니 된다.

1. 도구·약물 등 물리적·화학적 방법을 사용하여 상해를 입히는 행위. 다만, 질병의 예방이나 치료 등 농림축산식품부령으로 정하는 경우는 제외한다.
2. 살아 있는 상태에서 동물의 신체를 손상하거나 체액을 채취하거나 체액을 채취하기 위한 장치를 설치하는 행위. 다만, 질병의 치료 및 동물실험 등 농림축산식품부령으로 정하는 경우는 제외한다.
3. 도박·광고·오락·유흥 등의 목적으로 동물에게 상해를 입히는 행위. 다만, 민속경기 등 농림축산식품부령으로 정하는 경우는 제외한다.

3의2. 반려동물에게 최소한의 사육공간 제공 등 농림축산식품부령으로 정하는 사육·관리 의무를 위반하여 상해를 입히거나 질병을 유발시키는 행위

4. 그 밖에 수의학적 처치의 필요, 동물로 인한 사람의 생명·신체·재산의 피해 등 농림축산식품부령으로 정하는 정당한 사유 없이 신체적 고통을 주거나 상해를 입히는 행위

③ 누구든지 다음 각 호에 해당하는 동물에 대하여 포획하여 판매하거나 죽이는 행위, 판매하거나 죽일 목적으로 포획하는 행위 또는 다음 각 호에 해당하는 동물임을 알면서도 알선·구매하는 행위를 하여서는 아니 된다.

1. 유실·유기동물

2. 피학대 동물 중 소유자를 알 수 없는 동물

④ 소유자등은 동물을 유기(遺棄)하여서는 아니 된다.

⑤ 누구든지 다음 각 호의 행위를 하여서는 아니 된다.

1. 제1항부터 제3항까지에 해당하는 행위를 촬영한 사진 또는 영상물을 판매·전시·전달·상영하거나 인터넷에 게재하는 행위. 다만, 동물보호 의식을 고양시키기 위한 목적이 표시된 홍보 활동 등 농림축산식품부령으로 정하는 경우에는 그러하지 아니하다.

2. 도박을 목적으로 동물을 이용하는 행위 또는 동물을 이용하는 도박을 행할 목적으로 광고·선전하는 행위. 다만, 「사행산업통합감독위원회법」 제2조 제1호에 따른 사행산업은 제외한다.

3. 도박·시합·복권·오락·유흥·광고 등의 상이나 경품으로 동물을 제공하는 행위

4. 영리를 목적으로 동물을 대여하는 행위. 다만, 「장애인복지법」 제40조에 따른 장애인 보조견의 대여 등 농림축산식품부령으로 정하는 경우는 제외한다.

제9조(동물의 운송) ① 동물을 운송하는 자 중 농림축산식품부령으로 정하는 자는 다음 각 호의 사항을 준수하여야 한다.

1. 운송 중인 동물에게 적합한 사료와 물을 공급하고, 급격한 출발·제동 등으로 충격과 상해를 입지 아니하도록 할 것

2. 동물을 운송하는 차량은 동물이 운송 중에 상해를 입지 아니하고, 급격한 체온 변화, 호흡곤란 등으로 인한 고통을 최소화할 수 있는 구조로 되어 있을 것

3. 병든 동물, 어린 동물 또는 임신 중이거나 젖먹이가 딸린 동물을 운송할 때에는 함께 운송 중인 다른 동물에 의하여 상해를 입지 아니하도록 칸막이의 설치 등 필요한 조치를 할 것

4. 동물을 싣고 내리는 과정에서 동물이 들어있는 운송용 우리를 던지거나 떨어뜨려서 동물을 다치게 하는 행위를 하지 아니할 것

5. 운송을 위하여 전기(電氣) 몰이도구를 사용하지 아니할 것

② 농림축산식품부장관은 제1항 제2호에 따른 동물 운송 차량의 구조 및 설비기준을 정하고 이에 맞는 차량을 사용하도록 권장할 수 있다.

③ 농림축산식품부장관은 제1항과 제2항에서 규정한 사항 외에 동물 운송에 관하여 필요한 사항을 정하여 권장할 수 있다.

제9조의2(반려동물 전달 방법) 제32조 제1항의 동물을 판매하려는 자는 해당 동물을 구매자에게 직접 전달하거나 제9조 제1항을 준수하는 동물 운송업자를 통하여 배송하여야 한다.

제10조(동물의 도살방법) ① 모든 동물은 혐오감을 주거나 잔인한 방법으로 도살되어서는 아니 되며, 도살과정에 불필요한 고통이나 공포, 스트레스를 주어서는 아니 된다.

② 「축산물위생관리법」 또는 「가축전염병예방법」에 따라 동물을 죽이는 경우에는 가스법·전살법(電殺法) 등 농림축산식품부령으로 정하는 방법을 이용하여 고통을 최소화하여야 하며, 반드시 의식이 없는 상태에서 다음 도살 단계로 넘어가야 한다. 매몰을 하는 경우에도 또한 같다.

③ 제1항 및 제2항의 경우 외에도 동물을 불가피하게 죽여야 하는 경우에는 고통을 최소화할 수 있는 방법에 따라야 한다.

제11조(동물의 수술) 거세, 뿔 없애기, 꼬리 자르기 등 동물에 대한 외과적 수술을 하는 사람은 수의학적 방법에 따라야 한다.

제12조(등록대상동물의 등록 등) ① 등록대상동물의 소유자는 동물의 보호와 유실·유기방지 등을 위하여 시장·군수·구청장(자치구의 구청장을 말한다. 이하 같다)·특별자치시장(이하 "시장·군수·구청장"이라 한다)에게 등록대상동물을 등록하여야 한다. 다만, 등록대상동물이 맹견이 아닌 경우로서 농림축산식품부령으로 정하는 바에 따라 시·도의 조례로 정하는 지역에서는 그러하지 아니하다.

② 제1항에 따라 등록된 등록대상동물의 소유자는 다음 각 호의 어느 하나에 해당하는 경우에는 해당 각 호의 구분에 따른 기간에 시장·군수·구청장에게 신고하여야 한다.

1. 등록대상동물을 잃어버린 경우에는 등록대상동물을 잃어버린 날부터 10일 이내
2. 등록대상동물에 대하여 농림축산식품부령으로 정하는 사항이 변경된 경우에는 변경 사유 발생일부터 30일 이내

③ 제1항에 따른 등록대상동물의 소유권을 이전받은 자 중 제1항에 따른 등록을 실시하는 지역에 거주하는 자는 그 사실을 소유권을 이전받은 날부터 30일 이내에 자신의 주소지를 관할하는 시장·군수·구청장에게 신고하여야 한다.

④ 시장·군수·구청장은 농림축산식품부령으로 정하는 자(이하 이 조에서 "동물등록대행자"라 한다)로 하여금 제1항부터 제3항까지의 규정에 따른 업무를 대행하게 할 수 있다. 이 경우 그에 따른 수수료를 지급할 수 있다.

⑤ 등록대상동물의 등록 사항 및 방법·절차, 변경신고 절차, 동물등록대행자 준수사항 등에 관한 사항은 농림축산식품부령으로 정하며, 그 밖에 등록에 필요한 사항은 시·도의 조례로 정한다.

제13조(등록대상동물의 관리 등) ① 소유자등은 등록대상동물을 기르는 곳에서 벗어나게 하는 경우에는 소유자등의 연락처 등 농림축산식품부령으로 정하는 사항을 표시한 인식표를 등록대상동물에게 부착하여야 한다.

② 소유자등은 등록대상동물을 동반하고 외출할 때에는 농림축산식품부령으로 정하는 바에 따라 목줄 등 안전조치를 하여야 하며, 배설물(소변의 경우에는 공동주택의 엘리베이터·계단 등 건물 내부의 공용공간 및 평상·의자 등 사람이 눕거나 앉을 수 있는 기구 위의 것으로 한정한다)이 생겼을 때에는 즉시 수거하여야 한다.

③ 시·도지사는 등록대상동물의 유실·유기 또는 공중위생상의 위해 방지를 위하여 필요할 때에는 시·도의 조례로 정하는 바에 따라 소유자등으로 하여금 등록대상동물에 대하여 예방접종을 하게 하거나 특정 지역 또는 장소에서의 사육 또는 출입을 제한하게 하는 등 필요한 조치를 할 수 있다.

제13조의2(맹견의 관리) ① 맹견의 소유자등은 다음 각 호의 사항을 준수하여야 한다.

1. 소유자등 없이 맹견을 기르는 곳에서 벗어나지 아니하게 할 것
2. 월령이 3개월 이상인 맹견을 동반하고 외출할 때에는 농림축산식품부령으로 정하는 바에 따라 목줄 및 입마개 등 안전장치를 하거나 맹견의 탈출을 방지할 수 있는 적정한 이동장치를 할 것
3. 그 밖에 맹견이 사람에게 신체적 피해를 주지 아니하도록 하기 위하여 농림축산식품부령으로 정하는 사항을 따를 것

② 시·도지사와 시장·군수·구청장은 맹견이 사람에게 신체적 피해를 주는 경우 농림축산식품부령으로 정하는 바에 따라 소유자등의 동의 없이 맹견에 대하여 격리조치 등 필요한 조치를 취할 수 있다.

③ 맹견의 소유자는 맹견의 안전한 사육 및 관리에 관하여 농림축산식품부령으로 정하는 바에 따라 정기적으로 교육을 받아야 한다.

④ 맹견의 소유자는 맹견으로 인한 다른 사람의 생명·신체나 재산상의 피해를 보상하기 위하여 대통령령으로 정하는 바에 따라 보험에 가입하여야 한다.

제13조의3(맹견의 출입금지 등) 맹견의 소유자등은 다음 각 호의 어느 하나에 해당하는 장소에 맹견이 출입하지 아니하도록 하여야 한다.

1. 「영유아보육법」 제2조 제3호에 따른 어린이집
2. 「유아교육법」 제2조 제2호에 따른 유치원
3. 「초·중등교육법」 제38조에 따른 초등학교 및 같은 법 제55조에 따른 특수학교
4. 그 밖에 불특정 다수인이 이용하는 장소로서 시·도의 조례로 정하는 장소

제14조(동물의 구조·보호) ① 시·도지사(특별자치시장은 제외한다. 이하 이 조, 제15조, 제17조부터 제19조까지, 제21조, 제29조, 제38조의2, 제39조부터 제41조까지, 제41조의2, 제43조, 제45조 및 제47조에서 같다)와 시장·군수·구청장은 다음 각 호의 어느 하나에 해당하는 동물을 발견한 때에는 그 동물을 구조하여 제7조에 따라 치료·보호에 필요한 조치(이하 "보호조치"라 한다)를 하여야 하며, 제2호 및 제3호에 해당하는 동물은 학대 재발 방지를 위하여 학대행위자로부터 격리하여야 한다. 다만, 제1호에 해당하는 동물 중 농림축산식품부령으로 정하는 동물은 구조·보호조치의 대상에서 제외한다.

1. 유실·유기동물
2. 피학대 동물 중 소유자를 알 수 없는 동물
3. 소유자로부터 제8조 제2항에 따른 학대를 받아 적정하게 치료·보호받을 수 없다고 판단되는 동물

② 시·도지사와 시장·군수·구청장이 제1항 제1호 및 제2호에 해당하는 동물에 대하여 보호조치 중인 경우에는 그 동물의 등록 여부를 확인하여야 하고, 등록된 동물인 경우에는 지체 없이 동물의 소유자에게 보호조치 중인 사실을 통보하여야 한다.

③ 시·도지사와 시장·군수·구청장이 제1항 제3호에 따른 동물을 보호할 때에는 농림축산식품부령으로 정하는 바에 따라 기간을 정하여 해당 동물에 대한 보호조치를 하여야 한다.

④ 시·도지사와 시장·군수·구청장은 제1항 각 호 외의 부분 단서에 해당하는 동물에 대하여도 보호·관리를 위하여 필요한 조치를 취할 수 있다.

제15조(동물보호센터의 설치·지정 등) ① 시·도지사와 시장·군수·구청장은 제14조에 따른 동물의 구조·보호조치 등을 위하여 농림축산식품부령으로 정하는 기준에 맞는 동물보호센터를 설치·운영할 수 있다.

② 시·도지사와 시장·군수·구청장은 제1항에 따른 동물보호센터를 직접 설치·운영하도록 노력하여야 한다.

③ 농림축산식품부장관은 제1항에 따라 시·도지사 또는 시장·군수·구청장이 설치·운영하는 동물보호센터의 설치·운영에 드는 비용의 전부 또는 일부를 지원할 수 있다.

④ 시·도지사 또는 시장·군수·구청장은 농림축산식품부령으로 정하는 기준에 맞는 기관이나 단체를 동물보호센터로 지정하여 제14조에 따른 동물의 구조·보호조치 등을 하게 할 수 있다.

⑤ 제4항에 따른 동물보호센터로 지정받으려는 자는 농림축산식품부령으로 정하는 바에 따라 시·도지사 또는 시장·군수·구청장에게 신청하여야 한다.

⑥ 시·도지사 또는 시장·군수·구청장은 제4항에 따른 동물보호센터에 동물의 구조·보호조치 등에 드는 비용(이하 "보호비용"이라 한다)의 전부 또는 일부를 지원할 수 있으며, 보호비용의 지급절차와 그 밖에 필요한 사항은 농림축산식품부령으로 정한다.

⑦ 시·도지사 또는 시장·군수·구청장은 제4항에 따라 지정된 동물보호센터가 다음 각 호의 어느 하나에 해당하는 경우에는 그 지정을 취소할 수 있다. 다만, 제1호에 해당하는 경우에는 지정을 취소하여야 한다.

1. 거짓이나 그 밖의 부정한 방법으로 지정을 받은 경우
2. 제4항에 따른 지정기준에 맞지 아니하게 된 경우
3. 제6항에 따른 보호비용을 거짓으로 청구한 경우
4. 제8조 제1항부터 제3항까지의 규정을 위반한 경우
5. 제22조를 위반한 경우
6. 제39조 제1항 제3호의 시정명령을 위반한 경우
7. 특별한 사유 없이 유실·유기동물 및 피학대 동물에 대한 보호조치를 3회 이상 거부한 경우
8. 보호 중인 동물을 영리를 목적으로 분양하는 경우

⑧ 시·도지사 또는 시장·군수·구청장은 제7항에 따라 지정이 취소된 기관이나 단체를 지정이 취소된 날부터 1년 이내에는 다시 동물보호센터로 지정하여서는 아니 된다. 다만, 제7항 제4호에 따라 지정이 취소된 기관이나 단체는 지정이 취소된 날부터 2년 이내에는 다시 동물보호센터로 지정하여서는 아니 된다.

⑨ 동물보호센터 운영의 공정성과 투명성을 확보하기 위하여 농림축산식품부령으로 정하는 일정규모 이상의 동물보호센터는 농림축산식품부령으로 정하는 바에 따라 운영위원회를 구성·운영하여야 한다.

⑩ 제1항 및 제4항에 따른 동물보호센터의 준수사항 등에 관한 사항은 농림축산식품부령으로 정하고, 지정절차 및 보호조치의 구체적인 내용 등 그 밖에 필요한 사항은 시·도의 조례로 정한다.

제16조(신고 등) ① 누구든지 다음 각 호의 어느 하나에 해당하는 동물을 발견한 때에는 관할 지방자치단체의 장 또는 동물보호센터에 신고할 수 있다.

1. 제8조에서 금지한 학대를 받는 동물
2. 유실·유기동물

② 다음 각 호의 어느 하나에 해당하는 자가 그 직무상 제1항에 따른 동물을 발견한 때에는 지체 없이 관할 지방자치단체의 장 또는 동물보호센터에 신고하여야 한다.

1. 제4조 제4항에 따른 민간단체의 임원 및 회원
2. 제15조 제1항에 따라 설치되거나 같은 조 제4항에 따라 동물보호센터로 지정된 기관이나 단체의 장 및 그 종사자
3. 제25조 제1항에 따라 동물실험윤리위원회를 설치한 동물실험시행기관의 장 및 그 종사자
4. 제27조 제2항에 따른 동물실험윤리위원회의 위원
5. 제29조 제1항에 따라 동물복지축산농장으로 인증을 받은 자
6. 제33조 제1항에 따라 영업등록을 하거나 제34조 제1항에 따라 영업허가를 받은 자 및 그 종사자
7. 수의사, 동물병원의 장 및 그 종사자

③ 신고인의 신분은 보장되어야 하며 그 의사에 반하여 신원이 노출되어서는 아니 된다.

제17조(공고) 시·도지사와 시장·군수·구청장은 제14조 제1항 제1호 및 제2호에 따른 동물을 보호하고 있는 경우에는 소유자등이 보호조치 사실을 알 수 있도록 대통령령으로 정하는 바에 따라 지체 없이 7일 이상 그 사실을 공고하여야 한다.

제18조(동물의 반환 등) ① 시·도지사와 시장·군수·구청장은 다음 각 호의 어느 하나에 해당하는 사유가 발생한 경우에는 제14조에 해당하는 동물을 그 동물의 소유자에게 반환하여야 한다.

1. 제14조 제1항 제1호 및 제2호에 해당하는 동물이 보호조치 중에 있고, 소유자가 그 동물에 대하여 반환을 요구하는 경우

2. 제14조 제3항에 따른 보호기간이 지난 후, 보호조치 중인 제14조 제1항 제3호의 동물에 대하여 소유자가 제19조 제2항에 따라 보호비용을 부담하고 반환을 요구하는 경우

② 시·도지사와 시장·군수·구청장은 제1항 제2호에 해당하는 동물의 반환과 관련하여 동물의 소유자에게 보호기간, 보호비용 납부기한 및 면제 등에 관한 사항을 알려야 한다.

제19조(보호비용의 부담) ① 시·도지사와 시장·군수·구청장은 제14조 제1항 제1호 및 제2호에 해당하는 동물의 보호비용을 소유자 또는 제21조 제1항에 따라 분양을 받는 자에게 청구할 수 있다.

② 제14조 제1항 제3호에 해당하는 동물의 보호비용은 농림축산식품부령으로 정하는 바에 따라 납부기한까지 그 동물의 소유자가 내야 한다. 이 경우 시·도지사와 시장·군수·구청장은 동물의 소유자가 제20조 제2호에 따라 그 동물의 소유권을 포기한 경우에는 보호비용의 전부 또는 일부를 면제할 수 있다.

③ 제1항 및 제2항에 따른 보호비용의 징수에 관한 사항은 대통령령으로 정하고, 보호비용의 산정 기준에 관한 사항은 농림축산식품부령으로 정하는 범위에서 해당 시·도의 조례로 정한다.

제20조(동물의 소유권 취득) 시·도와 시·군·구가 동물의 소유권을 취득할 수 있는 경우는 다음 각 호와 같다.

1. 「유실물법」 제12조 및 「민법」 제253조에도 불구하고 제17조에 따라 공고한 날부터 10일이 지나도 동물의 소유자등을 알 수 없는 경우

2. 제14조 제1항 제3호에 해당하는 동물의 소유자가 그 동물의 소유권을 포기한 경우

3. 제14조 제1항 제3호에 해당하는 동물의 소유자가 제19조 제2항에 따른 보호비용의 납부기한이 종료된 날부터 10일이 지나도 보호비용을 납부하지 아니한 경우

4. 동물의 소유자를 확인한 날부터 10일이 지나도 정당한 사유 없이 동물의 소유자와 연락이 되지 아니하거나 소유자가 반환받을 의사를 표시하지 아니한 경우

제21조(동물의 분양·기증) ① 시·도지사와 시장·군수·구청장은 제20조에 따라 소유권을 취득한 동물이 적정하게 사육·관리될 수 있도록 시·도의 조례로 정하는 바에 따라 동물원, 동물을 애호하는 자(시·도의 조례로 정하는 자격요건을 갖춘 자로 한정한다)나 대통령령으로 정하는 민간단체 등에 기증하거나 분양할 수 있다.

② 시·도지사와 시장·군수·구청장은 제20조에 따라 소유권을 취득한 동물에 대하여는 제1항에 따라 분양될 수 있도록 공고할 수 있다.

③ 제1항에 따른 기증·분양의 요건 및 절차 등 그 밖에 필요한 사항은 시·도의 조례로 정한다.

제22조(동물의 인도적인 처리 등) ① 제15조 제1항 및 제4항에 따른 동물보호센터의 장 및 운영자는 제14조 제1항에 따라 보호조치 중인 동물에게 질병 등 농림축산식품부령으로 정하는 사유가 있는 경우에는 농림축산식품부장관이 정하는 바에 따라 인도적인 방법으로 처리하여야 한다.

② 제1항에 따른 인도적인 방법에 따른 처리는 수의사에 의하여 시행되어야 한다.

③ 동물보호센터의 장은 제1항에 따라 동물의 사체가 발생한 경우 「폐기물관리법」에 따라 처리하거나 제33조에 따라 동물장묘업의 등록을 한 자가 설치·운영하는 동물장묘시설에서 처리하여야 한다.

제3장　동물실험

제23조(동물실험의 원칙) ① 동물실험은 인류의 복지 증진과 동물 생명의 존엄성을 고려하여 실시하여야 한다.

② 동물실험을 하려는 경우에는 이를 대체할 수 있는 방법을 우선적으로 고려하여야 한다.

③ 동물실험은 실험에 사용하는 동물(이하 "실험동물"이라 한다)의 윤리적 취급과 과학적 사용에 관한 지식과 경험을 보유한 자가 시행하여야 하며 필요한 최소한의 동물을 사용하여야 한다.

④ 실험동물의 고통이 수반되는 실험은 감각능력이 낮은 동물을 사용하고 진통·진정·마취제의 사용 등 수의학적 방법에 따라 고통을 덜어주기 위한 적절한 조치를 하여야 한다.

⑤ 동물실험을 한 자는 그 실험이 끝난 후 지체 없이 해당 동물을 검사하여야 하며, 검사 결과 정상적으로 회복한 동물은 분양하거나 기증할 수 있다.

⑥ 제5항에 따른 검사 결과 해당 동물이 회복할 수 없거나 지속적으로 고통을 받으며 살아야 할 것으로 인정되는 경우에는 신속하게 고통을 주지 아니하는 방법으로 처리하여야 한다.

⑦ 제1항부터 제6항까지에서 규정한 사항 외에 동물실험의 원칙에 관하여 필요한 사항은 농림축산식품부장관이 정하여 고시한다.

제24조(동물실험의 금지 등) 누구든지 다음 각 호의 동물실험을 하여서는 아니 된다. 다만, 해당 동물종(種)의 건강, 질병관리연구 등 농림축산식품부령으로 정하는 불가피한 사유로 농림축산식품부령으로 정하는 바에 따라 승인을 받은 경우에는 그러하지 아니하다.

1. 유실·유기동물(보호조치 중인 동물을 포함한다)을 대상으로 하는 실험

2. 「장애인복지법」 제40조에 따른 장애인 보조견 등 사람이나 국가를 위하여 봉사하고 있거나 봉사한 동물로서 대통령령으로 정하는 동물을 대상으로 하는 실험

제24조의2(미성년자 동물 해부실습의 금지) 누구든지 미성년자(19세 미만의 사람을 말한다. 이하 같다)에게 체험·교육·시험·연구 등의 목적으로 동물(사체를 포함한다) 해부실습을 하게 하여서는 아니 된다. 다만, 「초·중등교육법」 제2조에 따른 학교 또는 동물실험시행기관 등이 시행하는 경우 등 농림축산식품부령으로 정하는 경우에는 그러하지 아니하다.

제25조(동물실험윤리위원회의 설치 등) ① 동물실험시행기관의 장은 실험동물의 보호와 윤리적인 취급을 위하여 제27조에 따라 동물실험윤리위원회(이하 "윤리위원회"라 한다)를 설치·운영하여야 한다. 다만, 동물실험시행기관에 「실험동물에 관한 법률」 제7조에 따른 실험동물운영위원회가 설치되어 있고, 그 위원회의 구성이 제27조 제2항부터 제4항까지에 규정된 요건을 충족할 경우에는 해당 위원회를 윤리위원회로 본다.

② 농림축산식품부령으로 정하는 일정 기준 이하의 동물실험시행기관은 다른 동물실험시행기관과 공동으로 농림축산식품부령으로 정하는 바에 따라 윤리위원회를 설치·운영할 수 있다.

③ 동물실험시행기관의 장은 동물실험을 하려면 윤리위원회의 심의를 거쳐야 한다.

제26조(윤리위원회의 기능 등) ① 윤리위원회는 다음 각 호의 기능을 수행한다.

1. 동물실험에 대한 심의

2. 동물실험이 제23조의 원칙에 맞게 시행되도록 지도·감독

3. 동물실험시행기관의 장에게 실험동물의 보호와 윤리적인 취급을 위하여 필요한 조치 요구

② 윤리위원회의 심의대상인 동물실험에 관여하고 있는 위원은 해당 동물실험에 관한 심의에 참여하여서는 아니 된다.

③ 윤리위원회의 위원은 그 직무를 수행하면서 알게 된 비밀을 누설하거나 도용하여서는 아니 된다.

④ 제1항에 따른 지도·감독의 방법과 그 밖에 윤리위원회의 운영 등에 관한 사항은 대통령령으로 정한다.

제27조(윤리위원회의 구성) ① 윤리위원회는 위원장 1명을 포함하여 3명 이상 15명 이하의 위원으로 구성한다.

② 위원은 다음 각 호에 해당하는 사람 중에서 동물실험시행기관의 장이 위촉하며, 위원장은 위원 중에서 호선(互選)한다. 다만, 제25조 제2항에 따라 구성된 윤리위원회의 위원은 해당 동물실험시행기관의 장들이 공동으로 위촉한다.

1. 수의사로서 농림축산식품부령으로 정하는 자격기준에 맞는 사람

2. 제4조 제4항에 따른 민간단체가 추천하는 동물보호에 관한 학식과 경험이 풍부한 사람으로서 농림축산식품부령으로 정하는 자격기준에 맞는 사람

3. 그 밖에 실험동물의 보호와 윤리적인 취급을 도모하기 위하여 필요한 사람으로서 농림축산식품부령으로 정하는 사람

③ 윤리위원회에는 제2항 제1호 및 제2호에 해당하는 위원을 각각 1명 이상 포함하여야 한다.

④ 윤리위원회를 구성하는 위원의 3분의 1 이상은 해당 동물실험시행기관과 이해관계가 없는 사람이어야 한다.

⑤ 위원의 임기는 2년으로 한다.

⑥ 그 밖에 윤리위원회의 구성 및 이해관계의 범위 등에 관한 사항은 농림축산식품부령으로 정한다.

제28조(윤리위원회의 구성 등에 대한 지도·감독) ① 농림축산식품부장관은 제25조 제1항 및 제2항에 따라 윤리위원회를 설치한 동물실험시행기관의 장에게 제26조 및 제27조에 따른 윤리위원회의 구성·운영 등에 관하여 지도·감독을 할 수 있다.

② 농림축산식품부장관은 윤리위원회가 제26조 및 제27조에 따라 구성·운영되지 아니할 때에는 해당 동물실험시행기관의 장에게 대통령령으로 정하는 바에 따라 기간을 정하여 해당 윤리위원회의 구성·운영 등에 대한 개선명령을 할 수 있다.

제4장　동물복지축산농장의 인증

제29조(동물복지축산농장의 인증) ① 농림축산식품부장관은 동물복지 증진에 이바지하기 위하여 「축산물위생관리법」 제2조 제1호에 따른 가축으로서 농림축산식품부령으로 정하는 동물이 본래의 습성 등을 유지하면서 정상적으로 살 수 있도록 관리하는 축산농장을 동물복지축산농장으로 인증할 수 있다.

② 제1항에 따라 인증을 받으려는 자는 농림축산식품부령으로 정하는 바에 따라 농림축산식품부장관에게 신청하여야 한다.

③ 농림축산식품부장관은 동물복지축산농장으로 인증된 축산농장에 대하여 다음 각 호의 지원을 할 수 있다.

1. 동물의 보호 및 복지 증진을 위하여 축사시설 개선에 필요한 비용

2. 동물복지축산농장의 환경개선 및 경영에 관한 지도·상담 및 교육

④ 농림축산식품부장관은 동물복지축산농장으로 인증을 받은 자가 거짓이나 그 밖의 부정한 방법으로 인증을 받은 경우 그 인증을 취소하여야 하고, 제7항에 따른 인증기준에 맞지 아니하게 된 경우 그 인증을 취소할 수 있다.

⑤ 제4항에 따라 인증이 취소된 자(법인인 경우에는 그 대표자를 포함한다)는 그 인증이 취소된 날부터 1년 이내에는 제1항에 따른 동물복지축산농장 인증을 신청할 수 없다.

⑥ 농림축산식품부장관, 시·도지사, 시장·군수·구청장, 「축산자조금의 조성 및 운용에 관한 법률」 제2조 제3호에 따른 축산단체, 제4조 제4항에 따른 민간단체는 동물복지축산농장의 운영사례를 교육·홍보에 적극 활용하여야 한다.

⑦ 제1항부터 제6항까지에서 규정한 사항 외에 동물복지축산농장의 인증 기준·절차 및 인증농장의 표시 등에 관한 사항은 농림축산식품부령으로 정한다.

제30조(부정행위의 금지) 누구든지 다음 각 호에 해당하는 행위를 하여서는 아니 된다.

1. 거짓이나 그 밖의 부정한 방법으로 동물복지축산농장 인증을 받은 행위
2. 제29조에 따른 인증을 받지 아니한 축산농장을 동물복지축산농장으로 표시하는 행위

제31조(인증의 승계) ① 다음 각 호의 어느 하나에 해당하는 자는 동물복지축산농장 인증을 받은 자의 지위를 승계한다.

1. 동물복지축산농장 인증을 받은 사람이 사망한 경우 그 농장을 계속하여 운영하려는 상속인
2. 동물복지축산농장 인증을 받은 사람이 그 사업을 양도한 경우 그 양수인
3. 동물복지축산농장 인증을 받은 법인이 합병한 경우 합병 후 존속하는 법인이나 합병으로 설립되는 법인

② 제1항에 따라 동물복지축산농장 인증을 받은 자의 지위를 승계한 자는 30일 이내에 농림축산식품부장관에게 신고하여야 하다.

③ 제2항에 따른 신고에 필요한 사항은 농림축산식품부령으로 정한다.

제5장 영업

제32조(영업의 종류 및 시설기준 등) ① 반려동물과 관련된 다음 각 호의 영업을 하려는 자는 농림축산식품부령으로 정하는 기준에 맞는 시설과 인력을 갖추어야 한다.

1. 동물장묘업(動物葬墓業)
2. 동물판매업
3. 동물수입업
4. 동물생산업
5. 동물전시업
6. 동물위탁관리업
7. 동물미용업
8. 동물운송업

② 제1항 각 호에 따른 영업의 세부 범위는 농림축산식품부령으로 정한다.

제33조(영업의 등록) ① 제32조 제1항 제1호부터 제3호까지 및 제5호부터 제8호까지의 규정에 따른 영업을 하려는 자는 농림축산식품부령으로 정하는 바에 따라 시장·군수·구청장에게 등록하여야 한다.

② 제1항에 따라 등록을 한 자는 농림축산식품부령으로 정하는 사항을 변경하거나 폐업·휴업 또는 그 영업을 재개하려는 경우에는 미리 농림축산식품부령으로 정하는 바에 따라 시장·군수·구청장에게 신고를 하여야 한다.

③ 시장·군수·구청장은 제2항에 따른 변경신고를 받은 경우 그 내용을 검토하여 이 법에 적합하면 신고를 수리하여야 한다.

④ 다음 각 호의 어느 하나에 해당하는 경우에는 제1항에 따른 등록을 할 수 없다. 다만, 제5호는 제32조 제1항 제1호에 따른 영업에만 적용한다.

1. 등록을 하려는 자(법인인 경우에는 임원을 포함한다. 이하 이 조에서 같다)가 미성년자, 피한정후견인 또는 피성년후견인인 경우

2. 제32조 제1항 각 호 외의 부분에 따른 시설 및 인력의 기준에 맞지 아니한 경우

3. 제38조 제1항에 따라 등록이 취소된 후 1년이 지나지 아니한 자(법인인 경우에는 그 대표자를 포함한다)가 취소된 업종과 같은 업종을 등록하려는 경우

4. 등록을 하려는 자가 이 법을 위반하여 벌금형 이상의 형을 선고받고 그 형이 확정된 날부터 3년이 지나지 아니한 경우. 다만, 제8조를 위반하여 벌금형 이상의 형을 선고받은 경우에는 그 형이 확정된 날부터 5년으로 한다.

5. 다음 각 목의 어느 하나에 해당하는 지역에 동물장묘시설을 설치하려는 경우

   가. 「장사 등에 관한 법률」 제17조에 해당하는 지역

   나. 20호 이상의 인가밀집지역, 학교, 그 밖에 공중이 수시로 집합하는 시설 또는 장소로부터 300미터 이하 떨어진 곳. 다만, 토지나 지형의 상황으로 보아 해당 시설의 기능이나 이용 등에 지장이 없는 경우로서 시장·군수·구청장이 인정하는 경우에는 적용을 제외한다.

제33조의2(공설 동물장묘시설의 설치·운영 등) ① 지방자치단체의 장은 반려동물을 위한 장묘시설(이하 "공설 동물장묘시설"이라 한다)을 설치·운영할 수 있다.

② 국가는 제1항에 따라 공설 동물장묘시설을 설치·운영하는 지방자치단체에 대해서는 예산의 범위에서 시설의 설치에 필요한 경비를 지원할 수 있다.

제33조의3(공설 동물장묘시설의 사용료 등) 지방자치단체의 장이 공설 동물장묘시설을 사용하는 자에게 부과하는 사용료 또는 관리비의 금액과 부과방법, 사용료 또는 관리비의 용도, 그 밖에 필요한 사항은 해당 지방자치단체의 조례로 정한다. 이 경우 사용료 및 관리비의 금액은 토지가격, 시설물 설치·조성비용, 지역주민 복지증진 등을 고려하여 정하여야 한다.

제34조(영업의 허가) ① 제32조 제1항 제4호에 규정된 영업을 하려는 자는 농림축산식품부령으로 정하는 바에 따라 시장·군수·구청장에게 허가를 받아야 한다.

② 제1항에 따라 허가를 받은 자가 농림축산식품부령으로 정하는 사항을 변경하거나 폐업·휴업 또는 그 영업을 재개하려면 미리 농림축산식품부령으로 정하는 바에 따라 시장·군수·구청장에게 신고를 하여야 한다.

③ 시장·군수·구청장은 제2항에 따른 변경신고를 받은 경우 그 내용을 검토하여 이 법에 적합하면 신고를 수리하여야 한다.

④ 다음 각 호의 어느 하나에 해당하는 경우에는 제1항에 따른 허가를 받을 수 없다.

1. 허가를 받으려는 자(법인인 경우에는 임원을 포함한다. 이하 이 조에서 같다)가 미성년자, 피한정후견인 또는 피성년후견인인 경우
2. 제32조 제1항 각 호 외의 부분에 따른 시설과 인력을 갖추지 아니한 경우
3. 제37조 제1항에 따른 교육을 받지 아니한 경우
4. 제38조 제1항에 따라 허가가 취소된 후 1년이 지나지 아니한 자(법인인 경우에는 그 대표자를 포함한다)가 취소된 업종과 같은 업종의 허가를 받으려는 경우
5. 허가를 받으려는 자가 이 법을 위반하여 벌금형 이상의 형을 선고받고 그 형이 확정된 날부터 3년이 지나지 아니한 경우. 다만, 제8조를 위반하여 벌금형 이상의 형을 선고받은 경우에는 그 형이 확정된 날부터 5년으로 한다.

제35조(영업의 승계) ① 제33조 제1항에 따라 영업등록을 하거나 제34조 제1항에 따라 영업허가를 받은 자(이하 "영업자"라 한다)가 그 영업을 양도하거나 사망하였을 때 또는 법인의 합병이 있을 때에는 그 양수인・상속인 또는 합병 후 존속하는 법인이나 합병으로 설립되는 법인(이하 "양수인등"이라 한다)은 그 영업자의 지위를 승계한다.

② 다음 각 호의 어느 하나에 해당하는 절차에 따라 영업시설의 전부를 인수한 자는 그 영업자의 지위를 승계한다.
1. 「민사집행법」에 따른 경매
2. 「채무자 회생 및 파산에 관한 법률」에 따른 환가(換價)
3. 「국세징수법」・「관세법」 또는 「지방세법」에 따른 압류재산의 매각
4. 제1호부터 제3호까지의 규정 중 어느 하나에 준하는 절차

③ 제1항 또는 제2항에 따라 영업자의 지위를 승계한 자는 승계한 날부터 30일 이내에 농림축산식품부령으로 정하는 바에 따라 시장・군수・구청장에게 신고하여야 한다.

④ 제1항 및 제2항에 따른 승계에 관하여는 제33조 제4항 및 제34조 제4항을 준용하되, 제33조 제4항 중 "등록"과 제34조 제4항 중 "허가"는 "신고"로 본다. 다만, 상속인이 제33조 제4항 제1호 또는 제34조 제4항 제1호에 해당하는 경우에는 상속을 받은 날부터 3개월 동안은 그러하지 아니하다.

제36조(영업자 등의 준수사항) ① 영업자(법인인 경우에는 그 대표자를 포함한다)와 그 종사자는 다음 각 호에 관하여 농림축산식품부령으로 정하는 사항을 지켜야 한다.
1. 동물의 사육・관리에 관한 사항
2. 동물의 생산등록, 동물의 반입・반출 기록의 작성・보관에 관한 사항
3. 동물의 판매가능 월령, 건강상태 등 판매에 관한 사항
4. 동물 사체의 적정한 처리에 관한 사항
5. 영업시설 운영기준에 관한 사항
6. 영업 종사자의 교육에 관한 사항
7. 등록대상동물의 등록 및 변경신고의무(등록・변경신고방법 및 위반 시 처벌에 관한 사항 등을 포함한다) 고지에 관한 사항
8. 그 밖에 동물의 보호와 공중위생상의 위해 방지를 위하여 필요한 사항

② 제32조 제1항 제2호에 따른 동물판매업을 하는 자(이하 "동물판매업자"라 한다)는 영업자를 제외한 구매자에게 등록대상동물을 판매하는 경우 그 구매자의 명의로 제12조 제1항에 따른 등록대상동물의 등록 신청을 한 후 판매하여야 한다.

③ 동물판매업자는 제12조 제5항에 따른 등록 방법 중 구매자가 원하는 방법으로 제2항에 따른 등록대상 동물의 등록 신청을 하여야 한다.

제37조(교육) ① 제32조 제1항 제2호부터 제8호까지의 규정에 해당하는 영업을 하려는 자와 제38조에 따른 영업정지 처분을 받은 영업자는 동물의 보호 및 공중위생상의 위해 방지 등에 관한 교육을 받아야 한다.

② 제32조 제1항 제2호부터 제8호까지의 규정에 해당하는 영업을 하는 자는 연 1회 이상 교육을 받아야 한다.

③ 제1항에 따라 교육을 받아야 하는 영업자로서 교육을 받지 아니한 영업자는 그 영업을 하여서는 아니 된다.

④ 제1항에 따라 교육을 받아야 하는 영업자가 영업에 직접 종사하지 아니하거나 두 곳 이상의 장소에서 영업을 하는 경우에는 종사자 중에서 책임자를 지정하여 영업자 대신 교육을 받게 할 수 있다.

⑤ 제1항에 따른 교육의 실시기관, 교육 내용 및 방법 등에 관한 사항은 농림축산식품부령으로 정한다.

제38조(등록 또는 허가 취소 등) ① 시장·군수·구청장은 영업자가 다음 각 호의 어느 하나에 해당할 경우에는 농림축산식품부령으로 정하는 바에 따라 그 등록 또는 허가를 취소하거나 6개월 이내의 기간을 정하여 그 영업의 전부 또는 일부의 정지를 명할 수 있다. 다만, 제1호에 해당하는 경우에는 등록 또는 허가를 취소하여야 한다.

1. 거짓이나 그 밖의 부정한 방법으로 등록을 하거나 허가를 받은 것이 판명된 경우
2. 제8조 제1항부터 제3항까지의 규정을 위반하여 동물에 대한 학대행위 등을 한 경우
3. 등록 또는 허가를 받은 날부터 1년이 지나도 영업을 시작하지 아니한 경우
4. 제32조 제1항 각 호 외의 부분에 따른 기준에 미치지 못하게 된 경우
5. 제33조 제2항 및 제34조 제2항에 따라 변경신고를 하지 아니한 경우
6. 제36조에 따른 준수사항을 지키지 아니한 경우

② 제1항에 따른 처분의 효과는 그 처분기간이 만료된 날부터 1년간 양수인등에게 승계되며, 처분의 절차가 진행 중일 때에는 양수인등에 대하여 처분의 절차를 행할 수 있다. 다만, 양수인등이 양수·상속 또는 합병 시에 그 처분 또는 위반사실을 알지 못하였음을 증명하는 경우에는 그러하지 아니하다.

제38조의2(영업자에 대한 점검 등) 시장·군수·구청장은 영업자에 대하여 제32조 제1항에 따른 시설 및 인력 기준과 제36조에 따른 준수사항의 준수 여부를 매년 1회 이상 점검하고, 그 결과를 다음 연도 1월 31일까지 시·도지사를 거쳐 농림축산식품부장관에게 보고하여야 한다.

제6장 보칙

제39조(출입·검사 등) ① 농림축산식품부장관, 시·도지사 또는 시장·군수·구청장은 동물의 보호 및 공중위생상의 위해 방지 등을 위하여 필요하면 동물의 소유자등에 대하여 다음 각 호의 조치를 할 수 있다.

1. 동물 현황 및 관리실태 등 필요한 자료제출의 요구
2. 동물이 있는 장소에 대한 출입·검사
3. 동물에 대한 위해 방지 조치의 이행 등 농림축산식품부령으로 정하는 시정명령

② 농림축산식품부장관, 시·도지사 또는 시장·군수·구청장은 동물보호 등과 관련하여 필요하면 영업자나 다음 각 호의 어느 하나에 해당하는 자에게 필요한 보고를 하도록 명하거나 자료를 제출하게 할 수 있으며, 관계 공무원으로 하여금 해당 시설 등에 출입하여 운영실태를 조사하게 하거나 관계 서류를 검사하게 할 수 있다.

1. 제15조 제1항 및 제4항에 따른 동물보호센터의 장

2. 제25조 제1항 및 제2항에 따라 윤리위원회를 설치한 동물실험시행기관의 장

3. 제29조 제1항에 따라 동물복지축산농장으로 인증받은 자

③ 농림축산식품부장관, 시·도지사 또는 시장·군수·구청장이 제1항 제2호 및 제2항에 따른 출입·검사를 할 때에는 출입·검사 시작 7일 전까지 대상자에게 다음 각 호의 사항이 포함된 출입·검사 계획을 통지하여야 한다. 다만, 출입·검사 계획을 미리 통지할 경우 그 목적을 달성할 수 없다고 인정하는 경우에는 출입·검사를 착수할 때에 통지할 수 있다.

1. 출입·검사 목적

2. 출입·검사 기간 및 장소

3. 관계 공무원의 성명과 직위

4. 출입·검사의 범위 및 내용

5. 제출할 자료

제40조(동물보호감시원) ① 농림축산식품부장관(대통령령으로 정하는 소속 기관의 장을 포함한다), 시·도지사 및 시장·군수·구청장은 동물의 학대 방지 등 동물보호에 관한 사무를 처리하기 위하여 소속 공무원 중에서 동물보호감시원을 지정하여야 한다.

② 제1항에 따른 동물보호감시원(이하 "동물보호감시원"이라 한다)의 자격, 임명, 직무 범위 등에 관한 사항은 대통령령으로 정한다.

③ 동물보호감시원이 제2항에 따른 직무를 수행할 때에는 농림축산식품부령으로 정하는 증표를 지니고 이를 관계인에게 보여주어야 한다.

④ 누구든지 동물의 특성에 따른 출산, 질병 치료 등 부득이한 사유가 없으면 제2항에 따른 동물보호감시원의 직무 수행을 거부·방해 또는 기피하여서는 아니 된다.

제41조(동물보호명예감시원) ① 농림축산식품부장관, 시·도지사 및 시장·군수·구청장은 동물의 학대 방지 등 동물보호를 위한 지도·계몽 등을 위하여 동물보호명예감시원을 위촉할 수 있다.

② 제1항에 따른 동물보호명예감시원(이하 "명예감시원"이라 한다)의 자격, 위촉, 해촉, 직무, 활동 범위와 수당의 지급 등에 관한 사항은 대통령령으로 정한다.

③ 명예감시원은 제2항에 따른 직무를 수행할 때에는 부정한 행위를 하거나 권한을 남용하여서는 아니 된다.

④ 명예감시원이 그 직무를 수행하는 경우에는 신분을 표시하는 증표를 지니고 이를 관계인에게 보여주어야 한다.

제41조의2 삭제

제42조(수수료) 다음 각 호의 어느 하나에 해당하는 자는 농림축산식품부령으로 정하는 바에 따라 수수료를 내야 한다. 다만, 제1호에 해당하는 자에 대하여는 시·도의 조례로 정하는 바에 따라 수수료를 감면할 수 있다.

1. 제12조 제1항에 따라 등록대상동물을 등록하려는 자
2. 제29조 제1항에 따라 동물복지축산농장 인증을 받으려는 자
3. 제33조 및 제34조에 따라 영업의 등록을 하려거나 허가를 받으려는 자 또는 변경신고를 하려는 자

제43조(청문) 농림축산식품부장관, 시·도지사 또는 시장·군수·구청장은 다음 각 호의 어느 하나에 해당하는 처분을 하려면 청문을 하여야 한다.
1. 제15조 제7항에 따른 동물보호센터의 지정 취소
2. 제29조 제4항에 따른 동물복지축산농장의 인증 취소
3. 제38조 제1항에 따른 영업등록 또는 허가의 취소

제44조(권한의 위임) 농림축산식품부장관은 대통령령으로 정하는 바에 따라 이 법에 따른 권한의 일부를 소속 기관의 장 또는 시·도지사에게 위임할 수 있다.

제45조(실태조사 및 정보의 공개) ① 농림축산식품부장관은 다음 각 호의 정보와 자료를 수집·조사·분석하고 그 결과를 해마다 정기적으로 공표하여야 한다.
1. 제4조 제1항의 동물복지종합계획 수립을 위한 동물보호 및 동물복지 실태에 관한 사항
2. 제12조에 따른 등록대상동물의 등록에 관한 사항
3. 제14조부터 제22조까지의 규정에 따른 동물보호센터와 유실·유기동물 등의 치료·보호 등에 관한 사항
4. 제25조부터 제28조까지의 규정에 따른 윤리위원회의 운영 및 동물실험 실태, 지도·감독 등에 관한 사항
5. 제29조에 따른 동물복지축산농장 인증현황 등에 관한 사항
6. 제33조 및 제34조에 따른 영업의 등록·허가와 운영실태에 관한 사항
7. 제38조의2에 따른 영업자에 대한 정기점검에 관한 사항
8. 그 밖에 동물보호 및 동물복지 실태와 관련된 사항

② 농림축산식품부장관은 제1항에 따른 업무를 효율적으로 추진하기 위하여 실태조사를 실시할 수 있으며, 실태조사를 위하여 필요한 경우 관계 중앙행정기관의 장, 지방자치단체의 장, 공공기관(「공공기관의 운영에 관한 법률」 제4조에 따른 공공기관을 말한다. 이하 같다)의 장, 관련 기관 및 단체, 동물의 소유자 등에게 필요한 자료 및 정보의 제공을 요청할 수 있다. 이 경우 자료 및 정보의 제공을 요청받은 자는 정당한 사유가 없는 한 자료 및 정보를 제공하여야 한다.

③ 제2항에 따른 실태조사(현장조사를 포함한다)의 범위, 방법, 그 밖에 필요한 사항은 대통령령으로 정한다.

④ 시·도지사, 시장·군수·구청장 또는 동물실험시행기관의 장은 제1항 제1호부터 제4호까지 및 제6호의 실적을 다음 해 1월 31일까지 농림축산식품부장관(대통령령으로 정하는 그 소속 기관의 장을 포함한다)에게 보고하여야 한다.

제7장　벌칙

제46조(벌칙) ① 다음 각 호의 어느 하나에 해당하는 자는 3년 이하의 징역 또는 3천만원 이하의 벌금에 처한다.

　1. 제8조 제1항을 위반하여 동물을 죽음에 이르게 하는 학대행위를 한 자

　2. 제13조 제2항 또는 제13조의2 제1항을 위반하여 사람을 사망에 이르게 한 자

② 다음 각 호의 어느 하나에 해당하는 자는 2년 이하의 징역 또는 2천만원 이하의 벌금에 처한다.

　1. 제8조 제2항 또는 제3항을 위반하여 동물을 학대한 자

　1의2. 제8조 제4항을 위반하여 맹견을 유기한 소유자등

　1의3. 제13조 제2항에 따른 목줄 등 안전조치 의무를 위반하여 사람의 신체를 상해에 이르게 한 자

　1의4. 제13조의2 제1항을 위반하여 사람의 신체를 상해에 이르게 한 자

　2. 제30조 제1호를 위반하여 거짓이나 그 밖의 부정한 방법으로 동물복지축산농장 인증을 받은 자

　3. 제30조 제2호를 위반하여 인증을 받지 아니한 농장을 동물복지축산농장으로 표시한 자

③ 다음 각 호의 어느 하나에 해당하는 자는 500만원 이하의 벌금에 처한다.

　1. 제26조 제3항을 위반하여 비밀을 누설하거나 도용한 윤리위원회의 위원

　2. 제33조에 따른 등록 또는 신고를 하지 아니하거나 제34조에 따른 허가를 받지 아니하거나 신고를 하지 아니하고 영업을 한 자

　3. 거짓이나 그 밖의 부정한 방법으로 제33조에 따른 등록 또는 신고를 하거나 제34조에 따른 허가를 받거나 신고를 한 자

　4. 제38조에 따른 영업정지기간에 영업을 한 영업자

④ 다음 각 호의 어느 하나에 해당하는 자는 300만원 이하의 벌금에 처한다.

　1. 제8조 제4항을 위반하여 동물을 유기한 소유자등

　2. 제8조 제5항 제1호를 위반하여 사진 또는 영상물을 판매·전시·전달·상영하거나 인터넷에 게재한 자

　3. 제8조 제5항 제2호를 위반하여 도박을 목적으로 동물을 이용한 자 또는 동물을 이용하는 도박을 행할 목적으로 광고·선전한 자

　4. 제8조 제5항 제3호를 위반하여 도박·시합·복권·오락·유흥·광고 등의 상이나 경품으로 동물을 제공한 자

　5. 제8조 제5항 제4호를 위반하여 영리를 목적으로 동물을 대여한 자

　6. 제24조를 위반하여 동물실험을 한 자

⑤ 상습적으로 제1항부터 제3항까지의 죄를 지은 자는 그 죄에 정한 형의 2분의 1까지 가중한다.

제46조의2(양벌규정) 법인의 대표자나 법인 또는 개인의 대리인, 사용인, 그 밖의 종업원이 그 법인 또는 개인의 업무에 관하여 제46조에 따른 위반행위를 하면 그 행위자를 벌하는 외에 그 법인 또는 개인에게도 해당 조문의 벌금형을 과한다. 다만, 법인 또는 개인이 그 위반행위를 방지하기 위하여 해당 업무에 관하여 상당한 주의와 감독을 게을리하지 아니한 경우에는 그러하지 아니하다.

제47조(과태료) ① 다음 각 호의 어느 하나에 해당하는 자에게는 300만원 이하의 과태료를 부과한다.

　1. 삭제

　2. 제9조의2를 위반하여 동물을 판매한 자

　2의2. 제13조의2 제1항 제1호를 위반하여 소유자등 없이 맹견을 기르는 곳에서 벗어나게 한 소유자등

2의3. 제13조의2 제1항 제2호를 위반하여 월령이 3개월 이상인 맹견을 동반하고 외출할 때 안전장치 및 이동장치를 하지 아니한 소유자등

2의4. 제13조의2 제1항 제3호를 위반하여 사람에게 신체적 피해를 주지 아니하도록 관리하지 아니한 소유자등

2의5. 제13조의2 제3항을 위반하여 맹견의 안전한 사육 및 관리에 관한 교육을 받지 아니한 소유자

2의6. 제13조의2 제4항을 위반하여 보험에 가입하지 아니한 소유자

2의7. 제13조의3을 위반하여 맹견을 출입하게 한 소유자등

3. 제25조 제1항을 위반하여 윤리위원회를 설치·운영하지 아니한 동물실험시행기관의 장

4. 제25조 제3항을 위반하여 윤리위원회의 심의를 거치지 아니하고 동물실험을 한 동물실험시행기관의 장

5. 제28조 제2항을 위반하여 개선명령을 이행하지 아니한 동물실험시행기관의 장

② 다음 각 호의 어느 하나에 해당하는 자에게는 100만원 이하의 과태료를 부과한다.

1. 삭제

2. 제9조 제1항 제4호 또는 제5호를 위반하여 동물을 운송한 자

3. 제9조 제1항을 위반하여 제32조 제1항의 동물을 운송한 자

4. 삭제

5. 제12조 제1항을 위반하여 등록대상동물을 등록하지 아니한 소유자

5의2. 제24조의2를 위반하여 미성년자에게 동물 해부실습을 하게 한 자

6. 삭제

7. 삭제

8. 제31조 제2항을 위반하여 동물복지축산농장 인증을 받은 자의 지위를 승계하고 그 사실을 신고하지 아니한 자

9. 제35조 제3항을 위반하여 영업자의 지위를 승계하고 그 사실을 신고하지 아니한 자

10. 제37조 제2항 또는 제3항을 위반하여 교육을 받지 아니하고 영업을 한 영업자

11. 제39조 제1항 제1호에 따른 자료제출 요구에 응하지 아니하거나 거짓 자료를 제출한 동물의 소유자등

12. 제39조 제1항 제2호에 따른 출입·검사를 거부·방해 또는 기피한 동물의 소유자등

13. 제39조 제1항 제3호에 따른 시정명령을 이행하지 아니한 동물의 소유자등

14. 제39조 제2항에 따른 보고·자료제출을 하지 아니하거나 거짓으로 보고·자료제출을 한 자 또는 같은 항에 따른 출입·조사를 거부·방해·기피한 자

15. 제40조 제4항을 위반하여 동물보호감시원의 직무 수행을 거부·방해 또는 기피한 자

③ 다음 각 호의 어느 하나에 해당하는 자에게는 50만원 이하의 과태료를 부과한다.

1. 제12조 제2항을 위반하여 정해진 기간 내에 신고를 하지 아니한 소유자

2. 제12조 제3항을 위반하여 변경신고를 하지 아니한 소유권을 이전받은 자

3. 제13조 제1항을 위반하여 인식표를 부착하지 아니한 소유자등

4. 제13조 제2항을 위반하여 안전조치를 하지 아니하거나 배설물을 수거하지 아니한 소유자등

④ 제1항부터 제3항까지의 과태료는 대통령령으로 정하는 바에 따라 농림축산식품부장관, 시·도지사 또는 시장·군수·구청장이 부과·징수한다.

부칙

〈제16977호, 2020. 2. 11.〉

제1조(시행일) 이 법은 공포 후 1년이 지난 후부터 시행한다. 다만, 제1조 및 제24조 제2호의 개정규정은 공포한 날부터 시행하고, 제2조 제1호의3, 제8조 제2항 제3호의2, 제12조 제4항·제5항, 제32조 제1항, 제33조의2 제1항, 제36조 제1항 제7호 및 제41조의2의 개정규정은 공포 후 6개월이 경과한 날부터 시행한다.

제2조(벌칙이나 과태료에 관한 경과조치) 이 법 시행 전의 위반행위에 대하여 벌칙이나 과태료를 적용할 때에는 종전의 규정에 따른다.

안심Touch

동물보호법 시행령

[시행 2021. 7. 6.] [대통령령 제31871호, 2021. 7. 6., 타법개정]

제1조(목적) 이 영은 「동물보호법」에서 위임된 사항과 그 시행에 필요한 사항을 규정함을 목적으로 한다.

제2조(동물의 범위) 「동물보호법」(이하 "법"이라 한다) 제2조 제1호 다목에서 "대통령령으로 정하는 동물"이란 파충류, 양서류 및 어류를 말한다. 다만, 식용(食用)을 목적으로 하는 것은 제외한다.

제3조(등록대상동물의 범위) 법 제2조 제2호에서 "대통령령으로 정하는 동물"이란 다음 각 호의 어느 하나에 해당하는 월령(月齡) 2개월 이상인 개를 말한다.

1. 「주택법」 제2조 제1호 및 제4호에 따른 주택·준주택에서 기르는 개
2. 제1호에 따른 주택·준주택 외의 장소에서 반려(伴侶) 목적으로 기르는 개

제4조(동물실험시행기관의 범위) 법 제2조 제5호에서 "대통령령으로 정하는 법인·단체 또는 기관"이란 다음 각 호의 어느 하나에 해당하는 법인·단체 또는 기관으로서 동물을 이용하여 동물실험을 시행하는 법인·단체 또는 기관을 말한다.

1. 국가기관
2. 지방자치단체의 기관
3. 「정부출연연구기관 등의 설립·운영 및 육성에 관한 법률」 제8조 제1항에 따른 연구기관
4. 「과학기술분야 정부출연연구기관 등의 설립·운영 및 육성에 관한 법률」 제8조 제1항에 따른 연구기관
5. 「특정연구기관 육성법」 제2조에 따른 연구기관
6. 「약사법」 제31조 제10항에 따른 의약품의 안전성·유효성에 관한 시험성적서 등의 자료를 발급하는 법인·단체 또는 기관
7. 「화장품법」 제4조 제3항에 따른 화장품 등의 안전성·유효성에 관한 심사에 필요한 자료를 발급하는 법인·단체 또는 기관
8. 「고등교육법」 제2조에 따른 학교
9. 「의료법」 제3조에 따른 의료기관
10. 「의료기기법」 제6조·제15조 또는 「체외진단의료기기법」 제5조·제11조에 따라 의료기기 또는 체외진단의료기기를 제조하거나 수입하는 법인·단체 또는 기관
11. 「기초연구진흥 및 기술개발지원에 관한 법률」 제14조 제1항에 따른 기관 또는 단체
12. 「농업·농촌 및 식품산업 기본법」 제3조 제4호에 따른 생산자단체와 같은 법 제28조에 따른 영농조합법인(營農組合法人) 및 농업회사법인(農業會社法人)
12의2. 「수산업·어촌 발전 기본법」 제3조 제5호에 따른 생산자단체와 같은 법 제19조에 따른 영어조합법인(營漁組合法人) 및 어업회사법인(漁業會社法人)
13. 「화학물질의 등록 및 평가 등에 관한 법률」 제22조에 따라 화학물질의 물리적·화학적 특성 및 유해성에 관한 시험을 수행하기 위하여 지정된 시험기관

14. 「농약관리법」 제17조의4에 따라 지정된 시험연구기관

15. 「사료관리법」 제2조 제7호 또는 제8호에 따른 제조업자 또는 수입업자 중 법인·단체 또는 기관

16. 「식품위생법」 제37조에 따라 식품 또는 식품첨가물의 제조업·가공업 허가를 받은 법인·단체 또는 기관

17. 「건강기능식품에 관한 법률」 제5조에 따른 건강기능식품제조업 허가를 받은 법인·단체 또는 기관

18. 「국제백신연구소설립에관한협정」에 따라 설립된 국제백신연구소

제5조(동물보호 민간단체의 범위) 법 제4조 제4항에서 "대통령령으로 정하는 민간단체"란 다음 각 호의 어느 하나에 해당하는 법인 또는 단체를 말한다.

1. 「민법」 제32조에 따라 설립된 법인으로서 동물보호를 목적으로 하는 법인

2. 「비영리민간단체 지원법」 제4조에 따라 등록된 비영리민간단체로서 동물보호를 목적으로 하는 단체

제6조(동물복지위원회의 운영 등) ① 법 제5조 제1항에 따른 동물복지위원회(이하 "복지위원회"라 한다)의 위원장은 복지위원회를 대표하며, 복지위원회의 업무를 총괄한다.

② 위원장이 부득이한 사유로 직무를 수행할 수 없을 때에는 위원장이 미리 지명한 위원의 순으로 그 직무를 대행한다.

③ 위원의 임기는 2년으로 한다.

④ 농림축산식품부장관은 위원이 다음 각 호의 어느 하나에 해당하는 경우에는 해당 위원을 해촉(解囑)할 수 있다.

1. 심신장애로 인하여 직무를 수행할 수 없게 된 경우

2. 직무와 관련된 비위사실이 있는 경우

3. 직무태만, 품위손상이나 그 밖의 사유로 인하여 위원으로 적합하지 아니하다고 인정되는 경우

4. 위원 스스로 직무를 수행하는 것이 곤란하다고 의사를 밝히는 경우

⑤ 복지위원회의 회의는 농림축산식품부장관 또는 위원 3분의 1 이상의 요구가 있을 때 위원장이 소집한다.

⑥ 복지위원회의 회의는 재적위원 과반수의 출석으로 개의(開議)하고, 출석위원 과반수의 찬성으로 의결한다.

⑦ 복지위원회는 심의사항과 관련하여 필요하다고 인정할 때에는 관계인을 출석시켜 의견을 들을 수 있다.

⑧ 제1항부터 제7항까지에서 규정한 사항 외에 복지위원회의 운영에 필요한 사항은 복지위원회의 의결을 거쳐 위원장이 정한다.

제6조의2(보험의 가입) 법 제13조의2 제4항에 따라 맹견의 소유자는 다음 각 호의 요건을 모두 충족하는 보험에 가입해야 한다.

1. 다음 각 목에 해당하는 금액 이상을 보상할 수 있는 보험일 것

　가. 사망의 경우에는 피해자 1명당 8천만원

　나. 부상의 경우에는 피해자 1명당 농림축산식품부령으로 정하는 상해등급에 따른 금액

　다. 부상에 대한 치료를 마친 후 더 이상의 치료효과를 기대할 수 없고 그 증상이 고정된 상태에서 그 부상이 원인이 되어 신체의 장애(이하 "후유장애"라 한다)가 생긴 경우에는 피해자 1명당 농림축산식품부령으로 정하는 후유장애등급에 따른 금액

　라. 다른 사람의 동물이 상해를 입거나 죽은 경우에는 사고 1건당 200만원

2. 지급보험금액은 실손해액을 초과하지 않을 것. 다만, 사망으로 인한 실손해액이 2천만원 미만인 경우의 지급보험금액은 2천만원으로 한다.

안심Touch

3. 하나의 사고로 제1호 가목부터 다목까지의 규정 중 둘 이상에 해당하게 된 경우에는 실손해액을 초과하지 않는 범위에서 다음 각 목의 구분에 따라 보험금을 지급할 것

    가. 부상한 사람이 치료 중에 그 부상이 원인이 되어 사망한 경우에는 제1호가목 및 나목의 금액을 더한 금액

    나. 부상한 사람에게 후유장애가 생긴 경우에는 제1호나목 및 다목의 금액을 더한 금액

    다. 제1호 다목의 금액을 지급한 후 그 부상이 원인이 되어 사망한 경우에는 제1호가목의 금액에서 같은 호 다목에 따라 지급한 금액 중 사망한 날 이후에 해당하는 손해액을 뺀 금액

제7조(공고) ① 특별시장·광역시장·특별자치시장·도지사 및 특별자치도지사(이하 "시·도지사"라 한다)와 시장·군수·구청장(자치구의 구청장을 말한다. 이하 같다)은 법 제17조에 따라 동물 보호조치에 관한 공고를 하려면 농림축산식품부장관이 정하는 시스템(이하 "동물보호관리시스템"이라 한다)에 게시하여야 한다. 다만, 동물보호관리시스템이 정상적으로 운영되지 않을 경우에는 농림축산식품부령으로 정하는 동물보호 공고문을 작성하여 다른 방법으로 게시하되, 동물보호관리시스템이 정상적으로 운영되면 그 내용을 동물보호관리시스템에 게시하여야 한다.

② 시·도지사와 시장·군수·구청장은 제1항에 따른 공고를 하는 경우 농림축산식품부령으로 정하는 바에 따라 동물보호관리시스템을 통하여 개체관리카드와 보호동물 관리대장을 작성·관리하여야 한다.

제8조(보호비용의 징수) 시·도지사와 시장·군수·구청장은 법 제19조 제1항 및 제2항에 따라 보호비용을 징수하려면 농림축산식품부령으로 정하는 비용징수 통지서를 동물의 소유자 또는 법 제21조 제1항에 따라 분양을 받는 자에게 발급하여야 한다.

제9조(동물의 기증 또는 분양 대상 민간단체 등의 범위) 법 제21조 제1항에서 "대통령령으로 정하는 민간단체 등"이란 다음 각 호의 어느 하나에 해당하는 단체 또는 기관 등을 말한다.

1. 제5조 각 호의 어느 하나에 해당하는 법인 또는 단체
2. 「장애인복지법」 제40조 제4항에 따라 지정된 장애인 보조견 전문훈련기관
3. 「사회복지사업법」 제2조 제4호에 따른 사회복지시설

제10조(동물실험 금지 동물) 법 제24조 제2호에서 "대통령령으로 정하는 동물"이란 다음 각 호의 어느 하나에 해당하는 동물을 말한다

1. 「장애인복지법」 제40조에 따른 장애인 보조견
2. 소방청(그 소속 기관을 포함한다)에서 효율적인 구조활동을 위해 이용하는 119구조견
3. 다음 각 목의 기관(그 소속 기관을 포함한다)에서 수색·탐지 등을 위해 이용하는 경찰견

    가. 국토교통부

    나. 경찰청

    다. 해양경찰청

4. 국방부(그 소속 기관을 포함한다)에서 수색·경계·추적·탐지 등을 위해 이용하는 군견
5. 농림축산식품부(그 소속 기관을 포함한다) 및 관세청(그 소속 기관을 포함한다) 등에서 각종 물질의 탐지 등을 위해 이용하는 마약 및 폭발물 탐지견과 검역 탐지견

제11조(동물실험윤리위원회의 지도·감독의 방법) 법 제25조 제1항에 따른 동물실험윤리위원회(이하 "윤리위원회"라 한다)는 다음 각 호의 방법을 통하여 해당 동물실험시행기관을 지도·감독한다.

1. 동물실험의 윤리적·과학적 타당성에 대한 심의

2. 동물실험에 사용하는 동물(이하 "실험동물"이라 한다)의 생산·도입·관리·실험 및 이용과 실험이 끝난 뒤 해당 동물의 처리에 관한 확인 및 평가

3. 동물실험시행기관의 운영자 또는 종사자에 대한 교육·훈련 등에 대한 확인 및 평가

4. 동물실험 및 동물실험시행기관의 동물복지 수준 및 관리실태에 대한 확인 및 평가

제12조(윤리위원회의 운영) ① 윤리위원회의 회의는 다음 각 호의 어느 하나에 해당하는 경우에 위원장이 소집하고, 위원장이 그 의장이 된다.

1. 재적위원 3분의 1 이상이 소집을 요구하는 경우

2. 해당 동물실험시행기관의 장이 소집을 요구하는 경우

3. 그 밖에 위원장이 필요하다고 인정하는 경우

② 윤리위원회의 회의는 재적위원 과반수의 출석으로 개의하고, 출석위원 과반수의 찬성으로 의결한다.

③ 동물실험계획을 심의·평가하는 회의에는 다음 각 호의 위원이 각각 1명 이상 참석해야 한다.

1. 법 제27조 제2항 제1호에 따른 위원

2. 법 제27조 제4항에 따른 동물실험시행기관과 이해관계가 없는 위원

④ 회의록 등 윤리위원회의 구성·운영 등과 관련된 기록 및 문서는 3년 이상 보존하여야 한다.

⑤ 윤리위원회는 심의사항과 관련하여 필요하다고 인정할 때에는 관계인을 출석시켜 의견을 들을 수 있다.

⑥ 동물실험시행기관의 장은 해당 기관에 설치된 윤리위원회의 효율적인 운영을 위하여 다음 각 호의 사항에 대하여 적극 협조하여야 한다.

1. 윤리위원회의 독립성 보장

2. 윤리위원회의 결정 및 권고사항에 대한 즉각적이고 효과적인 조치 및 시행

3. 윤리위원회의 설치 및 운영에 필요한 인력, 장비, 장소, 비용 등에 관한 적절한 지원

⑦ 동물실험시행기관의 장은 매년 윤리위원회의 운영 및 동물실험의 실태에 관한 사항을 다음 해 1월 31일까지 농림축산식품부령으로 정하는 바에 따라 농림축산식품부장관에게 통지하여야 한다.

⑧ 제1항부터 제7항까지에서 규정한 사항 외에 윤리위원회의 효율적인 운영을 위하여 필요한 사항은 농림축산식품부장관이 정하여 고시한다.

제13조(윤리위원회의 구성·운영 등에 대한 개선명령) ① 농림축산식품부장관은 법 제28조 제2항에 따라 개선명령을 하는 경우 그 개선에 필요한 조치 등을 고려하여 3개월의 범위에서 기간을 정하여 개선명령을 하여야 한다.

② 농림축산식품부장관은 천재지변이나 그 밖의 부득이한 사유로 제1항에 따른 개선기간에 개선을 할 수 없는 동물실험시행기관의 장이 개선기간 연장 신청을 하면 해당 사유가 끝난 날부터 3개월의 범위에서 그 기간을 연장할 수 있다.

③ 제1항에 따라 개선명령을 받은 동물실험시행기관의 장이 그 명령을 이행하였을 때에는 지체 없이 그 결과를 농림축산식품부장관에게 통지하여야 한다.

④ 제1항에 따른 개선명령에 대하여 이의가 있는 동물실험시행기관의 장은 30일 이내에 농림축산식품부장관에게 이의신청을 할 수 있다.

제14조(동물보호감시원의 자격 등) ① 법 제40조 제1항에서 "대통령령으로 정하는 소속 기관의 장"이란 농림축산검역본부장(이하 "검역본부장"이라 한다)을 말한다.

② 농림축산식품부장관, 검역본부장, 시·도지사 및 시장·군수·구청장이 법 제40조 제1항에 따라 동물보호감시원을 지정할 때에는 다음 각 호의 어느 하나에 해당하는 소속 공무원 중에서 동물보호감시원을 지정하여야 한다.

1. 「수의사법」 제2조 제1호에 따른 수의사 면허가 있는 사람

2. 「국가기술자격법」 제9조에 따른 축산기술사, 축산기사, 축산산업기사 또는 축산기능사 자격이 있는 사람

3. 「고등교육법」 제2조에 따른 학교에서 수의학·축산학·동물관리학·애완동물학·반려동물학 등 동물의 관리 및 이용 관련 분야, 동물보호 분야 또는 동물복지 분야를 전공하고 졸업한 사람

4. 그 밖에 동물보호·동물복지·실험동물 분야와 관련된 사무에 종사한 경험이 있는 사람

③ 동물보호감시원의 직무는 다음 각 호와 같다.

1. 법 제7조에 따른 동물의 적정한 사육·관리에 대한 교육 및 지도

2. 법 제8조에 따라 금지되는 동물학대행위의 예방, 중단 또는 재발방지를 위하여 필요한 조치

3. 법 제9조 및 제9조의2에 따른 동물의 적정한 운송과 반려동물 전달 방법에 대한 지도·감독

3의2. 법 제10조에 따른 동물의 도살방법에 대한 지도

3의3. 법 제12조에 따른 등록대상동물의 등록 및 법 제13조에 따른 등록대상동물의 관리에 대한 감독

3의4. 법 제13조의2 및 제13조의3에 따른 맹견의 관리 및 출입금지 등에 대한 감독

4. 법 제15조에 따라 설치·지정되는 동물보호센터의 운영에 관한 감독

4의2. 법 제28조에 따른 윤리위원회의 구성·운영 등에 관한 지도·감독 및 개선명령의 이행 여부에 대한 확인 및 지도

5. 법 제29조에 따라 동물복지축산농장으로 인증받은 농장의 인증기준 준수 여부 감독

6. 법 제33조 제1항에 따라 영업등록을 하거나 법 제34조 제1항에 따라 영업허가를 받은 자(이하 "영업자"라 한다)의 시설·인력 등 등록 또는 허가사항, 준수사항, 교육 이수 여부에 관한 감독

6의2. 법 제33조의2 제1항에 따른 반려동물을 위한 장묘시설의 설치·운영에 관한 감독

7. 법 제39조에 따른 조치, 보고 및 자료제출 명령의 이행 여부 등에 관한 확인·지도

8. 법 제41조 제1항에 따라 위촉된 동물보호명예감시원에 대한 지도

9. 그 밖에 동물의 보호 및 복지 증진에 관한 업무

제15조(동물보호명예감시원의 자격 및 위촉 등) ① 농림축산식품부장관, 시·도지사 및 시장·군수·구청장이 법 제41조 제1항에 따라 동물보호명예감시원(이하 "명예감시원"이라 한다)을 위촉할 때에는 다음 각 호의 어느 하나에 해당하는 사람으로서 농림축산식품부장관이 정하는 관련 교육과정을 마친 사람을 명예감시원으로 위촉하여야 한다.

1. 제5조에 따른 법인 또는 단체의 장이 추천한 사람

2. 제14조 제2항 각 호의 어느 하나에 해당하는 사람

3. 동물보호에 관한 학식과 경험이 풍부하고, 명예감시원의 직무를 성실히 수행할 수 있는 사람

② 농림축산식품부장관, 시·도지사 또는 시장·군수·구청장은 제1항에 따라 위촉한 명예감시원이 다음 각 호의 어느 하나에 해당하는 경우에는 위촉을 해제할 수 있다.

1. 사망·질병 또는 부상 등의 사유로 직무 수행이 곤란하게 된 경우
2. 제3항에 따른 직무를 성실히 수행하지 아니하거나 직무와 관련하여 부정한 행위를 한 경우
③ 명예감시원의 직무는 다음 각 호와 같다.
1. 동물보호 및 동물복지에 관한 교육·상담·홍보 및 지도
2. 동물학대행위에 대한 신고 및 정보 제공
3. 제14조 제3항에 따른 동물보호감시원의 직무 수행을 위한 지원
4. 학대받는 동물의 구조·보호 지원
④ 명예감시원의 활동 범위는 다음 각 호의 구분에 따른다.
1. 농림축산식품부장관이 위촉한 경우 : 전국
2. 시·도지사 또는 시장·군수·구청장이 위촉한 경우 : 위촉한 기관장의 관할구역
⑤ 농림축산식품부장관, 시·도지사 또는 시장·군수·구청장은 명예감시원에게 예산의 범위에서 수당을 지급할 수 있다.
⑥ 제1항부터 제5항까지에서 규정한 사항 외에 명예감시원의 운영을 위하여 필요한 사항은 농림축산식품부장관이 정하여 고시한다.

제15조의2 삭제

제16조(권한의 위임) 농림축산식품부장관은 법 제44조에 따라 다음 각 호의 권한을 검역본부장에게 위임한다.
1. 법 제9조 제3항에 따른 동물 운송에 관하여 필요한 사항의 권장
2. 법 제10조 제2항에 따른 동물의 도살방법에 관한 세부사항의 규정
3. 법 제23조 제7항에 따른 동물실험의 원칙에 관한 고시
4. 법 제28조에 따른 윤리위원회의 구성·운영 등에 관한 지도·감독 및 개선명령
5. 법 제29조 제1항에 따른 동물복지축산농장의 인증
6. 법 제29조 제2항에 따른 동물복지축산농장 인증 신청의 접수
7. 법 제29조 제4항에 따른 동물복지축산농장의 인증 취소
8. 법 제31조 제2항에 따라 동물복지축산농장의 인증을 받은 자의 지위 승계 신고 수리(受理)
9. 법 제39조에 따른 출입·검사 등
10. 법 제41조에 따른 명예감시원의 위촉, 해촉, 수당 지급
11. 법 제43조 제2호에 따른 동물복지축산농장의 인증 취소처분에 관한 청문
12. 법 제45조 제2항에 따른 실태조사(현장조사를 포함한다. 이하 "실태조사"라 한다) 및 정보의 공개
13. 법 제47조 제1항 제2호·제3호부터 제5호까지 및 같은 조 제2항 제2호·제3호·제5호의2·제8호·제10호부터 제15호까지의 규정에 따른 과태료의 부과·징수

제17조(실태조사의 범위 등) ① 농림축산식품부장관은 법 제45조 제2항에 따른 실태조사(이하 "실태조사"라 한다)를 할 때에는 실태조사 계획을 수립하고 그에 따라 실시하여야 한다.
② 농림축산식품부장관은 실태조사를 효율적으로 하기 위하여 동물보호관리시스템, 전자우편 등을 통한 전자적 방법, 서면조사, 현장조사 방법 등을 사용할 수 있으며, 전문연구기관·단체 또는 관계 전문가에게 의뢰하여 실태조사를 할 수 있다.
③ 제1항과 제2항에서 규정한 사항 외에 실태조사에 필요한 사항은 농림축산식품부장관이 정하여 고시한다.

제18조(소속 기관의 장) 법 제45조 제4항에서 "대통령령으로 정하는 그 소속 기관의 장"이란 검역본부장을 말한다.

제19조(고유식별정보의 처리) 농림축산식품부장관(검역본부장을 포함한다), 시·도지사 또는 시장·군수·구청장(해당 권한이 위임·위탁된 경우에는 그 권한을 위임·위탁받은 자를 포함한다)은 다음 각 호의 사무를 수행하기 위하여 불가피한 경우에는 「개인정보 보호법 시행령」 제19조 제1호, 제2호 또는 제4호에 따른 주민등록번호, 여권번호 또는 외국인등록번호가 포함된 자료를 처리할 수 있다.

1. 법 제12조에 따른 등록대상동물의 등록 및 변경신고에 관한 사무
2. 법 제15조에 따른 동물보호센터의 지정 및 지정 취소에 관한 사무
3. 삭제
4. 삭제
5. 법 제33조에 따른 영업의 등록, 변경신고 및 폐업 등의 신고에 관한 사무
6. 법 제34조에 따른 영업의 허가, 변경신고 및 폐업 등의 신고에 관한 사무
7. 법 제35조에 따른 영업의 승계신고에 관한 사무
8. 법 제38조에 따른 등록 또는 허가의 취소 및 영업의 정지에 관한 사무

제19조의2 삭제

제20조(과태료의 부과·징수) ① 법 제47조 제1항부터 제3항까지의 규정에 따른 과태료의 부과기준은 별표와 같다.

② 법 제47조 제4항에 따른 과태료의 부과권자는 다음 각 호의 구분에 따른다.

1. 법 제47조 제1항 제2호·제3호부터 제5호까지 및 같은 조 제2항 제2호·제3호·제5호의2·제8호·제10호부터 제15호까지의 규정에 따른 과태료 : 농림축산식품부장관
2. 법 제47조 제2항 제11호부터 제15호까지의 규정에 따른 과태료 : 시·도지사(특별자치시장은 제외한다)
3. 법 제47조 제1항 제2호·제2호의2부터 제2호의7까지, 같은 조 제2항 제2호·제3호·제5호·제9호부터 제15호까지 및 같은 조 제3항 각 호에 따른 과태료 : 특별자치시장·시장(「제주특별자치도 설치 및 국제자유도시 조성을 위한 특별법」 제11조 제2항에 따른 행정시장을 포함한다)·군수·구청장

부칙

〈제31871호, 2021. 7. 6.〉 (119구조·구급에 관한 법률 시행령)

제1조(시행일) 이 영은 2021년 7월 6일부터 시행한다.

제2조(다른 법령의 개정) 동물보호법 시행령 일부를 다음과 같이 개정한다.

　　제10조 제2호 중 "인명구조견"을 "119구조견"으로 한다.

동물보호법 시행규칙

[시행 2022. 2. 11.] [농림축산식품부령 제470호, 2021. 2. 10., 일부개정]

제1조(목적) 이 규칙은 「동물보호법」 및 같은 법 시행령에서 위임된 사항과 그 시행에 필요한 사항을 규정함을 목적으로 한다.

제1조의2(반려동물의 범위) 「동물보호법」(이하 "법"이라 한다) 제2조 제1호의3에서 "개, 고양이 등 농림축산식품부령으로 정하는 동물"이란 개, 고양이, 토끼, 페럿, 기니피그 및 햄스터를 말한다.

제1조의3(맹견의 범위) 법 제2조 제3호의2에 따른 맹견(猛犬)은 다음 각 호와 같다.

1. 도사견과 그 잡종의 개
2. 아메리칸 핏불테리어와 그 잡종의 개
3. 아메리칸 스태퍼드셔 테리어와 그 잡종의 개
4. 스태퍼드셔 불 테리어와 그 잡종의 개
5. 로트와일러와 그 잡종의 개

제2조(동물복지위원회 위원 자격) 법 제5조 제3항 제3호에서 "농림축산식품부령으로 정하는 자격기준에 맞는 사람"이란 다음 각 호의 어느 하나에 해당하는 사람을 말한다.

1. 법 제25조 제1항에 따른 동물실험윤리위원회(이하 "윤리위원회"라 한다)의 위원
2. 법 제33조 제1항에 따라 영업등록을 하거나 법 제34조 제1항에 따라 영업허가를 받은 자(이하 "영업자"라 한다)로서 동물보호·동물복지에 관한 학식과 경험이 풍부한 사람
3. 법 제41조에 따른 동물보호명예감시원으로서 그 사람을 위촉한 농림축산식품부장관(그 소속 기관의 장을 포함한다) 또는 지방자치단체의 장의 추천을 받은 사람
4. 「축산자조금의 조성 및 운용에 관한 법률」 제2조 제3호에 따른 축산단체 대표로서 동물보호·동물복지에 관한 학식과 경험이 풍부한 사람
5. 변호사 또는 「고등교육법」 제2조에 따른 학교에서 법학을 담당하는 조교수 이상의 직(職)에 있거나 있었던 사람
6. 「고등교육법」 제2조에 따른 학교에서 동물보호·동물복지를 담당하는 조교수 이상의 직(職)에 있거나 있었던 사람
7. 그 밖에 동물보호·동물복지에 관한 학식과 경험이 풍부하다고 농림축산식품부장관이 인정하는 사람

제3조(적절한 사육·관리 방법 등) 법 제7조 제4항에 따른 동물의 적절한 사육·관리 방법 등에 관한 사항은 별표 1과 같다.

제4조(학대행위의 금지) ① 법 제8조 제1항 제4호에서 "농림축산식품부령으로 정하는 정당한 사유 없이 죽음에 이르게 하는 행위"란 다음 각 호의 어느 하나를 말한다.

1. 사람의 생명·신체에 대한 직접적 위협이나 재산상의 피해를 방지하기 위하여 다른 방법이 있음에도 불구하고 동물을 죽음에 이르게 하는 행위
2. 동물의 습성 및 생태환경 등 부득이한 사유가 없음에도 불구하고 해당 동물을 다른 동물의 먹이로 사용하는 경우

② 법 제8조 제2항 제1호 단서 및 제2호 단서에서 "농림축산식품부령으로 정하는 경우"란 다음 각 호의 어느 하나에 해당하는 경우를 말한다.

1. 질병의 예방이나 치료
2. 법 제23조에 따라 실시하는 동물실험
3. 긴급한 사태가 발생한 경우 해당 동물을 보호하기 위하여 하는 행위

③ 법 제8조 제2항 제3호 단서에서 "민속경기 등 농림축산식품부령으로 정하는 경우"란 「전통 소싸움 경기에 관한 법률」에 따른 소싸움으로서 농림축산식품부장관이 정하여 고시하는 것을 말한다.

④ 삭제

⑤ 법 제8조 제2항 제3호의2에서 "최소한의 사육공간 제공 등 농림축산식품부령으로 정하는 사육·관리 의무"란 별표 1의2에 따른 사육·관리 의무를 말한다.

⑥ 법 제8조 제2항 제4호에서 "농림축산식품부령으로 정하는 정당한 사유 없이 신체적 고통을 주거나 상해를 입히는 행위"란 다음 각 호의 어느 하나를 말한다.

1. 사람의 생명·신체에 대한 직접적 위협이나 재산상의 피해를 방지하기 위하여 다른 방법이 있음에도 불구하고 동물에게 신체적 고통을 주거나 상해를 입히는 행위
2. 동물의 습성 또는 사육환경 등의 부득이한 사유가 없음에도 불구하고 동물을 혹서·혹한 등의 환경에 방치하여 신체적 고통을 주거나 상해를 입히는 행위
3. 갈증이나 굶주림의 해소 또는 질병의 예방이나 치료 등의 목적 없이 동물에게 음식이나 물을 강제로 먹여 신체적 고통을 주거나 상해를 입히는 행위
4. 동물의 사육·훈련 등을 위하여 필요한 방식이 아님에도 불구하고 다른 동물과 싸우게 하거나 도구를 사용하는 등 잔인한 방식으로 신체적 고통을 주거나 상해를 입히는 행위

⑦ 법 제8조 제5항 제1호 단서에서 "동물보호 의식을 고양시키기 위한 목적이 표시된 홍보 활동 등 농림축산식품부령으로 정하는 경우"란 다음 각 호의 어느 하나에 해당하는 경우를 말한다.

1. 국가기관, 지방자치단체 또는 「동물보호법 시행령」(이하 "영"이라 한다) 제5조에 따른 민간단체가 동물보호 의식을 고양시키기 위한 목적으로 법 제8조 제1항부터 제3항까지에 해당하는 행위를 촬영한 사진 또는 영상물(이하 이 항에서 "사진 또는 영상물"이라 한다)에 기관 또는 단체의 명칭과 해당 목적을 표시하여 판매·전시·전달·상영하거나 인터넷에 게재하는 경우
2. 언론기관이 보도 목적으로 사진 또는 영상물을 부분 편집하여 전시·전달·상영하거나 인터넷에 게재하는 경우
3. 신고 또는 제보의 목적으로 제1호 및 제2호에 해당하는 기관 또는 단체에 사진 또는 영상물을 전달하는 경우

⑧ 법 제8조 제5항 제4호 단서에서 "「장애인복지법」 제40조에 따른 장애인 보조견의 대여 등 농림축산식품부령으로 정하는 경우"란 다음 각 호의 어느 하나에 해당하는 경우를 말한다.

1. 「장애인복지법」 제40조에 따른 장애인 보조견을 대여하는 경우
2. 촬영, 체험 또는 교육을 위하여 동물을 대여하는 경우. 이 경우 해당 동물을 관리할 수 있는 인력이 대여하는 기간 동안 제3조에 따른 적절한 사육·관리를 하여야 한다.

제5조(동물운송자) 법 제9조 제1항 각 호 외의 부분에서 "농림축산식품부령으로 정하는 자"란 영리를 목적으로 「자동차관리법」 제2조 제1호에 따른 자동차를 이용하여 동물을 운송하는 자를 말한다.

제6조(동물의 도살방법) ① 법 제10조 제2항에서 "농림축산식품부령으로 정하는 방법"이란 다음 각 호의 어느 하나의 방법을 말한다.

1. 가스법, 약물 투여
2. 전살법(電殺法), 타격법(打擊法), 총격법(銃擊法), 자격법(刺擊法)

② 농림축산식품부장관은 제1항 각 호의 도살방법 중 「축산물 위생관리법」에 따라 도축하는 경우에 대하여 고통을 최소화하는 방법을 정하여 고시할 수 있다.

제7조(동물등록제 제외 지역의 기준) 법 제12조 제1항 단서에 따라 시·도의 조례로 동물을 등록하지 않을 수 있는 지역으로 정할 수 있는 지역의 범위는 다음 각 호와 같다.

1. 도서[도서, 제주특별자치도 본도(本島) 및 방파제 또는 교량 등으로 육지와 연결된 도서는 제외한다]
2. 제10조 제1항에 따라 동물등록 업무를 대행하게 할 수 있는 자가 없는 읍·면

제8조(등록대상동물의 등록사항 및 방법 등) ① 법 제12조 제1항 본문에 따라 등록대상동물을 등록하려는 자는 해당 동물의 소유권을 취득한 날 또는 소유한 동물이 등록대상동물이 된 날부터 30일 이내에 별지 제1호 서식의 동물등록 신청서(변경신고서)를 시장·군수·구청장(자치구의 구청장을 말한다. 이하 같다)·특별자치시장(이하 "시장·군수·구청장"이라 한다)에게 제출하여야 한다. 이 경우 시장·군수·구청장은 「전자정부법」 제36조 제1항에 따른 행정정보의 공동이용을 통하여 주민등록표 초본, 외국인등록사실증명 또는 법인 등기사항증명서를 확인하여야 하며, 신청인이 확인에 동의하지 아니하는 경우에는 해당 서류(법인 등기사항증명서는 제외한다)를 첨부하게 하여야 한다.

② 제1항에 따라 동물등록 신청을 받은 시장·군수·구청장은 별표 2의 동물등록번호의 부여방법 등에 따라 등록대상동물에 무선전자개체식별장치(이하 "무선식별장치"라 한다)를 장착 후 별지 제2호 서식의 동물등록증(전자적 방식을 포함한다)을 발급하고, 영 제7조 제1항에 따른 동물보호관리시스템(이하 "동물보호관리시스템"이라 한다)으로 등록사항을 기록·유지·관리하여야 한다.

③ 동물등록증을 잃어버리거나 헐어 못 쓰게 되는 등의 이유로 동물등록증의 재발급을 신청하려는 자는 별지 제3호 서식의 동물등록증 재발급 신청서를 시장·군수·구청장에게 제출하여야 한다. 이 경우 시장·군수·구청장은 「전자정부법」 제36조 제1항에 따른 행정정보의 공동이용을 통하여 주민등록표 초본, 외국인등록사실증명 또는 법인 등기사항증명서를 확인하여야 하며, 신청인이 확인에 동의하지 아니하는 경우에는 해당 서류(법인 등기사항증명서는 제외한다)를 첨부하게 하여야 한다.

④ 등록대상동물의 소유자는 등록하려는 동물이 영 제3조 각 호 외의 부분에 따른 등록대상 월령(月齡) 이하인 경우에도 등록할 수 있다.

제9조(등록사항의 변경신고 등) ① 법 제12조 제2항 제2호에서 "농림축산식품부령으로 정하는 사항이 변경된 경우"란 다음 각 호의 어느 하나에 해당하는 경우를 말한다.

1. 소유자가 변경되거나 소유자의 성명(법인인 경우에는 법인 명칭을 말한다. 이하 같다)이 변경된 경우
2. 소유자의 주소(법인인 경우에는 주된 사무소의 소재지를 말한다)가 변경된 경우
3. 소유자의 전화번호(법인인 경우에는 주된 사무소의 전화번호를 말한다. 이하 같다)가 변경된 경우
4. 등록대상동물이 죽은 경우
5. 등록대상동물 분실 신고 후, 그 동물을 다시 찾은 경우
6. 무선식별장치를 잃어버리거나 헐어 못 쓰게 되는 경우

② 제1항 제1호의 경우에는 변경된 소유자가, 법 제12조 제2항 제1호 및 이 조 제1항 제2호부터 제6호까지의 경우에는 등록대상동물의 소유자가 각각 해당 사항이 변경된 날부터 30일(등록대상동물을 잃어버린 경우에는 10일) 이내에 별지 제1호 서식의 동물등록 신청서(변경신고서)에 다음 각 호의 서류를 첨부하여 시장·군수·구청장에게 신고하여야 한다. 이 경우 시장·군수·구청장은 「전자정부법」 제36조 제1항에 따른 행정정보의 공동 이용을 통하여 주민등록표 초본, 외국인등록사실증명 또는 법인 등기사항증명서를 확인(제1항 제1호 및 제2호의 경우만 해당한다)하여야 하며, 신청인이 확인에 동의하지 아니하는 경우에는 해당 서류(법인 등기사항증명서는 제외한다)를 첨부하게 하여야 한다.

1. 동물등록증

2. 삭제

3. 등록대상동물이 죽었을 경우에는 그 사실을 증명할 수 있는 자료 또는 그 경위서

③ 제2항에 따라 변경신고를 받은 시장·군수·구청장은 변경신고를 한 자에게 별지 제2호 서식의 동물등록증을 발급하고, 등록사항을 기록·유지·관리하여야 한다.

④ 제1항 제2호의 경우에는 「주민등록법」 제16조 제1항에 따른 전입신고를 한 경우 변경신고가 있는 것으로 보아 시장·군수·구청장은 동물보호관리시스템의 주소를 정정하고, 등록사항을 기록·유지·관리하여야 한다.

⑤ 법 제12조 제2항 제1호 및 이 조 제1항 제2호부터 제5호까지의 경우 소유자는 동물보호관리시스템을 통하여 해당 사항에 대한 변경신고를 할 수 있다.

⑥ 등록대상동물을 잃어버린 사유로 제2항에 따라 변경신고를 받은 시장·군수·구청장은 그 사실을 등록사항에 기록하여 신고일부터 1년간 보관하여야 하고, 1년 동안 제1항 제5호에 따른 변경 신고가 없는 경우에는 등록사항을 말소한다.

⑦ 등록대상동물이 죽은 사유로 제2항에 따라 변경신고를 받은 시장·군수·구청장은 그 사실을 등록사항에 기록하여 보관하고 1년이 지나면 그 등록사항을 말소한다.

⑧ 제1항 제6호의 사유로 인한 변경신고에 관하여는 제8조 제1항 및 제2항을 준용한다.

⑨ 제7조에 따라 동물등록이 제외되는 지역의 시장·군수는 소유자가 이미 등록된 등록대상동물의 법 제12조 제2항 제1호 및 이 조 제1항 제1호부터 제5호까지의 사항에 대해 변경신고를 하는 경우 해당 동물등록 관련 정보를 유지·관리하여야 한다.

제10조(등록업무의 대행) ① 법 제12조 제4항에서 "농림축산식품부령으로 정하는 자"란 다음 각 호의 어느 하나에 해당하는 자 중에서 시장·군수·구청장이 지정하는 자를 말한다.

1. 「수의사법」 제17조에 따라 동물병원을 개설한 자

2. 「비영리민간단체 지원법」 제4조에 따라 등록된 비영리민간단체 중 동물보호를 목적으로 하는 단체

3. 「민법」 제32조에 따라 설립된 법인 중 동물보호를 목적으로 하는 법인

4. 법 제33조 제1항에 따라 등록한 동물판매업자

5. 법 제15조에 따른 동물보호센터(이하 "동물보호센터"라 한다)

② 법 제12조 제4항에 따라 같은 조 제1항부터 제3항까지의 규정에 따른 업무를 대행하는 자(이하 이 조에서 "동물등록대행자"라 한다)는 등록대상동물에 무선식별장치를 체내에 삽입하는 등 외과적 시술이 필요한 행위는 소속 수의사(지정된 자가 수의사인 경우를 포함한다)에게 하게 하여야 한다.

③ 시장·군수·구청장은 필요한 경우 관할 지역 내에 있는 모든 동물등록대행자에 대하여 해당 동물등록 대행자가 판매하는 무선식별장치의 제품명과 판매가격을 동물보호관리시스템에 게재하게 하고 해당 영업소 안의 보기 쉬운 곳에 게시하도록 할 수 있다.

제11조(인식표의 부착) 법 제13조 제1항에 따라 등록대상동물을 기르는 곳에서 벗어나게 하는 경우 해당 동물의 소유자등은 다음 각 호의 사항을 표시한 인식표를 등록대상동물에 부착하여야 한다.

1. 소유자의 성명

2. 소유자의 전화번호

3. 동물등록번호(등록한 동물만 해당한다)

제12조(안전조치) ① 소유자등은 법 제13조 제2항에 따라 등록대상동물을 동반하고 외출할 때에는 목줄 또는 가슴줄을 하거나 이동장치를 사용해야 한다. 다만, 소유자등이 월령 3개월 미만인 등록대상동물을 직접 안아서 외출하는 경우에는 해당 안전조치를 하지 않을 수 있다.

② 제1항 본문에 따른 목줄 또는 가슴줄은 2미터 이내의 길이여야 한다.

③ 등록대상동물의 소유자등은 법 제13조 제2항에 따라 「주택법 시행령」 제2조 제2호 및 제3호에 따른 다중주택 및 다가구주택, 같은 영 제3조에 따른 공동주택의 건물 내부의 공용공간에서는 등록대상동물을 직접 안거나 목줄의 목덜미 부분 또는 가슴줄의 손잡이 부분을 잡는 등 등록대상동물이 이동할 수 없도록 안전조치를 해야 한다.

제12조의2(맹견의 관리) ① 맹견의 소유자등은 법 제13조의2 제1항 제2호에 따라 월령이 3개월 이상인 맹견을 동반하고 외출할 때에는 다음 각 호의 사항을 준수하여야 한다.

1. 제12조 제1항에도 불구하고 맹견에게는 목줄만 할 것

2. 맹견이 호흡 또는 체온조절을 하거나 물을 마시는 데 지장이 없는 범위에서 사람에 대한 공격을 효과적으로 차단할 수 있는 크기의 입마개를 할 것

② 맹견의 소유자등은 제1항 제1호 및 제2호에도 불구하고 다음 각 호의 기준을 충족하는 이동장치를 사용하여 맹견을 이동시킬 때에는 맹견에게 목줄 및 입마개를 하지 않을 수 있다.

1. 맹견이 이동장치에서 탈출할 수 없도록 잠금장치를 갖출 것

2. 이동장치의 입구, 잠금장치 및 외벽은 충격 등에 의해 쉽게 파손되지 않는 견고한 재질일 것

제12조의3(맹견에 대한 격리조치 등에 관한 기준) 법 제13조의2 제2항에 따라 맹견이 사람에게 신체적 피해를 주는 경우 소유자등의 동의 없이 취할 수 있는 맹견에 대한 격리조치 등에 관한 기준은 별표 3과 같다.

제12조의4(맹견 소유자의 교육) ① 법 제13조의2 제3항에 따른 맹견 소유자의 맹견에 관한 교육은 다음 각 호의 구분에 따른다.

1. 맹견의 소유권을 최초로 취득한 소유자의 신규교육 : 소유권을 취득한 날부터 6개월 이내 3시간

2. 그 외 맹견 소유자의 정기교육 : 매년 3시간

② 제1항 각 호에 따른 교육은 다음 각 호의 어느 하나에 해당하는 기관으로서 농림축산식품부장관이 지정하는 기관(이하 "교육기관"이라 한다)이 실시하며, 원격교육으로 그 과정을 대체할 수 있다.

1. 「수의사법」 제23조에 따른 대한수의사회

2. 영 제5조 각 호에 따른 법인 또는 단체

3. 농림축산식품부 소속 교육전문기관

4. 「농업·농촌 및 식품산업 기본법」 제11조의2에 따른 농림수산식품교육문화정보원

③ 제1항 각 호에 따른 교육은 다음 각 호의 내용을 포함하여야 한다.

1. 맹견의 종류별 특성, 사육방법 및 질병예방에 관한 사항

2. 맹견의 안전관리에 관한 사항

3. 동물의 보호와 복지에 관한 사항

4. 이 법 및 동물보호정책에 관한 사항

5. 그 밖에 교육기관이 필요하다고 인정하는 사항

④ 교육기관은 제1항 각 호에 따른 교육을 실시한 경우에는 그 결과를 교육이 끝난 후 30일 이내에 시장·군수·구청장에게 통지하여야 한다.

⑤ 제4항에 따른 통지를 받은 시장·군수·구청장은 그 기록을 유지·관리하고, 교육이 끝난 날부터 2년 동안 보관하여야 한다.

제12조의5(보험금액) ① 영 제6조의2 제1호 나목에서 "농림축산식품부령으로 정하는 상해등급에 따른 금액"이란 별표 3의2 제1호의 상해등급에 따른 보험금액을 말한다.

② 영 제6조의2 제1호 다목에서 "농림축산식품부령으로 정하는 후유장애등급에 따른 금액"이란 별표 3의2 제2호의 후유장애등급에 따른 보험금액을 말한다.

제13조(구조·보호조치 제외 동물) ① 법 제14조 제1항 각 호 외의 부분 단서에서 "농림축산식품부령으로 정하는 동물"이란 도심지나 주택가에서 자연적으로 번식하여 자생적으로 살아가는 고양이로서 개체수 조절을 위해 중성화(中性化)하여 포획장소에 방사(放飼)하는 등의 조치 대상이거나 조치가 된 고양이를 말한다.

② 제1항의 경우 세부적인 처리방법에 대해서는 농림축산식품부장관이 정하여 고시할 수 있다.

제14조(보호조치 기간) 특별시장·광역시장·도지사 및 특별자치도지사(이하 "시·도지사"라 한다)와 시장·군수·구청장은 법 제14조 제3항에 따라 소유자로부터 학대받은 동물을 보호할 때에는 수의사의 진단에 따라 기간을 정하여 보호조치하되 3일 이상 소유자로부터 격리조치 하여야 한다.

제15조(동물보호센터의 지정 등) ① 법 제15조 제1항 및 제3항에서 "농림축산식품부령으로 정하는 기준"이란 별표 4의 동물보호센터의 시설기준을 말한다.

② 법 제15조 제4항에 따라 동물보호센터로 지정을 받으려는 자는 별지 제4호 서식의 동물보호센터 지정신청서에 다음 각 호의 서류를 첨부하여 시·도지사 또는 시장·군수·구청장이 공고하는 기간 내에 제출하여야 한다.

1. 별표 4의 기준을 충족함을 증명하는 자료

2. 동물의 구조·보호조치에 필요한 건물 및 시설의 명세서

3. 동물의 구조·보호조치에 종사하는 인력현황

4. 동물의 구조·보호조치 실적(실적이 있는 경우에만 해당한다)

5. 사업계획서

③ 제2항에 따라 동물보호센터 지정 신청을 받은 시·도지사 또는 시장·군수·구청장은 별표 4의 지정기준에 가장 적합한 법인·단체 또는 기관을 동물보호센터로 지정하고, 별지 제5호 서식의 동물보호센터 지정서를 발급하여야 한다.

④ 동물보호센터를 지정한 시·도지사 또는 시장·군수·구청장은 제1항의 기준 및 제19조의 준수사항을 충족하는 지 여부를 연 2회 이상 점검하여야 한다.

⑤ 동물보호센터를 지정한 시·도지사 또는 시장·군수·구청장은 제4항에 따른 점검결과를 연 1회 이상 농림축산검역본부장(이하 "검역본부장"이라 한다)에게 통지하여야 한다.

제16조(동물의 보호비용 지원 등) ① 법 제15조 제6항에 따라 동물의 보호비용을 지원받으려는 동물보호센터는 동물의 보호비용을 시·도지사 또는 시장·군수·구청장에게 청구하여야 한다.

② 시·도지사 또는 시장·군수·구청장은 제1항에 따른 비용을 청구받은 경우 그 명세를 확인하고 금액을 확정하여 지급할 수 있다.

제17조(동물보호센터 운영위원회의 설치 및 기능 등) ① 법 제15조 제9항에서 "농림축산식품부령으로 정하는 일정 규모 이상"이란 연간 유기동물 처리 마릿수가 1천마리 이상인 것을 말한다.

② 법 제15조 제9항에 따라 동물보호센터에 설치하는 운영위원회(이하 "운영위원회"라 한다)는 다음 각 호의 사항을 심의한다.

1. 동물보호센터의 사업계획 및 실행에 관한 사항
2. 동물보호센터의 예산·결산에 관한 사항
3. 그 밖에 이 법의 준수 여부 등에 관한 사항

제18조(운영위원회의 구성·운영 등) ① 운영위원회는 위원장 1명을 포함하여 3명 이상 10명 이하의 위원으로 구성한다.

② 위원장은 위원 중에서 호선(互選)하고, 위원은 다음 각 호의 어느 하나에 해당하는 사람 중에서 동물보호센터 운영자가 위촉한다.

1. 「수의사법」 제2조 제1호에 따른 수의사
2. 법 제4조 제4항에 따른 민간단체에서 추천하는 동물보호에 관한 학식과 경험이 풍부한 사람
3. 법 제41조에 따른 동물보호명예감시원으로서 그 동물보호센터를 지정한 지방자치단체의 장에게 위촉을 받은 사람
4. 그 밖에 동물보호에 관한 학식과 경험이 풍부한 사람

③ 운영위원회에는 다음 각 호에 해당하는 위원이 각 1명 이상 포함되어야 한다.

1. 제2항 제1호에 해당하는 위원
2. 제2항 제2호에 해당하는 위원으로서 동물보호센터와 이해관계가 없는 사람
3. 제2항 제3호 또는 제4호에 해당하는 위원으로서 동물보호센터와 이해관계가 없는 사람

④ 위원의 임기는 2년으로 하며, 중임할 수 있다.

⑤ 동물보호센터는 위원회의 회의를 매년 1회 이상 소집하여야 하고, 그 회의록을 작성하여 3년 이상 보존하여야 한다.

⑥ 제1항부터 제5항까지에서 규정한 사항 외에 위원회의 구성 및 운영 등에 필요한 사항은 운영위원회의 의결을 거쳐 위원장이 정한다.

제19조(동물보호센터의 준수사항) 법 제15조 제10항에 따른 동물보호센터의 준수사항은 별표 5와 같다.

제20조(공고) ① 시·도지사와 시장·군수·구청장은 영 제7조 제1항 단서에 따라 동물 보호조치에 관한 공고를 하는 경우 별지 제6호 서식의 동물보호 공고문을 작성하여 해당 지방자치단체의 게시판 및 인터넷 홈페이지에 공고하여야 한다.

② 시·도지사와 시장·군수·구청장은 영 제7조 제2항에 따라 별지 제7호 서식의 보호동물 개체관리카드와 별지 제8호 서식의 보호동물 관리대장을 작성하여 동물보호관리시스템으로 관리하여야 한다.

안심Touch

제21조(보호비용의 납부) ① 시·도지사와 시장·군수·구청장은 법 제19조 제2항에 따라 동물의 보호비용을 징수하려는 때에는 해당 동물의 소유자에게 별지 제9호 서식의 비용징수통지서에 따라 통지하여야 한다.

② 제1항에 따라 비용징수통지서를 받은 동물의 소유자는 비용징수통지서를 받은 날부터 7일 이내에 보호비용을 납부하여야 한다. 다만, 천재지변이나 그 밖의 부득이한 사유로 보호비용을 낼 수 없을 때에는 그 사유가 없어진 날부터 7일 이내에 내야 한다.

③ 동물의 소유자가 제2항에 따라 보호비용을 납부기한까지 내지 아니한 경우에는 고지된 비용에 이자를 가산하되, 그 이자를 계산할 때에는 납부기한의 다음 날부터 납부일까지 「소송촉진 등에 관한 특례법」 제3조 제1항에 따른 법정이율을 적용한다.

④ 법 제19조 제1항 및 제2항에 따른 보호비용은 수의사의 진단·진료 비용 및 동물보호센터의 보호비용을 고려하여 시·도의 조례로 정한다.

제22조(동물의 인도적인 처리) 법 제22조 제1항에서 "농림축산식품부령으로 정하는 사유"란 다음 각 호의 어느 하나에 해당하는 경우를 말한다.

1. 동물이 질병 또는 상해로부터 회복될 수 없거나 지속적으로 고통을 받으며 살아야 할 것으로 수의사가 진단한 경우

2. 동물이 사람이나 보호조치 중인 다른 동물에게 질병을 옮기거나 위해를 끼칠 우려가 매우 높은 것으로 수의사가 진단한 경우

3. 법 제21조에 따른 기증 또는 분양이 곤란한 경우 등 시·도지사 또는 시장·군수·구청장이 부득이한 사정이 있다고 인정하는 경우

제23조(동물실험금지의 적용 예외) ① 법 제24조 각 호 외의 부분 단서에서 "농림축산식품부령으로 정하는 불가피한 사유"란 다음 각 호의 어느 하나에 해당하는 경우를 말한다.

1. 인수공통전염병(人獸共通傳染病) 등 질병의 진단·치료 또는 연구를 하는 경우. 다만, 해당 질병의 확산으로 인간 및 동물의 건강과 안전에 심각한 위해가 발생될 것이 우려되는 때만 해당한다.

2. 법 제24조 제2호에 따른 동물의 선발을 목적으로 하거나 해당 동물의 효율적인 훈련방식에 관한 연구를 하는 경우

3. 삭제

② 제1항에서 정한 사유로 실험을 하려면 해당 동물을 실험하려는 동물실험시행기관의 동물실험윤리위원회(이하 "윤리위원회"라 한다)의 심의를 거치되, 심의 결과 동물실험이 타당한 것으로 나타나면 법 제24조 각 호 외의 부분 단서에 따른 승인으로 본다.

제23조의2(미성년자 동물 해부실습 금지의 적용 예외) 법 제24조의2 단서에서 "「초·중등교육법」 제2조에 따른 학교 또는 동물실험시행기관 등이 시행하는 경우 등 농림축산식품부령으로 정하는 경우"란 「초·중등교육법」 제2조에 따른 학교 및 「영재교육 진흥법」 제2조 제4호에 따른 영재학교(이하 이 조에서 "학교"라 한다) 또는 동물실험시행기관이 다음 각 호의 어느 하나에 해당하는 경우를 말한다.

1. 학교가 동물 해부실습의 시행에 대해 법 제25조 제1항에 따른 동물실험시행기관의 동물실험윤리위원회의 심의를 거친 경우

2. 학교가 다음 각 목의 요건을 모두 갖추어 동물 해부실습을 시행하는 경우

   가. 동물 해부실습에 관한 사항을 심의하기 위하여 학교에 동물 해부실습 심의위원회(이하 "심의위원회"라 한다)를 둘 것

　나. 심의위원회는 위원장 1명을 포함하여 5명 이상 15명 이하의 위원으로 구성하되, 위원장은 위원 중에서 호선하고, 위원은 다음의 사람 중에서 학교의 장이 임명 또는 위촉할 것

　　1) 과학 관련 교원

　　2) 특별시·광역시·특별자치시·도 및 특별자치도(이하 "시·도"라 한다) 교육청 소속 공무원 및 그 밖의 교육과정 전문가

　　3) 학교의 소재지가 속한 시·도에 거주하는 「수의사법」 제2조 제1호에 따른 수의사, 「약사법」 제2조 제2호에 따른 약사 또는 의료법」 제2조 제2항 제1호부터 제3호까지의 규정에 따른 의사·치과의사·한의사

　　4) 학교의 학부모

　다. 학교의 장이 심의위원회의 심의를 거쳐 동물 해부실습의 시행이 타당하다고 인정할 것

　라. 심의위원회의 심의 및 운영에 관하여 별표 5의2의 기준을 준수할 것

3. 동물실험시행기관이 동물 해부실습의 시행에 대해 법 제25조 제1항 본문 또는 단서에 따른 동물실험윤리위원회 또는 실험동물운영위원회의 심의를 거친 경우

제24조(윤리위원회의 공동 설치 등) ① 법 제25조 제2항에 따라 다른 동물실험시행기관과 공동으로 윤리위원회를 설치할 수 있는 기관은 다음 각 호의 어느 하나에 해당하는 기관으로 한다.

1. 연구인력 5명 이하인 경우

2. 동물실험계획의 심의 건수 및 관련 연구 실적 등에 비추어 윤리위원회를 따로 두는 것이 적절하지 않은 것으로 판단되는 기관

② 법 제25조 제2항에 따라 공동으로 윤리위원회를 설치할 경우에는 참여하는 동물실험시행기관 간에 윤리위원회의 공동설치 및 운영에 관한 업무협약을 체결하여야 한다.

제25조(운영 실적) 동물실험시행기관의 장이 영 제12조 제6항에 따라 윤리위원회 운영 및 동물실험의 실태에 관한 사항을 검역본부장에게 통지할 때에는 별지 제10호 서식의 동물실험윤리위원회 운영 실적 통보서(전자문서로 된 통보서를 포함한다)에 따른다.

제26조(윤리위원회 위원 자격) ① 법 제27조 제2항 제1호에서 "농림축산식품부령으로 정하는 자격기준에 맞는 사람"이란 다음 각 호의 어느 하나에 해당하는 사람을 말한다.

1. 「수의사법」 제23조에 따른 대한수의사회에서 인정하는 실험동물 전문수의사

2. 영 제4조에 따른 동물실험시행기관에서 동물실험 또는 실험동물에 관한 업무에 1년 이상 종사한 수의사

3. 제2항 제2호 또는 제4호에 따른 교육을 이수한 수의사

② 법 제27조 제2항 제2호에서 "농림축산식품부령으로 정하는 자격기준에 맞는 사람"이란 다음 각 호의 어느 하나에 해당하는 사람을 말한다.

1. 영 제5조 각 호에 따른 법인 또는 단체에서 동물보호나 동물복지에 관한 업무에 1년 이상 종사한 사람

2. 영 제5조 각 호에 따른 법인·단체 또는 「고등교육법」 제2조에 따른 학교에서 실시하는 동물보호·동물복지 또는 동물실험에 관련된 교육을 이수한 사람

3. 「생명윤리 및 안전에 관한 법률」 제6조에 따른 국가생명윤리심의위원회의 위원 또는 같은 법 제9조에 따른 기관생명윤리심의위원회의 위원으로 1년 이상 재직한 사람

4. 검역본부장이 실시하는 동물보호·동물복지 또는 동물실험에 관련된 교육을 이수한 사람

③ 법 제27조 제2항 제3호에서 "농림축산식품부령으로 정하는 사람"이란 다음 각 호의 어느 하나에 해당하는 사람을 말한다.

1. 동물실험 분야에서 박사학위를 취득한 사람으로서 동물실험 또는 실험동물 관련 업무에 종사한 경력이 있는 사람
2. 「고등교육법」 제2조에 따른 학교에서 철학·법학 또는 동물보호·동물복지를 담당하는 교수
3. 그 밖에 실험동물의 윤리적 취급과 과학적 이용을 위하여 필요하다고 해당 동물실험시행기관의 장이 인정하는 사람으로서 제2항 제2호 또는 제4호에 따른 교육을 이수한 사람

④ 제2항 제2호 및 제4호에 따른 동물보호·동물복지 또는 동물실험에 관련된 교육의 내용 및 교육과정의 운영에 관하여 필요한 사항은 검역본부장이 정하여 고시할 수 있다.

제27조(윤리위원회의 구성) ① 동물실험시행기관의 장은 윤리위원회를 구성하려는 경우에는 법 제4조 제4항에 따른 민간단체에 법 제27조 제2항 제2호에 해당하는 위원의 추천을 의뢰하여야 한다.

② 제1항의 추천을 의뢰받은 민간단체는 해당 동물실험시행기관의 윤리위원회 위원으로 적합하다고 판단되는 사람 1명 이상을 해당 동물실험시행기관에 추천할 수 있다.

③ 동물실험시행기관의 장은 제2항에 따라 추천받은 사람 중 적임자를 선택하여 법 제27조 제2항 제1호 및 제3호에 해당하는 위원과 함께 법 제27조 제4항에 적합하도록 윤리위원회를 구성하고, 그 내용을 검역본부장에게 통지하여야 한다.

④ 제3항에 따라 설치를 통지한 윤리위원회 위원이나 위원의 구성이 변경된 경우, 해당 동물실험시행기관의 장은 변경된 날부터 30일 이내에 그 사실을 검역본부장에게 통지하여야 한다.

제28조(윤리위원회 위원의 이해관계의 범위) 법 제27조 제4항에 따른 해당 동물실험시행기관과 이해관계가 없는 사람은 다음 각 호의 어느 하나에 해당하지 않는 사람을 말한다.

1. 최근 3년 이내 해당 동물실험시행기관에 재직한 경력이 있는 사람과 그 배우자
2. 해당 동물실험시행기관의 임직원 및 그 배우자의 직계혈족, 직계혈족의 배우자 및 형제·자매
3. 해당 동물실험시행기관 총 주식의 100분의 3 이상을 소유한 사람 또는 법인의 임직원
4. 해당 동물실험시행기관에 실험동물이나 관련 기자재를 공급하는 등 사업상 거래관계에 있는 사람 또는 법인의 임직원
5. 해당 동물실험시행기관의 계열회사 또는 같은 법인에 소속된 임직원

제29조(동물복지축산농장의 인증대상 동물의 범위) 법 제29조 제1항에서 "농림축산식품부령으로 정하는 동물"이란 소, 돼지, 닭, 오리, 그 밖에 검역본부장이 정하여 고시하는 동물을 말한다.

제30조(동물복지축산농장 인증기준) 법 제29조 제1항에 따른 동물복지축산농장(이하 "동물복지축산농장"이라 한다) 인증기준은 별표 6과 같다.

제31조(인증의 신청) 법 제29조 제2항에 따라 동물복지축산농장으로 인증을 받으려는 자는 별지 제11호 서식의 동물복지축산농장 인증 신청서에 다음 각 호의 서류를 첨부하여 검역본부장에게 제출하여야 한다.

1. 「축산법」에 따른 축산업 허가증 또는 가축사육업 등록증 사본 1부
2. 검역본부장이 정하여 고시하는 서식의 가축종류별 축산농장 운영현황서 1부

제32조(동물복지축산농장의 인증 절차 및 방법) ① 검역본부장은 제31조에 따라 인증 신청을 받으면 신청일부터 3개월 이내에 인증심사를 하고, 별표 6의 인증기준에 맞는 경우 신청인에게 별지 제12호 서식의 동물복지축산농장 인증서를 발급하고, 별지 제13호 서식의 동물복지축산농장 인증 관리대장을 유지·관리하여야 한다.

② 제1항의 인증 관리대장은 전자적 처리가 불가능한 특별한 사유가 없으면 전자적 방법으로 작성·관리하여야 한다.

③ 제1항 전단에 따른 인증심사의 세부절차 및 방법은 별표 7과 같다.

④ 그 밖에 인증절차 및 방법에 관하여 필요한 사항은 검역본부장이 정하여 고시한다.

제33조(동물복지축산농장의 표시) ① 동물복지축산농장이나 동물복지축산농장에서 생산한 「축산물 위생관리법」 제2조 제2호에 따른 축산물의 포장·용기 등에는 동물복지축산농장의 표시를 할 수 있다. 다만, 식육·포장육 및 식육가공품에는 그 생산과정에서 다음 각 호의 사항을 준수한 경우에만 동물복지축산농장의 표시를 할 수 있다.

1. 동물을 도살하기 위하여 도축장으로 운송할 때에는 법 제9조 제2항에 따른 구조 및 설비기준에 맞는 동물 운송 차량을 이용할 것

2. 동물을 도살할 때에는 법 제10조 제2항 및 이 규칙 제6조 제2항에 따라 농림축산식품부장관이 고시하는 도살방법에 따를 것

② 제1항에 따른 동물복지축산농장의 표시방법은 별표 8과 같다.

제34조(동물복지축산농장 인증의 승계신고) ① 법 제31조 제1항에 따라 동물복지축산농장 인증을 받은 자의 지위를 승계한 자는 별지 제14호 서식의 동물복지축산농장 인증 승계신고서에 다음 각 호의 서류를 첨부하여 지위를 승계한 날부터 30일 이내에 검역본부장에게 제출하여야 한다.

1. 「축산법 시행규칙」 제29조에 따른 승계사항이 기재된 축산업 허가증 또는 가축사육업 등록증 사본 1부

2. 승계받은 농장의 동물복지축산농장 인증서 1부

3. 검역본부장이 정하여 고시하는 서식의 가축종류별 축산농장 운영현황서 1부

② 검역본부장은 제1항에 따른 동물복지축산농장 인증 승계신고서를 수리(受理)하였을 때에는 별지 제12호 서식의 동물복지축산농장 인증서를 발급하여야 한다.

제35조(영업별 시설 및 인력 기준) 법 제32조 제1항에 따라 반려동물과 관련된 영업을 하려는 자가 갖추어야 하는 시설 및 인력 기준은 별표 9와 같다.

제36조(영업의 세부범위) 법 제32조 제2항에 따른 동물 관련 영업의 세부범위는 다음 각 호와 같다.

1. 동물장묘업 : 다음 각 목 중 어느 하나 이상의 시설을 설치·운영하는 영업
   가. 동물 전용의 장례식장
   나. 동물의 사체 또는 유골을 불에 태우는 방법으로 처리하는 시설[이하 "동물화장(火葬)시설"이라 한다], 건조·멸균분쇄의 방법으로 처리하는 시설[이하 "동물건조장(乾燥葬)시설"이라 한다] 또는 화학 용액을 사용해 동물의 사체를 녹이고 유골만 수습하는 방법으로 처리하는 시설[이하 "동물수분해장(水分解葬)시설"이라 한다]
   다. 동물 전용의 봉안시설

2. 동물판매업 : 반려동물을 구입하여 판매, 알선 또는 중개하는 영업

3. 동물수입업 : 반려동물을 수입하여 판매하는 영업

4. 동물생산업 : 반려동물을 번식시켜 판매하는 영업

5. 동물전시업 : 반려동물을 보여주거나 접촉하게 할 목적으로 영업자 소유의 동물을 5마리 이상 전시하는 영업. 다만, 「동물원 및 수족관의 관리에 관한 법률」 제2조 제1호에 따른 동물원은 제외한다.

6. 동물위탁관리업 : 반려동물 소유자의 위탁을 받아 반려동물을 영업장 내에서 일시적으로 사육, 훈련 또는 보호하는 영업

7. 동물미용업 : 반려동물의 털, 피부 또는 발톱 등을 손질하거나 위생적으로 관리하는 영업

8. 동물운송업 : 반려동물을「자동차관리법」제2조 제1호의 자동차를 이용하여 운송하는 영업

제37조(동물장묘업 등의 등록) ① 법 제33조 제1항에 따라 동물장묘업, 동물판매업, 동물수입업, 동물전시업, 동물위탁관리업, 동물미용업 또는 동물운송업의 등록을 하려는 자는 별지 제15호 서식의 영업 등록 신청서(전자문서로 된 신청서를 포함한다)에 다음 각 호의 서류(전자문서를 포함한다)를 첨부하여 관할 시장·군수·구청장에게 제출해야 한다.

1. 인력 현황

2. 영업장의 시설 내역 및 배치도

3. 사업계획서

4. 별표 9의 시설기준을 갖추었음을 증명하는 서류가 있는 경우에는 그 서류

5. 삭제

6. 동물사체에 대한 처리 후 잔재에 대한 처리계획서(동물화장시설, 동물건조장시설 또는 동물수분해장시설을 설치하는 경우에만 해당한다)

7. 폐업 시 동물의 처리계획서(동물전시업의 경우에만 해당한다)

② 제1항에 따른 신청서를 받은 시장·군수·구청장은「전자정부법」제36조 제1항에 따른 행정정보의 공동이용을 통하여 다음 각 호의 서류를 확인해야 한다. 다만, 신청인이 주민등록표 초본 및 자동차등록증의 확인에 동의하지 않는 경우에는 해당 서류를 직접 제출하도록 해야 한다.

1. 주민등록표 초본(법인인 경우에는 법인 등기사항증명서)

2. 건축물대장 및 토지이용계획정보(자동차를 이용한 동물미용업 또는 동물운송업의 경우는 제외한다)

3. 자동차등록증(자동차를 이용한 동물미용업 또는 동물운송업의 경우에만 해당한다)

③ 시장·군수·구청장은 제1항에 따른 신청인이 법 제33조 제4항 제1호 또는 제4호에 해당되는지를 확인할 수 없는 경우에는 해당 신청인에게 제1항의 서류 외에 신원확인에 필요한 자료를 제출하게 할 수 있다.

④ 시장·군수·구청장은 제1항에 따른 등록 신청이 별표 9의 기준에 맞는 경우에는 신청인에게 별지 제16호 서식의 등록증을 발급하고, 별지 제17호 서식의 동물장묘업 등록(변경신고) 관리대장과 별지 제18호 서식의 동물판매업·동물수입업·동물전시업·동물위탁관리업·동물미용업 및 동물운송업 등록(변경신고) 관리대장을 각각 작성·관리하여야 한다.

⑤ 제1항에 따라 등록을 한 영업자가 등록증을 잃어버리거나 헐어 못 쓰게 되어 재발급을 받으려는 경우에는 별지 제19호 서식의 등록증 재발급신청서(전자문서로 된 신청서를 포함한다)를 시장·군수·구청장에게 제출하여야 한다.

⑥ 제4항의 등록 관리대장은 전자적 처리가 불가능한 특별한 사유가 없으면 전자적 방법으로 작성·관리하여야 한다.

제38조(등록영업의 변경신고 등) ① 법 제33조 제2항에서 "농림축산식품부령으로 정하는 사항"이란 다음 각 호의 사항을 말한다.

1. 영업자의 성명(영업자가 법인인 경우에는 그 대표자의 성명)

2. 영업장의 명칭 또는 상호

3. 영업시설

4. 영업장의 주소

② 법 제33조 제2항에 따라 동물장묘업, 동물판매업, 동물수입업, 동물전시업, 동물위탁관리업, 동물미용업 또는 동물운송업의 등록사항 변경신고를 하려는 자는 별지 제20호 서식의 변경신고서(전자문서로 된 신고서를 포함한다)에 다음 각 호의 서류(전자문서를 포함한다. 이하 이 항에서 같다)를 첨부하여 시장·군수·구청장에게 제출해야 한다. 다만, 동물장묘업 영업장의 주소를 변경하는 경우에는 다음 각 호의 서류 외에 제37조 제1항 제3호·제4호 및 제6호의 서류 중 변경사항이 있는 서류를 첨부해야 한다.

1. 등록증

2. 영업시설의 변경 내역서(시설변경의 경우만 해당한다)

③ 제2항에 따른 변경신고서를 받은 시장·군수·구청장은 「전자정부법」 제36조 제1항에 따른 행정정보의 공동이용을 통하여 다음 각 호의 서류를 확인해야 한다. 다만, 신고인이 주민등록표 초본 및 자동차등록증의 확인에 동의하지 않는 경우에는 해당 서류를 직접 제출하도록 해야 한다.

1. 주민등록표 초본(법인인 경우에는 법인 등기사항증명서)

2. 건축물대장 및 토지이용계획정보(자동차를 이용한 동물미용업 또는 동물운송업의 경우는 제외한다)

3. 자동차등록증(자동차를 이용한 동물미용업 또는 동물운송업의 경우에만 해당한다)

④ 제2항에 따른 변경신고에 관하여는 제37조 제4항 및 제6항을 준용한다.

제39조(휴업 등의 신고) ① 법 제33조 제2항에 따라 동물장묘업, 동물판매업, 동물수입업, 동물전시업, 동물위탁관리업, 동물미용업 또는 동물운송업의 휴업·재개업 또는 폐업신고를 하려는 자는 별지 제21호 서식의 휴업(재개업·폐업) 신고서(전자문서로 된 신고서를 포함한다)에 등록증 원본(폐업 신고의 경우로 한정한다)을 첨부하여 관할 시장·군수·구청장에게 제출해야 한다. 다만, 휴업의 기간을 정하여 신고하는 경우 그 기간이 만료되어 재개업할 때에는 신고하지 않을 수 있다.

② 제1항에 따라 폐업신고를 하려는 자가 「부가가치세법」 제8조 제7항에 따른 폐업신고를 같이 하려는 경우에는 제1항에 따른 폐업신고서에 「부가가치세법 시행규칙」 별지 제9호 서식의 폐업신고서를 함께 제출하거나 「민원처리에 관한 법률 시행령」 제12조 제10항에 따른 통합 폐업신고서를 제출하여야 한다. 이 경우 관할 시장·군수·구청장은 함께 제출받은 폐업신고서 또는 통합 폐업신고서를 지체없이 관할 세무서장에게 송부(정보통신망을 이용한 송부를 포함한다. 이하 이 조에서 같다)하여야 한다.

③ 관할 세무서장이 「부가가치세법 시행령」 제13조 제5항에 따라 제1항에 따른 폐업신고를 받아 이를 관할 시장·군수·구청장에게 송부한 경우에는 제1항에 따른 폐업신고서가 제출된 것으로 본다.

제40조(동물생산업의 허가) ① 동물생산업을 하려는 자는 법 제34조 제1항에 따라 별지 제22호 서식의 동물생산업 허가신청서(전자문서로 된 신청서를 포함한다)에 다음 각 호의 서류를 첨부하여 관할 시장·군수·구청장에게 제출하여야 한다.

1. 영업장의 시설 내역 및 배치도

2. 인력 현황

3. 사업계획서

4. 폐업 시 동물의 처리계획서

② 제1항에 따른 신청서를 받은 시장·군수·구청장은 「전자정부법」 제36조 제1항에 따른 행정정보의 공동이용을 통하여 다음 각 호의 서류를 확인해야 한다. 다만, 신청인이 주민등록표 초본의 확인에 동의하지 않는 경우에는 해당 서류를 직접 제출하도록 해야 한다.

1. 주민등록표 초본(법인인 경우에는 법인 등기사항증명서)

2. 건축물대장 및 토지이용계획정보

③ 시장·군수·구청장은 제1항에 따른 신청인이 법 제34조 제4항 제1호 또는 제5호에 해당되는지를 확인할 수 없는 경우에는 해당 신청인에게 제1항 또는 제2항의 서류 외에 신원확인에 필요한 자료를 제출하게 할 수 있다.

④ 시장·군수·구청장은 제1항에 따른 신청이 별표 9의 기준에 맞는 경우에는 신청인에게 별지 제23호 서식의 허가증을 발급하고, 별지 제24호 서식의 동물생산업 허가(변경신고) 관리대장을 작성·관리하여야 한다.

⑤ 제4항에 따라 허가를 받은 자가 허가증을 잃어버리거나 헐어 못 쓰게 되어 재발급을 받으려는 경우에는 별지 제19호 서식의 허가증 재발급 신청서(전자문서로 된 신청서를 포함한다)를 시장·군수·구청장에게 제출하여야 한다.

⑥ 제4항의 동물생산업 허가(변경신고) 관리대장은 전자적 처리가 불가능한 특별한 사유가 없으면 전자적 방법으로 작성·관리하여야 한다.

제41조(허가사항의 변경 등의 신고) ① 법 제34조 제2항에서 "농림축산식품부령으로 정하는 사항"이란 다음 각 호의 사항을 말한다.

1. 영업자의 성명(영업자가 법인인 경우에는 그 대표자의 성명)

2. 영업장의 명칭 또는 상호

3. 영업시설

4. 영업장의 주소

② 법 제34조 제2항에 따라 동물생산업의 허가사항 변경신고를 하려는 자는 별지 제20호 서식의 변경신고서(전자문서로 된 신고서를 포함한다)에 다음 각 호의 서류를 첨부하여 시장·군수·구청장에게 제출해야 한다. 다만, 영업자가 영업장의 주소를 변경하는 경우에는 제40조 제1항 각 호의 서류(전자문서로 된 서류를 포함한다) 중 변경사항이 있는 서류를 첨부해야 한다.

1. 허가증

2. 영업시설의 변경 내역서(시설 변경의 경우만 해당한다)

③ 법 제34조 제2항에 따른 동물생산업의 휴업·재개업·폐업의 신고에 관하여는 제39조를 준용한다. 이 경우 "등록증"은 "허가증"으로 본다.

④ 제2항에 따른 변경신고에 관하여는 제40조 제2항, 제4항 및 제6항을 준용한다. 이 경우 "신청서"는 "신고서"로, "신청인"은 "신고인"으로, "신청"은 "신고"로 본다.

제42조(영업자의 지위승계 신고) ① 법 제35조에 따라 영업자의 지위승계 신고를 하려는 자는 별지 제25호 서식의 영업자 지위승계 신고서(전자문서로 된 신고서를 포함한다)에 다음 각 호의 구분에 따른 서류를 첨부하여 등록 또는 허가를 한 시장·군수·구청장에게 제출해야 한다.

1. 양도·양수의 경우

　가. 양도·양수 계약서 사본 등 양도·양수 사실을 확인할 수 있는 서류

　나. 양도인의 인감증명서나 「본인서명사실 확인 등에 관한 법률」 제2조 제3호에 따른 본인서명사실확인서 또는 같은 법 제7조 제7항에 따른 전자본인서명확인서 발급증(양도인이 방문하여 본인확인을 하는 경우에는 제출하지 않을 수 있다)

2. 상속의 경우 : 「가족관계의 등록 등에 관한 법률」 제15조 제1항에 따른 가족관계증명서와 상속 사실을 확인할 수 있는 서류

3. 제1호와 제2호 외의 경우 : 해당 사유별로 영업자의 지위를 승계하였음을 증명할 수 있는 서류

② 제1항에 따른 신고서를 받은 시장·군수·구청장은 영업양도의 경우 「전자정부법」 제36조 제1항에 따른 행정정보의 공동이용을 통하여 양도·양수를 증명할 수 있는 법인 등기사항증명서(법인이 아닌 경우에는 대표자의 주민등록표 초본을 말한다), 토지 등기사항증명서, 건물 등기사항증명서 또는 건축물대장을 확인해야 한다. 다만, 신고인이 주민등록표 초본의 확인에 동의하지 않는 경우에는 해당 서류를 직접 제출하도록 해야 한다.

③ 제1항에 따른 지위승계신고를 하려는 자가 「부가가치세법」 제8조 제7항에 따른 폐업신고를 같이 하려는 때에는 제1항에 따른 지위승계 신고서를 제출할 때에 「부가가치세법 시행규칙」 별지 제9호 서식의 폐업신고서를 함께 제출해야 한다. 이 경우 관할 시장·군수·구청장은 함께 제출받은 폐업신고서를 지체 없이 관할 세무서장에게 송부(정보통신망을 이용한 송부를 포함한다)해야 한다.

④ 시장·군수·구청장은 제1항에 따른 신고인이 법 제33조 제4항 제1호·제4호 및 법 제34조 제4항 제1호·제5호에 해당되는지를 확인할 수 없는 경우에는 해당 신고인에게 제1항 각 호의 서류 외에 신원확인에 필요한 자료를 제출하게 할 수 있다.

⑤ 제1항에 따라 영업자의 지위승계를 신고하는 자가 제38조 제1항 제2호 또는 제41조 제1항 제2호에 따른 영업장의 명칭 또는 상호를 변경하려는 경우에는 이를 함께 신고할 수 있다.

⑥ 시장·군수·구청장은 제1항의 신고를 받았을 때에는 신고인에게 별지 제16호 서식의 등록증 또는 별지 제23호 서식의 허가증을 재발급하여야 한다.

제43조(영업자의 준수사항) 영업자(법인인 경우에는 그 대표자를 포함한다)와 그 종사자의 준수사항은 별표 10과 같다.

제44조(동물판매업자 등의 교육) ① 법 제37조 제1항 및 제2항에 따른 교육대상자별 교육시간은 다음 각 호의 구분에 따른다.

1. 동물판매업, 동물수입업, 동물생산업, 동물전시업, 동물위탁관리업, 동물미용업 또는 동물운송업을 하려는 자 : 등록신청일 또는 허가신청일 이전 1년 이내 3시간

2. 법 제38조에 따라 영업정지 처분을 받은 자 : 처분을 받은 날부터 6개월 이내 3시간

3. 영업자(동물장묘업자는 제외한다) : 매년 3시간

② 교육기관은 다음 각 호의 내용을 포함하여 교육을 실시하여야 한다.

1. 이 법 및 동물보호정책에 관한 사항

2. 동물의 보호·복지에 관한 사항

3. 동물의 사육·관리 및 질병예방에 관한 사항

4. 영업자 준수사항에 관한 사항

5. 그 밖에 교육기관이 필요하다고 인정하는 사항

③ 교육기관은 법 제32조 제1항 제2호부터 제8호까지의 규정에 해당하는 영업 중 두 가지 이상의 영업을 하는 자에 대해 법 제37조 제2항에 따른 교육을 실시하려는 경우에는 제2항 각 호의 교육내용 중 중복된 교육내용을 면제할 수 있다.

④ 교육기관의 지정, 교육의 방법, 교육결과의 통지 및 기록의 유지·관리·보관에 관하여는 제12조의4 제2항·제4항 및 제5항을 준용한다.

⑤ 삭제

제45조(행정처분의 기준) ① 법 제38조에 따른 영업자에 대한 등록 또는 허가의 취소, 영업의 전부 또는 일부의 정지에 관한 행정처분기준은 별표 11과 같다.

② 시장·군수·구청장이 제1항에 따른 행정처분을 하였을 때에는 별지 제26호 서식의 행정처분 및 청문 대장에 그 내용을 기록하고 유지·관리하여야 한다.

③ 제2항의 행정처분 및 청문 대장은 전자적 처리가 불가능한 특별한 사유가 없으면 전자적 방법으로 작성·관리하여야 한다.

제46조(시정명령) 법 제39조 제1항 제3호에서 "농림축산식품부령으로 정하는 시정명령"이란 다음 각 호의 어느 하나에 해당하는 명령을 말한다.

1. 동물에 대한 학대행위의 중지
2. 동물에 대한 위해 방지 조치의 이행
3. 공중위생 및 사람의 신체·생명·재산에 대한 위해 방지 조치의 이행
4. 질병에 걸리거나 부상당한 동물에 대한 신속한 치료

제47조(동물보호감시원의 증표) 법 제40조 제3항에 따른 동물보호감시원의 증표는 별지 제27호 서식과 같다.

제48조(등록 등의 수수료) 법 제42조에 따른 수수료는 별표 12와 같다. 이 경우 수수료는 정부수입인지, 해당 지방자치단체의 수입증지, 현금, 계좌이체, 신용카드, 직불카드 또는 정보통신망을 이용한 전자화폐·전자결제 등의 방법으로 내야 한다.

제49조(규제의 재검토) ① 농림축산식품부장관은 다음 각 호의 사항에 대하여 다음 각 호의 기준일을 기준으로 3년마다(매 3년이 되는 해의 기준일과 같은 날 전까지를 말한다) 그 타당성을 검토하여 개선 등의 조치를 해야 한다.

1. 삭제
2. 제5조에 따른 동물운송자의 범위 : 2017년 1월 1일
3. 제6조에 따른 동물의 도살방법 : 2017년 1월 1일
4. 삭제
5. 제8조 및 별표 2에 따른 등록대상동물의 등록사항 및 방법 등 : 2017년 1월 1일
6. 제9조에 따른 등록사항의 변경신고 대상 및 절차 등 : 2017년 1월 1일
7. 제19조 및 별표 5에 따른 동물보호센터의 준수사항 : 2017년 1월 1일
8. 제24조에 따른 윤리위원회의 공동 설치 등 : 2017년 1월 1일
9. 제26조에 따른 윤리위원회 위원 자격 : 2017년 1월 1일
10. 제25조 및 별지 제10호 서식의 동물실험윤리위원회 운영 실적 통보서의 기재사항 : 2017년 1월 1일
11. 제27조에 따른 윤리위원회의 구성 절차 : 2017년 1월 1일
12. 제35조 및 별표 9에 따른 영업의 범위 및 시설기준 : 2017년 1월 1일
13. 제38조에 따른 등록영업의 변경신고 대상 및 절차 : 2017년 1월 1일
14. 제41조에 따른 허가사항의 변경신고 대상 및 변경 등의 신고 절차 : 2017년 1월 1일
15. 제43조 및 별표 10에 따른 영업자의 준수 : 2017년 1월 1일

② 농림축산식품부장관은 제7조에 따른 동물등록제 제외 지역의 기준에 대하여 2020년 1월 1일을 기준으로 5년마다(매 5년이 되는 해의 기준일과 같은 날 전까지를 말한다) 그 타당성을 검토하여 개선 등의 조치를 해야 한다.

부칙 〈제495호, 2021. 10. 8.〉 (어려운 법령용어 정비를 위한 가축전염병 예방법 시행규칙 등 19개 농림축산식품부령 일부개정령)

이 규칙은 공포한 날부터 시행한다.

합격의 공식 **시대에듀**

좋은 책을 만드는 길
독자님과 함께하겠습니다.

도서나 동영상에 궁금한 점, 아쉬운 점, 만족스러운 점이
있으시다면 어떤 의견이라도 말씀해 주세요.
시대고시기획은 독자님의 의견을 모아 더 좋은 책으로 보답하겠습니다.

www.sidaegosi.com

2022 동물보건사 전과목 모의고사 + 관련법령 오디오북 제공

초 판 발 행	2022년 02월 04일 (인쇄 2022년 01월 11일)
발 행 인	박영일
책 임 편 집	이해욱
저 자	SD연구소
편 집 진 행	윤승일 · 김은영 · 민한슬
표지디자인	김도연
편집디자인	배선화 · 윤준호
발 행 처	(주)시대고시기획
출 판 등 록	제10-1521호
주 소	서울시 마포구 큰우물로 75 [도화동 538 성지 B/D] 9F
전 화	1600-3600
팩 스	02-701-8823
홈 페 이 지	www.sidaegosi.com
I S B N	979-11-383-1718-4 (13520)
정 가	27,000원

이웅종 교수와 함께

동물훈련사
첫시험 도전하기!